Andresen

Agile Organisationsentwicklung

Judith Andresen

Agile Organisationsentwicklung

Iterative, inkrementelle und lernende Bewegung ermöglichen

HANSER

MIX
Papier | Fördert gute Waldnutzung
FSC® C016368

Print-ISBN: 978-3-446-46336-3
E-Book-ISBN: 978-3-446-46536-7
E-Pub-ISBN: 978-3-446-46640-1

Bibliografische Information der Deutschen Nationalbibliothek:
Die Deutsche Nationalbibliothek verzeichnet diese Publikation in der Deutschen Nationalbibliografie; detaillierte bibliografische Daten sind im Internet unter http://dnb.d-nb.de abrufbar.

Vilshofener Straße10 | 81679 München | info@hanser.de
Lektorat: Brigitte Bauer-Schiewek
Herstellung: Eberl & Koesel Studio, Kempten
Covergestaltung: Max Kostopoulos
Titelmotiv: © Max Kostopoulos, unter Verwendung von Grafiken von © istockphoto.com/woojpn
Satz: le-tex publishing services GmbH, Leipzig
Druck: Elanders Waiblingen GmbH, Waiblingen
Printed in Germany

Inhalt

Zur Einleitung

Nach dem Buch „Retrospektiven in agilen Projekten“, dem agilen Baukasten „sminca“, dem Buch „Agiles Coaching“ und den Kartensets „Agile Coachingfragen“, „Agile Führungsimpulse“, „Einstiegsfragen“, „Ins Lernen begleiten“ und „Paradigmenwechsel“ ist es für mich zwingend, auf die agile Organisationsentwicklung zu schauen.

In dem erstmals 2015 vorgelegten und regelmäßig fortgeschriebenen Buch „Retrospektiven in agilen Projekten“ [Andresen 2017-01] beschäftigte ich mich mit der Frage, wie Teams regelmäßig und gezielt lernen können.

Basis der jeweiligen Retrospektive ist eine modellbasierte Interpretation der Teamsituation, die die Anwender*innen unterstützt, der Situation angemessene und für das jeweilige Team hilfreiche Methodenbausteine auszuwählen.

Über Retrospektiven hinaus begleiten agile Coaches Team- und Organisationsentwicklungen. In dem erstmals 2017 vorgelegten Buch „Agiles Coaching“ [Andresen 2019-01] habe ich den Schwerpunkt auf die Haltung und das Vorgehen agiler Coaches, vornehmlich im Kontext der Teamentwicklung, gelegt. Auch hier ist die Leitfrage, wie Teams gut ins Lernen kommen können.

Je mehr Teams ihren agilen Zielraum erreichen, desto größer wird der Wunsch innerhalb der Organisation, sich insgesamt als Organisation agil zu entwickeln. Das Arbeiten in selbstorganisierten Teams macht schnelle und gute Antworten auf komplexe Fragestellungen möglich.

Mit diesem Buch „Agile Organisationsentwicklung“ zeige ich auf, wie agile Coaches, agile Organisationsentwickler*innen oder Führungskräfte Organisationen ins Lernen begleiten können.

Die BERATUNG JUDITH ANDRESEN begleitet seit 2012 Teams und Organisationen in eine echte Zusammenarbeit. Dabei hat sich der Fokus der Arbeit im Laufe der Zeit stark verändert. In den Anfangsjahren suchten vornehmlich Teams aus der IT nach einer echten Zusammenarbeit vor dem Hintergrund immer komplexer werdender

Anforderungen und Lösungsmöglichkeiten. Daraus ergaben sich immer mehr Coachings in Richtung selbstorganisierter und interdisziplinär arbeitender Teams (also im agilen Reifegrad „C", siehe Abschnitt 10.12.3).

In diesen Projekten stellte sich häufig die Frage, ob und wie die Organisation neu aufzustellen sei. Eine neue Struktur wurde gefordert. Im klassischen Change folgt der Strategie eine veränderte Organisationsstruktur, aus der sich die Prozesse ableiten.

Agile Herangehensweisen bringen selbstorganisierte Teams durch ein iterativ-inkrementell-lernendes Arbeiten ihrem Zielraum, in dem sie schnell und gut für ihre Kund*innen liefern, näher.

Heute begleiten wir Teams und Organisationen der unterschiedlichsten Größen und Branchen. Dabei beobachten wir, dass der – scheinbar klassische – Reflex der Organisationen war und ist, im Fall eines identifizierten Veränderungswunsches als Erstes ein verändertes Organigramm aufzustellen.

> „Was braucht es, damit es den beteiligten Teams gut gelingt, echten Nutzen für die Kund*innen zu liefern?"

Entsprechend nutzten wir die agilen Reifegrade, die das jeweilige Lernen unterschiedlicher Gruppen der Organisation in den Fokus stellten, um die Veränderungsvorhaben besser greifen zu können. Dabei verstehen wir agile Herangehensweise als am Kund*innennutzen orientierte Prozesse, welche iterativ, inkrementell und lernend ablaufen.

Entsprechend gilt für uns der handlungsleitende Grundsatz „Erst die Prozesse, dann die Struktur" [Andresen 2017-02], welcher häufig einen deutlichen Kontrapunkt zu einem klassisch gedachten Change darstellt.

Dabei gestalteten wir die Prozesse mehr und mehr agil(er) und lösten uns in vielen Fällen von einem Transitionsdesign, das sich an Elisabeth Kübler-Ross (siehe Abschnitt 2.10.2) orientierte. Wir nutzten mehr und mehr die Mechanismen, welche sich aus der Diffusionstheorie nach Everett Rogers (siehe Abschnitt 4.2) ergeben. In diesem Zuge entdeckten wir, dass es nicht ein „entweder oder", sondern ein „sowohl als auch" gibt. Agile Veränderungen lassen sich über agile Transitionen, über organisationelle Experimente oder über Changes realisieren. Oder Transformationen passieren der Organisation. Agile Organisationsentwicklung ist das bewusste Aussteuern dieser Optionen.

Organisationen agil zu entwickeln, heißt, sich am Kund*innennutzen orientiert iterativ, inkrementell und lernend zu verändern. Das vorliegende Buch erklärt, wie Ihr Organisationen agil entwickelt. Ihr lernt,

- wie Ihr erfolgreich „agil mit agil" einführen könnt,
- wie Ihr agile Transitionen, Changes und organisationelle Experimente modelliert, um nicht passiv transformiert zu werden,

- wie Ihr als agile Coaches, Organisationsentwickler*innen oder Führungskräfte agile Veränderungen begleitet,
- wie Ihr Organisationen erfolgreich in einen sinnvollen Zielraum führt und
- wie Ihr typische Stolperfallen auslassen könnt.

Um Euch das Erkennen, Vergleichen und Lernen zu erleichtern, gebe ich viele anonymisierte Beispiele, um die entsprechenden Inhalte mit praktischen Inhalten zu untermauern.

Definition: Agile Organisationsentwicklung

Agile Organisationsentwickler*innen begleiten Organisationen und Teams ins strategische Lernen.

Agile Organisationsentwickler*innen leiten aus ihren Beobachtungen hypothesenbasiert und messen das Ist und die Ergebnisse, um den Organisationsmitgliedern eine Entwicklung zu veranschaulichen, einzuladen und die Veränderung zu ermöglichen.

Organisationen sind nicht ohne die zugehörige Führung zu denken. Bei der Schilderung möglicher Zielräume beschreibe ich im Allgemeinen sowohl die Organisation als auch deren Führungsformen, um dieser Verkettung der Begriffe gerecht zu werden. Auch gehe ich davon aus, dass verändertes Führungsverhalten und veränderte Organisationsstrukturen Hand in Hand gehen.

Die empirischen Ergebnisse unserer Arbeit habe ich in die bestehende Sicht von Organisationsforscher*innen, Organisationspsycholog*innen, systemischen Organisationsentwickler*innen eingebettet, um Euch eine fundierte Basis für eine erfolgreiche agile Organisationsentwicklung zu geben.

Das Formulieren von Modellen bzw. die Auswahl bestehender Modelle und das Beschreiben stimmiger Vorgehensweisen verstehe ich als lernenden Prozess. Bitte gebt mir Rückmeldung, wenn Ihr Inhalte (un-)stimmig, gut oder schlecht beschrieben findet und/oder Vertiefungen auf Themen wünscht. Ich gehe fest davon aus, dass dieses Buch eine Fortsetzung finden wird.

Viel Spaß, gute Erkenntnisse und den Mut zu neuen Wegen

wünscht Euch

Judith Andresen

Lesehinweise

Meine Arbeit als agile Organisationsentwicklerin ist vom „Du“ geprägt. Euch mit „Sie“ anzusprechen wäre mir fremd. Entsprechend werdet Ihr in diesem Buch als „Du“ bzw. „Ihr“ angesprochen.

Im Team der BERATUNG JUDITH ANDRESEN haben wir uns entschieden, möglichst alle anzusprechen und für alle zu schreiben. Entsprechend habe ich diesen Text genderneutral (also mit Gendersternchen für alle Leser*innen) formuliert. Der Vorsatz, einladend zu formulieren, gelingt mir noch nicht zu jeder Zeit. Ich möchte weiter lernen. Dafür benötige ich Dein Feedback. Bitte melde Dich, wenn Dir Textpassagen besonders gut oder gar nicht gefallen.

In vielen Büchern rund um Organisationsentwicklung und Change findet sich der Ausdruck „Betroffene“. Obwohl ich diesen Ausdruck nicht mag – er fühlt sich für mich an, als seien den entsprechenden Personen von der Veränderung wie einer unvermeidbaren, schweren Krankheit befallen –, nutze ich diesen Begriff im Falle eines Change innerhalb der agilen Veränderung. In allen anderen Fällen spreche ich von Beteiligten, wohlwissend, dass sich nicht immer alle im Systemumfeld beteiligen werden und möchten.

Es scheint zwei Sorten Leser*innen meiner Bücher zu geben: diejenigen, die die Bücher von vorne bis hinten durchlesen, und diejenigen, die anlassbezogen zu einem bestimmten Thema lesen. Für Letztere ist der Text mit Vor- und Rückbezügen versehen. Das Buch lässt sich gut und inhaltlich stimmig linear durchlesen, dafür sind dann die Vor- und Rückbezüge einfach zu überlesen (und lediglich ein Zeichen dafür, dass es inhaltliche Vertiefungen an anderer Stelle gab oder geben wird). Generelle Themen sind in Kapiteln und Detailinformationen in Abschnitten zu finden. Agile Organisationsentwicklung folgt zwanzig Prinzipien, auf diese wird mit Prinzip $ABSCHNITTSNUMMER verwiesen. In den Beispielen und Erläuterungen unterstelle ich Organisationen als solches Wünsche, Anliegen und Handlungsweisen. Wohlwissend, dass diese Handlungen von einzelnen Menschen oder Gruppen in der Organisation ausgehen. Ich tue dies, um nicht zu viel Bild vorzugeben. In der jeweiligen Übertragung auf Eure Organisation könnten sehr unterschiedliche Personen oder Personengruppen zu den (nicht-)handelnden Personen werden. In den Beispielen erläutere ich konkret, wer in diesen, den beruflichen Alltag der BERATUNG JUDITH ANDRESEN widerspiegelnden, Beispielen die handelnden Personen waren.

Definition

In diesen Kästen findet Ihr grundlegende Definitionen und Inhalte.

Erklärung

In diesen Kästen findet Ihr grundlegende Erklärungen und Erweiterungen von Sachverhalten.

Zitate

„In diesen Kästen findet Ihr Zitate sowohl von Organisationsentwickler*innen als auch von Coachees."

Dabei kann es sich um Merksätze, Regeln und/oder typische Aussagen der Beteiligten zu den jeweils im Kapitel besprochenen Inhalten handeln.

Beispiel 000

In diesen Kästen findet Ihr Beispiele von Vorgehensweisen und/oder Modellanwendungen, die Euch illustrieren sollen, wie sich der geschilderte Sachverhalt in der Realität abbildet bzw. nutzen lässt. Die Beispiele haben alle einen reellen Hintergrund, werden aber anonymisiert dargestellt.

Die Beispiele sind nummeriert. In einigen Fällen referenziere ich mehrfach auf das gleiche Beispiel. Ihr findet eine Übersicht der genutzten Beispiele im Anhang.

Bild 1 Zeichnungen und Illustrationen: Judith Andresen

Die Grafiken und Illustrationen für dieses Buch habe ich selbst erstellt. Wenn Euch meine Art der grafischen Darstellung gefällt, empfehle ich Euch den agilen Baukasten sminca *(https://www.sminca.de/)*, welcher auf über 200 Seiten (agile) Methoden und für den Coachingalltag von Teams, Individuen und Organisationen wichtige Modelle und agile Methoden(bausteine) enthält.

Gerne könnt Ihr sowohl Texte als auch Grafiken in Eurem Alltag nutzen, wenn Ihr Eure Text- und/oder Grafikzitate als solche kennzeichnet.

1 Organisationen agil entwickeln

Organisationen stehen aktuell vor großen Herausforderungen. Während der Coronapandemie haben wir vieles gelernt und verändert. Augenscheinlich hat sich für viele Menschen die Vorstellung verändert, wo und wie (Wissens-)Arbeit geleistet werden sollte.

Die entsprechenden Veränderungen waren noch nicht durch die Organisationen „gelaufen“, als die nächste große Veränderung an die Tür klopfte. Die durch den Ukrainekrieg hervorgerufene Energiekrise schob für viele Organisationen die Frage, wie Nachhaltigkeit in der eigenen Organisation gelebt werden könn(t)e, in den Fokus der Debatte ... und brachte so ein seit Jahrzehnten latentes Thema, den sich manifestierenden Klimawandel, auf die Tagesordnung von Organisationen.

Daneben revolutioniert sich das Geschäfts- und auch das gesellschaftliche Leben. Die Frage ist nicht mehr, ob Künstliche Intelligenz den Organisationsalltag verändern wird; es ist nur die Frage, wie das geschehen wird.

Mit der Innovation und den radikalen Änderungen, die Künstliche Intelligenz möglich machen wird und zum Teil schon macht, stellt sich die Frage nach Globalisierung, globaler Verantwortung, Automatisierung und Digitalisierung der Organisationsprozesse, der geschaffenen Services und Produkte vollständig neu.

Die Veränderungen, vor denen wir gesellschaftlich und damit auch in Organisationen stehen, sind radikal: Unsere bisherigen Vorstellungen von der Verteilung von Lebenszeit auf Privates und Berufliches scheinen angesichts von Digitalisierung, Automatisierung und künstlicher Intelligenz vollkommen überholt zu sein. Wenn wir im Schnitt nur noch 15 % unserer bisherigen Arbeitszeit in Werkarbeit verbringen werden, was bedeutet das für uns – und was bedeutet das für die Organisationen?

Diese Fragestellungen treffen auf Organisationen, die Fehler eher als Zeichen von Inkompetenz deuten. Und doch wird angesichts der Fragestellungen deutlich: Eine eindeutige Antwort wird es im ersten Schritt nicht geben. Die Organisationen werden ihren Kund*innennutzen neu definieren und dafür eine geeignete Aufstellung finden müssen. Es gilt, sich in eine zukunftssichere Richtung zu bewegen und Schritt für Schritt zu lernen.

Bild 1.1 Veränderungsdruck bis in die Fingerspitzen

Der Veränderungsdruck, der auf den Organisationen lastet, ist also groß. Der Kottersche „Sense of Urgency" (siehe Abschnitt 2.11) lässt sich für viele Organisationen direkt und unmittelbar aus dem vorher Gesagten ableiten.

Dieser „Sense of Urgency" kommt gleichzeitig leise und massiv daher. Die Zukunftsperspektive ist groß, in etlichen Entscheidungen scheint Bedrohungspotenzial zu stecken. Die erkannten Herausforderungen sind nicht nur groß, sondern auch der mögliche Lösungsraum entzieht sich einer schnellen Analyse und Entscheidungsfindung:

- Es ist kein klares Zielbild erkennbar.
- Die Handlungsoptionen sind mannigfaltig.
- Die erkannten Lösungsoptionen sind in sich widersprüchlich.

Viele Organisationen und Organisationsmitglieder fühlen sich erschlagen angesichts der Massivität der Herausforderungen sowie der Lösungsoptionen. Im Ergebnis passiert wenig. Die Beteiligten verlieren den Mut und wissen nicht, wo und wie sie beginnen sollten, da sie das Zielbild nicht scharfstellen können.

So scheinen die Organisationen auf normativer und strategischer Ebene im agilen Reifegrad „so wie beim letzten Mal" (siehe Abschnitt 6.5.6.1) zu verharren. Die Organisationen begegnen diesen vielen Unsicherheiten, indem sie auf das einzig Sichere setzen: was sie können und sich „einfach" anwenden lässt.

Der Wunsch nach einer lernenden und insgesamt beweglicheren Organisation in Veränderungen übersetzt sich in klassische „Changes" (siehe Abschnitt 2.8.1). Diese stellen Strukturveränderungen und ein festes Set an agilen Methoden in den Fokus der Bemühungen. Dabei wird agil nicht mit agil eingeführt, sondern die Beteiligten versuchen, mit klassischen Methoden eine neue Denk- und Arbeitsweise in ihren Organisationen zu etablieren.

1.1 Agil mit agil einführen

Die agile Herangehensweise, sich an einen Zielraum (siehe Abschnitt 2.3.2) heranzulernen, verspricht in dieser Situation Bewegung und Fortschritt. Somit sorgt das agile Arbeiten auf dieser Ebene für Erfolg. Vorher nicht denkbare Richtungen können gegangen werden. Aus den erreichten Zielräumen schälen sich nach und nach konkrete, zukunftsträchtige Ziele heraus.

Dabei setzt die agile Organisationsentwicklung, genau wie das agile Manifest es für Projekte beschreibt (siehe Abschnitt 3.1), auf eine kund*innenzentrierte Ausrichtung sowie ein iteratives, inkrementelles und lernendes Vorgehen.

Und so entsteht Schritt für Schritt, Experiment für Experiment, Lernmoment für Lernmoment Bewegung und positive Energie. Erfolg begeistert und motiviert. Zu erleben, dass Vorgänge einfacher, schneller, smarter und zielführender erfolgen, ist schon auf Teamebene der Zauber agiler Methoden.

Diese Magie zeigt sich auf Organisationsebene, wenn die Beteiligten erleben, wie veränderte Zusammenarbeit und Ausrichtung sich anfühlt, insbesondere wenn sich der Erfolg zeigt: Die Beteiligten fühlen sich sicherer in Bezug auf die vielfältigen Herausforderungen, denen sie und ihre Organisationen sich stellen (müssen).

Definition „System“

Ein System wird beschrieben durch seine Elemente (unterschiedliche Bausteine) und deren Beziehungen sowie eine Grenze zum Umfeld.

Definition „sozial“

„den Zusammenhang, das Zusammenleben der Menschen in der Gesellschaft betreffend“ [DWDS 2024-01]

Mit den vorherigen Definitionen entsteht ein Bild von Organisationen, in denen sich die Organisationsmitglieder auf Zeit und mit ihrer jeweiligen Einwilligung, dabei zu sein, zusammenfinden.

Definition „Organisation“

Für dieses Buch verstehe ich Organisationen als soziale Systeme, in denen Arbeitsteilung und -vereinigung erfolgen.

Die Arbeitsteilung und -vereinigung werden durch Werte, Normen und Regeln (siehe Abschnitt 9.3) innerhalb des Systems organisiert. Diese können implizit wie explizit „formuliert“ sein. Vielfach bilden Werte, Normen und Regeln die Basis für Systemerhalt und Systemverstärkung (siehe Abschnitt 9.4).

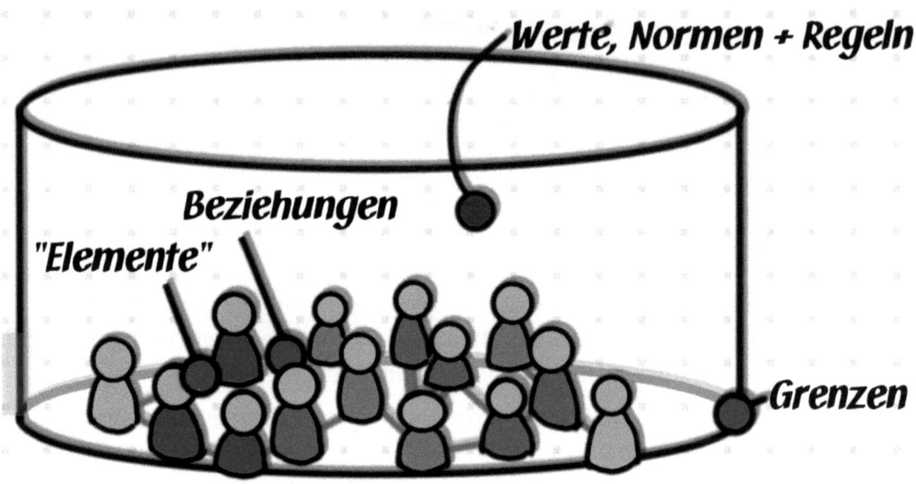

Bild 1.2 Organisationen sind soziale Systeme

An Stelle langwieriger Analysen und der Erstellung eines möglichst perfekten Zielbilds für ein System, das jeder aktuell erlebten Ausnahme gerecht wird, empfiehlt es sich, die komplexe Situation des Systems als solches anzuerkennen.

Unter Komplexität versteht man „eine große Anzahl von Elementen, vielfältigen Wechselwirkungen, Strukturen und Prozessen in einem Zusammenhang“. [Wikipedia02]

Die Komplexität der Organisationsentwicklung ergibt sich bereits aus der Größe des betrachteten Systems:

Anzahl der Beziehungen

Betrachtet man ein System aus „n“ Elementen, so können diese *n*(n-1)/2* Beziehungen miteinander aufbauen. Die Anzahl der zu koordinierenden Beziehungen steigt also nahezu im Quadrat – und erzeugt sehr schnell ein hohes Maß an Komplexität.

Ein System aus fünf Elementen erzeugt *5*4/2 = 10* Beziehungen. Acht Elemente enthalten 28 Beziehungen. Bei fünfzehn Elementen umfasst das System bereits 105 Beziehungen.

Komplexe Situationen sind mit den Prinzipien des agilen Manifests (siehe Abschnitt 3.1.1) besonders gut zu bewältigen. In diesem Sinne heißt es, Organisationen mit dem Fokus auf den Kund*innennutzen iterativ, inkrementell und lernend zu entwickeln.

1.2 Gemeinsam mit Spaß die Organisation an die Zukunft anpassen

Die aktuellen Herausforderungen an Organisationen sind groß: „new work" möchte gestaltet werden (oder auch nicht?), die Organisation sollte nachhaltig werden (oder auch nicht?), die Organisation sollte automatisieren und digitalisieren (oder auch nicht), die Organisation sollte Künstliche Intelligenz nutzen (oder auch nicht).

- Der Möglichkeitsraum ist sehr groß.
- Der Lösungsraum ist sehr groß.
- Viele Menschen werden mindestens ihr Verhalten verändern (müssen). Gegebenenfalls sind auch veränderte Tools zu nutzen und/oder die hinter allem liegende Wertewelt wird bei den Beteiligten tangiert.

Organisationsentwicklung ist komplex.

Die vor der Organisation liegenden Aufgaben sind also komplexer, wenn nicht sogar chaotischer Natur (siehe Abschnitt 2.9.1). Komplexe und chaotische Herausforderungen lassen sich nicht über Analyse und Planung meistern. An Stelle langwieriger Analysen und ausführlichen, detaillierten Plänen erschließt sich die Lösung über Lernketten aus schnellen und pragmatischen Experimenten und anderen Lernmomenten.

Gemeinsam Erfolg haben macht Spaß. Organisationsmitglieder wirken motiviert, wenn sie Erfolge verbuchen können. In kleinen, einfachen und pragmatischen Experimenten können die Beteiligten die Hebel zur Organisationsentwicklung finden und diese Experiment für Experiment stärker ausdefinieren.

So lernen die Organisationsmitglieder im Machen, dass Fehler nicht mit Versagen und Schuld gleichzusetzen sind. Sie lernen so, dass in Fehlern immer ein Lerngeschenk verborgen ist, welches sich zu entdecken lohnt.

Kultur zeigt sich im Handeln. Indem die Beteiligten erleben, dass vermeintliche Fehler sie voranbringen, können sie weitere Lernschritte gehen.

Mit dem Durchleben von Lernketten wandelt sich eine Fehler- zu einer Lernkultur (siehe Kapitel 10).

1.3 Iterativ, inkrementell und lernend die Organisationen entwickeln

Eine Organisation entsteht also, wenn Menschen sich in einem sozialen System mit Arbeitsteilung und -vereinigung organisieren. Durch sich verändernde Umweltfaktoren und Anforderungen stellt sich die Aufgabe des sich Organisierens täglich; entsprechend ist die Organisationsentwicklung eine dauerhafte Aufgabe.

Dabei gibt es drei Wirkungsfelder in Organisationen, die sich in unterschiedlichen Organisationsstrukturen ausprägen. Diese werde ich im Kapitel 13 näher beleuchten. Agile Organisationsentwicklung hebt die Frage der dienenden Leitung für Teams

> „Was muss ich tun, damit das Team zur Höchstleistung kommt?“

auf die Organisationsebene. Dabei lohnt sich insbesondere der Blick auf die Vereinbarungen innerhalb der Organisationen, die als Regeln, Normen und Werte sichtbar werden (können):

> „Wie müssen wir uns aufstellen, damit wir unser Organisationsziel gut erreichen? Welche Regeln, Normen und Werte unterstützen uns auf unserem Weg? Welche sind aktuell eher hinderlich?“

Diese Fragestellungen beschreiben eine Organisation, die nicht nur operativ, sondern auch strategisch lernt.

> **Definition: Agile Organisationsentwicklung**
> Agile Organisationsentwickler*innen begleiten Organisationen und Teams ins strategische Lernen.

1.4 Selbstreflexion „Organisationen agil entwickeln“

Beantworte die folgenden Reflexionsfragen bzw. bearbeite die skizzierten Übungen und Vertiefungen. Eine schriftliche Auseinandersetzung bzw. Inter-/Supervision wird die Wirkung der Übung verstärken.

- Kannst Du für Deine Organisation eine „urgency“ benennen?
- Du denkst gerade über eine Organisationsveränderung nach. Welches System betrifft diese Veränderung? Welche Elemente gibt es, welche Beziehungen, welche Grenzen? Kannst du Subsysteme erkennen?

- Wie gut gelingt Dir ein Blick auf die Werte, Normen und Regeln Deiner Organisation?
- Mit welchen Methoden könntest Du Dir oder Deinen Klient*innen einen Blick auf
  - das System,
  - die Werte, Normen und Regeln

  ermöglichen?
- Wie gut könnt Ihr als Organisation jenseits von Plänen zukunftsgerichtete Entwicklung ermöglichen?
- Zeichnen sich mögliche Lösungsräume für Eure Organisation ab?

2 Experimentieren, Changes und agile Transitionen gestalten, Transformationen managen

Veränderungen in Organisationen können durch Veränderungsdruck induziert sein. Konkret: Eine Veränderung ist eine Antwort des Systems auf den Veränderungsdruck. Dieser ergibt sich aus wirtschaftlichen und gesellschaftlichen Entwicklungen genauso wie durch die veränderten Ansprüche der Organisationsmitglieder.

Das System kann also von außen oder innen „gefordert" werden (siehe Abschnitt 2.4).

Viele Organisationen realisieren erst spät, zum Teil niemals, dass sie auf einen Veränderungsdruck mit einer Veränderung reagieren. Im Ergebnis erleben diese Organisationen im ersten Anlauf ungemanagte Changes (siehe Abschnitt 2.6). Der Organisation schien die Veränderung alternativlos zu sein. Da die Organisation den Veränderungsdruck nicht wahrnahm, erscheinen die Entscheidungen als Optimierung der Arbeit – und nicht als Veränderung.

Veränderungen können auch entstehen, wenn die Organisationsmitglieder eine Veränderungsnotwendigkeit erkennen und entsprechend handeln. Dies kann sowohl zu Changes als auch zu agilen Transitionen führen.

Eine Veränderungsnotwendigkeit zu erkennen, kann dazu führen, dass die Beteiligten durch die schiere Anzahl von Handlungsoptionen erschlagen werden und nicht handeln.

> „Eigentlich müssten wir die Produktentwicklung neu aufstellen. Und auch den Servicebereich. Und wir sind auf keiner Ebene wirklich nachhaltig. Das ist echt wichtig, das zu klären. Das Tagesgeschäft ist aber auch sehr fordernd. Komm, wir konzentrieren uns erstmal darauf, dass wir unser Tagwerk gut machen."

Im Ergebnis „verschläft" die Organisation notwendige Veränderungen. Sinnvolle Lernzyklen aufzusetzen und ehrliche Bestandsaufnahmen – und so das Ist – anzuerkennen, würde den Beteiligten helfen, sich der erkannten Veränderungsnotwendigkeit zu stellen (siehe Abschnitt 5.1.1) und die entsprechenden Changes oder agilen Transitionen zu gestalten und zu führen.

Viele agile Organisationsentwicklungen beginnen, wenn einzelne Organisationsmitglieder bei unklarem Zielraum und unklarem Organisationshebel einfach probieren, anders zu handeln. Sie brechen dabei häufig bestehende Organisationsmuster (siehe Kapitel 9) und eröffnen den Raum für eine Veränderung. Dieses Aufbrechen lässt sich als Ergebnis von Organisationsexperimenten (siehe Abschnitt 2.3) deuten.

2.1 Die Veränderungsnotwendigkeit anerkennen

Veränderungsdrücke sind innere und äußere Kräfte in Organisationen, welche zu einer Veränderung in und an der Organisation drängen. Eine **Veränderungsnotwendigkeit** entsteht aus der organisationellen Einsicht, dass eine Veränderung erforderlich ist.

Der Blick auf Veränderungsnotwendigkeiten erfordert den Mut, die Kraft und damit auch die Zeit, aus der täglichen Arbeit herauszutreten. Die Komfortzone ist zu verlassen. Es braucht einen ruhigen Blick auf das aktuelle, gewohnte Verhalten und das Infragestellen der täglichen Arbeit und deren Organisation. Veränderungsdrücke machen Druck und stellen den Organisationsalltag in Frage.

Während der Veränderungsdruck eine große Anzahl möglicher Lösungen mit sich bringt, unter denen die Beteiligten sich nicht entscheiden können, verweist die Veränderungsnotwendigkeit auf mögliche Ergebnisse:

> „Wir brauchen für eine Produktveränderung aktuell über ein Jahr. Das ist angesichts des Entwicklungstempos im mobilen Markt fatal. Wir müssen schneller werden."

Um Veränderungsnotwendigkeiten zu erkennen, braucht es immer einen Blick auf das System. Hilfreich könnten hier Lernzyklen auf strategischer oder normativer Ebene oder das Betrachten von agilen Flight Levels (siehe Abschnitt 10.11.5) sein, um Veränderungsnotwendigkeiten zu identifizieren.

Diese Wirkung kann durch eine externe Moderation verstärkt werden, welche naturgemäß eher einen Blick auf das System hat, da der*die Moderator*in in die Arbeit „im" System nicht involviert ist.

Der „Circle of Influence" nach Stephen R. Covey [Covey 2020-01] ist ein probates Mittel, um die eigenen Eindrücke und den wahrgenommenen Veränderungsdruck zu klassifizieren. Die Beteiligten können im ersten Zug ermitteln, welche Veränderungsoptionen sie innerhalb des Systems haben.

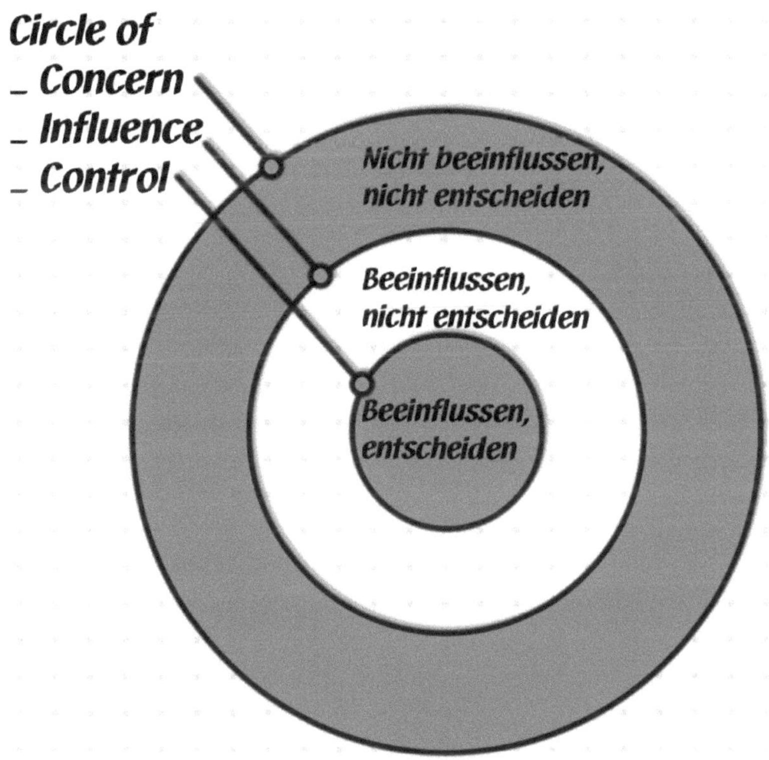

Bild 2.1 Veränderungsoptionen auf Machbarkeit analysieren

Dabei gilt es, mit Ruhe auf aktuelle Entwicklungen zu sehen, um angstfrei Handlungsoptionen und Zielräume entwickeln zu können (siehe Abschnitt 10.14).

Erkannte Veränderungsnotwendigkeiten bilden ein Organisationsanliegen, mit welchem die Organisation in die agile Veränderung startet.

2.2 Im und am System arbeiten

Viele Organisationsmitglieder haben einen guten Blick auf die Optimierung der laufenden Prozesse. Sie arbeiten im System. Die Gewohnheit prägt dabei leicht Prozesse „so wie beim letzten Mal" aus (siehe Abschnitt 6.5.6.1). Die Beteiligten wiederholen dabei nicht nur Prozesse, sondern auch „so wie beim letzten Mal" ihre Fehler. Sie wiederholen so Beziehungs-, Kommunikations- oder Verhaltensmuster (siehe Abschnitt 9.8).

Dabei kann Organisationsentwicklung als solches von Organisationsmitgliedern als ein Vorgehen „so wie beim letzten Mal" empfunden werden:

„Das mit dem agilen Arbeiten wird vorübergehen. Wir haben hier statistisch alle vier Jahre einen sogenannten Change. Richtig geändert haben die nie etwas. Auch dieser ‚Change' wird vorübergehen."

Damit es den Organisationsmitgliedern gelingt, Veränderungsnotwendigkeiten für ihre Organisation anzuerkennen, braucht es insbesondere einen Blick „auf" das System:

Fragestellungen der agilen Veränderung

Welche Anforderungen an die Organisation haben sich geändert?

Welche Anforderungen werden sich voraussichtlich radikal ändern?

Welche Anforderungen der Organisationsmitglieder verändern sich?

Welche Anforderungen dieser werden sich voraussichtlich stark verändern?

Ist die Art der Arbeitsvereinigung und -teilung in unserer Organisation eine probate Antwort auf die vorgenannten Anforderungen?

Wie beweglich ist die Organisation in Bezug auf die anstehenden Veränderungen?

Der regelmäßige Blick „auf" die Organisation wird die Beteiligten unterstützen, Veränderungsnotwendigkeiten (an-) zu erkennen. Dieser Blick ist über Lernzyklen zu unterstützen.

2.3 VUCA für Veränderungsvorhaben akzeptieren und Veränderung passend modellieren

VUCA wurde als Erklärung ursprünglich zur Beschreibung der Unsicherheiten und Komplexitäten der geopolitischen Situation während des Kalten Krieges genutzt. Das Akronym wurde von Warren Bennis und Burt Nanus in den Bereich der Organisationsentwicklung übertragen.

Volatility (Volatilität): Geschwindigkeit und das Ausmaß, in dem sich Veränderungen im Organisationsumfeld ereignen

Uncertainty (Ungewissheit): Unvorherseh- und Unvorhersagbarkeit (also: Unplanbarkeit) von Ereignissen und Verläufen

Complexity (Komplexität): Vielfalt der Interaktionen, Systemelemente und deren Beziehungen

Ambiguity Mehrdeutigkeit: Unklarheit und Fehlen eindeutiger Informationen und ihrer Interpretationen

Die Modellierung von Veränderungsvorhaben kann nicht mehr dem **einen** Plan folgen (z. B. nach Kotter, siehe Abschnitt 2.11). Die Herausforderungen zur Veränderung an Organisationen ändern sich stetig, sie sind komplex, ungewiss und mehrdeutig (siehe Kapitel 1).

Dabei ist der Veränderungsdruck sowohl auf und in den Organisationen deutlich spürbar.

2.4 Organisationshebel und Zielräume zur Modellierung agiler Veränderung nutzen

Um agile Veränderung erfolgreich gestalten zu können, ist es wichtig, die für die Organisation richtige Veränderungsart zu modellieren. Dabei ist das Organisationsanliegen im Normalfall nicht direkt ablesbar. Der Veränderungsdruck ist spürbar und den Beteiligten fällt es schwer, den Ist-Zustand gut zu beschreiben.

Eine Analyse des aktuellen und der möglichen Zielzustände wird den Beteiligten häufig schwerfallen oder schlicht nicht in sinnvoller Zeit möglich sein. Um agile Veränderung zu modellieren, betrachten agile Organisationsentwickler*innen Organisationshebel und Zielräume.

Organisationshebel und Zielräume werden in Handlungen und Prinzipien (siehe Abschnitt 6.5.1.3) formuliert.

2.4.1 Organisationshebel klären

Agile Veränderung setzt auf Stärken der Organisation und das Interesse der Beteiligten (siehe Abschnitt 4.3).

> **Definition „Organisationshebel"**
> Ein Organisationshebel zeigt eine große Veränderungswirkung bei einem vergleichsweise geringen Einsatz der Organisation.

Organisationshebel setzen auf positive Energie, die von einer erfolgreichen Veränderung ausgeht, und nutzen die Hebelwirkung, die durch das Bedienen der eigenen Stärken und starker Interessen in der Organisation entsteht.

Mit dem Organisationshebel fokussieren die Beteiligten eine stärkenorientierte Entwicklung (siehe Abschnitt 10.8). Der Organisationshebel sollte so formuliert sein, dass die ersten Schritte für die Organisation (oder ausgewählte Teile im Sinne der Innovationsannahme (siehe Abschnitt 4.3) einfach zu gehen sind.

Organisationshebel können sehr unterschiedlich sein. Die nachfolgende Liste gibt eine Idee von möglichen Organisationshebeln für Interaktionen, Prozesse, Führung und Strukturen einer Organisation. Den Organisationshebel zu klären, ist ein steter Prozess (siehe Abschnitt 6.5.5.1).

2.4.1.1 Organisationshebel: Interaktionen

„Wir arbeiten in einem Projektteam täglich zusammen."

„Bei abzusehenden, kommenden Arbeitsbelastungen räumt ein anderes Organisationsmitglied den Kalender mit der entsprechenden Person auf."

„Wir behandeln uns ehrlich und geben uns regelmäßig positives wie negatives Feedback."

„Wir erkennen das Organisationsmuster $Muster und versuchen täglich, das andere Verhalten $Verhalten zu zeigen."

2.4.1.2 Organisationshebel: Prozesse

„Wir teilen alle Aufgaben aller Personen auf der Wandzeitung."

„Wir delegieren Aufgaben klar. So verzichten wir auf viele indirekte Abstimmungsmeetings."

„Wir bearbeiten $GESCHÄFTSVORFALL grundsätzlich innerhalb von 24 Stunden."

„Wir erklären das Thema $PRIO zum „Prio 1-Thema". Wenn ein Teammitglied Unterstützung zum Thema $PRIO braucht, wird diese von den angesprochenen Organisationsmitgliedern sofort geleistet."

2.4.1.3 Organisationshebel: Führung

„Für tägliche Fragen entscheiden die Teammitglieder selbst. Wir haben Transparenz über offene Entscheidungen. Wir entscheiden möglichst schnell."

„Sich schnell zu entscheiden, ist besser, als sich nicht zu entscheiden."

„Wir unterscheiden zwischen Informationen und Entscheidungen."

„Ich als Organisationsmitglied frage immer um eine Entscheidung mit einer Empfehlung. Ich als Führungskraft erfrage immer die Handlungsempfehlung, bevor ich entscheide (oder die Entscheidung delegiere)."

2.4.1.4 Organisationshebel: Strukturen

„Wir verändern unser Verhalten in der kleinstmöglichen Einheit."

„Projekte/Prozesse des Typs $GESCHÄFTSVORFALL bearbeiten wir in T-Shaped Teams mit der agilen Methode $METHODENNAME."

„Wir treffen uns nur zu Abstimmungsmeetings, wenn es etwas abzustimmen gibt."

„Projektteammitglieder arbeiten immer zu 80 % in Projekten. Der $Wochentag ist für andere Themen nutzbar."

2.4.2 Zielräume klären

In komplexen und chaotischen Umgebungen (siehe Abschnitt 2.10.1) wird es den Beteiligten nicht möglich sein, nach Analyse des Istzustands und einer Prognose ein klares Ziel zu formulieren, welches sich mit Zielkriterien (siehe Abschnitt 12.2.1.2) messen lässt. In diesen Situationen können die Beteiligten Zielräume formulieren.

Definition „Zielraum"

Ein Zielraum beschreibt eine Menge möglicher Zustände in der Zukunft in drei bis fünf Handlungen der Organisationsmitglieder oder Prinzipien der Organisation.

Zielräume sind attraktiv, handlungsleitend und richtungsweisend formuliert.

Der Zielraum muss für die Beteiligten gut greif- und erinnerbar sein. Viele Transitionsteams möchten ihre Zielräume in mehr als fünf Sätzen charakterisieren. Die Erfahrung zeigt jedoch, dass bei mehr als fünf Sätzen die formulierten Zielräume an Attraktivität („zu beliebig"), an Richtungsweisung („ohne Fokus") und Handlungsleitung („wo anfangen?") verlieren.

2.4.2.1 Beispiele für Zielraumformulierungen

Zielräume werden so wie Organisationshebel in Handlungen in der Zukunft beschrieben. Zielräume vermitteln so ein Bild von der Organisationskultur der Organisation:

- „Wir sehen den Menschen in unseren Kolleg*innen. Wir handeln in Vertrauen, mit Respekt und in Offenheit."
- „Wir erfüllen stärkenorientiert unsere Teammissionen."
- „Wir lernen jeden Tag. Für den Moment und für das Morgen."
- „Große Fehler beseitigen wir innerhalb von 24 Stunden; wir lernen für den Moment und vermeiden Wiederholungen der Fehler."
- „Wir veröffentlichen zwölf Produktneuerungen im Jahr."
- „Wir lösen situativ im Team kritische Herausforderungen."
- „Wir können alle ohne Sorgen unseren Urlaub machen."

2.4.2.2 Zielräume werden sich im Laufe der agilen Veränderung weiter klären

Ein formulierter Organisationshebel weist die Richtung eines Zielraums.

Die Formulierung von Zielräumen stellt immer eine Momentaufnahme dar. Die Formulierung wird sich im Laufe der Transition verändern (siehe Abschnitt 6.5.4).

An Stelle von Zielräumen können Organisationen auch ein True North in der Organisationsentwicklung (siehe Abschnitt 11.5.7) formulieren. Ein True North dient immer nur der Orientierung und wird in seiner Absolutheit nie erreicht werden. Um den Zielraum zu bestimmen, führen agile Organisationsentwickler*innen Zielraum-Workshops durch (siehe Abschnitt 6.5.1.4).

2.5 Agile Veränderungen modellieren

Es gibt vier grundsätzliche Wege, sich als Organisation agil zu verändern. Organisationen können sich verändern

- über Experimente (siehe Abschnitt 2.8),
- mittels agiler Transitionen (siehe Abschnitt 2.9),
- in Transformationen (siehe Abschnitt 2.7) sowie
- durch Changes (siehe Abschnitt 2.9).

Dieses unterschiedliche Vorgehen wird bestimmt durch die Klar-/Vagheit des Organisationshebels und des Zielraums der agilen Veränderung:

Wenn Ihr den Organisationshebel benennen könnt, der Zielraum aber noch vage bleibt, nähert Ihr Euch dem Zielraum über eine **agile Transition**. Ihr werdet Euch Eurem Zielraum iterativ, inkrementell und lernend nähern.

Wenn der Organisationshebel (siehe Abschnitt 2.4.1) und der Zielraum (siehe Abschnitt 2.4.2) sich klar abzeichnen, ist die Veränderung als **Change** zu modellieren. Ihr nähert Euch geplant Eurem Ziel.

Sofern der Zielraum klar erscheint, der Organisationshebel aber noch nicht klar ist, steht Ihr in einer **agilen Transformation**. Eure Aufgabe ist es dann, den Organisationshebel zu identifizieren, um so Eure agile Veränderung in einen Change zu überführen.

Sind weder der Organisationshebel noch der Zielraum gut zu erkennen, versucht Ihr über **organisationelle Experimente** Klarheit über den Organisationshebel zu erlangen, um so Eure agile Veränderung in eine agile Transition überführen zu können.

> Agile Organisationsentwickler*innen entwickeln Rituale und Formate, um Veränderungsdrücke zu benennen und Veränderungsnotwendigkeiten zu formulieren.
>
> Sie entscheiden klar und bewusst, wie sie anstehende Veränderungen modellieren. Sie orientieren sich hierfür am Organisationshebel und am Zielraum der Organisation.

Agile Organisationsentwickler*innen empfehlen begründet die Modellierung der agilen Veränderung als Changes, agile Transitionen oder organisationelle Experimente (siehe Abschnitt 8.2.1).

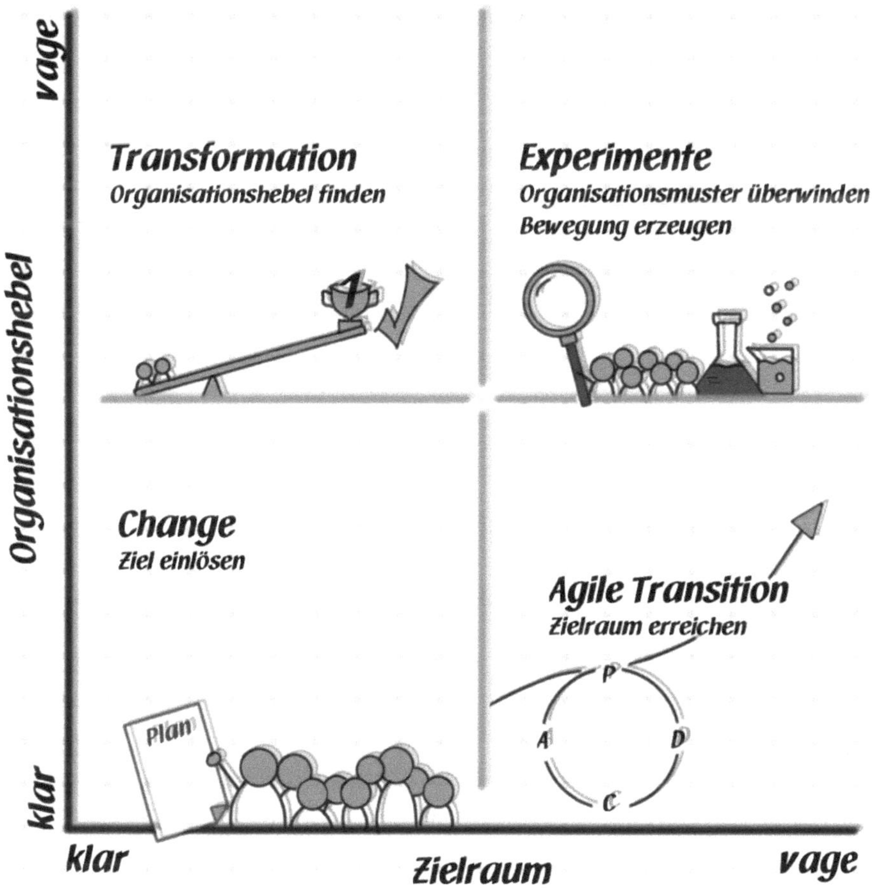

Bild 2.2 Veränderungsprozesse zielgerichtet gestalten

2.5.1 Organisationshebel und Zielraum einordnen

Um sich zwischen Experimenten, Changes, Transitionen und Transformationen zu entscheiden, brauchen die Treiber*innen eine Einordnung des Organisationshebels und des Zielraums (siehe Abschnitt 2.4).

Dafür versuchen die Treiber*innen, den Organisationshebel und den Zielraum mittels der Kontrollfragen zwischen „vage" und „klar" einzuordnen.

Kontrollfragen zum Organisationshebel

1. Können wir den Organisationshebel in einem Satz zusammenfassen?
2. Haben wir das Gefühl, dass dieser Satz uns weit nach vorne bringen wird?
3. Haben wir das Gefühl, dass der so formulierte Organisationshebel unser Organisationsanliegen adressiert?

Ähnlich einfach fallen auch die Kontrollfragen zum Zielraum der agilen Veränderung aus.

Kontrollfragen zum Zielraum

1. Haben wir einen Zielraum aus drei bis fünf einfachen Sätzen formuliert?
2. Können wir aus diesen Formulierungen unsere nächsten Lernschritte ableiten?
3. Können wir mit diesen Formulierungen unser tägliches Handeln überprüfen?
4. Haben wir Lust auf diesen Zielraum?

Je eindeutiger die Beteiligten die Antworten geben können, desto klarer sind das Organisationsanliegen und der Zielraum.

2.5.2 Das Veränderungsvorhaben in seinem Umfang erfassen

Die Treiber*innen sind sich der zwei Phasen der agilen Organisationsentwicklung bewusst. Je nachdem, wie klar sie das Organisationsanliegen und den Zielraum der agilen Veränderung formuliert haben, modellieren sie die Veränderungen als Kette von Experimenten, als agile Transition, als Change oder Transformation (siehe Abschnitt 2.9.1).

Viele Veränderungsvorhaben werden alleine durch die Organisationsgröße komplex (siehe Abschnitt 1.1) – steht doch für viele, wenn nicht für alle, ein Paradigmenwechsel (siehe Abschnitt 5.7) auf dem Programm.

2.5.2.1 Cynefin

Ein anderer Zugang zu der Frage, ob Experimente, eine Transition oder ein Change zu modellieren ist, ergibt sich aus der Betrachtung des Cynefin-Frameworks.

Das Cynefin-Framework nach Dave Snowden [Snowden 2020-01] basiert auf der Komplexitätstheorie und unterstützt Beteiligte darin, eine Aufgabenstellung und deren mögliche Lösung gut zu erfassen. „Cynefin“ steht im Walisischen für eine „Lebensumgebung“ und ordnet Aufgabenstellungen ihrer „Lebensumgebung“ zu.

Clear (klar): Ursache-Wirkungs-Beziehungen sind klar erkennbar. Herausforderungen und Risiken sind gut identifizierbar. Standardisierte Abläufe wie Checklisten führen zu exzellenten Ergebnissen.

Complicated (kompliziert): Um die Ursache-Wirkungs-Beziehungen zu erfassen, braucht es Expert*innen. Es gibt richtige Lösungen, die durch Analyse und Bewertung definiert werden. Mit Hilfe von klaren Plänen, inklusive der systematischen Erfassung von Risiken oder Stakeholdern, können diese Lösungen erreicht werden.

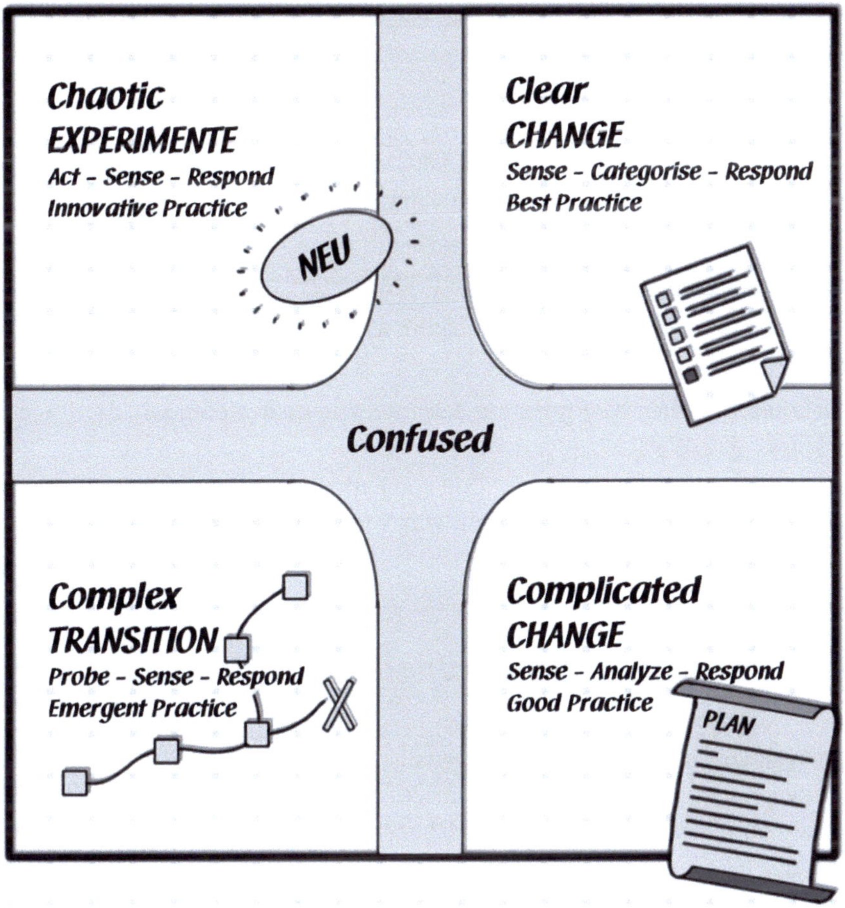

Bild 2.3 Veränderungen in ihr jeweiliges Cynefin einordnen

Complex (komplex): Die Ursache-Wirkungs-Beziehungen sind nicht vorhersagbar, können aber nachträglich verstanden werden. Der Quadrant ist durch eine hohe Dynamik, Vielfalt und Unsicherheit geprägt. Zielräume werden über ein iterativ-inkrementell-lernendes Vorgehen erreicht.

Chaotic (chaotisch): Im vierten Quadranten gibt es keine erkennbare Ordnung. Über schnelle, kreative und unkonventionelle Experimente erschließen sich Lösungen. Haben sich diese gezeigt, können die Herausforderungen in andere Quadranten überführt werden.

Confused (Unordnung): Passen Herausforderung und Lösungsmechanismus nicht zusammen, befindet sich die Aufgabe im fünften Cynefin. Nach einer Analyse werden die Herausforderungen in den korrekten Quadranten überführt.

Ist die Veränderung als klare oder komplizierte Aufgabe zu erfassen, werden die Treiber*innen einen Change aufsetzen. Bei einer komplexen Veränderung steht eine

Transition an, während im chaotischen Fall entsprechende Experimente aufzusetzen sind, um den Organisationshebel und später den Zielraum zu identifizieren.

2.5.2.2 Stacey-Matrix

Einen weiteren Zugang zur Frage der Modellierung des Veränderungsvorhabens ergibt sich aus der Stacey-Matrix (entwickelt von Ralph Douglas Stacey, [BVA 2020-01]).

Die Stacey-Matrix gibt Hinweise auf die Bearbeitung von Herausforderungen entlang der Klarheit von Anforderungen und Umsetzung:

- **Anforderungen:** Wie klar ist das Problem? Wie klar ist eine Lösung? Wie klar ist das „Was"?
- **Umsetzung:** Welcher Weg führt zur Lösung? Wie modellieren wir das Projekt? Wie klar ist das „Wie"?

Die Stacey-Matrix kann nicht nur zur Wahl einer stimmigen Projektmethode genutzt werden, sondern auch zur Modellierung von Veränderungsvorhaben als Changes, Transitionen oder Experimente.

2.6 Ungemanagte Veränderungen vermeiden

Mut und Kraft zur Veränderung können genauso fehlen wie die Erkenntnis, dass die Organisation einem Veränderungsdruck ausgesetzt ist. Im Ergebnis vollführen viele Organisationen große Veränderungen, welche durch niemanden gesteuert werden.

> Ungemanagte Veränderungen erzeugen bei allen Organisationsmitgliedern großen Frust.

Ungemanagte Veränderungen können ganz unterschiedlicher Natur sein. Diese reichen von ungemanagten Zusammenschlüssen („Mergern") von Organisationsteilen oder gar zwei Organisationen, über das Einführen von anderen Arbeitswerkzeugen wie cloudbasierter Office-Software bis hin zur Veränderung des Organigramms mit darin enthaltenen agilen Rollen.

> „Ungemanagte Changes frustrieren alle Organisationsmitglieder."

Ungesteuerten Veränderungen ist gemein, dass das Ziel vermeintlich klar ist und schnell umschrieben werden kann. Gleichzeitig wird in dem Zielbild das veränderte Verhalten der Organisationsmitglieder nicht reflektiert. Im Ergebnis entsteht ein von niemandem gewollter Zustand, welcher von allen Beteiligten als frustvoll erlebt wird.

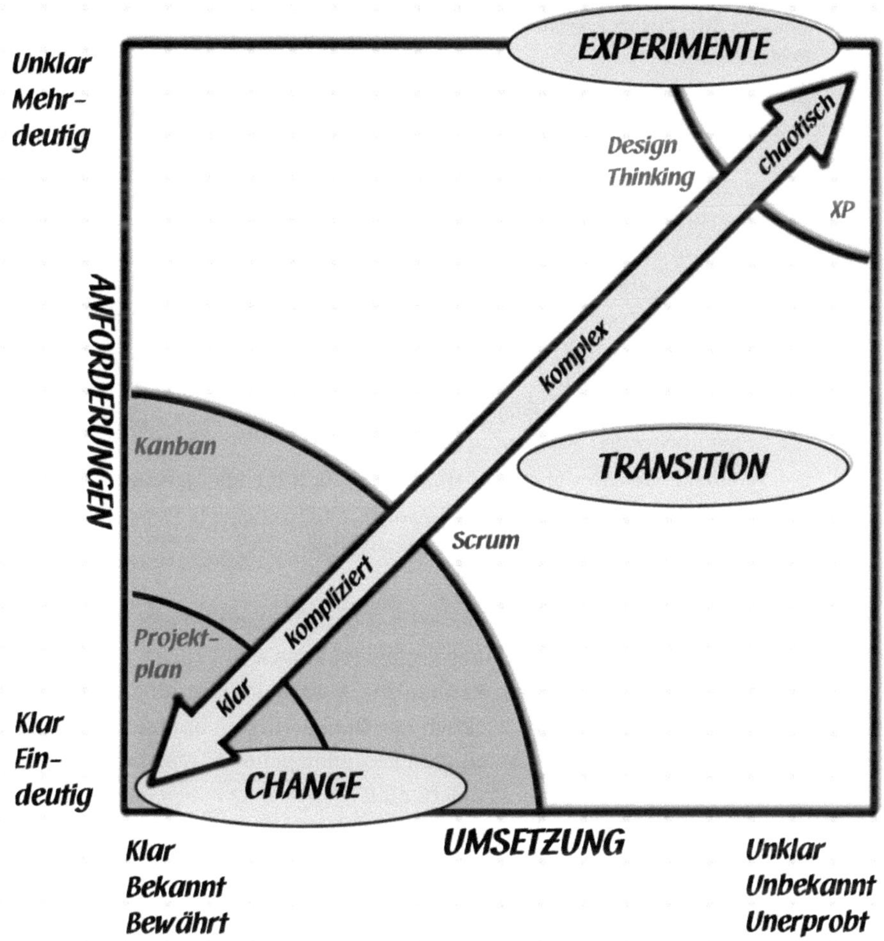

Bild 2.4 (Projekt-)Vorgehen stimmig auswählen

2.6.1 Ungemanagte Veränderungen erkennen

In organisatorischen und in technischen Migrationsprojekten sorgen Organisationen häufig dafür, dass die organisatorischen Rahmenbedingungen geklärt sind. Die durch die Organisationsveränderung angestrebten Verhaltensveränderungen werden dann noch im Zielbild formuliert; der notwendige Veränderungsprozess, der die Organisationsmitglieder in ein verändertes Verhalten einlädt, wird weder erkannt noch moderiert.

Beispiel 001: Zusammenschluss von zwei Organisationen zu einem Projektteam

Der Kunde zweier Agenturen, davon eine mit digitalem Schwerpunkt, eine besonders stark in Markenführung, fordert von den Geschäftsführungen ein, dass die jeweiligen Account-Teams (jeweils ungefähr acht Personen) zukünftig für den Kunden als ein Projektteam agieren. Die Geschäftsführungen einigen sich auf eine Zusammenarbeit. Die eine Werbeagentur mietet sich mit ihren insgesamt 60 Mitarbeitenden in den Räumen der Markenagentur mit insgesamt 80 Mitarbeitenden ein. Schließlich haben beide Agenturen aufgrund stärkerer Homeoffice-Nutzung Bürokapazitäten frei. Die Mitarbeitenden des zukünftigen Projektteams beider Agenturen erhalten ein Organigramm, in dem jeweils das Projektteam skizziert ist. In unterschiedlichen Farben sind die Mitarbeitenden der jeweils anderen Digitalagentur benannt. Auf die Frage, wie die Zusammenarbeit so laufen wird, erhalten die Mitarbeitenden die Antwort, dass diese sich im Verlauf finden wird.

Die Mitarbeitenden sind mehr als frustriert. Zwei führende Mitarbeiter*innen der einen Digitalagentur und drei Mitarbeiter*innen kündigen, bevor der erste Handschlag als gemeinsames Projektteam getan ist.

So erscheinen den Beteiligten im Beispiel 001 mit dem Stellen von gemeinsamen Arbeitsplätzen und der Bereitstellung eines Organigramms alle Fragen zur Teamentwicklung geklärt zu sein. Schließlich kennen die Mitarbeitenden doch auch heute ihre Aufgaben – und erledigen diese wirklich gut. Die Beteiligten übersehen die anstehenden Verhaltensänderungen der beteiligten Personen genauso wie die Aufgabe der Teamentwicklung des neu kreierten Projektteams.

Aktuelle IT-Projekte, wie die Einführung kollaborativer Software oder die Anpassung von ERP-Systemen, werden häufig als reine IT-Projekte gesehen – und vollständig aus der IT gesteuert. Die Ausrollpläne zielen dann auf die reibungslose, technische Umstellung ab. Die eigentliche Veränderung, die in der veränderten Zusammenarbeit oder in veränderten Abläufen in der Organisation abzulesen wäre, wird nicht gemanagt.

Beispiel 002: Einführung von einer cloudbasierten Office-Sammlung für den gesamten Konzern

Die IT eines weltweit agierenden Konzerns wird damit beauftragt, für alle, mehrere Tausende Mitarbeiter*innen eine cloudbasierte Office-Sammlung einzuführen. Die Geschäftsführung verspricht sich von der Einführung dieser Software eine verbesserte und leichtere Zusammenarbeit der Mitarbeitenden über alle Standorte hinweg.

Nach der Einführung der Software zeigen sich die Projektverantwortlichen nach einer Zufriedenheitsumfrage enttäuscht: Die wenigsten Organisationsmitglieder haben ihr Nutzungsverhalten in Bezug auf E-Mail-Nutzung, die Tabellen- und Textverarbeitung geändert. Kollaborative Zusammenarbeit wird von der Masse der Organisationsmitglieder nicht gelebt.

Viele Organisationen unter- und überschätzen die Wirkung von einheitlicher Software für die Organisationsmitglieder:

„Kein Tool löst ein Problem."

Durch das Bereitstellen von Software, welche ein breiteres Handlungsspektrum anbietet, werden die Organisationsmitglieder nicht einfach ihr Verhalten ändern. Jede*r kennt die Geschichten über den*die Mitarbeiter*in, welche*r die Tabellenverarbeitung nur wegen der „schönen" Formatierungsmöglichkeiten nutzt, Kalkulationen aber mit dem Taschenrechner nebenbei vornimmt. Ähnliches geschieht bei der Einführung von cloudbasierten Office-Sammlungen oder ERP-Systemen. Das erhöhte Feature-Angebot wird nicht dazu führen, dass die Masse der Organisationsmitglieder anders handeln wird.

Für viele Organisationen besteht ein Change in der Änderung der Ablauf- und Aufbauorganisation. Dies übersetzt sich in einer sogenannten „agilen Transformation" in die Definition von agilen Prozessen und agilen Rollen.

Beispiel 003: Iterative Prozess- und Rollendefinitionen

In einem mittelständischen Unternehmen bildet sich ein hierarchieübergreifendes Transitionsteam. Es nimmt sich vor, die anstehenden Veränderungen in der Ablauf- und Aufbauorganisation agil zu betreiben. Für die anstehenden Prozess- und Rollendefinitionen treffen sich die Transitionsteammitglieder rhythmisiert. Die Transitionsteammitglieder diskutieren engagiert und detailliert die zukünftigen agilen Prozesse und Rollen. Sie achten sehr darauf, dass die formulierten Beschreibungen konkret, fehler- und widerspruchsfrei sind. Sie versuchen, alle möglichen Grenzfälle zu erfassen und sauber im agilen System abzubilden. Die Transitionsteammitglieder sind sehr stolz auf ihre Arbeitsergebnisse.

Die Transitionsteammitglieder stellen ihre aktuellen Arbeitsergebnisse in öffentlichen Reviews vor.

Beim vierten Review zeigt sich unter den anwesenden Review-Teilnehmer*innen echter Unmut: „Wann hört Ihr auf, Papier zu erzeugen – und werdet zu ‚inspect + adapt' wechseln?" Die Review-Teilnehmer*innen sind sehr unzufrieden mit dem Arbeitstempo des Transitionsteams, was die Transitionsteammitglieder sehr trifft. Sind sie doch mehr als zufrieden mit ihren Rollen- und Prozessbeschreibungen, welche auf langen und detaillierten Gesprächen basieren.

Im dritten Fall haben die Transitionsteammitglieder nicht erkannt, dass sie mit der Einführung von agilen Prozessen selbst beginnen sollten, agil zu handeln. Sie haben lediglich die Bezeichnung ihres Vorgehens, nicht aber ihr Vorgehen selbst geändert. Währenddessen fordern andere Organisationsmitglieder ein agiles Verhalten ein. Die eigentliche Veränderung, die das Transitionsteam zu leisten hat, nämlich die eigene

Transition ins agile Arbeiten, hat dieses Team nicht erkannt – und daher auch nicht gemanagt.

Insbesondere durch transformatorischen Druck werden häufig Veränderungen ausgelöst, die von Organisationen nicht (sofort) als Veränderungen erkannt werden.

2.6.2 Formate und Rituale schaffen, um Veränderungsdruck und -notwendigkeiten zu identifizieren

Die genannten Beispiele klingen für Euch vielleicht vertraut, vielleicht erscheinen sie Euch drastisch oder übertrieben. Doch genau diese Wirkung haben ungemanagte Veränderungen. Bei einem Blick auf das System stellt sich sofort die Frage:

> „Das habt Ihr doch nicht wirklich so gemacht?"

Betriebsblindheit, das Arbeiten im System, machen es den Beteiligten unmöglich, die eigentliche Veränderung zu erkennen.

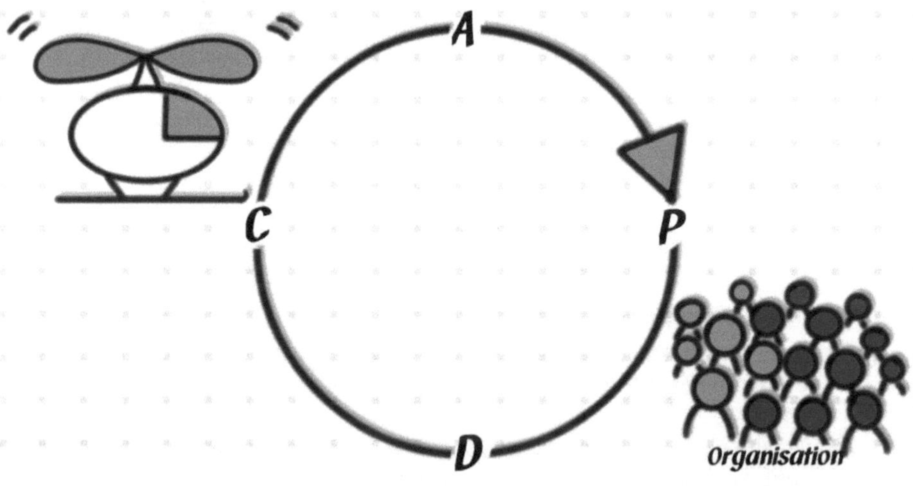

Bild 2.5 Regelmäßig einen Blick auf das System werfen

Regelmäßige Rituale oder Formate auf organisationeller Ebene unterstützen die Beteiligten darin, Veränderungsprozesse auf dieser Ebene als solche zu erkennen (siehe auch Abschnitt 10.11).

Zeit und Raum für den Blick aufs System schaffen

Die Führungskräfte einer Organisation sorgen durch Initiieren und Leben geeigneter Rituale und Formate dafür, dass sie

- regelmäßig einen Blick auf die äußeren Einflüsse auf die Organisation werfen,
- Veränderungsdruck auf die Organisation benennen und
- Veränderungsnotwendigkeiten für die Organisation formulieren.

Die Führungskräfte speisen diese Erkenntnisse in ihre strategischen und normativen Lernzyklen ein (siehe Abschnitt 10.11.1).

Dabei sollten sich die Beteiligten die Frage stellen, welchen Beitrag sie leisten können, damit ihre Organisation auch morgen noch bestehen, womöglich wachsen, wird:

„Was kann ich tun, damit das Geschäft von morgen sicher läuft?"

2.6.3 Lernzyklen auf unterschiedlichen Ebenen aufsetzen, um Veränderungsbedarf zu erkennen

Um sicherzustellen, dass Organisationen Veränderungsdruck und -bedarfe wahrnehmen, durchlaufen Organisationen strategische und normative Lernzyklen.

Dabei definieren die Organisationen einen für sie passenden Prozess (siehe Abschnitt 10.11), ohne zu viel Bürokratie.

2.7 Transformationen managen

Wann erkennen wir, dass eine Veränderung notwendig ist? Manchmal spüren Organisationen einen äußeren Druck, sei es durch Regulatorik, sei es durch Alltagsgeschehen, welcher direkt zu Veränderungen führt. In diesem Fall geben die Organisationen transformatorischem Druck nach.

Definition: Transformation

Eine Transformation[1] ist eine Veränderung, die durch (äußeren) Veränderungsdruck induziert wird.

[1] Auch über die agile Community hinaus wird häufig von einer agilen Transformation gesprochen. In dem genannten Sinne könnten die Beteiligten eine agile Transformation als eine durch äußeren Veränderungsdruck induzierte Veränderung sehen, auf welche die Organisation iterativ, inkrementell und lernend antwortet.

2.7.1 Veränderungsdruck spüren

Veränderungsdruck kann auch durch Erfahrungen innerhalb der Organisation entstehen. Dann melden sich Organisationsmitglieder mit den Worten:

> „Wenn die das dürfen, dann wollen wir das auch tun dürfen."

Veränderungsdruck kann durch die Umwelt einer Organisation induziert werden. Gesellschaftliche und wirtschaftliche Veränderungen, regulatorische Einflüsse wie Gesetze und Verordnungen können genauso hohen Veränderungsdruck ausüben wie wechselnde Weltsichten und Meinungen in der Gesellschaft:

> Eine Transformation ist eine Reaktion der Organisation auf äußere Veränderungen.

Viele Organisationen beugten sich dem transformatorischen Druck der Coronapandemie und veränderten ihre Art der Arbeitsweise kurzfristig und sehr umfassend.

Dieser äußere Veränderungsdruck führt zu einer Transformation der jeweiligen Organisation. Die Veränderung „passiert" der Organisation. Für die Organisationsmitglieder ergibt sich ein Zielraum, sowohl Organisationsanliegen als auch der -hebel sind für die Organisation ungeklärt.

Beispiel 004: Transformation von Arbeitsplätzen durch die Coronapandemie

In vielen Organisationen gab es bereits vor der Coronapandemie Diskussionen über das Einrichten von Homeoffice-Arbeitsplätzen. In vielen Fällen sahen sich die Organisationen nicht in der Lage, zu guten, für alle Beteiligten zielführenden Lösungen zu kommen.

Unterschwellig, zum Teil auch laut, wurden Bedenken geäußert, Homeoffice-Tage seien wie bezahlter Urlaub. Die Angst, dass die Organisationsmitglieder, ohne „Sicht"-Kontrolle ihrer Arbeit nicht nachkommen würden, bestimmte die Debatte. Die einzelnen Organisationen sahen sich einer Vielzahl von Fragen gegenüber, welche mit der Einführung von Homeoffice-Regelungen zu analysieren und in Zielbilder zu übersetzen waren:

- Sollte es feste Homeoffice-Tage für alle Organisationsmitglieder geben?
- Sollte über Homeoffice-Office-Quoten der Einsatz geregelt werden?
- Welche technischen Ausstattungen wären im Homeoffice maßgeblich zu beachten?
- Wie sollten regulatorische Anforderungen wie Bürosicherheit und -gesundheit im Homeoffice gewährleistet werden?
- Welche Office-Anforderungen würden den Wunsch nach Homeoffice „stechen"?

- Wie könnte die Arbeitszeitkontrolle im Homeoffice erfolgen?
- Wie würden im Homeoffice Führungsimpulse gesetzt werden können? Auf welche Art könnten die Vorgesetzten die Arbeit der zu führenden Menschen kontrollieren?

Im Ergebnis verfügten die wenigsten Organisationen bis zum März 2020 über Homeoffice-Regelungen. 56 % aller Jobs in Deutschland könnten im Homeoffice durchgeführt werden. [BuWi 2021-01].

Dieses Potenzial wurde vor der Coronapandemie nicht im Ansatz genutzt. Im März 2020 nahm die Coronapandemie derartige Ausmaße an, dass für alle Berufe, in denen dies möglich war, faktisch eine Homeoffice-Pflicht entstand. Der äußere Druck erzeugte eine starke Veränderung im Arbeitsverhalten [DeStatis 2022-01]:

Jahr	Homeoffice-Anteil
2019	12,9 %
2020	21,0 %
2021	24,2 %

Aktuell unterliegen viele Organisationen der Debatte, wie sie zukünftig Homeoffice für sich regeln möchten. Dabei suchen viele Organisationen nach einer grundsätzlichen Regelung für alle Arbeitenden gleichzeitig („Change"); die wenigsten Unternehmen lernen sich an (womöglich unterschiedliche) Lösungen in unterschiedlichen Teilbereichen der Organisation heran („agile Transition").

Alle Veränderungen in Organisationen unterliegen dem Selbsterhalt. Mit diesem kommt es leicht zu Wiederherstellungen des vorherigen Systems (siehe Abschnitt 9.4). Insbesondere Transformationen können so rückgängig gemacht werden, sobald der transformatorische Druck nachlässt oder gar nicht mehr spürbar ist.

Es gilt durch einen geeigneten Blick auf das System sowohl das Ist anzuerkennen als auch einen Organisationshebel zu identifizieren, so dass die Beteiligten aktiv die Veränderung der Organisation steuern können.

Geben Organisationen dem Veränderungsdruck einfach nach, befinden sie sich in einer Transformation, welche sich gleichzeitig als ungemanagter Change zeigt.

2.7.2 Transformationen erkennen und die Steuerung übernehmen

Ein regelmäßiger Blick auf das System unterstützt die Beteiligten, (transformatorischen) Veränderungsdruck wahrzunehmen und so zu erkennen, ob die Organisation sich gerade in einer Transformation – und damit in einer ungemanagten Veränderung – befindet.

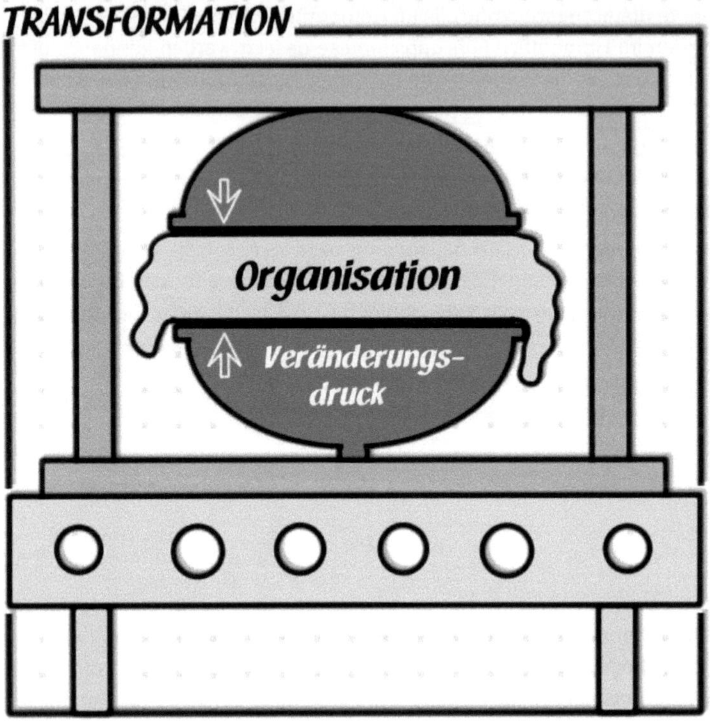

Bild 2.6 Organisationen reagieren auf Veränderungsdruck

Für eine Organisation in einer Transformation ist der Zielraum recht klar, weil die Beteiligten ein schnelles Zielbild entwickeln, wie sie dem Veränderungsdruck ausweichen oder diesen umgehen können.

Während der Coronapandemie entschieden Organisationen, die sich mehrere Jahre mit der Frage beschäftigt hatten, wie sie Homeoffice für sich gestalten wollen, innerhalb weniger Tage für das für sie richtige Setting. Die Beteiligten erfüllten die regulatorische Forderung nach Homeoffice und schafften möglichst schnelle Lösungen. Das gezeigte Veränderungstempo war für diverse Organisationen immens. In der heute in vielen Organisationen geführten Debatte über das „richtige Maß" an Homeoffice und die Gestaltung der täglichen, häufig hybriden Arbeitswelt zeigt sich, dass der Zielraum der jeweiligen Organisation sich einfach ergeben hat. Die aktive Gestaltung wird mühsam nachgeholt.

Veränderungsdruck entsteht für Organisationen täglich. Dieser kann z. B. aus Regulatorik, aus gesellschaftlichen Normen, sozialem Druck, dem Klimawandel, der Wandlung des Geschäftsmodells durch KI oder aus internationalem politischen Geschehen resultieren.

Organisationelle Transformationen sind zum Teil schwer zu erkennen, weil die Organisation wie ein Organismus dem Druck ausweicht. Es ist für die Organisationsmitglieder schwer, den Blick auf das System zu entwickeln, während die Organisation auf den Veränderungsdruck reagiert.

Kontrollfragen zu erlebten Transformationen

Welche Veränderungen erleben wir gerade in der Organisation?

Was ist anders?

Welche Veränderungen erleben wir in unseren Produkten und Services, in unserem Verhalten nach außen und innen, in unseren Prozessen und in unseren Strukturen?

Welche Veränderungen passieren uns „einfach so"?

Welche Entscheidungen haben wir in letzter Zeit anders als sonst getroffen?

Wo verhalten wir uns anders als gewohnt?

Stimmen unsere Verhaltensänderungen mit unseren Organisationszielen überein?

Welche unserer Veränderungen haben wir bewusst erzeugt, welche sind einfach so eingetreten?

Welche Entscheidungen haben wir als alternativlos erlebt?

Erkennen die Beteiligten, dass sie sich in einer Transformation befinden, wird es Zeit, das Ruder zu übernehmen und die ungemanagte Veränderung (siehe Abschnitt 2.6) in eine gesteuerte Veränderung umzuwandeln.

In diesem Fall identifizieren die Beteiligten den Veränderungsdruck und benennen die aktuelle ungemanagte Veränderung. Der Zielraum der Transformation hat sich ergeben. Transformationen wirken auf Organisationen und erzeugen einen Zielraum.

Wenn die Beteiligten die Transformation steuernd übernehmen möchten,

1. nehmen sie das Organisationsanliegen (siehe Abschnitt 5.1) auf,
2. erkennen sie das Ist inklusive des bestehenden Veränderungsdrucks,
3. schärfen sie den Zielraum im Sinne ihrer (normativen und strategischen) Organisationsziele und
4. beginnen sie, den Organisationshebel zu fassen.

Um den Organisationshebel zu identifizieren und zu überprüfen, arbeiten die Organisationen in Experimenten.

Mit jeder Transformation ergeben sich offensichtliche Ergebnisse („die Mitarbeitenden arbeiten zu 90 % im Homeoffice") und Ergebnisse, die nicht offensichtlich sind („wir führen weniger informelle Gespräche, weil wir jetzt in Videokonferenzen durchgetaktet sind").

Wenn die Beteiligten die Transformationen zu steuern beginnen, versuchen sie, die aktuellen, nicht offensichtlichen Ergebnisse zu erfassen und zu prüfen, ob diese in ihrem gewünschten Zielraum liegen.

Wenn dies nicht der Fall ist, beginnen die Beteiligten mit Experimenten, um über andere Vorgehensweisen neue Erkenntnisse zu gewinnen. Über diese Experimente versuchen die Beteiligten, den Organisationshebel zu erkennen. Je nachdem, ob der Organisationshebel und der Zielraum so genügend Klarheit entwickeln, setzen die Beteiligten mit diesen Erkenntnissen einen Change oder eine agile Transition auf.

2.7.3 Veränderungsdruck durch erste agile Beispiele in der Organisation erfahren

Veränderungsdruck kann in der Organisation durch erfolgreiche agile Beispiele erzeugt werden. Dieser Veränderungsdruck lässt sich am ehesten mit der Diffusionstheorie (siehe Abschnitt 4.2) charakterisieren. Innovator*innen und frühe Anwender*innen erzeugen eine für die frühe Mehrheit attraktive Veränderung. Durch deren Nutzung entsteht für die Organisation (insbesondere für die späte Mehrheit) Veränderungsdruck.

Die Organisationsmitglieder erfahren durch andere Organisationsmitglieder von den Vorzügen agilen Arbeitens in dem jeweiligen Umfeld und fordern eine ähnliche Umstellung für sich.

Beispiel 005: Innerer Veränderungsdruck durch organisationelle Experimente

In einem mittelständischen Verlagshaus führt die IT innerhalb eines Jahres zwei größere Entwicklungs- und ein Migrationsprojekt mit agilen Methoden(bausteinen) durch.

Nach einer langen Erfahrung mit schwierigen Projekten erfüllen alle IT-Projekte ihre jeweiligen Zielräume.

Allen IT-Projekten ging voraus, dass die Beteiligten zunächst ein Vorgehen „so wie beim letzten Mal" (siehe Abschnitt 6.7.6.1) geprüft hatten. Alle Projektleiter*innen beschlossen jeweils mit Billigung ihrer direkten Vorgesetzten ein agiles Vorgehen. Die Entwicklungsprojekte wurden an Scrum angelehnt, während das Migrationsprojekt in einem Fluss mittels eines Release-Trains realisiert wurde, in den Iteration für Iteration fachliche Ansprechpartner*innen ein- und wieder ausstiegen (nicht ohne vorher ihr erworbenes Wissen den nächsten „Zugbegleiter*innen mitgegeben zu haben).

Nach der Vorstandspräsentation des Projekterfolgs diskutiert der Vorstand intensiv die Frage: „Agil – ist das nicht etwas für alle?"

Genauso wie der transformatorische Veränderungsdruck wird der Veränderungsdruck von innen häufig durch die Organisationsmitglieder abgewehrt. Würden die Organisationsmitglieder dem Veränderungsdruck nachgeben, sähen sie sich direkt der Unsicherheit ausgesetzt, was als Nächstes zu tun sei.

Diese Unsicherheit ist für viele Organisationsmitglieder kaum auszuhalten. „Verdrängen", „Verleugnen", „Nicht ernst nehmen, sich lustig machen" sind dann probate Mittel, um sich der Veränderungsnotwendigkeit zu entziehen. Die „Abwehr" der Veränderungsnotwendigkeit kann viele verschiedene Gesichter annehmen.

> Verdrängen, Verleugnen und die Sache nicht ernst zu nehmen bzw. sich lustig zu machen, können Antworten auf verspürten Veränderungsdruck sein. Agile Organisationsentwickler*innen konzentrieren sich in der Replik auf entsprechende Anwürfe auf mögliche Auslöser dieser Gespräche – sie vertiefen sich nicht oder nur wenig in die (agile) Fachlichkeit.

Veränderungsnotwendigkeiten anzuerkennen, kann für die Organisationsmitglieder sehr anstrengend sein, warten doch nach dem Anerkennen häufig unbekannte und große Fragen auf sie. Mit dem Satz

> „Das haben wir schon immer so gemacht!"

wird der Bereich des Denkbaren und Machbaren, also des Veränderbaren, ab- und ausgegrenzt.

Bild 2.7 Veränderbar = denk- und machbar

Womöglich befinden sich die Beteiligten mit dieser Abgrenzung des Denk- und Veränderbaren in einer Pfadabhängigkeit (siehe Abschnitt 9.9), vielleicht folgen die Beteiligten einer systemischen Wiederholung (siehe Abschnitt 9.8), womöglich bedienen die Beteiligten mit dieser Aussage ihre Komfortzone (siehe Abschnitt 10.6.2).

Um Veränderungsnotwendigkeiten zu erkennen, braucht es Zeit und Raum. Pfadabhängigkeiten, systemische Wiederholungen, die Komfortzone – es gibt viele Erklärungen, warum es den Organisationsmitgliedern schwerfällt, eine Veränderungsmöglichkeit zu erkennen.

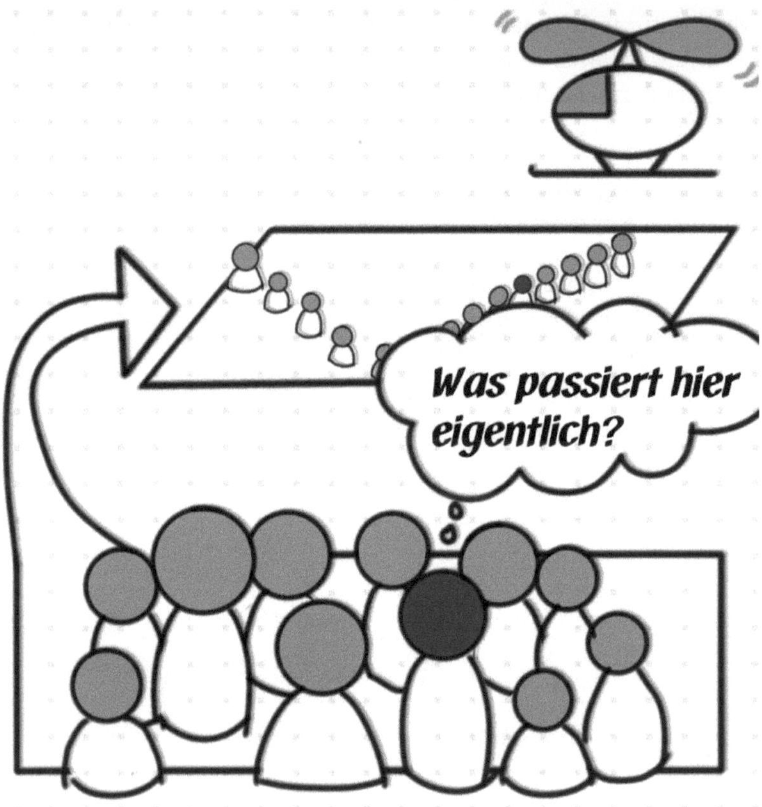

Bild 2.8 Eine andere Perspektive einnehmen

Perspektivwechsel (z. B. über Personae), Zeitreisen (z. B. über das Harvard Vision Framework), Aufstellungsarbeit oder das Visualisieren und Erleben anderer Sichten (z. B. über 3D-Welten) können es den Beteiligten erleichtern, einen Blick auf das System, Veränderungsdruck und -notwendigkeiten zu entwickeln.

Der spürbare Veränderungsdruck ist Teil des Organisationsanliegens, mit welchem die Organisation in die Veränderung startet.

2.8 Experimente durchführen

Organisationen führen Experimente im Sinn einer agilen Organisationsentwicklung bewusst und unbewusst durch.

Wenn sich in einer Organisation erste agile Beispiele zeigen, sind dies häufig Experimente, welche nicht durch Treiber*innen einer agilen Veränderung entwickelt und mit einem Lernzyklus für die Organisation versehen sind.

Experimente sind dann notwendig, wenn sich aus dem Organisationsanliegen weder ein klarer Organisationshebel noch ein Zielraum ableiten lässt. Würden die Beteiligten in dieser Situation versuchen, eine agile Transition durchzuführen, würden sie an der Formulierung des Zielraums scheitern. Die Formulierung würde zu vage ausfallen, die Formulierungen wären vielleicht attraktiv für die Beteiligten, sie wären auf jeden Fall weder handlungsleitend noch richtungsweisend. In vielen Fällen wirkt ein vager Zielraum für die Beteiligten aber auch bedrohlich: „Wie sollen wir das denn schaffen?"

Durch Experimente verschaffen sich die Beteiligten Klarheit über einen möglichen Zielraum und/oder den Organisationshebel. Entsprechend bestimmen Experimente die erste Phase der agilen Veränderung.

2.8.1 Experimente planen

Organisationelle Experimente werden von Organisationen durchgeführt, um den Organisationshebel in der Veränderung zu erkennen. So können Experimente dazu dienen, den Zielraum der Veränderung zu verstehen und sich diesem zu nähern.

Für Experimente werden passende Lernzyklen aufgesetzt. Dabei werden die Experimente zum einen auf den fachlichen Erfolg, zum anderen über den Lernzyklus auf dem Organisationsanliegen geprüft und ausgewertet (siehe Abschnitt 2.8.4).

Bild 2.9 Gezielt lernen, ohne den Ausgang zu kennen

Die Beteiligten formulieren für ein organisationelles Experiment eine Entwicklungshypothese.

Definition: Entwicklungshypothese

Eine Entwicklungshypothese ist eine vorläufige Erklärung von Wirkmechanismen in der Organisation, die auf Basis von Beobachtungen, Daten oder deren Interpretationen aufgestellt wird. Die Entwicklungshypothese stellt einen Zusammenhang zwischen einem veränderten Verhalten (einer „Maßnahme") und einer erwünschten Wirkung her.

Eine Entwicklungshypothese wird in organisationellen Experimenten untersucht. Organisationelle Experimente sind möglichst klein zu halten, um die Beteiligten schnell und einfach in neue Erfahrungen zu bringen.

Beispiel 006: Tagesgeschäft blockiert das Projektgeschäft

In einem großen Dienstleistungsunternehmen mit 15000 Mitarbeitenden wird der Postversand zentral über zwei physische Frankierungsautomaten für die Post organisiert. Im Zuge der Digitalisierung werden immer mehr Nachrichten digital versendet. Eine Abteilung hat den Auftrag erhalten, eine veränderte Versandstrecke zu implementieren, so dass die verbliebene Post über einen Frankierungsautomaten versendet werden kann. Das entsprechende Projekt haben die Beteiligten in Lernzyklen aufgesetzt. Im Review erkennen die Beteiligten, dass das erwünschte Timing prognostisch nicht zu erreichen ist.

Die Beteiligten erfassen das Ist und blicken auf ihren Arbeitsalltag. Sie formulieren die Hypothese, dass das Tagesgeschäft sie in ihrer Projektarbeit blockiert. Die Beteiligten entfernen teilautomatisiert, eher manuell, auf Zuruf der Organisation einzelne Briefe aus der Druck- und Frankierstrecke.

Da dieses Tagesgeschäft auf Zuruf passiert, ist die Auswirkung, nicht einmal die Anzahl der Störungen des Projektgeschäfts, in ihrer Dimension nicht wirklich klar.

Sie formulieren als **Entwicklungshypothese**: „Wir arbeiten im Tages- und Projektgeschäft. Das Projektgeschäft soll immer vormittags passieren. Wir kommen nicht in den Flow als Team, weil wir durch das Tagesgeschäft gestört werden. Wir gehen davon aus, dass wir durch störungsfreie Vormittage den Projektplan erfüllen können."

Ausgewählte Personen oder Freiwillige, an der Idee interessierte Personen (siehe Abschnitt 4.3.1) oder Teile der Organisation können ein neues Vorgehen ausprobieren. Experimente in der Organisation können vielfältig sein. Neue Methoden, neue Prozesse, neue Produkt- oder Serviceideen stehen genauso auf dem Programm wie neue Führungsimpulse oder ein verändertes Kommunikationsverhalten.

Daher formulieren die Beteiligten Ideen für organisationelle Experimente.

Definition: Organisationelles Experiment

In einem organisationellen Experiment erproben Teile der Organisation ein neues Vorgehen. Ein organisationelles Experiment konkretisiert die zu prüfende Veränderung in Maßnahmen und prognostiziert einen Ausgang dieser Maßnahmen.

In diesem Buch spreche ich vereinfachend von Experimenten anstelle von organisationellen Experimenten.

Beispiel 006: Tagesgeschäft blockiert das Projektgeschäft

Das Tagesgeschäft in die Schranken weisen

Das Projektteam erörtert unterschiedliche Herangehensweisen, um die Entwicklungshypothese zu überprüfen.

Das Projektteam könnte

1. eine Person bestimmen, die in der Projektzeit alle Telefonate und Mails entgegennimmt, so dass die anderen Projektteammitglieder störungsfrei am Projekt arbeiten können.
2. die Anzahl der angenommenen Störungen minimieren, indem sie als Team maximal zehn Störungen in der Projektzeit pro Woche annehmen. Dafür könnten sich die Projektteammitglieder stark machen und die Anrufer*innen und Mailschreiber*innen auf die Service-Hotline verweisen.
3. eine Vertretung außerhalb des Projektteams finden, welche alle Telefonate und Mails während der Projektzeit bearbeitet. Als Kandidat*in benennen die Beteiligten eine Person aus der Service-Hotline.

Das Projektteam wird sich für die Variante 1 entscheiden, weil die Beteiligen das Gefühl haben, dass sie über dieses Experiment am schnellsten erkennen können, ob ihr mangelnder Projektfortschritt in Telefonaten und Mails dieser Art begründet ist.

2.8.2 Experimente formulieren und öffentlich lernen

Die Beteiligten formulieren das organisationelle Experiment und sorgen dafür, dass das Umfeld über das Experiment Bescheid weiß.

Ein Experiment definieren

Ein Experiment wird möglichst kurz und prägnant durch die folgenden Faktoren bestimmt:

Ausgangslage: Wie beschreiben die Beteiligten die Situation aktuell? Wie bewerten sie diese?

Entwicklungshypothese: Welche Wirkung versprechen sich die Beteiligten durch welches verändertes Vorgehen (durch die Maßnahme)?

Messen: Welche Daten können die Beteiligten erheben, um die Entwicklungshypothese zu prüfen?

Abbruchkriterien: Welche Auswirkungen wären so groß (Erfolg wie Misserfolg), dass das Experiment vorzeitig beendet werden muss?

Lernzeitpunkt: Wann verifizieren oder falsifizieren wir die Entwicklungshypothese?

Zum Lernzeitpunkt bewerten die Beteiligten die Entwicklungshypothese und leiten daraus die nächsten Schritte ab. In agilen Veränderungen findet dieses Lernen häufig in der Öffentlichkeit (z. B. über Open Reviews oder Sounding Boards, siehe Abschnitt 6.11.2 und Abschnitt 6.11.3) statt.

Beispiel 007: Gründer*innen in der Veränderung eines Grown-Ups

Drei Gründer*innen verantworten seit fünfzehn Jahren ein Grown-Up im Beratungssektor mit zwanzig Mitarbeitenden. Die Gehaltsstruktur folgt dabei einem Agenturmodell. Die Gründer*innen bemerken eine wachsende Frustration unter den Kolleg*innen. Mehrere strategische Initiativen zur Optimierung des Beratungsangebots sind versandet.

Die Gründer*innen entscheiden sich, die Organisation bewusst agil zu entwickeln. Im initialen Treffen, um das Organisationsanliegen zu erkunden und mögliche Organisationshebel und Zielräume abzuleiten, bleiben die Beteiligten im Erkunden des Ists hängen. Sie können weder den Organisationshebel noch den Zielraum klar benennen.

Sie entscheiden sich daher für ein Organisationsexperiment. Sie werden drei mögliche Entwicklungspfade auf die Wirkung auf die Organisation prüfen. Sie entscheiden sich, diese Experimente mittels OKRs zu modellieren. Neben den OKR-Ritualen (hier: OKR-Planning, OKR-Weeklys und OKR-Iterationswechsel) einigen sie sich auf einen Lernzyklus, um die Wirkung auf die Organisation zu prüfen.

Sie benennen unter Beteiligung weiterer Mitarbeiter*innen drei Objectives, welche sich um die Optimierung eines speziellen Beratungsangebots, die Erweiterung der Vertriebskanäle sowie die inhaltliche Schärfung von Trainings ranken.

Die OKRs sind auf drei Monate angelegt. Die OKRs werden von der Organisation gut angenommen und die wöchentlichen Fortschritte in den Themen sind messbar.

Der Lernzyklus auf dem Organisationsanliegen erfolgt alle vier Wochen. Nach zwei Monaten stellen die Gründer*innen fest, dass sie ihr Organisationsanliegen besser fassen können. Sie stellen fest, dass das kleinschrittige Erreichen dieser strategischen Ziele für die Organisation gut funktioniert. Dabei erkennen sie zwei Organisationshebel:

1. Den Organisationsmitgliedern fällt es schwer, Führungsimpulse anzunehmen. Gleichzeitig fällt es der Geschäftsführung schwer, klare Führungsimpulse zu formulieren. Sie bemerken im OKR-Prozess, dass Vortrieb immer dann gelingt, wenn das Wechselspiel aus klaren Führungsimpulsen und deren Annahme gut gelingt. Die Gründer*innen formulieren als ersten Organisationshebel „Führen und geführt werden“.

2. Vortrieb und Exzellenz in den Ergebnissen gelingen allen Organisationsmitgliedern immer dann, wenn die jeweiligen Arbeiten nicht alleine durch eine Person verantwortet werden. Exzellente Ergebnisse und Fortschritt zeigen sich immer dann, wenn mehrere Personen explizit partnerschaftlich ihre Kompetenzen zusammenlegen. Die Resonanz der Kund*innen auf die Ergebnisse mehrerer Tandemarbeiten ist enorm. Daher formulieren die Gründer*innen als zweiten Organisationshebel „Zusammenarbeiten".

Die Gründer*innen beschließen, OKRs weiter zur strategischen Entwicklung zu nutzen. Sie beschließen auch, die notwendigen Veränderungen über eine agile Transition zu steuern, und planen den Auftaktworkshop für ihre Veränderung.

2.8.3 Experimente durchführen

Die Wirkung der Organisationsexperimente ist für die Beteiligten nicht vorhersagbar. Die Beteiligten sind offen dafür, ihre Prognose zu überprüfen. Die Prognosen können eintreffen – oder auch nicht. Diese Offenheit ist regelmäßig zu überprüfen. Fatal wäre es, wenn die Beteiligten es aus ihrer Fehlerkultur heraus nicht zulassen könnten, dass ihre eigenen Prognosen nicht zuträfen (siehe Abschnitt 10.15).

Für alle Experimente legen die Beteiligten Abbruchkriterien fest.

„Wo verläuft die rote Linie, bei der wir das Experiment sofort stoppen müssen?"

ist die Kontrollfrage, mit der die Beteiligten festlegen, wann und wie sie das Experiment abbrechen müssen.

„Zu welchem Zeitpunkt werden wir das Experiment auswerten?"

Darüber hinaus klären die Beteiligten, wann sie welche Hypothese prüfen und auswerten werden. Dafür sind entsprechend Daten zu erheben und auszuwerten (siehe Abschnitt 6.6.4).

Organisationsmuster (siehe Kapitel 9) können die Beteiligten daran hindern, mit dem organisationellen Experiment zu starten. Agile Organisationsentwickler*innen unterstützen die Beteiligten durch geeignete Impulse, Interventionen (wie einer mögliche Gamification, siehe Abschnitt 6.6.1.2), die vermuteten Lernhürden zu überwinden.

„Just do it!" ist das handlungsleitende Prinzip (siehe Prinzip 7.15 in Kapitel 7), welches die Beteiligten sich immer wieder ermunternd zurufen sollten. Bei der Bearbeitung der Lernhürden achten die agilen Organisationsentwickler*innen darauf, dass die Beteiligten nicht den Blick nach hinten richten („Warum sind wir hier gelandet?"), sondern nach einem Anerkennen des Ist (siehe Abschnitt 5.1.1) den Blick nach vorne richten und „im Machen lernen“ können (siehe Abschnitt 10.1.1).

2.8.4 Experimente auswerten

Zu einem festgelegten Zeitpunkt werden Experimente ausgewertet, um die Frage zu klären, ob die Experimente weitergeführt, verändert oder in der aufgesetzten Form gestoppt werden sollten (siehe Abschnitt 5.2).

Die Auswertung erfolgt hypothesen-, möglichst datenbasiert. Dabei achten die Beteiligten insbesondere bei komplexen und chaotischen Herausforderungen (siehe Abschnitt 2.5.2.1) darauf, „nicht zu sehr zu verkopfen“. In komplexen und chaotischen Umgebungen sorgt erfahrungsbasiertes Lernen für Erkenntnis (siehe Abschnitt 10.1.1).

Auswertung eines organisationellen Experiments

Wie funktioniert die Maßnahme?

Welche Wirkung hat die Maßnahme?

Welche Schlüsse ziehen wir aus Funktion und Wirkung für die agile Veränderung?

2.9 Changes und Transitionen unterscheiden

Im allgemeinen Sprachgebrauch fallen insbesondere „Changes“ und „agile Transitionen“ häufig zusammen. Dabei ist das Vorgehen in beiden Verfahren grundlegend verschieden. In einem Change werden Veränderungen geplant, während sich in agilen Transitionen die Veränderungen iterativ, inkrementell und lernend ergeben.

„Change Management meint die Umsetzung ausgewählter Maßnahmen, um Abteilungen oder die gesamte Organisation tiefgreifend zu verändern und von einem Ausgangszustand zu einem definierten Zielzustand zu bewegen.“ [Personio2023]

Das Gabler Wirtschaftslexikon erklärt Change Management zur dauerhaften Aufgabe. Aus der Sicht Gerhard Schewes geben Organisationen über geeignetes Change Management Antworten auf alle äußeren Einflüsse auf eine Organisation: „Laufende Anpassung von Unternehmensstrategien und -strukturen an veränderte Rahmenbedingungen. Wandel repräsentiert heute in Unternehmen nicht mehr den Sondervorgang, sondern eine häufig auftretende Regelerscheinung. Alle Prozesse der globalen Veränderung, sei es durch Revolution oder durch geplante Evolution, fallen in das Aufgabengebiet des Change Managements.“ [Schewe 2021-01].

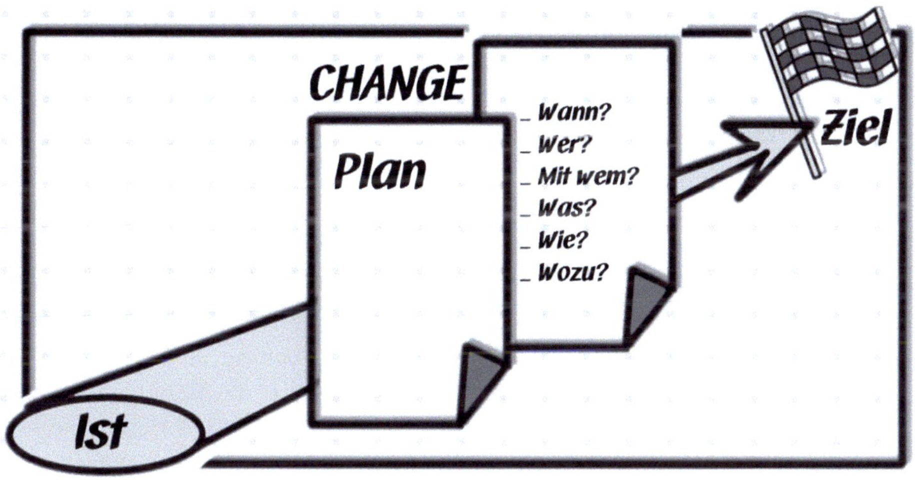

Bild 2.10 Sich gezielt und geplant verändern

Changes sind Veränderungsvorhaben, welche als Projekte aufgesetzt werden. Projekte sind einmalige Vorhaben, welche in einem definierten zeitlichen Rahmen mit klaren Ressourcen und auf ein festes Zielbild hin geplant und durchgeführt werden.

Definition „Change"

Ein Change einer Organisation ist ein einmaliges Veränderungsvorhaben, welches auf ein klares Zielbild hin in einem definierten Zeitraum mit zugeordneten Ressourcen geplant durchgeführt wird.

Mit anderen Worten: In einen Change sind der Organisationshebel und der Zielraum für die Organisation gut beschreibbar.

Der Projektgegenstand von Changes ist meist eine Organisationsveränderung, welche sich z. B. durch veränderte Verantwortlichkeiten (Organigramm), Aufgaben (Rollen), Verhaltensweisen (Leitbilder) und/oder geschäftliche Ziele zeigt.

Wie im Abschnitt 1.2 bereits erläutert, sind viele Änderungsvorhaben von komplexer (bisweilen sogar chaotischer) Natur (im Sinne des Cynefin-Frameworks (siehe Abschnitt 2.5.2.1)).

Best Practices und Pläne funktionieren für diese Aufgabenstellungen nicht oder nur mit großem Aufwand. Ein schrittweises Heranrobben an den Zielraum, in dem die Beteiligten Experiment für Experiment lernen, wie ihr Zielraum konkret aussieht, ist die probate Methode, um Organisationen erfolgreich zukunftssicher aufzustellen.

Ausgangspunkt einer agilen Transition ist ein für die Organisation gut fassbarer Organisationshebel bei gleichzeitiger Unklarheit über den Zielraum. Der Zielraum erschließt sich im Laufe der agilen Transition.

Definition „Agile Transition"

Eine agile Transition ist der Übergang der Organisation im Ist in einen Zielraum, welcher durch die Organisation iterativ, inkrementell und lernend näher spezifiziert wird.

Zielräume werden in Prinzipien oder in Handlungsweisen der Beteiligten beschrieben (siehe Abschnitt 6.7.1). Sobald der Zielraum gut beschreibbar ist, können die Beteiligten die noch offenen Veränderungen über einen Change steuern.

Die Veränderung, welche durch eine agile Transition induziert wird, hat häufig einen innovativen Charakter (siehe Kapitel 4). Vergleicht man Denken, Fühlen und Handeln der Beteiligten im Zielraum, bestehen große Unterschiede zu diesem beim Start der agilen Transition.

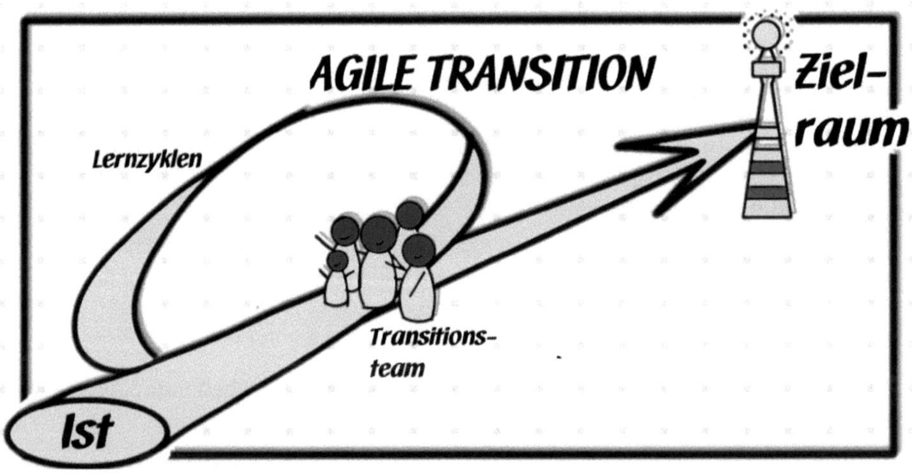

Bild 2.11 Sich in Lernzyklen dem Zielraum nähern

Dennoch bevorzugen viele Organisationsmitglieder, anstelle einer agilen Transition einen Change zu denken. Das Ergebnis einer agilen Transition ist nicht konkret vorhersagbar; es werden sich womöglich unterschiedliche Lösungen in unterschiedlichen Bereichen zeigen. Die Lösungen selbst sind nicht genau bestimmbar. Die darin liegenden Unsicherheiten sind für viele nicht gut aushaltbar. Ein Change fühlt sich für viele Organisationsmitglieder „sicherer" an. Ein klares Ziel definieren zu müssen, lässt im ersten Schritt in den Beteiligten das Gefühl entstehen, ein Change sei einfacher zu gehen als eine agile Transition.

Für Fragestellungen, die von komplizierter Natur sind, ist ein Change angezeigt. In diesem Fall ist die Veränderung als Change zu gestalten.

2.9.1 Changes und agile Transitionen durchführen

Für viele Organisationsmitglieder fallen die Begriffe Change, Transition und Transformation zusammen. Gleichzeitig sind mit den Begriffen Wünsche und Hoffnungen verbunden. Organisationsmitglieder vermuten mehr Beteiligung und Entscheidungsmöglichkeiten in agilen Transitionen als in Changes. Und viele Organisationsmitglieder zeigen sich „Change-müde“:

> „Wir verändern doch nur die Projektmethode in unseren Teams. Das haben wir schon mehrfach gemacht. Das können wir. Das ist einfach!"

Für viele Organisationsmitglieder fällt die Veränderungsannahme leichter, wenn die Art der Entscheidung und Beteiligung offengelegt und gelebt wird. Die während einer Veränderung aufkommende Energie (siehe Abschnitt 2.10.2) wird dann auf die fachlich-technischen Fragen, nicht aber auf den Prozess als solches, gelegt.

Durch Fest- und Offenlegung der Entscheidungs- und Beteiligungsformen (siehe Abschnitt 12.7) finden die Organisationsmitglieder jeweils die für sie passende Rolle in der Veränderung. Durch diese Klarheit vermeiden die Beteiligten unnötigen Frust und Widerstand gegen den Prozess als solches.

Ein anderer Zugang zur Einordnung Eures Veränderungsvorhabens ergibt sich über das Cynefin-Framework (siehe Abschnitt 2.5.2.1) bzw. die Stacey-Matrix (siehe Abschnitt 2.5.2.2).

Hilfreich kann der Test mit W-Fragen sein, um zwischen komplizierten und komplexen Veränderungen zu unterscheiden. Je vager Eure Antworten werden, desto eher handelt es sich um komplexe Veränderungsvorhaben.

W-Fragen zu einer Veränderung

Warum wollen wir uns verändern?

Wozu wollen wir uns verändern?

Was werden wir verändern?

Wie wollen wir vorgehen, um die Veränderung zu erreichen?

Welche Herausforderungen werden uns während der Veränderung wohl begegnen?

Wie gut wird die Veränderung durch die Organisationsmitglieder wohl angenommen werden?

Wie schnell werden die Organisationsmitglieder verändert handeln, denken und/oder fühlen?

2.9.2 Zu planende Veränderungen als Change durchführen

Ist eine anstehende Veränderung einmalig, durch einen festen Anfangs- und Endpunkt und ein klares Zielbild definiert, ist die Veränderung als Change durchzuführen. Anders formuliert: Sind Organisationshebel und Zielraum für die Organisation klar, also konkret beschreibbar und mit entsprechenden ersten Erfahrungen gefüttert, ist die agile Veränderung als Change zu modellieren. Die vertraute Projektwahrheit

„Die Methode muss zum Problem passen."

gilt auch für die agile Organisationsentwicklung. Für viele Organisationsmitglieder ist es einfacher, auch eine niedrige Entscheidungs- und Beteiligungsform (siehe Abschnitt 12.7) zu akzeptieren, wenn diese Formen laut und deutlich benannt werden.

Eine agile Transition verspricht ein Heranlernen der Beteiligten in den Zielraum. Ein Change verspricht eine deutliche, aber gut durchgeplante Veränderung, welche durch gute Kommunikation annehmbar wird (siehe Abschnitt 2.10.1)

Beispiel 008: Umstrukturierung des Produktbereichs

Ein Unternehmen mit einer rein digitalen Produktpalette mit 100 Mitarbeitenden hat sich vor sechs Jahren Wachstum durch Featureteams ermöglicht.

Durch das Arbeiten in Featureteams sind große Abhängigkeiten und damit einhergehend hoher Abstimmungsaufwand entstanden. Diese Abhängigkeiten konnten über Vorgehen wie Big Room Plannings und Dependency-Matrizen nicht gelöst werden. Im Ergebnis hat sich die Anzahl veröffentlichter Features pro Jahr signifikant verkleinert. Das Unternehmen hat an Innovationskraft verloren. Aktuell nutzt die Organisation vierteljährliche Abstimmungen zwischen den Teams, um Abhängigkeiten offenzulegen und Umgänge mit diesen zu bestimmen.

Nach externer Beratung entschließt sich der vierköpfige Vorstand des Unternehmens, den Produktbereich mit insgesamt 60 Mitarbeitenden neu zu strukturieren.

Die externe Beratung empfiehlt die Umorganisation in Produktteams in fünf Value-Stream-Teams. Der Vorstand wägt die Vor- und Nachteile eines Changes und einer agilen Transition für diese Umstrukturierung ab.

Change	Agile Transition
Einfache Festlegung der neuen Teambesetzung	Teams wachsen ideal zusammen
Fixer Umstellungstag	Unklare Migrationsdauer
Klare Organisationsstruktur	„Bunte“, aber wahrscheinlich hocheffiziente Aufstellung
Klares Zielbild	Zu entwickelnder Zielraum

Der Vorstand entscheidet sich, die Umstrukturierung als Change durchzuführen, und lädt die vier agilen Coaches der Organisation in das Change-Team ein.

Beispiel 008: Umstrukturierung des Produktbereichs

Change-Team und Change-Plan aufsetzen

Der Vorstand bildet mit den drei agilen Coaches des Unternehmens ein Change-Team, welches dafür sorgen wird, dass die entsprechenden Teams zu einem bestimmten Zeitpunkt in neuer Formation arbeitsfähig sind.

Zum Change-Plan gehören

- ein Zeitplan der Maßnahmen und Meilensteine, welcher zu Beginn des Changes grob aufgesetzt wird und in den Weeklys des Change-Teams immer weiter verfeinert wird,
- eine Nemawashi-Liste,
- eine Betroffenheitsmatrix nach SCARF sowie
- eine Telefonliste, um nach der öffentlichen Verkündigung Schlüsselpersonen und markante Personen aus der Betroffenheitsmatrix persönlich anzuhören.

Mit den Erkenntnissen der Hintergrundgespräche wird das Change-Team nach und nach den Change-Plan verfeinern. Um diese Anpassungen vornehmen zu können, vereinbart das Change-Team Meilensteine.

Beispiel 008: Umstrukturierung des Produktbereichs

Meilensteine des Changes

Als Meilensteine vereinbart das Change-Team aus Beispiel 008 die folgenden Zeitpunkte:

- das Vorbereiten des Changes durch Nemawashi,
- die Festlegung der neuen Teamstrukturen,
- die Finalisierung der arbeitsrechtlichen Vereinbarungen,
- die öffentliche Verkündung der neuen Teamstrukturen,
- die technische und fachliche Vorbereitung des neuen Hybrid-Settings sowie des in Präsenz stattfindenden Umstrukturierungstags.

Ziel des Changes ist, dass die Organisationsmitglieder mit dem Umstrukturierungstag in den Teamstrukturen arbeitsfähig sind und direkt in die Teamrituale starten und ihre Arbeit in den fünf Value Streams aufnehmen.

Die neuen Teamstrukturen wird das Managementteam nach Beratung durch die agilen Coaches festlegen („konsultative Entscheidung“, siehe Abschnitt 12.7.3). Dabei gehen alle Change-Team-Mitglieder davon aus, dass sich weitere Änderungen durch gezielt geführte Hintergrundgespräche mit als wichtig identifizierten Personen („Nemawashi“, siehe Abschnitt 6.8.5) ergeben können.

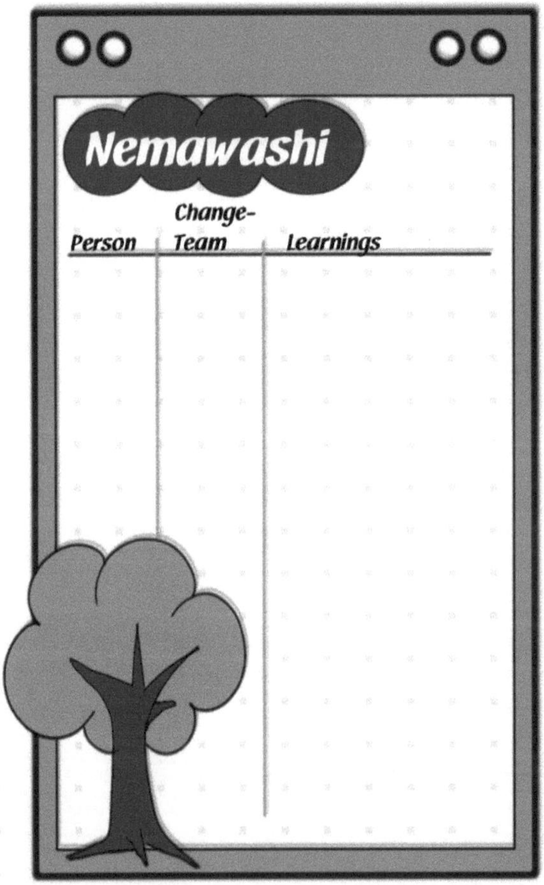

Bild 2.12 Nemawashi: eine große Veränderung in Einzelgesprächen vorbereiten

Die Betroffenheitsmatrix wird vom Change-Team mithilfe des SCARF-Modells (siehe Abschnitt 2.10.3) ausgefüllt. Dabei versuchen die Change-Team-Mitglieder, eine Idee davon zu entwickeln, für welche Organisationsmitglieder die anstehende Veränderung eine besondere Herausforderung darstellt. Die Change-Team-Mitglieder entscheiden, ob sie diese Personen über Nemawashi oder ein persönliches Gesprächsangebot nach der Verkündung in die Veränderung einladen möchten.

Das Change-Team gibt sich insgesamt vier Monate Zeit, um die kommunikativen und arbeitsrechtlichen Belange dieses Changes zu bearbeiten. Das Change-Team vereinbart, sich wöchentlich zu treffen. In diesem Lernzyklus wird das Change-Team die Aufgaben verfeinern, bearbeiten und lernen. Für die vereinbarten Meilensteine erfassen die Change-Team-Mitglieder ihren vermuteten Arbeitsstand und die Erfolgsprognose (siehe Abschnitt 6.7.3). Ab dem Zeitpunkt der öffentlichen Verkündung werden die Change-Team-Mitglieder das Change-Team-Board transparent machen.

Alle Organisationsmitglieder des hybrid arbeitenden Produktbereichs werden sich zum Umstrukturierungstag treffen.

Am Umstrukturierungstag werden vormittags die bestehenden Teams jeweils eine Abschluss-Retrospektive durchführen. Damit werden die Organisationsmitglieder bewusst voneinander in dieser Arbeitskonstellation Abschied nehmen. Fragestellung der Abschluss-Retrospektive ist, welche Erkenntnisse und Schlüsse sie aus der bisherigen Art der Zusammenarbeit haben und welche Learnings sie in die Value-Stream-Teams mitnehmen möchten. Nach einem gemeinsamen Mittagessen treffen sich die Value-Stream-Teams und starten in die gemeinsame Zusammenarbeit mit einem Team-Kick-off.

An diesen Change wird sich eine agile Transition anschließen, in der die Beteiligten die Schnittstellen und organisationsweite Kommunikation optimieren (siehe Abschnitt 6.6.2.1). Dazu wird sich das Change-Team am Umstrukturierungstag auflösen. Die Change-Team-Mitglieder werden ihre Learnings aus dem Prozess an das neu zu bildende Transitionsteam weitergeben.

Beim Aufsetzen des Change-Plans haben die Change-Team-Mitglieder die Idee, dass zu diesem Zeitpunkt alle Vorstände bis auf den Produktvorstand die Begleitung dieser Veränderung beenden werden. Das Transitionsteam wird voraussichtlich durch vier agile Coaches, den Produktvorstand sowie vier innovations- und kommunikationsstarke Organisationsmitglieder besetzt werden.

2.10 Veränderung planen, wenn Planen möglich ist

Wenn der Organisationshebel und der Zielraum klar zu sehen und von den Beteiligten zu formulieren ist (siehe Abschnitt 2.9.1), ist ein Change zu planen und durchzuführen.

Dies kann erst in der zweiten Phase der agilen Veränderung der Fall sein. Häufig ergeben sich planbare Veränderungen durch ein Heraniterieren. Die Beteiligten folgen dann den Prinzipien der agilen Veränderungsentwicklung: Sie folgen dem Prinzip „one some many“ (siehe Prinzip 7.17 in Kapitel 7) und dem Prinzip „Rule of Three“ (siehe Prinzip 7.19 in Kapitel 7).

2.10.1 Acht Phasen der Veränderung nach Kotter in Changes folgen

Für das Durchplanen eines Changes empfehlen sich die acht Phasen des Changes nach John P. Kotter [Kotter 1996-01]:

1. **Erzeugen eines Dringlichkeitsgefühls** („Create a sense of urgency“): Veränderungsdruck und -notwendigkeit werden erfasst und allen Beteiligten transparent gemacht. Ziel ist, dass die Beteiligten die anstehende Veränderung als notwendig und sinnvoll begreifen.
2. **Aufbauen einer Führungskoalition** („Build a guiding coalition“): Ein für die Organisation repräsentatives Team aus Expertise, Reputation und Führungskompetenzen führt die Veränderung an.
3. **Entwickeln einer Vision und Strategie** („Develop a vision and strategy“): Die Führungskoalition formuliert eine Veränderungsvision, welche vorstellbar, realistisch, ausreichend spezifisch sowie ausreichend flexibel (für alle Stakeholder der Veränderung) ist. Für die Organisationsmitglieder entsteht so ein gemeinsames Verständnis der anstehenden Veränderungen. Die Führungskoalition leitet aus der Veränderungsvision konkrete Ziele und eine Strategie zu deren Erreichung ab.
4. **Kommunizieren der Veränderungsvision** („Communicate the change vision“): Die Vermittlung der Veränderungsvision, -ziele und -strategie erfolgt einfach, bildhaft, wiederholt und über möglichst viele Kanäle. Ziel ist es, dass möglichst viele Organisationsmitglieder ein eindrückliches Verständnis des Changes entwickeln.
5. **Befähigen der Mitarbeitenden auf breiter Basis** („Empower broad-based action“): Die Beteiligten identifizieren mögliche Hindernisse für einen erfolgreichen Change. Das können formale Strukturen, fehlende Kompetenzen der Beteiligten oder vom Veränderungsvorhaben nicht überzeugte Organisationsmitglieder sein. Diese hindernden Faktoren werden in dieser Phase beachtet und sorgfältig gelöst werden.
6. **Schaffen schneller Erfolge** („Generate short-term wins“): Zur Erhöhung der Motivation und der Festigung der Veränderungsvision sorgt die Führungskoalition für schnelle Erfolge. Diese stützen die Beteiligten in ihren Bemühungen. Auch nutzt die Führungskoalition die schnellen Erfolge, um die Veränderungsvision zu prüfen und Feedback zur Umsetzbarkeit zu erhalten.
7. **Konsolidieren der erzielten Erfolge und Einleiten weiterer Veränderungen** („Consolidate gains and produce more change“): Bestehende Erfolge werden als Ergebnisse gesichert und weitere Veränderungsideen werden umgesetzt. Die Führungskoalition achtet darauf, dass das Veränderungsende nicht zu früh verkündet und so eine weitere Adaption verhindert wird.

8. **Verankern der neuen Ansätze in der Kultur** („Anchor new approaches in the corporate culture"): In der letzten Phase werden die erfolgten Veränderungen in der Organisationskultur verankert.

Entsprechend der acht Phasen nach Kotter können die Treiber*innen der agilen Veränderung einen Projektplan für diejenigen Veränderungen aufsetzen, für welche sie das Organisationsanliegen und die Zielsetzung klar definieren können. Der Projektplan umfasst zum einen die eigentlichen Maßnahmen und führt gleichzeitig die notwendigen Kommunikationsmaßnahmen für alle Organisationsmitglieder, insbesondere die Stakeholder der Veränderung, auf. Dabei versuchen die Treiber*innen entsprechend ihrer Erfahrungen in den vorausgegangenen Experimenten, insbesondere die Veränderungsdynamik zu prognostizieren.

2.10.2 Maßnahmen und Kommunikation entsprechend der Veränderungskurve nach Kübler-Ross durchführen

Mit der populärwissenschaftlichen, auf Elisabeth Kübler-Ross zurückgehenden Veränderungskurve beschrieb diese ursprünglich die Annahme des eigenen Todes („Trauerkurve"), um diese Kurve später auf das Annehmen schwerer Schicksalsschläge zu übertragen.

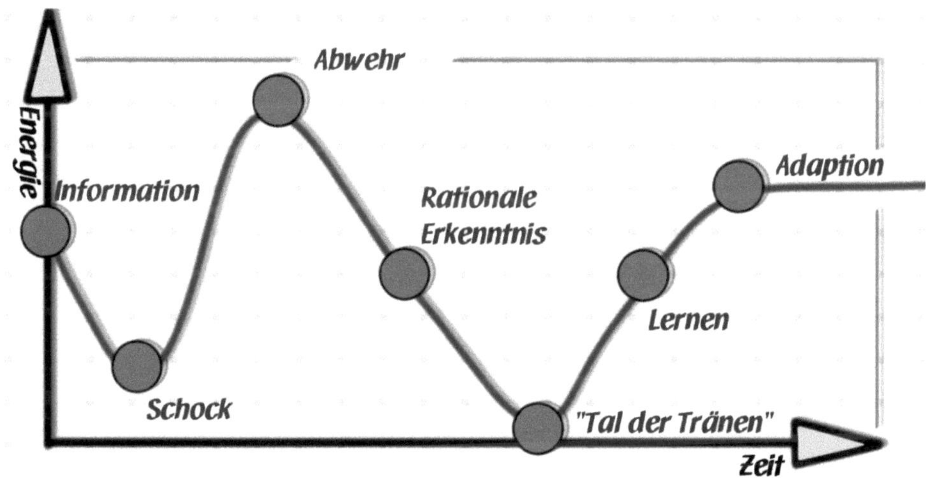

Bild 2.13 Individuen und Organisationsteile durchlaufen die Veränderungskurve unterschiedlich schnell

Die eingängigen Punkte zur Beschreibung der Auf- und Annahme von Veränderungsimpulsen wird heute regelhaft auf Organisationen übertragen. Dabei ist zu beachten, dass zunächst die Individuen die Veränderungskurve durchlaufen. Dieses Durchlaufen erfolgt nicht linear. Ein Hin- und Herbewegen auf der Veränderungskurve ist möglich und wahrscheinlich.

Erhalten unterschiedliche Organisationsteile zu unterschiedlichen Zeitpunkten den Veränderungsimpuls, so können und werden Wechselwirkungen zwischen Gruppen in anderen energetischen Zuständen entstehen.

Die Kommunikation innerhalb der Organisation durch die Treiber*innen der agilen Veränderung, durch das Transitionsteam und/oder die Führungskräfte ist den Veränderungsphasen anzupassen.

1. **Information:** Die Beteiligten sind möglichst umfassend in Bezug auf die Veränderungsvision, die zu erreichenden Ziele und die resultierenden Maßnahmen zu informieren.

2. **Schock:** Viele Beteiligte nehmen den Veränderungsimpuls zunächst nicht an. Häufig ist zu beobachten, dass die Beteiligten den Veränderungsimpuls als solches abwehren: „Das meinen die nicht ernst." Die Treiber*innen der agilen Veränderung lassen den Beteiligten Zeit für die Verarbeitung. Sie nehmen die Beteiligten ernst, sie wiegeln den Veränderungsimpuls nicht ab.

3. **Abwehr:** Die Organisationsmitglieder spüren die aufkommenden Veränderungen und gehen in die Abwehr, welche sich als Aufruhr, Abwertung oder Ignoranz zeigen kann. Die Beteiligten zeigen eine hohe Energie, um die Veränderung nicht zu gehen. Insbesondere weisen die Beteiligten deutlich darauf hin, dass ihr bisheriges Verhalten gut oder ausreichend war und ist. Die Treiber*innen zeigen bei Bedarf Grenzen im Umgang auf, machen dabei aber deutlich, dass die Veränderung als solche nicht verhandelbar ist.

4. **Rationale Erkenntnis:** Die Beteiligten realisieren, dass die Veränderung sie selbst betrifft. In dieser Phase sind Aufmunterungsversuche selten hilfreich. Die Treiber*innen unterstützen die Beteiligten darin, das Ist anzuerkennen. Eine klare Struktur und deutliche Anweisungen unterstützen die Beteiligten, die Veränderung in ihrem Umfang zu erkennen. Die Treiber*innen machen in dieser Phase auch deutlich, dass sie für das Ist keine Schuld zusprechen möchten.

5. **Tal der Tränen:** Die Beteiligten verabschieden sich von dem bisherigen Vorgehen. Die Treiber*innen geben den Beteiligten Zeit zum Trauern und zum Verabschieden. Gleichzeitig zeigt sich bei vielen Beteiligten Hilflosigkeit bei der Annahme der Veränderungen. Vielen ist klar, was sie hinter sich lassen werden, sie spüren gleichzeitig die Unruhe, das neue Verhalten oder Vorgehen noch nicht zu beherrschen. Die Treiber*innen machen Mut und zeigen klare Lernschritte auf.

6. **Lernen:** Die Beteiligten lernen das neue Vorgehen oder Verhalten. Sie probieren schrittweise aus. Die Treiber*innen unterstützen diesen Lernprozess geeignet durch Führung, Training, Beratung oder Coaching.

7. **Adaption:** Die Beteiligten sind sicher im Umgang mit dem neuen Verhalten oder Vorgehen. Die Treiber*innen sorgen für eine nachhaltige Ergebnissicherung und unterstützen die Reflexion des gesamten Vorgangs.

Mit dem Wissen über die Veränderungskurve und die acht Phasen des Changes (siehe Abschnitt 2.10.1) planen die Treiber*innen der agilen Veränderungen diejenigen Veränderungen aus, bei denen Organisationsanliegen und Zielraum hinreichend klar (siehe Abschnitt 2.5.1) sind.

Beim Aufstellen des zugehörigen Change-Plans (siehe Abschnitt 6.6.2.3) kann es nützen, die Betroffenheit der Beteiligten nach SCARF zu antizipieren und entsprechend zu kommunizieren und zu handeln.

2.10.3 Betroffenheit mittels SCARF nachvollziehen und entsprechend handeln

Mit dem populärwissenschaftlichen Modell nach David Rock [Rock 2009-01] können die Treiber*innen der agilen Veränderung Maßnahmen und Kommunikation innerhalb der agilen Veränderung challengen.

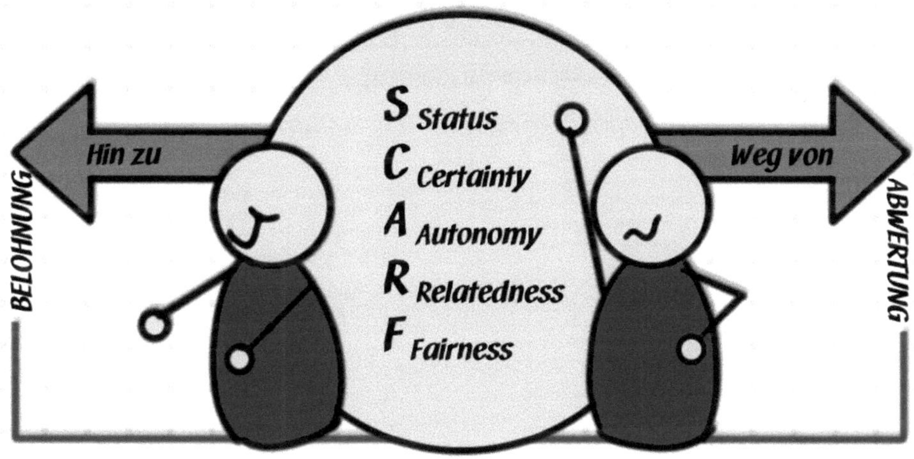

Bild 2.14 Die Veränderung ermöglichen

Physiologisch lässt sich zeigen, dass Menschen auf Veränderungsimpulse im Belohnungs- und Bedrohungssystem in fünf Faktoren reagieren:

Status (Status): Anerkennung, Respekt, Wichtigkeit im Vergleich mit anderen Organisationsmitgliedern. Menschen streben unterschiedlich nach einem hohen Status.

Certainty (Gewissheit): Sicherheit und Vorhersehbarkeit des Organisationskontexts. Menschen streben unterschiedlich nach Klarheit und Vorhersagbarkeit.

Autonomy (Autonomie): Kontrolle und Entscheidungsfreiheit über unsere Handlungen und den Organisationskontext. Menschen streben unterschiedlich nach Selbstbestimmung.

Relatedness (Beziehung): Verbundenheit mit und Unterstützung durch andere. Menschen streben unterschiedlich nach Nähe und Zugehörigkeit.

Fairness (Fairness): Gerechtigkeit und Gleichbehandlung. Menschen streben unterschiedlich nach Fairness.

Werden diese fünf Faktoren abgewertet, fühlen sich Menschen bedroht, d. h., sie fühlen sich in Gefahr. Werden diese Faktoren dagegen positiv bedient, empfinden Menschen das als belohnend und wertschätzend.

Dieses Gefühl resultiert aus entsprechend messbaren Veränderungen in Glücks- und Stresshormonen. Menschen sind dann für Lernen offen und können mit Veränderungen gut umgehen, wenn sie in Summe mehr Glücks- als Stresshormone entwickeln.

Menschen können nur im entspannten Zustand lernen (siehe auch Abschnitt 10.6.2).

Für anstehende Veränderungen, welche durch die Beteiligten nicht vollständig allein entschieden werden, empfiehlt es sich, eine Betroffenheitsmatrix nach SCARF aufzustellen und entsprechende Maßnahmen in der Veränderung zu definieren bzw. die Veränderungsziele entsprechend anzupassen:

Faktor	Positive Auswirkung	Negative Auswirkung
Status	Ergebnis 01, Name 01, Name 03	Gruppe 01, Seiteneffekt 01
	Ergebnis 02, Name 02	Gruppe 01, Seiteneffekt 01
Certainty		
Autonomy		
Relatedness		
Fairness		

Aus dieser Analyse ergeben sich für die Treiber*innen der agilen Veränderung Experimente, Maßnahmen und Kommunikationsimpulse (oder deren Anpassung), welche sie im Change-Plan (siehe Abschnitt 6.6.2.3) oder auf dem Transitionboard (siehe Abschnitt 6.7.2.1) hinterlegen.

2.10.4 Stakeholder analysieren und in den Veränderungsprozess integrieren

Weitere Individuen können ihr Interesse an der Veränderung zeigen. Die Treiber*innen der agilen Veränderung haben die Stakeholder der agilen Veränderung im Blick. Sie können diese z. B. über eine Stakeholder-Matrix (siehe Abschnitt 6.10.2) erfassen und zielführende Maßnahmen für das Backlog des Transitionboards (siehe Abschnitt 6.7.2.1) oder ihren Change-Plan (siehe Abschnitt 6.6.2.3) ableiten.

2.11 Selbstreflexion „Experimentieren, Changes und agile Transitionen gestalten, Transformationen managen“

Beantworte die folgenden Reflexionsfragen bzw. bearbeite die skizzierten Übungen und Vertiefungen. Eine schriftliche Auseinandersetzung bzw. Inter-/Supervision wird die Wirkung der Übung verstärken.

- Wie groß ist die Veränderungs- und Lernbereitschaft in Deiner Organisation?
- An welchen Stellen hat Deine Organisation in letzter Zeit transformatorischem Druck nachgegeben?
- Welche ungemanagten Veränderungen hast Du bereits erlebt?
  - Hatten diese Ähnlichkeiten im Auslöser, im Verlauf und im Ergebnis?
  - Wie hättest Du den Veränderungsdruck, der Euch in die ungemanagte Veränderung geführt hat, früher erkennen können?
  - Welche Ideen hast Du, wie Ihr diesen ungemanagten Change hättet anders gestalten können?
- Welcher Veränderungsdruck ist für Deine Organisation spürbar?
  - Kommt dieser von außen?
  - Oder von innen?
- Welche Veränderungsnotwendigkeit kannst Du für Deine Organisation erkennen?
- Welche ungemanagten Veränderungen hat Deine Organisation bereits erlebt?
- Welche Formate und Rituale nutzt Ihr, um an der Organisation zu arbeiten?
- Welche Formate und Rituale nutzt Ihr, um Veränderungsdrücke zu benennen und Veränderungsnotwendigkeiten zu erkennen?
- Welche Formate und Rituale nutzt Ihr, um in der Organisation Veränderungen (Verbesserungen) herbeizuführen?

- Wenn eine Veränderung ansteht, ruft Eure Organisation tendenziell nach einem Change oder nach einer agilen Transition?
- Welche Veränderungen plant Ihr? Habt Ihr für diese das Organisationsanliegen und den Zielraum klären können? Auf welche Art werdet Ihr diese Veränderungen modellieren?
- Welche „Changes“ habt Ihr bereits erlebt? Wie hätten diese modelliert werden sollen – als Experimente, Changes oder Transitionen? Oder handelte es sich eigentlich um eine Transformation, die Ihr hättet managen müssen, um sie in eine Transition oder in einen Change zu überführen?

3 Agiles Manifest einlösen

Die Adjektive in „agile Methoden", „agiles Arbeiten" und/oder „agiles Mindset" in diesem Buch referenzieren alle auf das „Manifest für agile Softwareentwicklung" [Beck 2001-01].

Dieses Manifest wurde vor dem Hintergrund immer komplexer werdender IT-Projekte durch siebzehn Softwareentwickler formuliert. Es zeigt eine neue Art von Zusammenarbeit für die zu dieser Zeit (2001) in der IT zu bewältigenden Aufgaben.

Das Manifest ist eine Fortschreibung des „lean development". Es ist häufig nützlich, sich die „leanen" Wurzeln und die innerhalb des „lean development" definierten Methoden(bausteine) anzusehen und eine Übertragung in die (agile) Organisationsentwicklung zu finden.

3.1 Agiles Manifest als Quelle kennen und anwenden

Das „Agile Manifesto for Software Development" [Beck 2001-01] unterteilt sich in zwei Teile. Neben vier Wertepaaren über die grundsätzliche Zusammenarbeit formulierten die Autoren zwölf Prinzipien über eine erfolgreiche Zusammenarbeit in komplexen Umfeldern. Aussagen über Führung und Organisation sind im agilen Manifest nur indirekt enthalten.

Ihr findet nachfolgend die Originalformulierung des agilen Manifests in englischer Sprache. Eine Übersetzung ins Deutsche bietet die Website des agilen Manifests an [Beck 2001-02]. Wenn ich in diesem Buch auf das „agile Manifest" referenziere, beziehe ich mich auf diesen Text.

3.1.1 Manifesto for Agile Software Development

We are uncovering better ways of developing software by doing it and helping others do it. Through this work we have come to value:

Individuals and interactions	over	processes and tools
Working software	over	comprehensive documentation
Customer collaboration	over	contract negotiation
Responding to change	over	following a plan

That is, while there is value in the items on the right, we value the items on the left more.

3.1.2 Principles behind the Agile Manifesto

We follow these principles:

1. Our highest priority is to satisfy the customer through early and continuous delivery of valuable software.
2. Welcome changing requirements, even late in development. Agile processes harness change for the customer's competitive advantage.
3. Deliver working software frequently, from a couple of weeks to a couple of months, with a preference to the shorter timescale.
4. Business people and developers must work together daily throughout the project.
5. Build projects around motivated individuals. Give them the environment and support they need, and trust them to get the job done.
6. The most efficient and effective method of conveying information to and within a development team is face-to-face conversation.
7. Working software is the primary measure of progress.
8. Agile processes promote sustainable development. The sponsors, developers, and users should be able to maintain a constant pace indefinitely.
9. Continuous attention to technical excellence and good design enhances agility.
10. Simplicity – the art of maximizing the amount of work not done – is essential.
11. The best architectures, requirements, and designs emerge from self-organizing teams.
12. At regular intervals, the team reflects on how to become more effective, then tunes and adjusts its behavior accordingly.

3.1.3 Kernbotschaften des agilen Manifests verstehen

In erster Linie beschreibt das agile Manifest ein iterativ-inkrementell-lernendes Vorgehen eines selbstorganisierten Teams, das auf die schnelle Erfüllung des Kund*innennutzens abzielt. Das agile Manifest verortet das Wissen über grundlegende Vorgehensweisen und Strukturen im Rahmen des jeweiligen Projekts in selbstorganisierten Teams.

Wenn Menschen über „Agilität" sprechen, sprechen sie entweder über deren oder allgemeine Schlussfolgerungen, die sie und/oder andere aus dem agilen Manifest abgeleitet haben. Oder sie sprechen über Schlussfolgerungen und Meinungen, die sie aus „agilen Methoden" und „agilem Mindset" ableiten.

> Ein direkter Bezug auf eines oder mehrere der vier Wertepaare bzw. auf eines der zwölf Prinzipien konkretisiert viele Gespräche. Macht es doch notwendig, dass die Beteiligten das genannte Wertepaar bzw. das entsprechende Prinzip in den Kontext der aktuellen Situation bzw. der Organisation stellen.

Die vier Wertepaare und die zwölf Prinzipien bieten Interpretationsspielraum, wie Teams, aber auch Organisationen diese erfüllen können. Das agile Manifest ist **keine** Blaupause für eine Team- oder Organisationsstruktur, sondern es gibt Prinzipien vor, die innerhalb der Teams und/oder Organisationen erfüllt werden sollen.

> Formulieren die Beteiligten Prinzipien anstelle von Regeln, eröffnen sie Möglichkeitsräume, in denen die Beteiligten ihre, dem System zuträgliche, Antwort auf die jeweilige Fragestellung finden können.

Daher werden Zielräume für agile Organisationsentwicklungen in Prinzipien bzw. durch Handlungsweisen der Organisationsmitglieder beschrieben (siehe Abschnitt 2.4.2).

3.1.4 Das agile Manifest in die eigene Organisation übertragen

Aus dem agilen Manifest lässt sich keine Blaupause ableiten, wie Teams und/oder Organisationen das agile Manifest einlösen können. Das Gleiche gilt für Führungsverhalten oder Strukturen innerhalb von Organisationen.

Bild 3.1 Zwölf Prinzipien hinter dem agilen Manifest (visuelle Übersicht)[1]

[1] Mit Dank an Julia Schmidt, auf deren Visualisierung diese Darstellung der zwölf Prinzipien hinter dem agilen Manifest basiert.

Das „Manifest für agile Softwareentwicklung" war und ist eine prinzipielle Antwort darauf, wie komplexe Anforderungen durch selbstorganisierte IT-Teams zielführend gelöst werden können.

Aus dem agilen Manifest lassen sich Fragestellungen über das einzelne Team hinaus ableiten. Die Fragen, die sich für Organisationen stellen, sind:

1. Welche Arbeit werden wir in selbstorganisierten Teams erledigen?
2. Wie müssen wir führen oder Führung gestalten, damit die Teams zu Höchstleistungen kommen können?
3. Wie müssen wir uns organisieren, so dass die Arbeit kund*innenzentriert ausgeführt wird?

Die jeweiligen Antworten sind für jede Organisation individuell zu finden, genauso wird jede Antwort einer Organisation auf komplexe Aufgaben und/oder komplexe Umfelder individuell sein. Dabei wird es mehrere gültige Antworten geben. Die Antwort kann in unterschiedlichen Organisationsteilen unterschiedlich ausfallen.

Mit der Komplexität der Aufgabe und/oder des Umfelds wird die Organisationsantwort mehrdeutig und beweglich ausfallen. Es ist nicht zielführend, das **eine** einheitliche Vorgehen für die gesamte Organisation zu finden. Es geht vielmehr darum, als Organisation den Umgang mit Mehrdeutigkeit und Beweglichkeit zu lernen (siehe auch Abschnitt 2.3).

Die Frage danach, ob ein bestimmtes Vorgehen wirklich „agil" ist, ist nicht zielführend beim Finden der jeweiligen Organisationseinheiten. Wichtig ist, dass die jeweiligen Antworten zunächst das Organisationsanliegen bedienen und im späteren Verlauf auf den formulierten Zielraum einzahlen. Die Frage

> „Liefern wir Kund*innennutzen?"

ist maßgeblich. Gleichzeitig stellt sich für die agile Organisationsentwicklung die Frage, wer „Kund*in" des Prozesses ist (siehe Abschnitt 14.14). Viele Organisationen machen irrtümlich die Organisationsmitglieder zu Kund*innen des Prozesses. Dadurch verlieren die Beteiligten Augenhöhe. Gleichzeitig kann die entsprechende Ansprache zur Passivierung der Organisationsmitglieder führen, welche gleichzeitig lautstark ihre Erwartungen an den Prozess äußern.

Das agile Manifest und die dahinter liegenden Prinzipien können wertvolle Antworten auf die Frage „Liefern wir Kund*innennutzen?" ermöglichen. Es empfiehlt sich, die einzelnen Sätze jeweils im Organisationskontext anzusehen und auf mögliche Hebel zu untersuchen.

Dabei ist ein direktes Übertragen des „Manifests für agile Softwareentwicklung" häufig nicht hilfreich. Anstelle durch Experimente den Hebel für die Veränderung für die Organisation zu finden, debattieren die Beteiligten lang und konfliktbelastet über die

„korrekte" Umformulierung des Texts für die eigene Organisation. Die Beteiligten führen keine Änderung herbei, sie sprechen nur über diese:

Beispiel 009: Scheiternde agile Transition bei einem Retailer mit 5000 Mitarbeiter*innen

„Reden und Schreiben" anstelle von „Ausprobieren und Lernen"

Die IT eines mittelständischen Retailers mit 5000 Mitarbeiter*innen hat auf agile Methoden umgestellt. Die IT konnte durch die Umstellung auf Scrum sowohl den Online-Shop erfolgreich umgestalten als auch das Kassensystem umstellen. Aktuell arbeitet die IT eng, für die Organisation bisher unbekannt, auf Augenhöhe mit den fachlichen Ansprechpartner*innen an einem neuen Kassensystem für die mehr als 150 Filialen. Die Arbeitsergebnisse sind gut, die Beteiligten zeigen sich motiviert und liefern.

Auf- und Umsetzen dieser Projekte erfolgen innerhalb kürzester Zeit. An Stelle jahrelanger Planungen sind für alle Beteiligten Iteration für Iteration Fortschritte zu sehen.

Die Führungskräfte (Vorstand, erster und zweiter Führungskreis) zeigen sich angetan, mehr noch: begeistert, von dieser Art der Zusammenarbeit. Mit der Umstellung auf agile Methoden scheinen bis dahin als nahezu unlösbar empfundene Themen lösbar zu werden.

Der Vorstand entschließt sich, agile Methoden für die gesamte Organisation einführen zu lassen, und beauftragt ein Change-Team (bestehend aus Mitgliedern des ersten und zweiten Führungskreises) mit der „agilen Transformation".

Das Change-Team nimmt den Auftrag der agilen Transformation an. Beim Kickoff (über zwei Tage) sowie in den anschließenden Sitzungen zeigt sich hoher Klärungsbedarf der Beteiligten, was sie für die agile Transformation leisten müssen.

Die Beteiligten einigen sich darauf, dass das „Manifest für agile Softwareentwicklung" für die Gesamtorganisation nicht passend sei, und formulieren für sich die Aufgabe, diesen Text für ihre Organisation zu übertragen.

Um sicherzugehen, dass das Change-Team auf dem richtigen Pfad ist, legt das Change-Team nach drei Monaten und intensiver Debatte dem Vorstand eine Neuformulierung des agilen Manifests für die eigene (Retail-)Organisation zur Kenntnisnahme vor.

Die Vorstandsmitglieder zeigen sich uneinig über das Ergebnis. Sie äußern an einzelnen Passagen unterschiedliche Kritik und geben zum Teils vage Veränderungsvorschläge.

Der Prozess gerät ins Stocken. Das Change-Team zeigt sich demotiviert und weiß die gegebenen Hinweise nicht umzusetzen. Die agile Transformation endet, bevor sie begonnen hat.

Diese sogenannte „agile Transformation" ist auf vielen Ebenen schief gelaufen. Die Organisation hat sich nicht durch weitere Experimente (siehe Abschnitt 6.6) dem Organisationshebel genähert. Die Auftragsklärung zur agilen Organisationsentwicklung verlief über Überschriften (erst „Einführung agiler Methoden", dann „agile Transition“). Durch diese Unklarheit war das Change-Team nicht in der Lage, einen Zielraum zu beschreiben (siehe Abschnitt 2.4.2). Als Ersatz für den Zielraum hat das Change-Team versucht, eine Übersetzung des agilen Manifests zu finden. Für die notwendige Entscheidung über diesen Zielraum waren die Entscheidungs- und Beteiligungsformen nicht geklärt (siehe Abschnitt 12.7.2). Entsprechend sind die Beteiligten nicht aus einer Analyse- und Schreibphase heraus- und ins Handeln gekommen.

Die konkrete Idee, agile Methoden im gesamten Haus anzubieten, auszuprobieren und zu lernen, ist nicht umgesetzt worden.

Aus einer kleinen Idee mit großem Nutzen für die Beteiligten ist eine große Idee geworden, die nicht zur Anwendung gekommen ist. Das zweite Wertepaar des agilen Manifests lautet: „Working software over comprehensive documentation“. Komplexe Systeme sind schwer, vielleicht gar nicht, zu überblicken. Auch wenn die Aufgabe, das agile Manifest umzuschreiben, einfach erscheint, hilft diese Aufgabe den Beteiligten nicht: Die Beteiligten erleben so keine Veränderung.

Beispiel 009: Scheiternde agile Transition bei einem Retailer mit 5000 Mitarbeiter*innen

Handlungsalternative für das Change-Team

Es wäre für das Change-Team zielführender gewesen, die Fragestellung agil anzugehen, sich also zu fragen,

- wie sich „working software“ (zweites Wertepaar des agilen Manifests) bei der Aufgabe „agile Methoden für alle anbieten“ übersetzt,
- wie das erste prüfbare Inkrement dazu aussehen würde,
- wie das erste Experiment in der Organisation lauten müsste,
- um so in einen Lernzyklus mit Retrospektiven zu starten, wie das zwölfte Prinzip hinter dem agilen Manifest es vorsieht.

Im Kapitel 6 ist der grundsätzliche Verlauf einer agilen Transition erläutert.

3.2 Paradigmenwechsel auch in der Organisationsentwicklung gehen

Das agile Manifest klärt nicht, wie Führung und/oder die Organisation als solches aufgebaut werden sollen. In Ansätzen sind Führungselemente enthalten („Build projects around motivated individuals.“). Diese beziehen sich alle auf die in den Prinzipien hinter dem agilen Manifest beschriebenen (selbstorganisierten) Teams.

Nach Veröffentlichung des agilen Manifests folgten unterschiedliche Wellen von agilen Methoden(bausteinen) wie XP (Extreme Programming), Scrum und Kanban für Software, zunächst in der Softwareentwicklung, später auch für interdisziplinäre Projekte und unternehmensweite Umsetzungen. Auf der Anforderungsseite manifestierten sich Methoden wie Design Thinking und Design Sprints. Im Laufe der Zeit folgten Skalierungen agiler Methoden wie LeSS, Scrum of Scrums und SAFe. Parallel dazu wurden das „Spotify-Modell“ und Holokratie für Organisationsstrukturen und Führung populär.

Sogenannte „agile Transformationen“ bedienen sich häufig dieser Methoden(bausteine). Nach einer Analysephase entscheidet sich die Organisation für ein neues Führungs-, Projekt- oder Strukturmodell. Im Sinne eines klassischen Changes, häufig anhand der acht Phasen Kotters (siehe Abschnitt 2.10.1) modelliert, werden diese Modelle in den jeweiligen Organisationen eingeführt.

Dabei übersehen die Beteiligten, dass die Organisationsmitglieder Veränderungen vor sich haben, die

- die zu nutzenden Werkzeuge/Geräte,
- ihr Verhalten und auch
- ihre Wertevorstellungen

betreffen. Diese Art von Veränderungen brauchen viel Zeit und folgen der Innovationsannahme in Gruppen (siehe Abschnitt 4.1). „Management by Headlines“ ist für diese Art von Veränderungen nicht ausreichend.

Ein nach Kotter gestalteter Change ist ein kompliziertes Vorgehen, das keine passende Antwort auf eine komplexe Herausforderung darstellt.

> „Die Methode muss zum Problem passen.“

Insbesondere der nach Kotter formulierte „Sense of Urgency“ (siehe Abschnitt 2.10.1) ist schwer zu vermitteln. Der Grundsatz aus der systemischen Therapie

> „Veränderungen erdenkt man nicht. Veränderungen macht man.“

ist auf Organisationen im Paradigmenwechsel übertragbar. Im Paradigmenwechsel ergeben sich viele mögliche, zum Teil radikale Veränderungen für Organisationen.

Kompliziertes Vorgehen	Komplexes Vorgehen
Direktion	Selbstorganisation
Command and Control	Target and Track
Fehler = Schuld	Fehler = Lernen
Fehlerkultur	Lernkultur
Hierarchie in Eltern-Kind-Kommunikation	Hierarchie auf Augenhöhe

Kompliziertes Vorgehen	Komplexes Vorgehen
Plan	Experiment
Analyse	PDCA

Eine umfangreichere Darstellung des Paradigmenwandels findet sich in Abschnitt 5.7. Bereits dieser kurze Abriss zeigt, wie groß das Handlungsspektrum ist, wie vielfältig mögliche Zielräume aussehen können.

Alleine die Anzahl der Möglichkeiten sorgt für eine hohe Komplexität. Im agilen Sinne ist also die Frage, wie die Beteiligten zu kurzen Lieferzyklen kommen, wie es das dritte Prinzip hinter dem agilen Manifest fordert („Deliver working software frequently, [...], with a preference to the shorter timescale.“).

> „There is no sprint zero in scrum."

ist eine häufige Erklärung agiler Coaches zur agilen Projektmethode Scrum. Direkt ins Liefern zu kommen und von Beginn an lauffähige Software zu schaffen, ist die Forderung des agilen Manifests. Ein „Sprint Zero“ oder ein „Design Sprint“ als Alternative widersprechen den Forderungen des agilen Manifests.

Das Gleiche gilt für die agile Organisationsentwicklung. Die durch die agile Organisationsentwicklung ausgelöste Veränderung sollte in bestimmten Teilen der Organisation direkt und unmittelbar ankommen. Es gilt, schnell echte Inkremente zu liefern.

> **Hypothesen zu Hebeln der agilen Organisationsentwicklung entwickeln**
> „Wo vermuten wir einen Hebel in unserer Zusammenarbeit?"
> „Wie können wir diese Hypothese am leichtesten verifizieren bzw. falsifizieren?"

3.3 Agiles Manifest als Handlungsrahmen nutzen

Eine Organisationsveränderung als solches ist ein komplexes Vorhaben. Es sind viele Personen beteiligt. In vielen Fällen geht es um eine tiefgreifende Veränderung, vielleicht sogar Innovation, die Nutzung von Werkzeugen, Verhaltensänderungen und Wertewandel gleichzeitig mit sich bringt.

Der Veränderungsprozess ist daher als im Sinne des agilen Manifests zu gestalten. Anstelle von Analyse und Plan treten Experiment und Lernen.

Viele Organisationen bleiben bei der Frage nach der Gestaltung des Veränderungsprozesses als solchem im System. Sie führen die Veränderungen genauso durch „wie beim letzten Mal“.

> „Also, wir haben uns viele Gedanken gemacht über das Organigramm. Wir haben Expert*innen gehört. Wir halten uns an das Spotify-Modell. Das ist super so. Das ist doch jetzt klar. Wenn wir das am kommenden Montag verkünden, dann sollte das schnell ans Laufen kommen."

Diejenigen, die die agile Organisationsentwicklung treiben, sollten sich versichern, dass ihr Vorhaben, der sich abzeichnende Hebel und der immer klarer werdende Zielraum komplexer oder chaotischer Natur sind.

Das können die „W-Fragen“ (siehe Abschnitt 2.9.1), eine Betrachtung nach VUCA (siehe Abschnitt 2.3), die Einordnung ins Cynefin-Framework (siehe Abschnitt 2.5.2.1) oder die Stacey-Matrix (siehe Abschnitt 2.5.2.2) unterstützen.

> **Agiles Manifest einlösen**
>
> Organisationen lösen mit der agilen Organisationsentwicklung das agile Manifest Lernschritt für Lernschritt ein. Sie nähern sich ihrem Zielraum iterativ, inkrementell und lernend.

Bei der Frage, wie die Organisationsmitglieder mit komplexen Herausforderungen umgehen, sollten zu jedem Zeitpunkt das agile Manifest, insbesondere die zwölf Prinzipien hinter diesem, gedacht werden.

3.4 Kaizen und Kaikaku nutzen

Der agilen Softwareentwicklung liegen die Wurzeln des „lean development“, der „lean productions“ sowie des „lean management“ zugrunde.

Kaizen und Kaikaku sind zwei Begriffe aus der „lean production“, welche zwei Wege zur Effizienz- und Qualitätssteigerung beschreiben. Dabei steht Kaizen für die schrittweise Verbesserung innerhalb eines Systems:

> **Definition „Kaizen"**
>
> Kaizen beschreibt die schrittweise Verbesserung eines Systems. Das Wort setzt sich aus den japanischen Worten für „Veränderung" („Kai") und „zum Besseren" („zen") zusammen.

Kaikaku beschreibt eine andere Art der Veränderung. Eine große Richtungsänderung wird Schritt für Schritt eingelöst:

> **Definition „Kaikaku"**
>
> Kaikaku beschreibt die Veränderung nach einem starken Richtungswechsel: Ein neu formuliertes Zielbild wird schrittweise eingelöst.

Der starke Richtungswechsel kann seinen Ausdruck z. B. in einer Umstrukturierung, in veränderten Produktvisionen oder in Innovationsprojekten finden.

Während Kaizen nie ein Ende finden kann, kann Kaikaku als abrupter und radikaler Richtungswechsel sehr wohl ein Ende finden. Mittels Kaikaku werden eher Änderungen am System ermöglicht.

Kaizen funktioniert nicht ohne Kaikaku; Kaikaku funktioniert nicht ohne Kaizen. Für agile Organisationsentwickler*innen sollte sich immer die Frage stellen, ob eine erkannte Veränderungsnotwendigkeit „Kaizen" oder „Kaikaku" bedarf.

Nach einer abrupten Richtungsänderung löst auch Kaikaku den Zielraum durch ein schrittweises Verändern und Verbessern ein.

Nach Masaaki Imai [Imai 1986-01] lässt sich Kaizen mit zehn goldenen Kaizen-Regeln beschreiben:

Zehn goldene Kaizen-Regeln

1. **Verbesserung ist endlos:** Kaizen ist ein fortlaufender Prozess der kontinuierlichen Verbesserung und wird niemals abgeschlossen sein.
2. **Beseitige Verschwendung:** Identifiziere und eliminiere jegliche Verschwendung in Arbeitsprozessen (wie Zeit, Material oder Ressourcen).
3. **Stelle Transparenz her:** Stelle sicher, dass Probleme und Engpässe offengelegt und erkannt werden, um sie gezielt angehen zu können.
4. **Die besten Ideen kommen von den Beteiligten:** Mitarbeiter*innen auf allen Ebenen werden aktiv an der Identifizierung und Umsetzung von Verbesserungen beteiligt.
5. **Folge dem PDCA-Zyklus:** Planen (Plan), Umsetzen (Do), Überprüfen (Check) und Anpassen (Act) sind die Schritte eines kontinuierlichen Verbesserungsprozesses.
6. **Standardisiere Verbesserungen:** Wenn eine Verbesserung erfolgreich ist, sollte sie in den Arbeitsabläufen standardisiert werden, um sicherzustellen, dass sie beibehalten wird.
7. **Verwende Daten zur Unterstützung von Entscheidungen:** Daten und Fakten sollten die Grundlage für Verbesserungsmaßnahmen sein, anstatt auf Annahmen oder Meinungen zu basieren.
8. **Kommuniziere klar und effektiv:** Eine offene Kommunikation und klare Anweisungen sind entscheidend, um sicherzustellen, dass Verbesserungen erfolgreich umgesetzt werden.
9. **Verbessere ständig und überall:** Kaizen sollte nicht auf bestimmte Bereiche oder Abteilungen beschränkt sein, sondern in der gesamten Organisation angewendet werden.
10. **Beachte die Regel des 3M:** Vermeide oder beseitige Muda (Verschwendung), Mura (Unausgeglichenheit) und Muri (Überbeanspruchung).

Agile Organisationsentwicklung folgt dem Prinzip „Agil mit agil einführen“ (siehe Prinzip 7.1 in Kapitel 7). Die Standardisierung von Verbesserungen erfolgt in der agilen Organisationsentwicklung der „Rule of Three“ (siehe Prinzip 7.21 in Kapitel 7). Das daten- und hypothesenbasierte Arbeiten in der agilen Organisationsentwicklung wird in Abschnitt 6.6.4 beleuchtet.

3.5 Kund*innen der agilen Organisationsentwicklung benennen

Das erste Prinzip hinter dem agilen Manifest fordert das schnelle und wertvolle Liefern von Ergebnissen, um die Kund*innen zu befriedigen: „Our highest priority is to satisfy the customer through early and continuous delivery of valuable software.

Entscheiden sich die Treiber*innen der Veränderung, die anderen Organisationsmitglieder zu ihren Kund*innen zu machen, besteht die Gefahr, dass die Beteiligten ihre Augenhöhe verlieren (siehe auch Abschnitt 13.1).

Ohne Augenhöhe wird das Arbeiten im selbstorganisierten Team unmöglich. Die Organisation selbst erfüllt einen Organisationszweck. Alles Wirken in der Organisation sollte im Sinne des ersten Prinzips die Adressat*innen dieses Organisationszwecks in den Fokus nehmen:

> „Wir sind das Team, das das schnelle und kontinuierliche Liefern echten Kund*innennutzens möglich macht."

Damit dies gelingt, brauchen die Beteiligten dauerhaft neue Perspektiven, welche sie regelmäßig überprüfen:

1. Wie funktioniert unsere Wertschöpfung?
2. Wer ist an der Wertschöpfungskette beteiligt?
3. Wie ist deren Beitrag zur Wertschöpfungskette?
4. Wie ist der Beitrag meines Teams zur Wertschöpfungskette?
5. Wie ist mein Beitrag zur Wertschöpfung?

Diese Fragen zu beantworten, ist Teil der agilen Transition. Die Antworten werden sich Lernschritt für Lernschritt ergeben.

3.6 Selbstreflexion „Agiles Manifest einlösen“

Beantworte die folgenden Reflexionsfragen bzw. bearbeite die skizzierten Übungen und Vertiefungen. Eine schriftliche Auseinandersetzung bzw. Inter-/Supervision wird die Wirkung der Übung verstärken.

- Wie gut kennst Du das agile Manifest und die zwölf Prinzipien?
- Wie stellst Du einen direkten Bezug zum agilen Manifest und zu den zwölf Prinzipien her?
- Wie könntest Du diese Quote erhöhen?
- In welchem der zwölf agilen Prinzipien vermutest Du einen großen Hebel für Eure Organisation? Wie könnten erste Experimente aussehen, um diese Hypothese zu bestätigen oder zu verwerfen?
- Reflektiere Eure Projektlandschaft und Struktur (also Deine Ablauf- und Aufbauorganisation). Auf einer Skala von eins bis zehn: Wo steht Ihr in Bezug auf Kund*innenzentrierung? Wo vermutet Ihr einen Hebel, um die Kundenzentrierung zu erhöhen?
- Welche Pfadabhängigkeiten vermutest Du in Deiner Organisation? Wie müssten Experimente aussehen, damit die Organisationsmitglieder diese gut annehmen können?
- Wie leicht fällt es Euch als Organisation, ohne „Sprint Zero“ direkte und spürbare Arbeitsergebnisse in der agilen Organisationsentwicklung zu erzeugen?

4 Anders, neu und voraus: Innovativ in der Organisation handeln

Den Paradigmenwechsel zu gehen, die tägliche Arbeit am agilen Manifest auszurichten, neue Formen der Zusammenarbeit („new work") zu finden und zu leben, bringt große Veränderungen mit sich.

Wenn Veränderungen viel Neues, Erneuerungen oder eine vollkommen neue Kombination bekannter Dinge in sich tragen, die von der jeweiligen Gruppe „entdeckt/erfunden, eingeführt, genutzt, angewandt und institutionalisiert werden", handelt es sich um Innovationen. [Specht 2018-01]

Eine neue Idee ist noch keine Innovation; nur eine Idee, die sich durchgesetzt hat, ist eine Innovation:

> **Definition „Innovation"**
> Eine Innovation ist ein willentlicher und gezielter Veränderungsprozess zu etwas Neuem, das von der jeweiligen Gruppe angenommen und umgesetzt wurde.

Dabei werden die jeweiligen Ideen im Normalfall nicht genau so, wie sie mal gedacht waren, umgesetzt. Jede Gruppe, die eine Idee als Innovation annimmt, wird diese für sich anpassen.

„Wirtschaft und Gesellschaft wandeln sich, wenn Produktionsfaktoren auf eine neuartige Art und Weise kombiniert werden." [Wikipedia 01]

Für Organisationen und Changes wurde häufig die Veränderungskurve nach Kübler-Ross (siehe [Andresen 2019-01]) herangezogen, um Veränderungen in Organisationen zu planen und zu managen. Veränderungen, die nach Kübler-Ross beschrieben werden, sind in ihren Auswirkungen durchdringbar, die Umsetzung ist planbar.

Die Veränderungen, die agiles Arbeiten und der Umgang mit komplexen oder chaotischen Herausforderungen mit sich bringt, sind aber von größerer Natur. Die Beteiligten werden nicht nur den Einsatz neuer CI-Farben oder einen neuen Platz im Organigramm einnehmen. Es geht darum, die eigene Vorgehensweise, sich selbst, zu verändern, damit in Summe die Zielräume agiler Transitionen erreicht werden können. Dies lässt sich exemplarisch an den folgenden Formulierungen von Zielräumen ablesen.

> „Wir entwickeln uns in Lernzyklen, nicht nach einem Plan."
>
> „Wir organisieren uns jeweils so, dass wir die jeweilige Aufgabe gut und ohne Hindernisse erfüllen können."
>
> „Wir können alle jederzeit sorgenfrei in den Urlaub gehen."
>
> „Wir liefern jedes Jahr mindestens zwölf neue, für die Kund*innen nützliche Produktfeatures aus."
>
> „Wir machen keinen Fehler ein zweites Mal."

Wie Ihr gute Zielräume finden und formulieren könnt, lest Ihr in Abschnitt 6.7.1.2.

4.1 Unterschiedliche Innovationsgeschwindigkeiten beachten

Für die Beteiligten bedeutet dies, dass sie Neues auf mehreren Ebenen in ihre bisherige Vorgehens- und Denkweisen integrieren:

1. Die Beteiligten werden ihr Verhalten ändern.

   Beispiel: An Stelle eines Projektplans werden die Beteiligten einen Lernzyklus definieren.

2. Die Beteiligten werden dafür neue Geräte/Werkzeuge einsetzen.

   Beispiel: Die Beteiligten machen ihre Arbeitsstände in einem digitalen Board täglich transparent.

3. Die Beteiligten werden neue Werte für sich anwenden.

   Beispiel: Die Beteiligten markieren einen Fehler offen und geben direktes Feedback, um jeweils einen Lernmoment zu erzeugen.

Je mehr dieser Ebenen durch eine Innovation betroffen sind, desto langsamer wird die Innovation sich durchsetzen.

Auf den ersten Blick mag es einigen so erscheinen, als würden mit agilen Methoden lediglich Werkzeuge und Verhalten verändert werden, tatsächlich stellt die agile Herangehensweise Werte infrage.

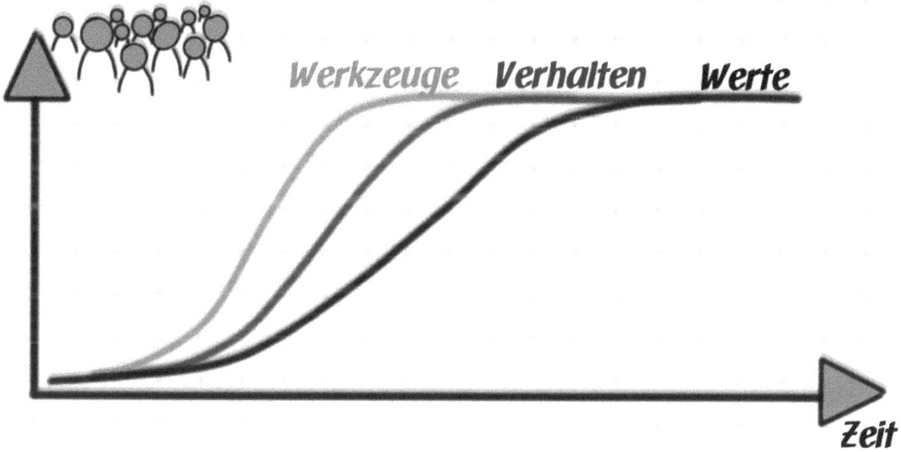

Bild 4.1 Das Durchsetzungstempo nimmt ab, je größer die Innovation ist

Beispiel 010: Schuldfreie Retrospektiven einführen

Für ein mittelständisches Unternehmen mit 8000 Mitarbeiter*innen arbeiten insgesamt sechs Systemadministrator*innen, die alle Backend-Systeme des Unternehmens verantworten.

Die gesamte IT befindet sich in einer agilen Transition, in der Aufgabe für Aufgabe geprüft wird, ob und welche agilen Methoden(bausteine) für die jeweiligen Beteiligten sinnhaft sind, um so den direkten Kund*innennutzen zu erhöhen.

In einer Teamsitzung sollen die Teilnehmer*innen eine Kurzeinführung in Retrospektiven erhalten, um dann direkt in die erste Retrospektive zu starten.

Die Trainerin Jette erläutert das Konzept der „blameless retrospectives". Während sie erläutert, wie die Phase „Generate Insights" funktioniert, kommt Unruhe unter den Teilnehmer*innen auf: „Das kann doch nicht sein! Irgendwer **muss** doch schuld sein, wenn was schiefgelaufen ist."

Was es bedeutet, Schuld in Bezug auf Lernen und Entwicklung hinter sich zu lassen, und Fehler als Lernmoment zu begrüßen, lest Ihr in Abschnitt 10.16.

Agile Methoden und Methodenbausteine in die tägliche Arbeit zu integrieren, ist für viele Organisationsmitglieder herausfordernd. Bei agilen Methoden handelt es sich um Innovationen, die von den jeweiligen Gruppen angenommen, akzeptiert, verarbeitet und umgesetzt werden müssen.

Dabei werden die Beteiligten mit hoher Wahrscheinlichkeit Ihr Verhalten ändern, andere Werkzeuge nutzen – und mit einer großen Wahrscheinlichkeit wird dieses Erleben zu anderen Überzeugungen, also Werten, führen. Diese Anpassung der Individuen braucht Zeit. Und je nach eigenen Vorerfahrungen, Mustern und der aktuellen Konstitution wird diese Anpassung unterschiedlich lange dauern.

4.2 Innovationen annehmen ist ein sozialer Prozess

Der Paradigmenwechsel aus einer komplizierten Denkweise in den Umgang mit einer mindestens komplexen Situation erfolgt also nicht „einfach“ und nicht durch „Denkdenken“ einer neuen Methode mit allen Vor- und Nachteilen. Die Beteiligten werden nicht von heute auf morgen einfach ihr Verhalten und ihre Vorstellungen ändern, nachdem eine Change-Ziel veröffentlicht wurde.

Diese neue Idee muss erst in die entsprechende Gruppe „diffundieren“. Diese Diffusion folgt verschiedenen Phasen, in denen aus einer für die Gruppe neuen Idee nach und nach zu einer Innovation wird.

Ob eine Person in einer Organisation eine Innovation annimmt oder ablehnt, ist nicht in einem kurzen Moment entschieden. Sie erfolgt nach dem Sozilogen Everett Rogers [Rogers 2003-01] nicht spontan: Das Annehmen oder das Verwerfen der neuen Idee erfolgt in fünf Phasen.

Innovationsannahme in fünf Phasen

1. Erfahren von der Idee („**Knowledge**“)
2. Überzeugen von Vor- oder Nachteilen („**Persuasion**“)
3. Entscheiden über Innovationsannahme („**Decision**“)
4. Anpassen („**Implementation**“)
5. Bestätigen, Nutzen oder Verwerfen („**Confirmation**“)

Menschen, die sich für oder gegen eine Innovationsannahme entscheiden müssen, versuchen in jeder Phase, ihre eigenen Unsicherheiten in Bezug auf die neue Idee zu reduzieren. Gleichzeitig versuchen die Beteiligten (meist unbewusst) zu klären, welche Vorteile sich für sie aus der Anwendung oder dem Verwerfen der neuen Idee ergeben:

„What's in for me?“

4.2.1 Knowledge-Phase

In der Knowledge-Phase erfahren die Beteiligten von einer innovativen Idee. Wir beschäftigen uns erst mit einer neuen Idee, wenn wir deren Relevanz erkennen oder spüren. Eine Idee wird dann für die Beteiligten relevant, wenn durch die Idee

- ein Problem gelöst wird, dessen sie sich bewusst sind, oder wenn
- ein Problem gelöst wird, das durch die Formulierung der Idee offenbar wird.

„Agil wäre hier echt ein Ansatz“, mag so manche*r in einem Organisationskontext denken und dies auch sagen. Wenn die anderen Organisationsmitglieder in der aktuellen Arbeitsweise kein Problem sehen oder die Zusammenarbeit als erwartbar, unproblematisch und/oder „normal“ erleben, wird der Vorschlag, die Arbeitsweise auf agil umzustellen, ungehört bleiben.

Wenn nun agile Arbeitsweisen über klassisch durchgeführte Changes für alle Organisationsmitglieder angesagt („erzwungen“) werden, wird die Arbeitsweise sich nur durchsetzen, wenn sich für die Mehrzahl der Organisationsmitglieder unmittelbar erschließt, dass diese Veränderung für sie von großem Nutzen ist. In vielen Fällen wird dieser „Change“ steckenbleiben. Um sich davor zu schützen, versuchen agile Organisationsentwickler*innen die Beteiligten mit der Frage

> „Welches Problem wird durch dieses Vorgehen gelöst?“

vor dieser Art der „Veränderung“ zu schützen und eine Grundlage für eine Veränderung (womöglich eine kleinere, aber passendere) zu schaffen. Ist diese Grundlage nicht vorhanden und die vorgetragene Idee keine, die für eine Minimierung von Widersprüchen und/oder Problemen sorgt, werden die Beteiligten höchstens einem sinnfreien „Cargo-Kult“ (siehe Abschnitt 14.6) erliegen. In solchen Kontexten äußern die Beteiligten

> „Agil funktioniert für uns nicht.“

und legen damit offen, dass die ergriffenen Maßnahmen für sie nicht sinnstiftend sind, sie liefern keine Lösung für ihre Probleme; mehr noch: Für die Beteiligten besteht keine Veranlassung, nach einer Lösung zu suchen.

Innovationen können Bedürfnisse befriedigen. So entstehen Innovationen daraus, dass Menschen ein Problem identifiziert haben: „Wir wissen vor lauter Produkterweiterungen gar nicht mehr, wo unser Fokus liegt, und bekommen nichts fertig“ könnte in einer Organisation mit einer „Prio-1-Policy“ beantwortet worden sein.

> **Prio-1-Policy**
> „Wir erklären Thema ABC zur Prio 1. Die Gruppe XYZ arbeitet nur an diesem Thema. Wenn diese Gruppe Zuarbeiten benötigt, werden diese umgehend von allen anderen Organisationsmitgliedern mit Prio 1 bearbeitet.“

Innovationen können aber auch Bedürfnisse wecken. So könnte in einer Situation,

- in der die Beteiligten nicht wirklich um die Arbeit der anderen wissen,
- in der Leitungsspitzen nur durch Mehrarbeit Einzelner bewältigt werden und
- die Beteiligten sich jeweils alleine gelassen fühlen,

das Angebot eines „Daily Meetings“, in dem die Beteiligten lernen, welche Aufgaben im „Team“ anstehen und welchen Störungen/Herausforderungen/Schwierigkeiten sich die anderen Organisationsmitglieder stellen, bei den Beteiligten das Bedürfnis wecken, anders und mehr miteinander zu arbeiten.

Ob und wie leicht eine Idee von einer Organisation adaptiert wird, hat auch mit der Art des Wissens zu tun, das die Beteiligten über die innovative Idee haben:

1. „Ich weiß um diese Idee“ („**awareness**“)
2. „Ich weiß, wie die Innovation funktioniert“ („**how-to-knowledge**“)
3. „Ich verstehe, wie die Innovation und die damit einhergehenden Prozesse funktionieren“ („**principles knowledge**“)

Je komplexer eine Innovation ist, desto wichtiger wird den Beteiligten für die Annahme das Durchdringen der jeweiligen innovativen Idee. Dabei lassen sich die Vorteile agiler Vorgehensweisen häufig nicht analytisch erschließen: Es braucht zum Erfassen der Prinzipien, der Vorgehensweisen und der Wirkung agiler Arbeit neue Erfahrung.

> „Durchs Machen lernen!“

Agile Organisationsentwickler*innen nutzen Interventionen, damit die Beteiligten agile Vorgehensweisen ausprobieren können. Das Erleben sorgt für Verständnis und damit eine Annahme innovativer Ideen. Wie eine solche Einladung in eine neue Erfahrung gelingen kann, ist in Abschnitt 10.1.1 beschrieben.

Der Austausch und das Verstehen innovativer Ideen gelingt den Organisationsmitgliedern besonders leicht und schnell, wenn „Peers“ in ihren Worten ihre Erfahrungen, Deutungen und ihr Systemverständnis teilen.

> **Definition „Peer“**
> Ein Peer ist eine gleichaltrige oder gleichgesinnte Person. Im Rahmen der Diffusionstheorie haben Peers auch einen ähnlichen sozioökonomischen Hintergrund.

Peers teilen Werte und unterstellen sich eine ähnliche Erfahrungswelt. Entsprechend glauben Organisationsmitglieder ihren Peers mehr, wenn diese von neuen Ideen und deren Umsetzung erzählen. Nur dann werden sich die agilen Methoden durchsetzen, wenn der Nutzen und der Aufwand für die Beteiligten bei der Umsetzung der neuen Idee deutlich werden.

Begeisterung der Innovator*innen und frühen Anwender*innen weitertragen

Damit eine agile Transition gelingen kann, arbeiten agile Organisationsentwickler*innen im ersten Schritt vorwiegend mit Innovator*innen (siehe Abschnitt 4.3.1) und frühen Anwender*innen (siehe Abschnitt 4.3.2), welche die Veränderungsarbeit und die Innovationsgewinne an ihre Peers in der frühen Mehrheit (siehe Abschnitt 4.3.3) vermitteln können.

Daher setzen agile Organisationsentwickler*innen für das Transitionsdesign insbesondere in der ersten Phase (siehe Abschnitt 6.6) auf das Prinzip der Freiwilligkeit (siehe Prinzip 7.5 in Kapitel 7).

Wie Ihr darüber hinaus die Einladung in die agile Transition gestalten könnt, lest Ihr in Abschnitt 4.6.

4.2.2 Persuasion-Phase

Genauso wie in der Knowledge-Phase versuchen die Beteiligten, ihrer Unsicherheit in Bezug auf die innovative Idee weiter zu begegnen. Sie suchen nach weiteren Informationen und Informationsquellen. Dabei entwickeln sie eine Haltung gegenüber der innovativen Idee. Im Ergebnis können sie dieser

- positiv
- neutral
- negativ

gegenüber stehen. Diese Haltung speist sich sowohl durch die Ratio als auch aus den Gefühlen und damit den Werten der Beteiligten.

Bei der Informationssuche und -bewertung hat die Meinung der Peers eine besondere Bedeutung. Dabei erörtern die Beteiligten vorwiegend die Fragen:

„Welche Vor- und Nachteile ergeben sich aus der Innovation?"

Dabei werden die Vorteile in dieser Phase häufig überbetont. Gleichzeitig erörtern die Beteiligten die Fragen:

„Wie gut lässt sich die Innovation in meinen Alltag einbauen?"
„Wie leicht lässt sich die Innovation in meinen Alltag einbauen?"

Wenn die Antworten in dieser Phase für die Beteiligten unklar oder ohne erkennbaren Nutzen für sie sind, werden sie die innovative Idee nicht weiter verfolgen. Auch wenn ihnen der Aufwand zu hoch erscheint oder ihnen unklar ist, wie sie diese Idee selbst anwenden können, zeigen die Beteiligten Ablehnung.

Agile Organisationsentwickler*innen erleben häufig, dass die Beteiligten eine Idee für gut befinden, sie dennoch nicht in die Umsetzung bringen. Um eine Idee anzunehmen, müssen die Beteiligten diese ausprobieren. Dieses Ausprobieren erfolgt in der Decision-Phase.

4.2.3 Decision-Phase

Wenn die Beteiligten zu einer negativen Haltung gegenüber der innovativen Idee in der Persuasion-Phase gekommen sind, werden sie sich gegen ein Ausprobieren mit solchen oder ähnlichen Worten wehren. Aussagen wie

> „Wenn ich da so draufgucke, würde ich sagen, dass wir schon immer agil gearbeitet haben. Das ist doch nichts Neues so."
>
> „Diese Methode löst unser Problem nicht."
>
> „Das ist jetzt der fünfte Change in meinem Arbeitsleben. Die anderen haben auch nichts geändert. Den halte ich auch noch aus."

sind Signale dieser **passiven Ablehnung**. Die Gruppe der Nachzügler*innen (siehe Abschnitt 4.2.5) ist vorwiegend mit passiven Ablehner*innen besetzt. Diese lehnen die Idee als solches ab. Diese Ablehnung kann auf der Beurteilung der vermuteten Vor- und Nachteile, dem vermuteten Aufwand der Integration oder der Integration als solchen basieren.

Eine aktive Ablehnung entsteht, nachdem Organisationsmitglieder eine Idee getestet haben.

> **Erfolgreiche Tests verstärken die Innovationsannahme**
>
> Tests können auf unterschiedliche Arten erfolgen:
>
> - Die Beteiligten probieren die Innovation aus.
> - Die Alpha-Stimmen der Organisation geben ein Vorbild und machen die Innovation vor.
> - Die Beteiligten proben die Innovation spielerisch oder erleben sie über eine Intervention oder in einer Simulation.

Die Beteiligten machen durch die Tests, also durch Experimente, neue Erfahrungen, welche sie mit ihren bisherigen Erwartungen und Erfahrungen vergleichen können.

Wenn die Beteiligten tief verinnerlicht haben, dass es nur eine gute Analyse und einen guten Plan braucht, um ein Ziel zu erreichen, könnte das gemeinsame Erlebnis einer Marshmallow-Challenge oder das Durchführen einer Kanban-Simulation den

Beteiligten die Erkenntnis bringen, wie Lernzyklen zu schnellen und guten Ergebnissen oder wie fokussierte, gemeinsame Arbeit trotz unterschiedlicher Kompetenzstände zu besseren und schnelleren Ergebnissen führen können.

Lehnen die Beteiligten nach dem Testen eine Innovation ab, handelt es sich um eine **aktive Ablehnung**. Die entsprechenden Personen entscheiden sich aufgrund ihrer Erfahrungen und ihrer Bewertung bewusst gegen eine Innovation. Auch hier ist die Grundlage der Entscheidung die Frage nach den Vor- und Nachteilen der Innovation sowie den Kosten und der Form der Integration der Innovation in die täglichen Abläufe.

Attraktive Veränderungen

Neue Verhaltensweisen werden dann als attraktiv durch die Organisationsmitglieder bewertet, wenn

- diese relativ viele Vorteile mit sich bringen,
- einfach in die bestehenden Abläufe und Verhaltensweisen integriert werden können,
- leicht auszuprobieren sind, also eine geringe Einstiegshürde aufweisen, und
- bei anderen Organisationsmitgliedern gut zu beobachten (und so nachzumachen) sind.

Diese vier Kriterien sind gute Prüfkriterien für das Formulieren von Experimenten und Pilotprojekten/-prozessen für die Organisation (siehe Kapitel 6).

Agile Organisationsentwickler*innen sorgen für echtes Erleben, indem sie geeignet mit Tests, Simulationen und Spielen intervenieren. Arbeiten agile Organisationsentwickler*innen in dieser Phase mit agilen Coaches zusammen, so sind aus deren Verhaltensrepertoire vor allem „Interventionen“ gefragt. In der Decision-Phase sind Impulse und Sekundärberatung weniger wichtig.

4.2.4 Implementation-Phase

Direkt nach der Decision-Phase startet – sofern die Innovation direkt verfügbar ist – die Implementierung der Innovation.

In vielen Fällen erfährt die Innovation dabei eine „Re-Invention“: Die Innovation wird nicht exakt so übernommen wie formuliert und beschrieben, sondern sie wird durch die Beteiligten verändert, angepasst und in das bestehende System integriert.

Im Rahmen der Adaption suchen Organisationsmitglieder häufig Namen, um diese Adaptionen zu kennzeichnen und mit diesen aktiv umzugehen: „Scrum by $Firmenname“ kann Zeichen dieser Adaption sein, genauso wie es Ausdruck sein kann, dass die Beteiligten **ihren** Umgang mit Feedback und Lernen auf großen Wandzeitungen dokumentieren.

Auch in dieser Phase sind noch Unsicherheiten bei den Beteiligten zu beobachten. Diese sind umso größer, je größer die Gruppe ist, für die Innovation anzunehmen ist. Insbesondere stellen sich die Beteiligten die Frage:

> „Funktioniert diese Innovation bei uns problemlos?"

In dieser Phase unterstützen agile Organisationsentwickler*innen technisch, fachlich und/oder prozessual. Sie identifizieren mit den Beteiligten die hakenden Stellen und bieten praktische und konkrete Verbesserungsvorschläge in der Implementierung an.

Die Implementation-Phase dauert so lange, bis die Innovation vollständig in die bestehende Organisation integriert ist. Diese vollständige Integration kann längere Zeit in Anspruch nehmen. Wenn die Innovation selbstverständlicher Teil der Organisation ist:

> „Wir machen das hier so"

endet die Implementation-Phase. Dennoch ist die Innovation in der Organisation (noch) nicht gesichert.

4.2.5 Confirmation-Phase

Obwohl die Innovation erfolgreich angewendet wird, suchen noch etliche Gruppenmitglieder weitere Informationen für oder gegen die Innovation – jeweils, um die eigene Entscheidung zu bestätigen.

Finden sich in dieser Phase weitere Gründe für oder gegen die Innovation, können die Beteiligten ihre Meinung revidieren.

Dabei ist zu beobachten, dass die Beteiligten unter Druck auf ältere und gewohnte Organisations- und Verhaltensmuster zurückgreifen. Organisationsmitglieder revidieren ihre zunächst positive Haltung gegenüber einer Innovation hauptsächlich wegen

- Ersatz durch eine weitere Innovation oder wegen
- ihrer Enttäuschung gegenüber der Innovation. Diese wird wahlweise durch zu niedrige Innovationsgewinne oder durch einen falschen Einsatz der Innovation ausgelöst.

Ist der Innovationsgewinn nur relativ gering, wird dies für eine langsame Verbreitungs- und eine hohe Abbruchrate sorgen. Weist die Innovation einen relativ hohen Vorteil zum bisherigen Verhalten auf, wird sie sich schneller durchsetzen – bei einer geringeren Anzahl von Abbrüchen.

Während agiler Transitionen eingeführte Maßnahmen und/oder durchgeführte Experimente sind daher so zu schneiden, dass sie schnell und einfach von den Beteiligten zu adaptieren sind. Methoden wie das Minimum Viable Product oder die 15 %-Methode können die Beteiligten unterstützen, passende, leicht umsetzbare und somit annehmbare Innovationen zu definieren.

4.3 Die Organisation in ihrer Veränderung begleiten

Das Annehmen einer Innovation setzt bei den Individuen und in der Organisation als solcher Lernen voraus. Lernen kostet im ersten Schritt immer Produktivität (siehe Abschnitt 10.5). Ein weiteres Kennzeichen von Lernen ist, dass das Heraustreten aus der Komfort- in die Lernzone (siehe Abschnitt 10.6.2) energiefordernd ist und sich daher häufig anstrengend anfühlt.

Menschen kommen unterschiedlich gut mit diesen Begleiterscheinungen von Lernen zurecht. Je attraktiver eine Veränderung und deren voraussichtlicher Veränderungsgewinn sind, desto eher lassen sich Menschen auf das zugehörige Lernen ein.

Nach Everett Rogers bestimmen fünf Faktoren die Bewertung des Veränderungsgewinns:

Fünf Bewertungsfaktoren zur Beurteilung der Innovation

1. Subjektive Vorteile der Veränderung
2. Kompatibilität mit vorhandenem Wertesystem
3. Einfachheit in der Anwendung
4. Probierbarkeit der Veränderung
5. Sichtbarkeit der Veränderung

Der Vorteil der Veränderung wird durch das Individuum bewertet und kann sich neben einem fachlich besseren Ergebnis auch in einem Prestige- oder Statusgewinn zeigen.

Viele Menschen können ihre Grundannahmen nur schwer verbalisieren. Während ein Verstoß gegenüber Werten noch relativ leicht spürbar wird („Das tut man doch nicht!“) fällt vielen eine positive Formulierung gewünschten Verhaltens, Denkens und/oder Fühlens schwer. Entsprechend wird in der (Peer-)Kommunikation vor allem die Frage wichtig, ob eine bestimmte Veränderung eigene Werte verletzt.

Das zehnte Prinzip hinter dem agilen Manifest „Simplicity – the art of maximizing the amount of work not done – is essential.“ gewinnt vor dem Hintergrund der Innovationsannahme an besonderer Bedeutung. Eine einfache Anwendungsmöglichkeit, insbesondere beim ersten Mal der Anwendung, führt zu einer besseren Beurteilung der Innovation.

Wenn der Innovationsgewinn schnell und deutlich zu Tage tritt, ist dies der Innovationsannahme sehr zuträglich. Komplizierte Erklärungen und wenige, nur unmittelbare Ergebnisse werden die Innovationsannahme nicht fördern. Umgekehrt wird ein schnelles Überprüfen und Ausprobieren von neuen Ideen über Minimum Viable Products oder Design-Thinking-Zyklen die Annahme agiler Methoden (so denn stimmig) beschleunigen.

Im Rahmen der Zielgruppen werden nach der Innovationsfreude bzw. nach dem typischen Verhalten innerhalb der Innovationsannahme fünf Personengruppen unterschieden.

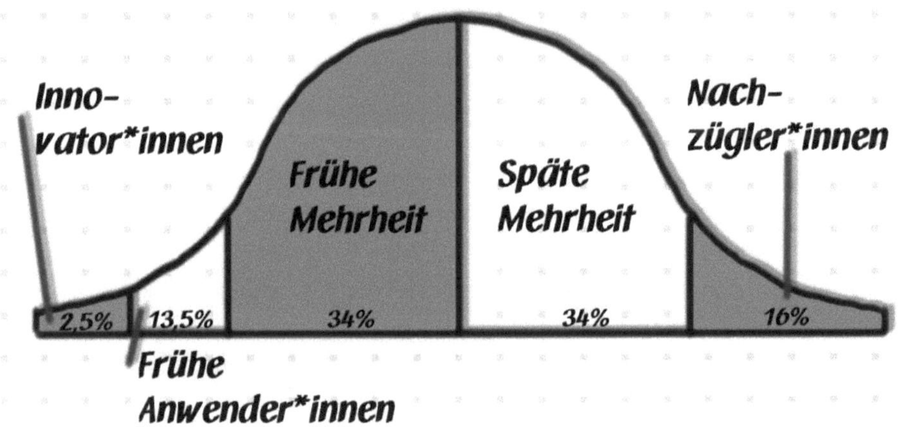

Bild 4.2 Die Dynamik der Innovationsannahme nutzen

Diese fünf Gruppen sind während der agilen Transition unterschiedlich anzusprechen.

4.3.1 Innovator*innen

Innovator*innen finden die innovative Idee gut, mehr noch: attraktiv. Sie probieren die Innovation einfach aus. Sie sind begeistert von der Idee. Sie entwickeln eine Haltung zu der innovativen Idee, indem sie einfach machen.

Die Diffusionsforschung konnte über viele Innovationen und Populationen hinweg zeigen, dass ungefähr 2,5 % einer Population Innovator*innen der jeweiligen innovativen Idee sind. Dabei gilt, dass Menschen, die früh eine innovative Idee erfassen, häufiger in vielen Medien informieren, weltoffener scheinen, einen höheren sozialen Status haben und höhere Kontaktquoten zu vielen Menschen aufweisen.

> „Die Idee ist ein Kracher. Ich fange mal damit an!"

formulieren Innovator*innen. Die Attraktivität der innovativen Idee liegt in der Idee und dem vermuteten Innovationsgewinn. Die Innovator*innen gehen davon aus, dass die innovative Idee mehr Widersprüche im System eliminiert, als sie offen lässt; demnach verspricht die innovative Idee Fortschritt.

4.3.2 Frühe Anwender*innen

Frühe Anwender*innen finden ebenfalls die Idee gut, würden sie im ersten Schritt aber nicht direkt durchführen. Sie versuchen, vorher zu ermitteln, ob die innovative Idee die Erwartungen erfüllt. Die Innovator*innen validieren also den vermuteten Innovationsgewinn:

> „Was ist genau herausgekommen?"

ist eine typische Frage früher Anwender*innen an Menschen, die die innovative Idee bereits implementiert haben. Im Schnitt sind 13,5 % einer Population frühe Anwender*innen.

4.3.3 Frühe Mehrheit

Bild 4.3 Wenn die Kosten-Nutzen-Rechnung nicht aufgeht, geht die frühe Mehrheit die Veränderung nicht

Die frühe Mehrheit kommt zu einer positiven, neutralen oder negativen Haltung zur innovativen Idee, indem sie eine „Kosten-Nutzen-Analyse" (häufig unbewusst) durchführt:

- „Was gewinne ich durch die Innovation?"
- „Was muss ich leisten, um die Innovation zu implementieren?"

Diese Gruppe wägt also den Innovationsgewinn gegen die Veränderungsarbeit ab. Beispielhafte Fragen der frühen Mehrheit sind:

> „Was hast Du genau getan, wie funktioniert das genau?"
> „Was hast Du davon, dass Du die Innovation nun nutzt?"

4.3.4 Späte Mehrheit

Die zweite Hälfte der Innovationsannahme setzt sich aus 34 % „später Mehrheit" und 16 % Nachzügler*innen zusammen.

Während die erste Hälfte der Innovationsannehmer*innen eine Debatte um die Innovation selbst führen, folgt die späte Mehrheit der Gruppendynamik:

> „Wenn das alle machen, werde ich das auch tun."

Die späte Mehrheit setzt sich also nicht wirklich mit der innovativen Idee auseinander. Ein Gespräch über Innovationsgewinn und Veränderungsaufwand wird ein Mitglied der späten Mehrheit nicht überzeugen, die innovative Idee auszuprobieren.

4.3.5 Nachzügler*innen

Die Nachzügler*innen haben eine negative Haltung zur Innovation. Sie bewerten diese als falsch. Diese Bewertung kann initial da sein, diese kann in dem in der individuellen Innovationsannahme beschriebenen Prozess entstehen. Manche Nachzügler*innen entscheiden sich still, die Innovation nicht auszuprobieren.

Die Gruppe der Nachzügler*innen wird häufig als laut wahrgenommen. Sie geben zum Teil laut kund, dass sie die innovative Idee negativ bewerten:

> „Agil funktioniert für uns nicht."
> „Das kann man bei XYZ machen, hier geht es wegen ABC nicht."
> „Das brauchen wir gar nicht probieren."

Bei späten Anwender*innen beobachtet die Diffusionsforschung häufiger einen falschen Einsatz der Innovation, so dass sich die Innovationsgewinne nicht einstellen und/oder die Veränderungsarbeit höher ausfällt als bei den ersten drei Gruppen. Mit der falschen Anwendung kommen die späten Anwender*innen zu einer negativen Haltung gegenüber der innovativen Idee.

Setzt sich eine Innovation insgesamt durch, teilen sich die Nachzügler*innen weiter auf. Ein Teil nimmt die Innovation zähneknirschend an, während ein anderer Teil sich weiter der Veränderung verschließt. Diese „Abbrecher*innen“ weisen häufig eine formal schlechtere Bildung und einen niedrigeren sozialen Status auf. Während des Innovationsprozesses hatten sie im Schnitt weniger Kontakt mit den Fürsprecher*innen der Innovation.

Ist eine Innovation durch einen Großteil der Organisation angenommen, hat sie also die späte Mehrheit erreicht, empfiehlt es sich, die restlichen Organisationsmitglieder über einen Change (siehe Abschnitt 2.9.2) in die Veränderung zu führen. Die entsprechenden inhaltlichen Maßnahmen und Kommunikationspunkte werden in einem Change-Plan (siehe Abschnitt 6.6.2.3) zusammengeführt. Insbesondere achten die Treiber*innen der Veränderung darauf, dass die Innovationen von der späten Mehrheit und insbesondere Nachzügler*innen korrekt angewendet werden. Entsprechende Lern- und Kontrollzyklen sind hierfür vorzusehen.

4.4 Einfach machen!

Das Einführen agiler Methoden in einer Gruppe, mehr noch: in einer ganzen Organisation heißt, dass die Einzelne*n

- andere Geräte/Werkzeuge anwenden (z. B.: Wandzeitungen, agile Boards),
- sich spürbar anders verhalten („Führungskräften auf Augenhöhe begegnen“, „bei komischem Bauchgefühl Feedback geben“) sowie
- hierfür ihre Wertvorstellungen verändern werden („Fehler sind ein Lernmoment, keine Schuldfrage“, „Ich darf selbst entscheiden“).

Agile Transitionen sind schon aufgrund der Anzahl der Beteiligten komplex. Gleichzeitig wird die innovative Idee brauchen, bis deren Wert von der Mehrzahl der Organisationsmitglieder als bewertet und als Innovation angenommen wird.

Agile Transitionen mit der Innovationsannahme designen

Agile Transitionen folgen in ihrem Veränderungsdesign für die Organisation der Innovationsannahme in fünf Gruppen und schaffen für jedes Individuum der Organisation die Möglichkeit, die fünf Phasen der Innovationsannahme zu durchlaufen.

Aus der Diffusionstheorie lassen sich erste Handlungsmaximen für agile Transitionen ableiten:

- Mit Freiwilligen erste Gehversuche machen
- Transparenz über Veränderungsdruck, -notwendigkeit, Anliegen und Erreichtes herstellen
- In die Veränderung einladen

Wie agile Transitionen als solches anzulegen sind, klärt das folgende Kapitel 6. Dabei erfolgt die Einladung in die agile Transition an die Organisationsmitglieder unterschiedlich – die Innovator*innen sind jeweils anders anzusprechen als die frühen Anwender*innen, die frühe und späte Mehrheit und die Nachzügler*innen (siehe Abschnitt 6.8.2).

4.5 Innovator*innen gemeinsam Regeln brechen lassen

Die Innovator*innen und auch die frühen Anwender*innen (sofern die ersten Beweise erbracht sind) glauben an die Innovation und sind daher motiviert, diese durchzuführen. Damit ist einer der drei Faktoren für eine erfolgreiche Innovation bereits vorhanden [Kley 2018-01]:

Erfolgsfaktoren für Innovationen

1. Koalitionsbildung
2. Motivation
3. Regelbrüche

Die Innovator*innen und frühen Anwender*innen sollten sich in den Organisationen suchen und gemeinsam zusammenarbeiten. Die Motivation ergibt sich aus der sich abzeichnenden Veränderung. Diese Gruppen sympathisieren stark mit der innovativen Idee (siehe Abschnitt 6.8.2.1). Um zum Erfolg zu kommen, werden die Beteiligten bestehende Regeln brechen (siehe Abschnitt 9.3).

4.6 Alle Gruppen der Innovationsannahme in die Veränderung einladen

In der ersten Phase der agilen Veränderung werden die Experimente und Lernfelder eher mit Innovator*innen und Mitgliedern der frühen Anwender*innen besetzt werden (siehe Abschnitt 6.6).

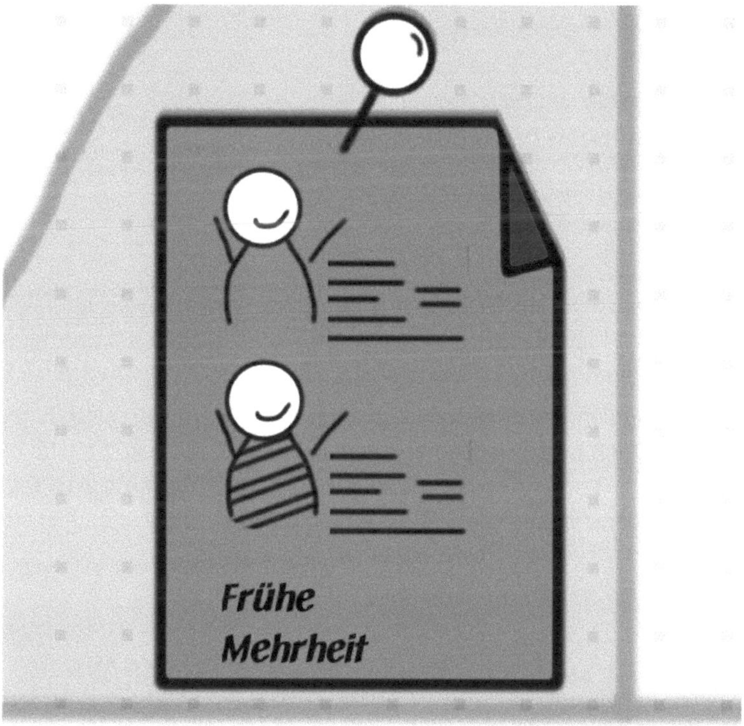

Bild 4.4 Ein Gefühl für die Bedürfnisse der Organisationsmitglieder entwickeln

In der zweiten Phase der agilen Transition (siehe Abschnitt 6.7) werden die Treiber*innen dieser nach und nach den Raum für alle Organisationsmitglieder öffnen.

Dabei kann es für die Treiber*innen der Veränderung nützlich sein, die Bedürfnisse der Organisationsmitglieder in Bezug auf die anstehende Veränderung zu erfassen. Die Beteiligten achten darauf, nicht in Stereotype zu verfallen. Daher werden bei der Personae-Erfassung keine Namen vergeben, sondern die Beteiligten werden mit ihrem Arbeitsmotto charakterisiert.

Die fünf Gruppen der Innovationsannahme können jeweils mehrere Personae enthalten. Bei der Erfassung versuchen die Beteiligten, maximal drei Personae in jeder Gruppe zu charakterisieren.

Die Personae-Erfassung erfolgt dabei nach dem Prinzip: „So viel wie nötig, so wenig wie möglich“. Je mehr die Treiber*innen den unterschiedlichen Personae zuschreiben, desto eher arbeiten sie mit unwirklichen Stereotypen.

Personae der agilen Transition erfassen

- Arbeitsmotto
- Alter, Betriebszugehörigkeit, Karrierepfad
- Was ist gut für mich in der aktuellen Arbeitssituation?
- Was wäre für mich ein großer Gewinn in meiner Tätigkeit?
- Was wäre für mich ein großer Verlust in meiner Tätigkeit?
- Wodurch erfüllt mich meine Tätigkeit mit Stolz?

Die erfassten Personae werden den Beteiligten sowohl im Transitionsdesign (siehe Kapitel 6) als auch bei der Frage behilflich sein, wie die Treiber*innen Kommunikationsimpulse setzen bzw. über die agile Transition kommunizieren (siehe Abschnitt 6.8).

Neben dem Skizzieren von Personae könnten auch Charakterisierungen durch Empathy Maps (siehe Abschnitt 6.8.1), das Aufstellen einer Betroffenheitsmatrix (siehe Abschnitt 6.10.3) oder eine Näherung über das SCARF-Modell (siehe Abschnitt 2.10.3) die Treiber*innen unterstützen, erfolgversprechende Hypothesen über die nächsten Schritte zu entwickeln.

4.7 Selbstreflexion „Anders, neu und voraus: Innovativ in der Organisation handeln“

Beantworte die folgenden Reflexionsfragen bzw. bearbeite die skizzierten Übungen und Vertiefungen. Eine schriftliche Auseinandersetzung bzw. Inter-/Supervision wird die Wirkung der Übung verstärken.

- Welche Innovationen hat Deine Organisation in den letzten zehn Jahren, im letzten Jahr und innerhalb der letzten drei Monate hervorgebracht?
- Wie beurteilst Du die Innovationsfreude Deiner Organisation?
- Welche innovativen Ideen könnt Ihr innerhalb der Organisation gut besprechen, welche nicht?
- Ist Euer Umgang mit Innovationen Teil des Organisationsanliegens und Eurer Ist-Aufnahme?
- Kennt Ihr typische Vertreter*innen Eurer Innovationsannahme?
  - Wie leicht oder schwer ist es Euch gefallen, diese Vertreter*innen zu benennen oder zu beschreiben?
  - Wie habt Ihr abgesichert, nicht nur Stereotype und Vorurteile zu bedienen?
- Auf welchem Kommunikationsweg erreicht Ihr Eure Innovator*innen und Eure frühen Anwender*innen?

- Wie machen sich in Euren Kontexten die frühe und die späte Mehrheit und die Nachzügler*innen bemerkbar?
- Auf welche Veränderungen seid Ihr als Organisation stolz?
- Welche Befürchtungen und Sorgen äußern Organisationsmitglieder, wenn es um innovative Veränderungen geht?
- In welcher Einladung an die Organisation vermutet Ihr einen großen Hebel in eine innovative Veränderung?

5 Iterativ, inkrementell, lernend Organisationen entwickeln

Den Organisationszweck im Auge haben, sich auf den Kund*innennutzen zu konzentrieren, sich diesem iterativ, inkrementell und lernend zu nähern, davon spricht das agile Manifest (siehe Abschnitt 3.1). Veränderungsbedarfe gibt es viel. Eine sich schnell wandelnde Umwelt wie der Klimawandel, kriegerische Auseinandersetzungen, eine durch Künstliche Intelligenz veränderte Berufswelt, veränderte Kund*innenanforderungen, insgesamt gesellschaftliche Veränderungen – die äußeren Einflüsse sind groß, parallel verändern sich Erwartungen und Verhalten der Organisationsmitglieder.

Wie gelingt es nun einer Organisation, ihrer Veränderung eine Richtung zu geben und iterativ, inkrementell und lernend dieser Richtung zu folgen?

5.1 Der Veränderung eine Richtung geben

Die unterschiedlichen Veränderungsbedarfe füttern das Organisationsanliegen. Beim Start einer agilen Transition können die Beteiligten vorwiegend formulieren, was sie nicht mehr erleben möchten, welche Handlungsweisen sie negativ bewerten – und welche Veränderungsdrucke oder -notwendigkeiten sie einfach ratlos hinterlassen.

Die Beteiligten formulieren in ihrem Anliegen zunächst ein „weg von". Erste „Hin zu"-Formulierungen werden die Beteiligten auch tätigen: „Wir möchten offener miteinander umgehen." In dieser Phase äußern die Beteiligten also eher ein Anliegen.

- Die Beteiligten formulieren noch keinen direkten Auftrag an die agilen Organisationsentwickler*innen.
- Den Beteiligten fällt es schwer, ihre Organisation und deren Mechanismen (im Guten wie im Schlechten) zu beschreiben.

- Sie können auch noch nicht benennen, welche Organisationshebel Sie nutzen könn(t)en und möchten.
- Es fällt den Beteiligte schwer zu beschreiben, wohin sie die Organisation entwickeln möchten. Sie können keinen Zielraum konkretisieren.

Ein Anliegen ist laut Duden [Duden 2024-01] eine *„Angelegenheit, die jemandem am Herzen liegt; Wunsch, Bitte"*. Im Kontext der Organisationsentwicklung beschreibt das Organisationsanliegen die mögliche Richtung einer agilen Veränderung:

Definition „Organisationsanliegen"

Das Organisationsanliegen beschreibt offene Fragen in Bezug auf die Organisation und formuliert eine erste Stoßrichtung der Entwicklung der Organisation.

Für die Organisation ist es häufig schwierig, ein „hin zu" zu formulieren. Zu groß, zu drängend erscheinen der Veränderungsdruck und die -notwendigkeit zu sein.

Erste Formulierungen des Organisationsanliegens enthalten häufig Negativformulierungen („weg von") und Vergleiche zum aktuellen Zustand („besser als jetzt").

Agile Organisationsentwickler*innen unterstützen die Beteiligten darin, ihr Organisationsanliegen zu formulieren.

Gegenüberstellungen von Eigenschaften und Verhalten im Paradigmenwechsel (siehe Abschnitt 5.7) können die Beteiligten darin unterstützen, ihr Anliegen klarer zu fassen. Dabei konzentrieren sich die agilen Organisationsentwickler*innen auf den Bereich, welcher von den Beteiligten vornehmlich genannt wird. Eine abschließende Analyse des komplexen Anliegens kann und wird nicht gelingen.

„Weniger ist mehr"

Im Sinne des agilen Manifests („Deliver working software frequently, [...] with a preference to the shorter timescale") [Beck 2001-01] werden die agilen Organisationsentwickler*innen die Beteiligten ermutigen, möglichst früh echte Veränderungen durchzuführen und Erfahrungen zu machen (mit hoher Wahrscheinlichkeit nur für einen Teil der Organisation).

Beispiel 011: Agile Transition „Kulturwandel" in einem Konzern

Agile Transition als „Kulturwandel"-Programm aufsetzen

Ein Konzern mit 40000 Mitarbeiter*innen hat ausgehend von der IT, dann auch in anderen Bereichen des Konzerns erfolgreiche agile Projekte erlebt. Mehrfach konnten Projekte erfolgreich abgeschlossen werden und vorher unbekannte Vorgehensweisen konnten als Innovationen in den jeweiligen Bereichen etabliert werden.

Der Vorstand beschließt, ein flächendeckendes Programm für den Konzern unter dem Motto „Kulturwandel" auszurufen. Mit dem Programm zielt der Konzern darauf, den Mitarbeiter*innen größere Entscheidungsspielräume zu ermöglichen und eine Lernkultur zu entwickeln. Mit dem Programm „Kulturwandel" soll die Selbstverantwortung aller Mitarbeiter*innen gestärkt werden; die klassische Hierarchie soll stärker in den Hintergrund treten.

Im Gegensatz zu einem Change benennt der Konzern keine konkreten Ziele und auch keinen Endpunkt der agilen Transition, sondern er öffnet mit diesem Programm den Entwicklungsraum der Mitarbeiter*innen.

5.1.1 Das Ist erkennen und ins strategische Lernen kommen

Agile Organisationsentwicklung ist strategisches Lernen. Eine Veränderung wird dem*der Einzelnen nur möglich sein, wenn er*sie das Gefühl hat, dass das bisherige Wirken nicht nutz- und sinnlos war.

Entsteht das Gefühl, dass das bisherige Wirken vollständig falsch war, gelingt es den wenigsten, sich offen auf eine Veränderung einzulassen.

Agile Organisationsentwickler*innen nehmen das Anliegen auf und unterstützen die Beteiligten darin, ihr Anliegen wert- und urteilsfrei ohne Schuldzuweisungen zu formulieren.

Eine gelungene Ist-Aufnahme bietet den Beteiligten die Möglichkeit, die Ist-Situation wert- und urteilsfrei zu erfassen.

Beispiel 012: User Story in der agilen Transition

Misslungene Ist-Aufnahme

Eine mittelständische Werbeagentur mit 250 Mitarbeitenden, welche über zwanzig Jahre am Markt erfolgreich tätig ist, möchte „digitaler werden". Die Mitarbeiter*innen nutzen vorwiegend bekannte Werbeformate. Weder Kund*innen noch Mitarbeitende haben einen Blick für mögliche KI-Lösungen. Nach einigen erfolgreichen agilen Projekten, in denen die Agentur zu einer neuen Augenhöhe mit den Kund*innen und guten Umsetzungen gekommen ist, entschließt sich der Bereich „New Media", eine agile Transition zu starten.

Den zweitägigen Workshop zum Erkunden des Anliegens und zum Bestimmen möglicher Richtungen der agilen Transition ermitteln die agilen Organisationsentwickler*innen Bente und Fiete das Anliegen der anwesenden acht Organisationsmitglieder.

In der Bestandsaufnahme erläutern die Organisationsmitglieder ihr bisheriges Vorgehen. Sie erzählen von den Projekten, Prozessen und Ergebnissen. Keine der Erzählungen funktioniert ohne ein „aber". Wie so häufig in der Anliegenklärung kommen die Organisationsmitglieder vom Hölzchen zum Stöckchen.

Fiete versucht, mit einer Zusammenfassung Ordnung in der Anliegenklärung zu schaffen: „Ich verstehe. Ihr seid einfach nicht gut in digitalen Formaten."

Direkt nach diesem Ausspruch schlägt ihm Empörung entgegen. Eine*r der Anwesenden wird laut: „Wenn hier nichts mehr gelten soll, was ich bisher getan habe, dann können wir das auch ganz lassen!"

Agile Organisationsentwickler*innen unterstützen die Beteiligten mit geeigneten Moderationsmethoden.

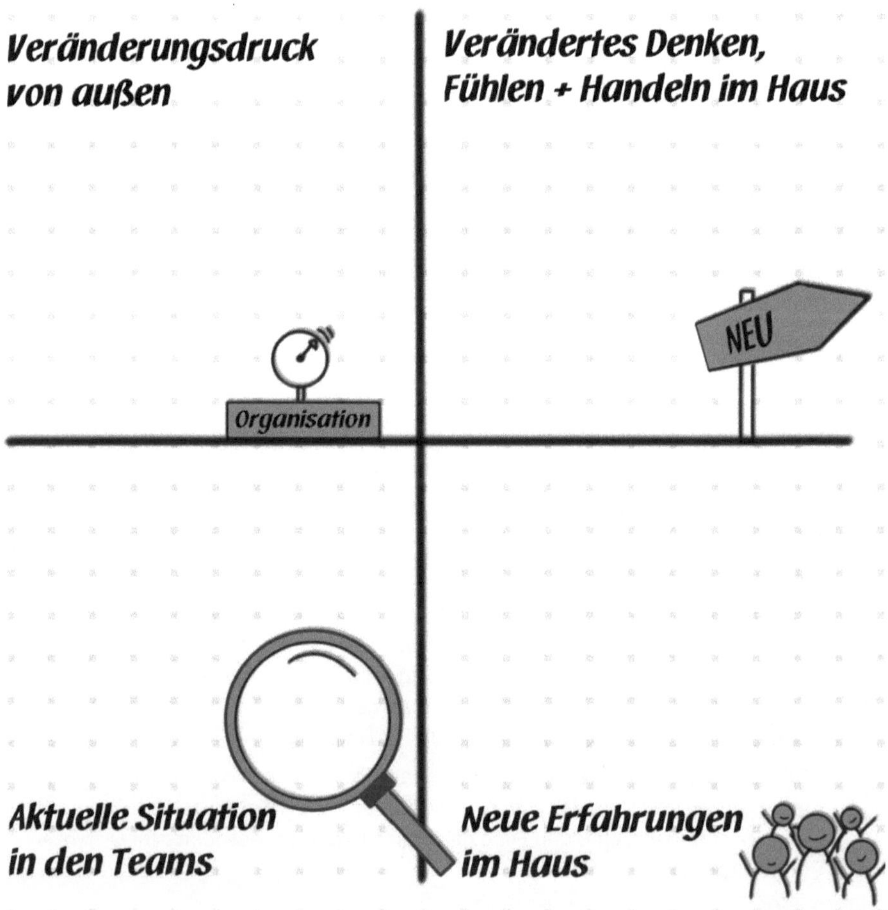

Bild 5.1 Das Anliegen in vier Dimensionen erfassen

So können die Beteiligten das Anliegen in vier Dimensionen erfassen, wie es Bild 5.1 zeigt. Dabei versuchen die agilen Organisationsentwickler*innen mit den Beteiligten den Geist der obersten Direktive [Andresen 2017-01] zu leben:

Oberste Direktive

Wir gehen davon aus, dass alle Beteiligten zu jedem Zeitpunkt nach bestem Wissen, Gewissen und Kenntnisstand gehandelt haben.

In der Anliegenerfassung können die Beteiligten lernen (vielleicht erstmals), wie sie Fehler wert- und urteilsfrei ohne Schuldzuweisungen benennen können (siehe auch Abschnitt 10.15).

5.1.2 Dem Organisationsanliegen eine Richtung geben

Entsprechend setzen agile Transitionen bei der Veränderung von Verhaltensweisen auf. Einstellungen und Werte werden sich bei den Beteiligten durch das Erleben gegebenenfalls verändern.

Beispiel 011: Agile Transition „Kulturwandel" in einem Konzern

Augenhöhe und Klarheit in Entscheidung und Beteiligung als Hebel erkennen

Im Verlaufe der agilen Transition „Kulturwandel" des bereits oben benannten Konzerns stellt sich heraus, dass alle Initiativen, Experimente, Prozesse und/oder Projekte dann erfolgreich laufen, wenn die Beteiligten auf Augenhöhe kommen und mit-, nicht nebeneinander arbeiten.

Die entsprechenden Initiativen, Experimente, Prozesse und/oder Projekte liefern dann die gewünschten (zum Teil sehr innovativen) Ergebnisse, wenn die Beteiligten

- auf Augenhöhe miteinander sprechen,
- Transparenz über die Fort- und Rückschritte herstellen können,
- insbesondere Rückschritte ohne Anklage und Schuld ansehen und
- zusammen lernen können.

Der Hebel der agilen Transition (siehe Abschnitt 6.6.3) liegt also in diesem Fall in der Veränderung der Kommunikation, insbesondere verschieben sich mit der agilen Transition Entscheidungs- und Beteiligungsformen für alle Organisationsmitglieder.

Beispiel 011: Agile Transition „Kulturwandel" in einem Konzern

Hebel der agilen Transition formulieren

Der Hebel der agilen Transition des Konzerns liegt darin, dass alle Beteiligten ihr Wissen und ihre Kompetenzen – jenseits der Hierarchie – in die Prozesse bei klaren Entscheidungs- und Beteiligungsformen einbringen.

Die begleitenden agilen Organisationsentwickler*innen und agilen Coaches wissen um diesen Hebel und versuchen, diesen in allen begleiteten Prozessen zu bedienen.

Bild 5.2 Den Hebel umlegen

Die begleitenden agilen Organisationsentwickler*innen und agilen Coaches wissen um diesen Hebel und versuchen, diesen in allen begleiteten Prozessen zu bedienen.

Damit die agile Transition gelingt, trainieren die Organisationsmitglieder in den jeweiligen Initiativen, Experimenten, Prozessen und/oder Projekten, sich gegenseitig klares, annehmbares Feedback zu geben.

Die begleitenden agilen Coaches achten darauf, dass Ungesagtes sagbar wird – und üben z. B. mit Methoden wie „Tabu" [Andresen 2023-01], zunächst nicht Besprechbares (z. B. Kritik, Fehler) zwischen allen Beteiligten aller Hierarchieebenen sprachfähig zu machen.

Für alle Prozesse wird zu Beginn ein Lernzyklus aufgesetzt, damit die Beteiligten für sich lernen, auf Augenhöhe zu kommunizieren – und um Entscheidungs- und Beteiligungsformen optimal zu ermitteln.

Die jeweiligen Teams und Bereiche finden ihre Prozesse, um jeweils ihren Kund*innennutzen zu erreichen.

Der Konzern verliert nicht mehr Energie in Debatten von „die da oben“ und „... wie im Kindergarten“. Die Beteiligten sind in der Lage, im jeweiligen Kontext zu bestimmen, wie für die Beteiligten eine angemessene Kommunikations-, Entscheidungs- und Beteiligungsform für diese aussieht.

5.1.3 Einen Zielraum formulieren

Der Zielraum wird im Verlauf der agilen Transition schärfer und konkreter. Fragt man die Organisation zu diesem Zeitpunkt nach einem Zielraum, so wird dieser – aufgrund der Anliegengröße – groß, schwammig und unkonkret ausfallen. Dabei sollten Zielräume für die Organisationsmitglieder attraktiv formuliert sein – und eine veränderte Verhaltensweise einladen (siehe Abschnitt 2.4.2).

Von den ersten Experimenten (häufig Initiativen genannt) bis zu einem konzernweiten Gelingen liegt ein längerer Weg, welcher im Kapitel 6 näher beschrieben ist. Dieser Weg folgt der Richtung, welche sich aus dem Organisationsanliegen ergibt, und wird durch Experimente nach und nach so konkretisiert.

5.2 Iterativ, inkrementell und lernend arbeiten heißt in Lernzyklen arbeiten

Iterationen folgen dem Deming-Zyklus oder PDCA-Zyklus [Deming 2018-01], welcher als **kontinuierlicher Verbesserungsprozess** eines Systems seinen Einzug in das „lean management“ fand.

Diese Lernzyklen werden in der agilen Organisationsentwicklung auf mehreren Ebenen durchlaufen (siehe Abschnitt 10.11).

Agile Iterationen folgen nicht einer langwierigen Analyse und Planung am Reißbrett. Sondern die Beteiligten selbst reflektieren und lernen unmittelbar am Ort des Geschehens. „gemba“ arbeiten ersetzt den „gemba walk“ von Vorgesetzten.

> **Definition: „gemba walk“**
>
> „gemba“ ist ein japanischer Begriff, der wörtlich mit „Ort des Geschehens“ übersetzt und „als der Ort, an dem die Arbeit stattfindet“ verstanden wird. In einem „gemba walk“ suchen Führungskräfte den direkten Zugang zu Prozessen, Vorgängen und Produktionsstätten, um das konkrete Vorgehen zu erleben und zu erfassen.

Jede Iteration enthält vier Prozessschritte („Plan“, „Do“, „Check“ und „Act“). Diese werden häufig mit den für die jeweiligen Organisationsmitglieder passenden Methodenbausteinen ritualisiert. In den jeweiligen Iterationen werden Inkremente (siehe Abschnitt 5.5) erzeugt. Die Beteiligten überprüfen in den Iterationen sowohl die fachliche Qualität der Inkremente als auch die Qualität der Zusammenarbeit, welche sie laufend verbessern.

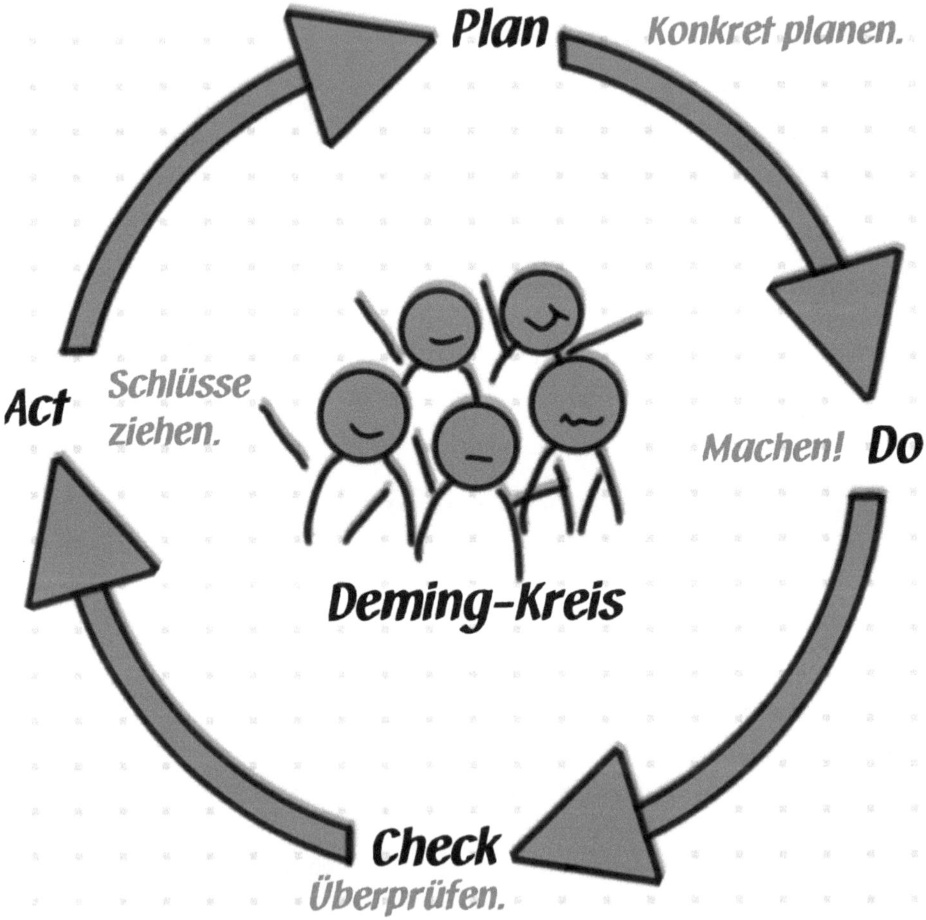

Bild 5.3 Lernzyklen zur stetigen Verbesserung durchlaufen

5.2.1 Plan

Der anstehende Prozessschritt wird durch die Beteiligten geplant. Auslöser für den Veränderungsschritt können Erkenntnisse aus der letzten Iteration oder neue Umwelteinflüsse sein.

Die Beteiligten erkennen häufig nach und nach Regeln, wie die Planung formuliert sein muss, damit die Beteiligten selbstorganisiert mit hoher Qualität liefern können.

So nutzen viele Transitionsteams agiler Transitionen ihre Erkenntnisse aus vorherigen Maßnahmen, Initiativen, Projekten und Prozessen, um zielgerichtet und schnell neue oder veränderte Maßnahmen aufzusetzen, um so schnell weitere Organisationsmitglieder ins Machen und Lernen zu begleiten.

> „Einfach machen!"

Damit dies gelingt, sind die Learnings einfach (und nicht zu „verkopft") zu formulieren.

> „Missionserklärung funktioniert für uns innerhalb von zwei Stunden mit einer konsultativen Beratung drinnen."
>
> „Projektteams starten bei uns mit einer Iterationslänge von zwei Wochen."
>
> „Führungskräfteteams sollten nicht größer als fünf Leute sein."
>
> „Die BrownBag-Session-Vorträge sollten maximal zehn Minuten dauern. Danach brauchen alle **echte** Unterhaltungen auf Augenhöhe. Auf jedem Stehtisch sollte dafür eine Leitfrage stehen."

Erkenntnisse sollten in einfachen Sätzen ohne das Nutzen von „agilen Vokabeln" formuliert werden. Das Verständnis, was mit einer „agilen Vokabel" gemeint ist, ist in vielen Fällen uneinheitlich (siehe Abschnitt 10.18.1).

Auch die sich ergebenden Aufträge oder Challenges sind in einfachen Worten und in Handlungen zu formulieren. Eine Anlehnung an das Format einer User Story könnte für die Beteiligten hilfreich sein:

> **User Story formulieren**
>
> In der Rolle ABC mache ich XYZ, um GEH zu erreichen.

User Storys sind mit Akzeptanzkriterien zu versehen, diese sind hilfreich und notwendig, um die Ergebnisse in der Phase „Check" gut überprüfen zu können.

> **Beispiel 012: User Story in der agilen Transition**
>
> Als Mitglied des sechsköpfigen Teams an Hausjurist*innen werde ich unsere Arbeitsschritte zur Beantwortung aller Rechtsfragen aus dem Haus über Kanban steuern, um die maximale Antwortzeit von zwei Werktagen zu erreichen.

Nutzen die Treiber*innen der Veränderung User Storys, achten sie darauf, dass diese leicht umzusetzen sind.

Um dies sicherzustellen, können die INVEST-Kriterien nach Bill Wake [Wikipedia 07] auch im Organisationskontext hilfreich sein:

INVEST-Kriterien für User Storys

Independent (unabhängig): User Storys stehen jeweils für sich alleine.

Negotiable (verhandelbar): User Storys sind nicht in Stein gemeißelt, sondern können und sollen in der Planungsphase verändert werden können.

Valuable (wertvoll): Umgesetzte User Storys erzeugen einen direkten Kund*innennutzen.

Estimable (schätzbar): User Storys geben ein Bild einer möglichen Umsetzung.

Small (klein): User Storys sind so klein, dass sie innerhalb einer Iteration umgesetzt werden können.

Testable (testbar): User Storys sollen mit testbaren Akzeptanzkriterien versehen sein.

Das Überprüfen der User Storys bzw. der in Phase „Plan" formulierten Maßnahmen mit den INVEST-Kriterien kann die Beteiligten verleiten, sehr analytische Debatten um korrekte Formulierungen zu führen. Bedient doch das sehr große Organisationsanliegen die Beteiligten, eine möglichst umfassende Maßnahme für alle zu finden. Die gefühlte Einschränkung auf wenige Inkremente erzeugt leicht das Gefühl, zu wenig zu tun. Der Vollständigkeitsanspruch eines klassischen Changes kann die Beteiligten verführen, möglichst ausführlich und detailliert nach dem Motto „jedenfalls das jetzt ordentlich!" zu debattieren. Im Ergebnis kommen die Beteiligten nicht ins Handeln. In vielen Fällen ist es daher sinnvoller, dem Prinzip der Einfachheit agiler Veränderungen (siehe Prinzip 7.8 in Kapitel 7) zu folgen und **einfach** die „Bob, der Baumeister-Frage" zu stellen:

„Können wir das schaffen?"

In der Kinderfilmserie [Wikipedia 04] antwortet meistens ein Chor mit „Jo, wir schaffen das!". In der Phase „Plan" gilt es mit geeigneten Moderationsmethoden zu ermitteln, ob die Beteiligten sich die jeweiligen Schritte tatsächlich trauen oder ob noch eine Lernhürde auszumachen ist, welche geeignet zu überwinden ist (siehe Abschnitt 10.9).

5.2.2 Do

Der agile Ausruf zur zweiten Phase im PDCA-Zyklus lautet: „Einfach machen!" Dieser Satz kann und wird auf beiden Wörtern betont **einfach** und **machen**:

„Just do it!"

Um den Paradigmenwechsel zu ermöglichen, ist echtes Machen unabdinglich. Ein iteratives, inkrementelles und lernendes Vorgehen in einem komplexen Umfeld erschließt sich durch Analyse und Vergleich unterschiedlicher agiler Methoden und agiler Frameworks.

„Veränderungen erdenkt man nicht. Veränderungen erlebt man."

In die agile Organisationsentwicklung übersetzt sich der Ausruf „Just do it!" in die folgenden Fragestellungen für die handelnden Personen:

„Einfach machen" möglich machen

1. Welche Gruppe von Menschen hat Lust und traut sich, den nächsten Schritt zu gehen?
2. Wie muss der Auftrag bzw. die Challenge formuliert sein, damit die Beteiligten diese annehmen und eine Lösung finden?
3. Wie können wir für die Beteiligten Risiken aus dem Auftrag bzw. der Challenge herausnehmen?
4. Geht es noch kleiner?
5. Geht es noch einfacher?
6. Wie funktioniert deren Lernzyklus – wie integrieren wir diesen Auftrag bzw. diese Challenge in unseren Lernzyklus?

In der ursprünglichen Formulierung von William Deming spricht dieser nicht von „Machen" für die gesamte Organisation, die ursprüngliche Formulierung wirbt für Ausprobieren und Testen auf pragmatische Art und Weise:

- einfach ein kleines bisschen anders ausprobieren,
- neue Lösung pragmatisch an das bestehende System anschließen sowie
- eine Testgruppe mit wenigen Personen bilden.

Genauso wie „Minimum Viable Products" sich nicht vollständig in die bestehende Produkt- und Servicewelt integrieren und nach Definition mit Testgruppen durchgeführt werden (siehe Abschnitt 10.3), erfolgen die Maßnahmen der agilen Organisationsentwicklung nicht für alle Organisationsmitglieder zum gleichen Zeitpunkt.

Die Treiber*innen der Veränderung sorgen für einfache und pragmatische Verprobungen, welche schnell und mit einfachen Mitteln realisierbar sind. Schnittstellen werden bei Bedarf „manuell" überbrückt. Wie dieses „einfach machen" für die jeweiligen Beteiligten aussieht, wird im Prozess geklärt.

Dabei kann die Entscheidung – je nach vereinbarter Entscheidungsform – ganz bei den Treiber*innen, bei allen Beteiligten gemeinsam und nur im Umsetzungsteam liegen.

Eine klare Kommunikation über die in dem jeweiligen Test genutzten Entscheidungs- und Beteiligungsformen wirkt für viele Organisationsmitglieder bereits entlastend.

Leben doch viele Organisationen in künstlicher Harmonie und Pseudo-Beteiligungen. „Wie können wir das kommunizieren, damit am Ende andere Organisationsmitglieder glauben, sie hätten die Idee gehabt." wird dann zu dem Ausspruch: „Ich kenne meinen Anteil an der Lösung. Und ich bin okay mit dem, wie es getan wird, auch wenn ich es selbst anders getan hätte."

5.2.3 Check

Kaizen fordert datenbasierte Entscheidungen (siehe Abschnitt 6.4.4.1). Genauso sollten die Tests, Experimente oder Minimum Viable Products mit Hypothesen oder Akzeptanzkriterien versehen sein, so dass die Beteiligten über den Erfolg oder Misserfolg von Maßnahmen gut befinden können.

„Was wollten wir mit dieser Maßnahme erreichen?"

sollte nicht zur Frage während der dritten Phase des Deming-Kreises werden. Kommt diese Frage auf, sollten die Beteiligten klären, auf welche Art sie zukünftig ihre Zielsetzung und die Zielerreichung besser formulieren und messen können.

In vielen Organisationen ist zu beobachten, dass der PDCA-Zyklus beim „Check" hängenbleibt.

Überspitzt lässt sich die Haltung der Treiber*innen mit dem folgenden Satz beschreiben:

Haltung des Transitionsteams

„Es ist die oberste Aufgabe des Transitionsteams, sich anders zu verhalten, als die Organisationskultur es fordert."

Wenn in der Organisationskultur „Fehler ver- oder beschweigen" angelegt ist, ist es eine besondere Aufgabe der Treiber*innen, alle Experimente (in „Plan" angelegt und in „Do" durchgeführt) im Sinne der vorab definierten Ziele und Zielerreichungskriterien zu überprüfen.

Es gilt, ein (womöglich erstes) Beispiel für „Win or learn" (siehe Abschnitt 10.1) zu geben.

Dabei versuchen die Treiber*innen, den Ausgang des Experiments, aber auch weitere unerwartete Ergebnisse, zu erfassen.

War der Versuch erfolgreich, wird dieser in der Phase „Act" zum Ausrollen freigegeben.

5.2.4 Act

„Ausrollen, verändern oder wegwerfen“ sind die Fragen, die sich in der vierten Phase „Act“ stellen.

Ein Ausrollen erfolgreicher Verprobungen folgt dem Prinzip 7.17 in Kapitel 7.

Dabei stellt sich die Frage, wie beim Ausrollen die Ergebnisse der Versuche auf breiter Basis gehalten werden können. Hierzu sind bei Bedarf geeignete Kontrollpunkte oder Lernzyklen aufzusetzen.

Entscheidet sich eine Organisation für ein „Ausrollen über die gesamte Organisation“, hat dieses häufig einen „Kaikaku“-Charakter für die Organisation. Dieses Ausrollen sollte erst geschehen, nachdem sich das Ergebnis mehrfach in unterschiedlichen Kontexten wiederholt gezeigt hat. Die „Rule of Three“ (siehe gleichnamiges Prinzip 7.19 in Kapitel 7) ist eine hilfreiche Handlungsmaxime für das Durchführen des Kaikaku.

Beispiel 013: Flusssysteme für Prozesse

In einem mittelständischen Dienstleistungsunternehmen mit 500 Mitarbeitenden, davon 75 im Service-Callcenter, hat das Transitionsteam nacheinander drei von vier Call-Center-Abteilungen, die HR und ein Projekt unter Beteiligung der IT, HR sowie der Hausjuristin auf Flusssysteme umgestellt.

Als Learning formuliert das Transitionsteam, dass definierte Prozesse für das Haus am leichtesten über Kanban gesteuert werden können. In allen Pilotprozessen ist eine bessere Zusammenarbeit entstanden. Alle Pilotprozessen sind inerter gegen spontane und geplante Ausfallzeiten.

Alle Pilotprozesse haben ähnliche Regeln für die Flusssteuerung ermittelt. Alle Pilotprozesse vollziehen „Stopp the Line“, um auf direkte Störungen einzugehen, lernen aber auch regelhaft im Abstand von sechs Wochen in Teamretrospektiven weiter, um die Zusammenarbeit zu verbessern.

Das Transitionsteam entschließt sich, mit der „Rule of Three“ alle Prozesse in Zusammenarbeit mit den Organisationsmitgliedern umzustellen. Damit der Prozess für die Organisation annehmbar gestaltet wird, erklären sie in einer Betriebsversammlung diesen Entschluss, nachdem Teilnehmende der drei Pilotprozesse über ihre Erfahrungen, den Weg dorthin und die aktuellen Ergebnisse referiert haben.

Alle Teams werden aufgefordert, in einer Bewertungsmatrix ihre Prozesse zu bewerten. Hieraus ergibt sich eine Priorität bei der Umstellung der Arbeitsvorgänge.

Die entsprechenden Teams werden in ihren Umstellungen je durch eine*n Mentor*in aus den Pilotprozessen und eine*n agile*n Coach*in begleitet.

Die jeweilige Umstellung beginnt mit einem Zielraumworkshop, in dem die jeweiligen Teams ihre Zielsetzung für eine zukünftige Zusammenarbeit bei der Methodenumstellung definieren.

5.3 Iterativ arbeiten

Nach Kotter wird Organisationsentwicklung zu einer ständigen Aufgabe (siehe Abschnitt 2.11.1). Die zehn goldenen Kaizen-Regeln beginnen mit der Feststellung „Veränderung ist endlos" (siehe Abschnitt 3.4).

Sich anders zu verhalten, gelingt uns dann gut, wenn wir das neue Verhalten zu einer Gewohnheit machen können. Im organisationellen Kontext können regelmäßig angesetzte Termine („Rituale", „Zeremonien") die Beteiligten unterstützen, eine Gewohnheit zu entwickeln.

5.4 Schrittweise eine Gewohnheit entwickeln

Viele agile Methoden durchlaufen Lernzyklen (siehe Abschnitt 5.2), damit die Beteiligten regelmäßig gleiche Prozessschritte wiederholen, um eine Gewohnheit auszuprägen.

> **Definition: Iteration**
>
> „Iteration beschreibt allgemein einen Prozess mehrfachen Wiederholens gleicher oder ähnlicher Handlungen zur Annäherung an eine Lösung oder ein bestimmtes Ziel." [Wikipedia 03]

Dabei können die Elemente der Lernzyklen über mehrere, unterschiedliche Rituale oder durch einen mit einer entsprechenden Agenda versehenen Iterationswechsel durchgeführt werden.

Dabei arbeiten die Mitglieder des Transitionsteams sowohl

- im System (Lernzyklus als agile Organisationsentwickler*innen auf der agilen Transition (siehe Abschnitt 8.1)) als auch
- am System (Beobachtungen, Interpretationen dieser und Maßnahmen zum Testen und Lernen (siehe Abschnitt 6.4.4)).

5.4.1 Iterationslängen während der agilen Veränderung sinnvoll anpassen

In der agilen Projektmethode Scrum sind die Iterationen von fester Länge, während sie z. B. in Extreme Programming von unterschiedlicher Länge – abhängig vom definierten Inkrement (siehe Abschnitt 5.5) – sind.

In der Praxis haben sich feste Iterationszyklen in der agilen Organisationsentwicklung als praktisch erwiesen, da viele Beteiligte sich so getaktet Zeit und Raum für die Arbeit am System nehmen (können). Eine Anpassung der Iterationslängen an die jeweils vereinbarten Maßnahmen erscheint vielen stimmiger. Die entsprechende Freiheit über den Kalender und die damit einhergehenden Rechte zur Umpriorisierung von Terminen sind in vielen Fällen zu Beginn der agilen Transition noch nicht gegeben.

Daher ist eine feste Iterationslänge zu Beginn der Transition häufig sinnvoll, um dann entsprechend das Verhalten zu ändern, wenn es den Beteiligten möglich erscheint.

Als zielführende Iterationslängen haben sich in der agilen Organisationsentwicklung drei bis fünf Wochen etabliert. In kürzeren Abständen können häufig keine Inkremente (siehe Abschnitt 5.5) erzeugt werden. Bei längeren Abständen verlieren die Beteiligten häufig den Faden; die initiierten Maßnahmen büßen dann an Priorität ein.

Ist der Zielraum erreicht, wird die Organisation die Lernzyklen für den Blick auf das System (siehe Abschnitt 2.1) auf größere Iterationen ausweiten. Damit die Organisation dabei lernend bleibt, erhalten die Organisationsmitglieder einen regelmäßigen Blick auf das System.

5.4.2 Rituale der Iteration festlegen

Die Treiber*innen der agilen Veränderung legen die Rituale fest, mit denen sie die definierten Lernzyklen durchlaufen. Dabei finden die Beteiligten diejenigen Rituale, die in ihrem Kontext sinnstiftend sind. Insbesondere finden sie Bezeichnungen für die jeweiligen Rituale, die für die jeweilige Organisation annehmbar sind.

- **Plan:** Planning, Auftaktworkshop, Zielraumworkshop, Planung
- **Do:** tägliche, wöchentliche oder monatliche Erfassung von Bearbeitungsständen und Risiken und Schwierigkeiten, Statussitzungen, OKR-Weeklys
- **Check:** Review, Statussitzungen, OKR-Review
- **Act:** Retrospektiven, Post-Mortem-Analysen

In vielen Fällen schaffen die Beteiligten Lernmomente, die die Phasen „Check“, „Act“ und „Plan“ als Agendapunkte beinhalten. So fordern Scrum, Extreme Programming sowie OKRs Reviews, Retrospektiven und Plannings in den jeweiligen Iterationswechseln.

5.5 Inkrementell arbeiten

Das agile Manifest fordert mit dem dritten Prinzip hinter dem agilen Manifest „Deliver working software frequently, […]“ und weiter mit dem siebten Prinzip „Working software is the primary measure of progress.“

Die regelmäßige Lieferung von Wert wird über Iterationen ausgesteuert. Dass „laufende Software“ das Fortschrittsmaß ist, übersetzt sich in der agilen Organisationsentwicklung in Prozesse und Strukturen, welche spätestens zum Ende einer Iteration Wert liefern.

> „Was ist das kleinste Etwas, das tut und für uns Wert liefert, mit dem wir herausfinden können, ob unsere These stimmt?“

Laut Duden [Duden 2024-02] bezeichnet ein Inkrement den Zuwachs oder den Betrag, um den eine Größe zunimmt. Der Scrum Guide [Schwaber 2024-01] erklärt Inkremente als das erwartete, potenziell lieferfähige Ergebnis einer Iteration. Die Lieferfähigkeit heißt, dass das Inkrement nutzbar sein soll:

> **Definition: Increment**
>
> „An Increment is a concrete stepping stone toward the Product Goal. Each Increment is additive to all prior Increments and thoroughly verified, ensuring that all Increments work together. In order to provide value, the Increment must be usable."

Werden Projekte und Prozesse klassisch gemanagt, werden häufig die an dem Projekt oder Prozess beteiligten Disziplinen nacheinander (also orchestriert) an dem Projekt oder Prozess wirken. Die Teilergebnisse der unterschiedlichen Disziplinen, die sich in Projektphasen und deren Meilensteinen manifestieren, sind nicht oder nur eingeschränkt nutzbar.

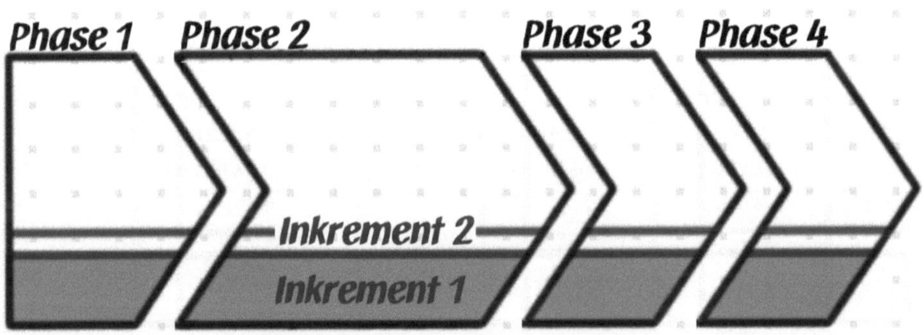

Bild 5.4 Inkremente erzeugen sofortigen Kund*innennutzen

Die acht Phasen der Organisationsentwicklung folgen einem klassischen Projektablauf („Wasserfallmodell"). Folgt man diesen (siehe Abschnitt 2.11.1), findet eine echte Veränderung, also der Abgleich der Veränderungen mit der Wirklichkeit, erst in Phase 6 „Generate short-term wins" der insgesamt acht Phasen statt.

„Inkremente liefern Wert."

Agile Methoden setzen auf das Bauen von Inkrementen, um die Forderungen des dritten und siebten Prinzips nach wertvoller, laufender Software einzulösen, welche regelmäßig und insgesamt schnell zu liefern ist. Mit Inkrementen sind diese Forderungen einzulösen.

In der Software-Entwicklung sprechen die Entwickler*innen auch von „Durchstichen": Alle beteiligten Disziplinen tragen einen kleinen Teil dazu bei, dass direkt Wert erzeugt wird.

5.5.1 Inkremente liefern!

Inkremente der Organisationsentwicklung werden so klein geschnitten, dass sie im Rahmen der jeweiligen Iteration gut angegangen und gelöst werden können.

In der agilen Organisationsentwicklung lässt sich dies so übersetzen, dass (wahrscheinlich nur) Teile der Wertschöpfungskette ein anderes Vorgehen wählen als sonst üblich. Die entsprechenden Organisationsmitglieder werden anders miteinander arbeiten. Sie nutzen andere Geräte und Werkzeuge und andere Vorgehensmodelle. Dabei formulieren diejenigen Organisationsmitglieder, sich von anderen Werten leiten zu lassen.

„Wir bauen Inkremente – keine Features!"

Wie in allen agilen Prozessen können die Beteiligten Unsicherheiten und Risiken minimieren, indem sie den Auftrag für die Inkremente verkleinern.

- Sie können die Anzahl der beteiligten Kund*innen verkleinern.
- Sie können den Anteil der zu verändernden Wertschöpfungskette verkleinern.
- Sie können den Auftrag oder die Challenge stärker konkretisieren.
- Sie können bewusst Teile der Wertschöpfungskette auslassen.
- Sie können Integrationen in das bestehende System auslassen und für „manuelle" Überbrückungen sorgen.
- Sie können bewusst Grenz- und Randfälle aus dem Auftrag ausschließen und diese gesondert (gegebenenfalls über bestehende Prozesse) behandeln.

Inkremente liefern sofort echten Nutzen für die Beteiligten, das sind häufig nicht alle Organisationsmitglieder. Das Inkrement bedient den identifizierten Hebel und sorgt für Wert und Erkenntnis.

Beispiel 014: Einführung interdisziplinärer Projektteams bei einem Maschinenbauhersteller

Inkrement der agilen Organisationsentwicklung

Bei einem Maschinenbauhersteller arbeiten die Disziplinen IT und Fahrzeugherstellung getrennt voneinander. In der Marktanalyse ist erkennbar, dass bei der Kaufentscheidung der elektromotorbetriebenen Fahrzeuge, einem Produkt des Maschinenbauherstellers, das digitale Flottenmanagement (insbesondere Pflege und Wartung der Batterien der Fahrzeuge sowie Unfallmanagement) eine immer größere Rolle spielt. Um diese anbieten zu können, braucht es parallel Weiterentwicklungen: sowohl IT- als auch fahrzeugseitig.

Eine gemeinsame Produktentwicklung, also das direkte Kooperieren von IT und Maschinenbau, ist der Hebel für die Beteiligten.

Zur Überprüfung bildet die Organisation ein zehnköpfiges Team mit Mitarbeitenden aus der IT, dem Maschinenbau, dem Vertrieb sowie dem Produktservice. Dieses wird mittels Design Thinking direkten Kund*innennutzen erzeugen. Die Bäckereikette Enno nutzt am Standort 50 Fahrzeuge des Maschinenbauers.

Das Transitionsteam unterstützt das zehnköpfige Team durch eine*n agile*n Coach*in. Das Design-Thinking-Team startet mit der Challenge „Mit welchen Fahrzeugdaten können wir dem*der Standortleiter*in wertvolle Empfehlungen zur Reduktion der Live Cycle Costs geben?“ in die nächste Iteration.

Im Beispiel 014 hat sich das Transitionsteam für das Ausprobieren von Design Thinking für ein interdisziplinäres Team entschieden, welches nicht von einem*einer Product Owner*in fachlich geführt wird. Daher hat sich das Transitionsteam dagegen entschieden, die Prototypenentwicklung nach Scrum oder Extreme Programming zu modellieren.

Die Hypothese des Transitionsteams ist, dass der Hebel der direkten Zusammenarbeit sich mittels Design Thinking besser vermitteln wird.

Die Entscheidung über die innovativen Ideen und die Umsetzung wird mittels „Design Thinking“ direkt ins Team verlegt.

Mittels des Design-Thinking-Prozesses können die Beteiligten erstmals erleben, ob und wie eine direkte Zusammenarbeit gelingt.

5.6 Lernend arbeiten

Lernen im agilen Kontext bezieht sich immer auf mindestens zwei Dimensionen:

- Worin liegt echter Kund*innennutzen?
- Wie können die Beteiligten ihre Zusammenarbeit im selbstorganisierten Team optimieren?

Diese Fragen werden in allen agilen Methoden ritualisiert gestellt und beantwortet. So entsteht eine Gewohnheit für alle Beteiligten, ihr eigenes System zu optimieren.

5.6.1 In Lernzyklen offen und ehrlich miteinander lernen

Damit dies gelingt, ist es notwendig, dass die Beteiligten offen, wertfrei und ohne Schuldzuweisungen über ihre Entscheidungen, ihr Handeln, das Bewirkte (Ergebnisse und Seiteneffekte) sprechen können.

Dies trainieren die Beteiligten in ihren jeweiligen agilen Methodenbausteinen. Im Rahmen der jeweiligen Teamentwicklung kann es sinnvoll sein, bestimmte Techniken und Vorgehensweisen gezielt zu trainieren.

Dazu gehören Feedback im Dreiklang (siehe Abschnitt 10.13.1), ein Feedbackkarussell (Abschnitt 6.6.5.2), die Feedbackhand (siehe Abschnitt 10.13.1.1) und Speedback (siehe Abschnitt 10.13).

Feedback ist ein wesentlicher Faktor für eine gelungene Lernkultur. Wie sich diese in Teams und Organisationen manifestieren wird, ist im Kapitel 10 ausgeführt.

5.6.2 Auch bei gefühltem Versagen das Lernmoment nutzen

Nicht jede Hypothese (siehe Abschnitt 6.6.4) wird sich als korrekt herausstellen, nicht jede Lernhürde wird sofort erkannt werden, nicht jedes Organisationsmuster zeigt sich sofort.

Im Ergebnis werden die Treiber*innen der Veränderung Entscheidungen treffen,

- die sie nachträglich als falsch empfinden,
- die sich nicht umsetzen lassen,
- deren entsprechende Experimente niemand beginnt oder
- die keine Konsequenzen haben.

Mit offenen Augen auf diese Entscheidungen zu sehen, fällt vielen nicht leicht. Aus dem Misserfolg zu lernen, kann nur gelingen, wenn der Misserfolg als solcher benannt wird.

Da mag der Ausruf

> „Eine falsche Entscheidung ist schlechter als keine Entscheidung."

helfen. In der Praxis zeigt sich, dass viele Treiber*innen ein Iterationsende und damit das Lernmoment hinausschieben möchten, wenn offensichtlich viele Maßnahmen nicht begonnen wurden oder nicht den gewünschten Erfolg zu zeigen scheinen.

Ein Verschieben bedient die Vorstellung, dass Fehler nicht sein dürfen. Auch für die Treiber*innen mag es ein wertvolles Erlebnis sein, dass zu jeder Zeit „Win or Learn" gilt.

> **Immer lernen, auch wenn es vermeintlich nicht geklappt hat**
>
> Zu lernen gibt es viel:
>
> Grundsätzlich können sich die Treiber*innen fragen, ob der Hebel korrekt identifiziert ist.
>
> Sie können sich auch fragen, ob sie Daten inkorrekt interpretiert haben.
>
> Sie können sich aber auch fragen, ob und welche Maßnahmen anschlussfähig sind.
>
> Sie können sich auch fragen, welche Widerstände sich gerade zeigen und wie diese beantwortet werden können.
>
> Die Treiber*innen können sich auch fragen, welche Organisationsmuster sich gerade zeigen und wie sie mit diesen umgehen können.

Lernen ist nicht immer einfach. Agile Organisationsentwickler*innen können den Beteiligten ansagen, dass sie entsprechende, als schwierig empfundene Momente erleben werden. Und dass der Paradigmenwechsel genau darin besteht, sich diesem Motivationsloch zu stellen und das Tal der Tränen zu durchschreiten.

5.7 Den Paradigmenwechsel gehen

Der Paradigmenwechsel zeigt sich auf vielen unterschiedlichen Ebenen in der agilen Transition. Die abschließende Liste ist sicherlich nicht vollständig, mag aber einen Eindruck davon geben, wie groß der Lösungsraum der agilen Transition ist.

klar/kompliziert	komplex/chaotisch
Analyse + Plan	Hypothese + Lernen
Command and Control	Target and Track
Direktion	Dienende Leitung
Eindeutige Anforderungen	Mehrdeutige Anforderungen
Fehler = Schuld/Inkompetenz	Fehler = Lernmomente
Funktionsmeister*in	Selbstorganisiertes Team
Meilensteine	Iterationen
Plan	Experiment
Teilprojekte	Inkremente
Risikovermeidung	Resilienz
Strukturen nach Plan bauen	Erst die Prozesse, dann die Struktur
Wissen	Lernen
Ziele setzen	Richtung + Leitplanken formulieren
Ziele	Zielräume

5.8 Selbstreflexion „Iterativ, inkrementell, lernend Organisationen entwickeln"

Beantworte die folgenden Reflexionsfragen bzw. bearbeite die skizzierten Übungen und Vertiefungen. Eine schriftliche Auseinandersetzung bzw. Inter-/Supervision wird die Wirkung der Übung verstärken.

- Was passiert in Deiner Organisation, wenn Menschen Fehler bemerken?
  - Was passiert dann im Normalfall?
  - Unterstützt oder unterbindet dieses Verhalten das Offenlegen von Fehlern?
- Welche Rituale könnten Euch helfen, in eine gute Lernkultur zu kommen?
- Was könnten Entsprechungen Eurer kompliziert geprägten Vorgehensweise in einer komplexen Ausprägung sein?
- Wie ist Euer Umgang mit Fehlern?

- Wie leicht könnt Ihr auf organisationeller Ebene Vorgehensweisen und Prozesse ausprobieren?
  - Was unterstützt Euch, in diese Lernbereitschaft zu kommen?
  - Welche Hindernisse zeigen sich, wenn Ihr „einfach“ lernen wollt?
- Welche Organisationshebel könnt Ihr erkennen?
- Wie klar formuliert Ihr Entwicklungshypothesen für Eure Organisation?
- Welche Messkriterien könnt Ihr in agilen Veränderungen leicht nutzen?

6 Agile Transitionen designen

Viele Organisationen versuchen sich in agilen Transformationen. Bei einem genaueren Blick auf das Vorhaben sind klassische Muster eines Changes zu erkennen. Ziel dieser agilen Transformationen ist es, dass **alle** Mitarbeiter*innen der Organisation am Ende auf die gleiche Art strukturiert und geführt werden und dass alle Mitarbeiter*innen im gleichen (agilen) Methodensatz arbeiten.

Das Aufsetzen des Zielbilds erfolgt nach einer Analysephase und der Anpassung bekannter agiler Organisationsstrukturen und/oder agiler Methoden. Die agile Transformation strebt dann das „Modell XYZ“ oder das „Skalieren der Methode XYZ“ an. Diese sogenannten agilen Transformationen folgen dem Ablauf eines klassisch geplanten und durchgeführten Change.

Die Situation einer Organisation ist häufig sehr komplex. Es ist keine einfache Geschichte über den Ist- und den Zielzustand und den Weg dazwischen erzählbar. Daher braucht es eine agile Transition.

6.1 Auf komplexe Situationen mit agilem Vorgehen antworten

Die Organisationsentwicklung ist mindestens vor dem Hintergrund eines verändertes Miteinanders, einer geänderten Organisationskultur, von „new work“, Digitalisierung und Automatisierung ein komplexes Vorhaben. Das ergänzt die Komplexität, die sich aus einer großen Anzahl von beteiligten Organisationsmitgliedern ergibt. Die resultierende komplexe Herausforderung lässt sich am effizientesten mit einer agilen Herangehensweise lösen.

Für Organisationsmitglieder, die innerhalb klassischer Strukturen agiert haben, stellt der mit der agilen Transition verbundene Paradigmenwechsel häufig eine große Herausforderung dar. Viele bisher als selbstverständlich angenommene Werte, Normen und Regeln werden durch agile Herangehensweisen infrage gestellt. Mehr noch: Eine Umstellung auf eine agile Zusammenarbeit fordert in vielen Fällen veränderte Verhaltensweisen und damit einhergehend eine veränderte Wertewelt.

Komplexe Aufgaben sind am effizientesten iterativ, inkrementell und lernend zu lösen (siehe Kapitel 5). Ein geplanter Change in Form eines exakten Projekt- und Einführungsplans wird dieser Forderung nicht gerecht.

Agil ist mit agil einzuführen

Eine agile Transition ist ein komplexes Vorhaben. Komplexe Vorhaben sind am besten iterativ, inkrementell und lernend zu bewerkstelligen. Organisationsweites, agiles Arbeiten folgt dem Prinzip „agil mit agil einführen" (siehe auch Abschnitt 7.1).

Die Umstellung auf und/oder die Vertiefung agiler Herangehensweisen ist für viele Menschen, egal in welchem agilen Reifegrad sie sich aktuell befinden, eine Herausforderung.

Sich dem Organisationsanliegen in iterativ-inkrementell-lernenden Schritten zu nähern, ist für viele Menschen sehr herausfordernd. „Müssten wir nicht eigentlich genauer wissen, was wir erreichen wollen? oder „Müssten wir nicht genauer planen, um Fehler und Risiken auszuschließen?" sind typische Fragen, die diese Herausforderung sichtbar machen.

Sich zunächst nur vom Organisationsanliegen, später von einem Zielraum leiten zu lassen, fühlt sich häufig für Menschen ungenau an. Eine geübte Praxis ist es, diese Ungenauigkeit durch eine umfassende Analyse sowohl der Ist- als auch der Soll-Situation auszuschließen und so vermeintlich alle Unsicherheiten und Risiken umgangen zu haben.

Das ist in einem iterativen, inkrementellen und lernenden Vorgang nicht möglich. In diesem Fall werden die Treiber*innen möglichst kleine, Sicherheit vermittelnde Schritte machen, deren Risiko eben durch die Größe minimiert ist.

Agile Organisationsentwicklung erfordert einen Paradigmenwechsel. Lange zu analysieren und zu planen, manifestiert in der Organisation den Stillstand:

„Keine Entscheidung ist eine Entscheidung für den Ist-Zustand."

beschreibt diesen Stillstand. Eine agile Transition zu starten, funktioniert durch Lösen aus einer komplexen Umgebung durch schrittweises Lernen. Denn: Wenn großer Veränderungsdruck spürbar ist, wenn die Organisation gleichzeitig viele Veränderungsnotwendigkeiten benennen kann, ist ein vollständiges Erfassen, eine Analyse, die Abwägung von Möglichkeiten und eine gezielte Veränderung genauso unmöglich wie das Formulieren eines attraktiven Zielbilds für die Organisation.

Zu viele unbekannte Einflussfaktoren machen die Analyse und das Planen unmöglich.

Aus Sätzen wie „Wir müssen schneller werden" oder „Wir müssen als Organisation beweglicher werden" sprechen mit Verweis auf die Umwelt sowohl Veränderungsdruck als auch -notwendigkeiten.

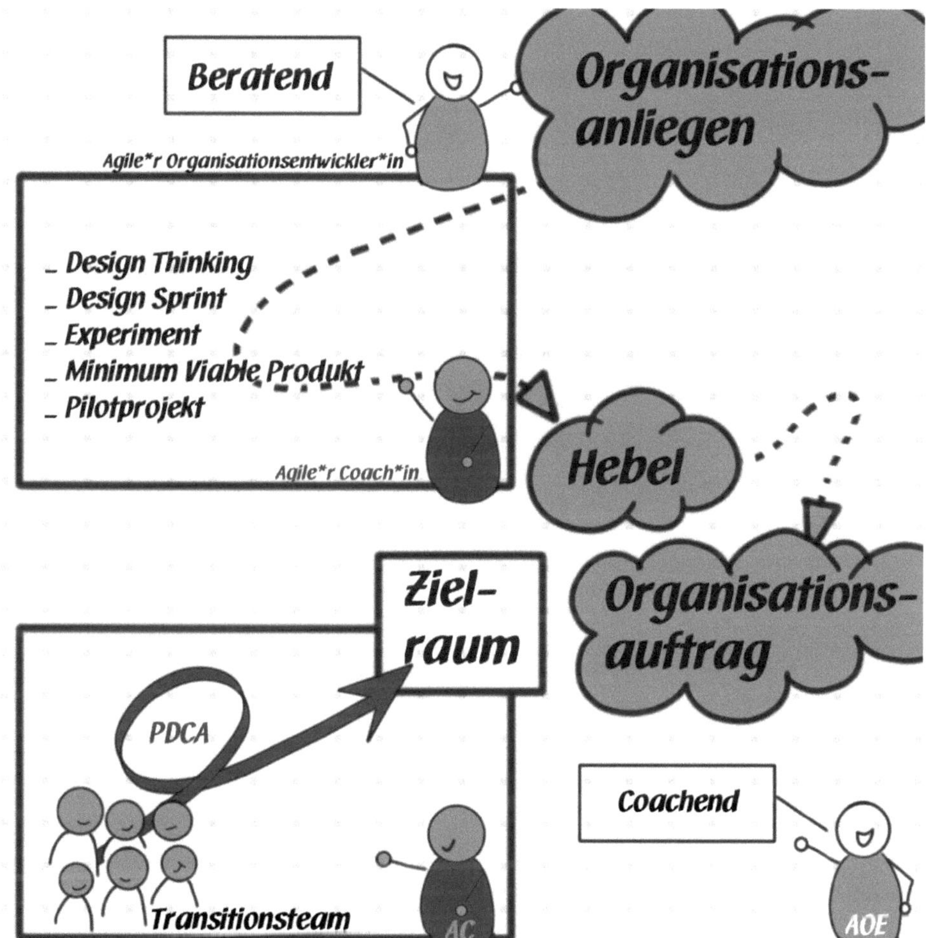

Bild 6.1 Agile Transitionen folgen zwei Phasen

Dabei fällt es den Treiber*innen schwer, eine Richtung auszumachen, wohin die Reise gehen soll. Der Veränderungsdruck ist groß, die Organisation hat viele Möglichkeiten der Veränderung. Es zeigen sich häufig auch (scheinbar oder echt) widersprüchliche Veränderungsnotwendigkeiten.

Was Organisationen in solchen Situationen hilft, ist das Aufsetzen kleiner Projekte, um herauszufinden, wohin die Reise gehen könnte. Das ist die erste Phase der agilen Transition. Der Hebel der Organisation wird sich über diese Experimente finden. Sobald dieser Organisationshebel feststeht, können die Beteiligten sich auf den aus dem Hebel abzuleitenden Organisationsauftrag und den zugehörigen Zielraum iterativ, inkrementell und lernend zubewegen. Das ist die zweiten Phase der agilen Transition.

Agile Organisationsentwickler*innen gehen in der ersten Phase stärker in Führung und beraten die Organisation bei der Auswahl der Experimente. Sobald die Organisation den Hebel identifizieren und darüber den ersten Zielraum bestimmen kann, wechseln agile Organisationswickler*innen die Haltung. Sie begleiten die Organisation dann coachend (siehe Kapitel 8).

6.2 Dem Organisationsanliegen bis zum Zielraum folgen

Im agilen Coaching heißt es, 80 % der Zeit sei Auftragsklärung [Andresen 2019-01]. Die Auftragsklärung einer agilen Transition gestaltet sich ähnlich.

> In der ersten Phase einer agilen Transition arbeiten die Beteiligten am Organisationsanliegen.

Im Laufe der zunächst voneinander losgelösten und unabhängigen Experimente wird sich ein Hebel für die Organisation zeigen, aus dem die Treiber*innen einen Zielraum ableiten können.

Dies wird dann Lernschritt für Lernschritt klarer und im Verlauf umformuliert werden, bis die Organisation diesen erreicht hat.

Die Routine des iterativen, inkrementellen und lernenden Vorgehens der zweiten Phase wird die Organisation zum Verstetigen als „lernende Organisation" nutzen.

6.2.1 Das Organisationsanliegen erfassen

Die Treiber*innen der Veränderung setzen eine Lernkette auf (siehe Abschnitt 5.2), um das Organisationsanliegen bis zum Erreichen des Zielraums immer weiter zu schärfen.

Lernkette auf dem Organisationsanliegen aufsetzen

Agile Organisationsentwickler*innen initiieren eine Lernkette auf dem Organisationsanliegen. Dies führt die Organisation ins strategische Lernen.

Wesentliches Merkmal einer Lernkette ist eine gute Ritualisierung. Diese kann über einen festen Takt oder über eine verbindliche Terminvereinbarung erfolgen.

Beispiel 015: Terminplanung der agilen Organisationsentwicklung in einem Grown-Up

Zwei Termine vorausplanen

In einem Start-up mit 90 Mitarbeiter*innen treffen sich die Geschäftsführung und die jeweiligen Teamleiter*innen regelmäßig in ihrer Growth-Runde.

Die Beteiligten formulieren für sich das Organisationsanliegen, „in Ruhe" so zu wachsen, dass die Produktwelt stringent und stetig ausgebaut werden kann.

Die Growth-Runde vereinbart in jeder Sitzung den verbindlichen Termin für den übernächsten Lernzyklus. So stellen die Teilnehmer*innen sicher, dass die Growth-Runde zu jedem Zeitpunkt gut besetzt werden kann.

6.2.2 Das Ist würdigen

Die Beteiligten versuchen, so ihren Ausgangspunkt zu erfassen. Wir können uns nur gut auf den Weg machen, wenn wir den Ist-Zustand und unseren Beitrag dazu gewürdigt sehen.

Erfolgt keine Würdigung des Ist-Zustands, werden die Beteiligten im Laufe der agilen Transition eher nach hinten als nach vorne schauen.

Der Ist-Zustand kann verbal aufgenommen werden (so wie in Abschnitt 5.1.1 beschrieben). Eine andere Näherung könnte über die Verbalisierung mittels „Dies ist Klaus" [Andresen 2017-01] erfolgen.

Wichtig ist dabei, Raum für das Benennen

- von aktuellen Verfahrensweisen,
- von als gut und schlecht funktionierend empfundenen Prozessen sowie
- von bereits Organisationsmustern (soweit bereits benennbar, siehe Kapitel 9)
- sowie der Veränderungsdrucke und -notwendigkeiten

zu geben. Ein reines Erfassen über Sprache ist häufig nicht ausreichend. Auch eine Sicht in Zahlen kann unterstützen, ein Ist-Bild aufzunehmen. Aber auch die Übertragung in Bilder oder Bewegung kann das Erfassen des Ist-Zustands ermöglichen:

Beispiel 016: Ist-Aufnahme in einer Verwaltung

Das Ist in Bildern erfassen

In einer Verwaltung formieren sich vier Führungskräfte der zweiten und dritten Leitungsebene und drei strategisch interessierte Mitarbeiter*innen in einem strategischen Kreis.

In der initialen Sitzung werden diese ihren Lernzyklus auf dem Organisationsanliegen starten. Um den Ausgangspunkt ihrer agilen Transition zu erfassen, erhalten sie die Aufgabe, ihre Organisation als Abenteuerkarte zu malen.

Die sieben Teilnehmer*innen erhalten ein großes Pinnwandpapier, unterschiedliche Stifte, Papiere, Schere und Klebe und die Aufgabe:

„Stellt Euch vor, Eure Verwaltung sei der*die Heldin eines großen Abenteuers. Beschreibt Eure*n Held*in:

- Was ist die Aufgabe/der Ruf Eures*Eurer Held*in?
- Welche Herausforderungen warten in der Welt auf den*die Heldin?
- Viele Held*innen sind zu Beginn ihrer Reise noch nicht bereit. Kennt Eure*r Held*in das? Was macht die Nicht-Bereitschaft aus?
- Viele Held*innen sind an einer Stelle verwundbar. Was macht Eure*n Held*in aus – und wie kann er*sie sich vor Verwundungen schützen?
- Viele Held*innen machen Verwandlungen durch. Welche Verwandlung wäre für Eure*n Held*in sinnvoll?

Welche Herangehensweise und Fragestellung wird die Beteiligten dabei unterstützen, einen wertungsfreien Blick **auf** das System zu werfen? Ziel ist es, offen und ehrlich den Ist-Zustand aufzunehmen.

Das Aufnehmen des Ists ist der erste Schritt, um das Organisationsanliegen zu erfassen, um schließlich den Organisationshebel zu identifizieren und den Zielraum zu klären.

Für viele Beteiligte wird das Aufnehmen des Ists eine erneute Begegnung mit der obersten Direktive (siehe Abschnitt 5.1.1) darstellen. Denn der systemische Leitsatz

„Jedes Handeln ergibt Sinn."

gilt auch für die agile Organisationsentwicklung. Auf Grund der Komplexität ist es nicht in allen Fällen notwendig und möglich, die ursprünglichen Situationen, in denen das Organisationsmuster Sinn ergeben hat, zu rekonstruieren.

Daran zu appellieren, dass die damals Beteiligten nicht aus bösem Willen, sondern nach bestem Wissen, Gewissen und Kenntnisstand gehandelt hätten, und wertungsfrei das Ist benennen, wird in vielen Fällen den Weg in die positive Veränderung öffnen.

6.3 Die Magie des „noch nicht" nutzen

Menschen gehen unterschiedlich mit anstehenden Lernaufgaben um. Während manche souverän und leicht neue Aufgaben angehen und einfach Ideen ausprobieren können, setzen andere detailliert und akribisch auf bewährte Lösungen. Menschen finden unterschiedlich in ihre Selbstwirksamkeit, was sich mit dem Modell „Growth/Fixed Mindset" nach Carol Dweck (siehe Abschnitt 10.6.1) beschreiben lässt.

Einen einfachen und motivierenden Zugang finden Menschen häufig über die Formulierung des „noch nicht". Anstatt des Satzes „Das kann ich nicht" nutzen sie den Satz: „Das kann ich noch nicht."

Eine ähnliche, motivierende Wirkung kann dieser Satz in der agilen Veränderung auslösen.

> „Das können wir noch nicht."

Diese Formulierung kann sowohl beim Erkunden des Organisationsanliegens, beim Anerkennen des Ist als auch in der Formulierung des Zielraums nützlich sein.

6.4 Eine Lernkette auf dem Organisationsanliegen aufsetzen

Damit die agile Transition sich aus dem Organisationsanliegen herausschälen kann, lernen die Treiber*innen regelmäßig zusammen. Dies gilt sowohl für die erste als auch die zweite Phase der agilen Transition.

Agile Organisationsentwicklung ist strategisches Lernen der Organisation. In den zugehörigen Lernzyklen reflektieren die Treiber*innen mit Blick auf das System,

- was sie bisher erreicht haben,
- was sie aus ihren bisherigen Schritten ableiten,
- wie ihre Hypothesen zum Organisationshebel lauten,
- ob und wie sie den Zielraum greifen können,
- sie vereinbaren nächste Experimente und/oder Maßnahmen und
- sie prüfen, wie sie ihre Zusammenarbeit verbessern können.

Insbesondere klären die Treiber*innen, ob sie sich in der Zusammensetzung verändern sollten. Haben die Treiber*innen sich zu einem Transitionsteam zusammengefunden, ist häufig eine Veränderung in der Zusammensetzung zwischen der ersten und zweiten Phase zu beobachten.

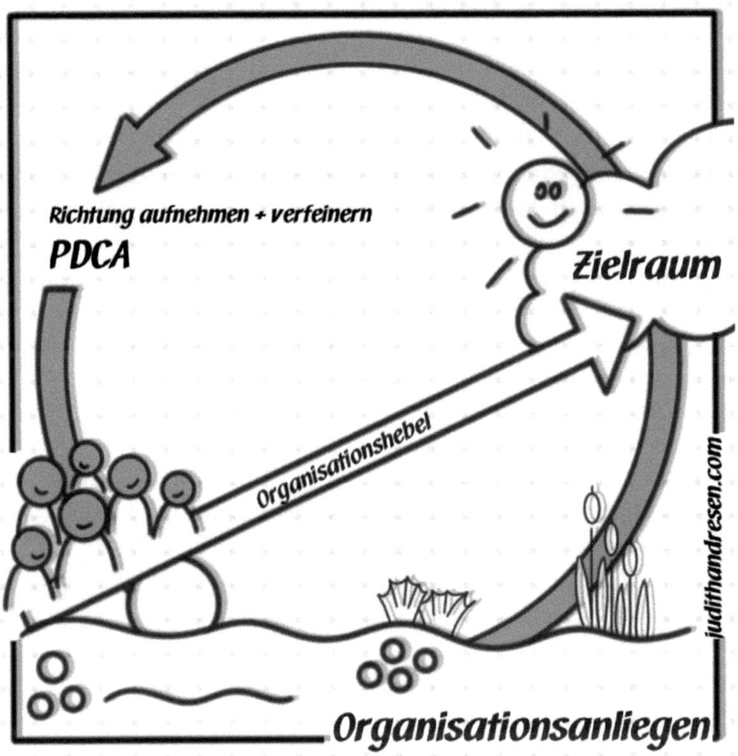

Bild 6.2 Mit wenig Einsatz die Richtung zum Zielraum aufzeigen

Besonders in der ersten Phase zeigen sich als Treiber*innen Führungskräfte der ersten und zweiten Führungsebene, strategische Kreise, die Verantwortlichen für die MOALs[1)] („mid term goals") oder Communitys of Practice, welche sich der Strategie der Organisation verschrieben haben.

Dabei sind die entsprechenden Initiativen eher von Erfolg geprägt, wenn die Beteiligten aus den Gruppen „Innovator*innen" und „frühe Anwender*innen" stammen. Einzelne Menschen können auch dabei sein, die eine Kosten-Nutzen-Analyse für wichtig empfinden und so der frühen Mehrheit zugehören. Diese Skeptiker*innen dürfen aber nicht in der Mehrheit vorkommen – dies würde eine Veränderung unmöglich machen (siehe Abschnitt 4.3.3).

[1] Folgen Organisationen einer OKR-Logik, formulieren diese MOALS (siehe Abschnitt 11.11.2). In anderen Organisationen werden sich Führungskräfte zusammenfinden, welche die „Mifrips" (also die „mittelfristige Planung") verantworten.

6.5 Verantwortung für die agile Transition übernehmen

Häufig wechseln im Verlauf einer agilen Transition die Menschen, die für die Veränderungsbewegung verantwortlich zeichnen. In Abständen scheint diese Aufgabe unbesetzt zu sein.

So finden sich in vielen Organisationen Führungskräfte und Teams, die für ihre Teams oder ihre Bereiche Experimente aufsetzen und eine neue Form des Lernens entdecken. Initiativen der agilen Reifegrade AR-D (siehe Abschnitt 10.12.2) und AR-C (siehe Abschnitt 10.12.3) erfolgen naturgemäß und korrekterweise ohne einen dezidierten Organisationsblick.

Diese Maßnahmen und Experimente können einen Veränderungsdruck von innen erzeugen (siehe Abschnitt 2.7.3). De facto stellt sich bei einer größeren Anzahl von Maßnahmen und Experimenten die Situation wie ein ungemanagter Change (siehe Abschnitt 2.6) dar.

Viel Bewegung ist in Teams und Bereichen zu sehen, gleichzeitig fehlen diejenigen, die sich für die gesamte Veränderung verantwortlich zeigen.

Beispiel 017: Kritik an agiler Entwicklung in einem Verein

Ein*e Vorstandsvorsitzende*r eines gemeinnützigen Vereins mit zehn festangestellten Mitarbeiter*innen und 6000 Mitgliedern möchte die Organisation strategisch weiterentwickeln. Bei der Auswahl möglicher Berater*innen oder Begleiter*innen der angestrebten Veränderung, sagt er*sie: „Was ich wirklich nicht möchte, ist dieses agile Herumgeeiere. Ich finde es ausgesprochen dürftig, dass die agilen Veränderungen immer so ziellos sind. Das kann doch nicht sein, die wirken auf mich total strategielos."

Vielen Organisationen fehlt, während die ersten agilen Initiativen gestartet sind und/oder zum Erfolg geführt haben, der strategische Blick auf die gesamte Organisation. Das ist eine Konsequenz des agilen Manifests, welches sich in allen Aussagen auf Teams bezieht. Entsprechend werden Veränderungen als Erstes in Teams spürbar sein.

Während dieser ersten Phase werden sich Treiber*innen finden, die ermutigt von den Erfolgen der einzelnen agilen Initiativen eine agile Transition steuern möchten, einen strategischen Blick für die gesamte Organisation entwickeln und dafür in die Verantwortung gehen möchten.

Definition: Verantwortung übernehmen

Verantwortung zu übernehmen, heißt, eigene Entscheidungen zu treffen und aus den Konsequenzen offen und vorurteilsfrei zu lernen.

Übernehmen Menschen Verantwortung, so suchen sie nicht nach Schuldigen für eine bestimmte Situation, sondern sie benennen ihre Möglichkeiten (siehe Abschnitt 2.1) und handeln entsprechend.

Damit dies gelingt, gilt es,

- das Ist zu würdigen,
- (eigene) Fehler als Fehler anzuerkennen und
- im Sinne der obersten Direktive neue Handlungsoptionen zu entwickeln und auszuprobieren.

6.5.1 Ein Transitionsteam aufsetzen

In vielen Organisationen etablieren sich mit dieser Verantwortungsübernahme für die agile Transition Transitionsteams, welche mit einem Blick auf das System (siehe Abschnitt 2.2) Lernzyklen durchlaufen.

Die Treiber*innen der agilen Veränderung sind nicht deckungsgleich mit Transitionsteams. Die Transitionsteams sind so aufgestellt, dass sie das formulierte Organisationsanliegen besonders gut erfüllen können.

Besetzung des Transitionsteams

Das Transitionsteam sollte mit Menschen besetzt sein, die aus den Bereichen kommen, welche in der Veränderung stehen. Das Transitionsteam sollte

- hierarchieübergreifend,
- divers und
- mit maximal acht Personen

besetzt werden.

Die Diversität des Transitionsteams ist entscheidend, um den Möglichkeitsraum der agilen Veränderung weit aufspannen zu können. Diversität zeigt sich dabei auf allen Ebenen: nicht nur in der Herkunft, dem Gender, der Ausbildungsform und in den aktuellen Aufgaben in der Organisation, sondern auch im Mindset (siehe auch Abschnitt 6.5.4) der Beteiligten.

Viele Transitionsteams beginnen als Erstes, einen Zielraum zu definieren. Ohne entsprechende Erfahrungen wird dieser zu groß und zu vage ausfallen und keine Handlungsleitung und Richtungsweisung erzeugen. Wenn weder der Zielraum noch der Organisationshebel klar sind, sind passende Experimente aufzusetzen, um den Organisationshebel (siehe Abschnitt 2.5) zu definieren.

6.5.2 Zusammensetzung des Transitionsteams anpassen

Die Besetzung wird sich im Laufe der agilen Transition verändern, weil sich die Schwerpunkte der Veränderungsarbeit während der agilen Transition verschieben werden.

> Die Gruppe der Organisationsmitglieder, welche im Verlauf der agilen Veränderung Verantwortung übernehmen, wird sich verändern.

Die Treiber*innen verfolgen neben dem Organisationsanliegen daher noch weitere Lernzyklen: Sie achten auf sinnvolle Lernzyklen in den jeweiligen Initiativen, sie lernen zusammen mit den jeweiligen agilen Coaches und sie überprüfen regelmäßig das Transitionsdesign auf Wirksamkeit (siehe Abschnitt 10.11).

Spätestens in den unterschiedlichen Phasen der agilen Transition überprüft die Gruppe der Treiber*innen ihre Zusammensetzung:

> „Sind wir die Richtigen, um den Organisationshebel offenzulegen bzw. den Zielraum zu erreichen?"

Diese „Koalitionsbildung" zur Innovation durch (durch die Sache) motivierte Organisationsmitglieder wird die notwendigen Regelbrüche (siehe Abschnitt 9.3) erleichtern.

Die Treiber*innen können als fest besetzte Transitionsteams agieren, die regelmäßig ihre Besetzung prüfen. Mit den sich verändernden Maßnahmen können aber auch regelhaft temporäre Mitglieder für eine bestimmte Anzahl von Iterationen aufgenommen werden.

> **Beispiel 018: Releasetrain aus Technik und Fachlichkeit zur technischen Migration und fachlichen Vereinigung**
>
> Ein Verlagshaus mit 2000 Mitarbeitenden hat in Vorprojekten ermittelt, dass eine veränderte technische Plattform und die Zusammenführung von IT- und fachlichen Mitarbeitenden einen Organisationshebel für innovative Produkte darstellt.
>
> Es bildet sich ein Transitionsteam aus Mitarbeitenden der vorherigen Experimente und Pilotprojekte. Die Aufgabe ist, nach und nach die Verlagsprodukte sowohl technisch als auch fachlich zusammenzuführen.
>
> Dafür bildet das Transitionsteam einen Releasetrain aus. In diesem werden die Erkenntnisse des jeweiligen vorherigen Produktteams an das nächste Produktteam weitergegeben.

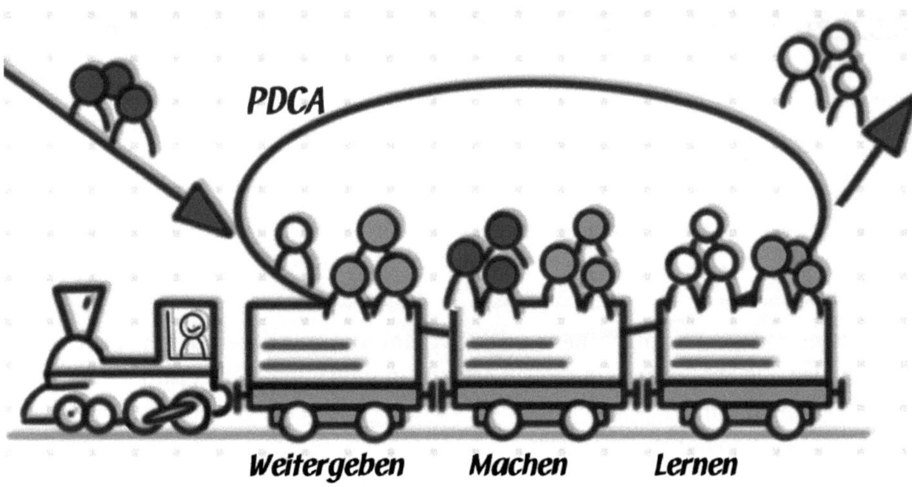

Bild 6.3 Empfehlungen und Erkenntnisse werden im Releasetrain weitergegeben

Mit dieser Taktik sorgen die Treiber*innen

- jeweils für ein erstes Erleben echter Teamarbeit und
- eine teamübergreifende Wissensübergabe.

Beispiel 018: Releasetrain aus Technik und Fachlichkeit zur technischen Migration und fachlichen Vereinigung

Iterative Bearbeitung der Migration

Das Transitionsteam lädt nach und nach die Teams der unterschiedlichen Verlagsprodukte in den Prozess ein. Zur Reihenfolge trägt bei:

- Initiative/Willen der jeweiligen Produktteams,
- die erwartete Komplexität der IT-Migration (ermittelt über Aufwandspoker) [Andresen 2013-01] sowie
- die wirtschaftliche Bedeutung des jeweiligen Verlagsprodukts (ermittelt über Umsatzzahlen[2]).

Das Transitionsteam pokert mit diesen Variablen die Reihenfolge über Geschäftswertpoker aus. Die Reihenfolge wird in einem Transitionsboard öffentlich gemacht. Die Transitionsmitglieder laden die jeweiligen Teammitglieder mit einem Vorlauf von einer Iteration in den Prozess ein. Diesen Prozess nennen die Transitionsteammitglieder „Gemeinsam Fahrt aufnehmen", um zu signalisieren, dass die Veränderung für alle Organisationsmitglieder mit diesem Schritt beginnt. Im Ergebnis erreichen die Organisationsmitglieder vor der anfänglich prognostizierten Projektzeit ihre Ziele.

---

[2] Neben den Umsatzzahlen könnten auch Deckungsbeiträge die Beteiligten unterstützen, den Geschäftswert zu bestimmen. Ziel ist es immer, Kennzahlen (siehe Abschnitt 6.6.4.1) zu nutzen, welche leicht zugänglich und für die Beteiligten nachvollziehbar sind.

6.5.3 Hierarchieübergreifend arbeiten

Die Transitionsteams arbeiten möglichst hierarchieübergreifend. So leben die Beteiligten zum einen agile Teamarbeit (auf Augenhöhe) vor, zum anderen stellen die Transitionsteammitglieder Kommunikationsangebote zu Peers (siehe Abschnitt 4.2.1) her.

Stellt das Transitionsteam fest, dass sie regelhaft außerhalb des (gefühlten oder echten) „Circle of Influence“ (siehe Abschnitt 2.1) sind, empfiehlt es sich, das Transitionsteam um jemanden zu erweitern, der*die die Beteiligten ermächtigen kann, die notwendigen Entscheidungen zu treffen. Die Frage

> „Können wir unseren Absicherungsvorbehalt ins Transitionsteam einladen?“

ist ein Weg, um den „Circle of Influence“ zu erweitern (siehe auch Abschnitt 6.10.1). Ein zweiter Weg ergibt sich aus der Feststellung:

> „Wir halten diesen Weg für korrekt. Wen müssen wir informieren, dass wir so entschieden haben?“

Im zweiten Fall gehen die Transitionsteammitglieder direkt in die Verantwortung. Sie handeln dabei so, als wäre ihnen die Transitionsaufgabe mit einem Vetorecht delegiert worden. Sie werden Vetos dann akzeptieren, wenn diese begründet und nachvollziehbar sind, so dass die Transitionsteammitglieder mit „disagree and commit“ (siehe Abschnitt 12.7.1) ihre agile Transition weitertreiben können.

6.5.4 Transitionsteams divers aufstellen

Viele Treiber*innen agiler Veränderungen formieren sich als Transitionsteams. Diese (er-)finden während der Teamentwicklung (mindestens auf dem Weg zum agilen Reifegrad AR-D, siehe Abschnitt 10.12.2) ihre Art der Zusammenarbeit, sie entwickeln Augenhöhe zueinander und lernen sich in ihren Stärken und Schwächen kennen und diese zielgerichtet zu nutzen.

6.5.4.1 Divers arbeiten

Divers aufgestellte Transitionsteams bringen aus ihrer Diversität heraus mehr Eigenschaften, Kompetenzen und Perspektiven in die Veränderung ein als homogen aufgestellte Teams.

Mit der breiten Palette von unterschiedlichen Hintergründen, Erfahrungen, Fähigkeiten, Perspektiven, Geschlechtern oder ethnischen Zugehörigkeiten wächst der Möglichkeitsraum und damit die Innovationfähigkeit der Beteiligten.

Je diverser ein Team aufgestellt ist, desto herausfordernder gestaltet sich die Teamentwicklung. Der Weg, wie Transitionsteams in die Zusammenarbeit finden, ist häufig ein Beispiel für die gesamte Organisation.

Das Transitionsteam spiegelt dabei grundsätzlich die Organisationsbereiche, die in der Veränderung stehen. Ein „gemba walk“ (siehe Abschnitt 3.4) muss immer möglich sein, mehr noch: Viele Maßnahmen und Experimente werden nur dann erfolgreich sein, wenn Transitionsteammitglieder direkt beteiligt sind oder die formulierten Experimente in engen Lernzyklen begleiten.

6.5.4.2 DISC: Verhaltensweisen in Teams verstehen

Diversität ist auch auf der Verhaltensebene anzustreben. Das DISC-Modell ist ein populärwissenschaftliches Modell zur Beschreibung menschlichen Verhaltens. Die meisten Organisationsmitglieder zeigen schwerpunkthaft Verhalten zweier Persönlichkeitsstile.

Die Zuordnung in die DISC-Systematik erfolgt über Fragebogen oder durch eine Selbst- und Fremdeinschätzung.

Durch die Kenntnis über diese kann die DISC-Zuordnung alle Beteiligten darin unterstützen, hör- und annehmbar zu kommunizieren. Auch (aufkommende) Konflikte werden häufig vor dem Hintergrund der DISC-Zuordnung und der jeweiligen Bedürfnisse besser nachvollzieh- und so auch lösbar.

Dominance (Dominanz): Menschen mit einem ausgeprägten Dominanzstil sind direkt, durchsetzungsfähig und zielorientiert. Sie bevorzugen schnelle Entscheidungen und mögen Kontrolle über ihre Umgebung.

Influence (Einfluss): Menschen mit einem ausgeprägten Einflussstil sind kommunikativ, kontaktfreudig und charismatisch. Sie agieren über zwischenmenschliche Beziehungen, Teamarbeit und sie mögen es, andere zu beeinflussen.

Steadyness (Stetigkeit): Menschen mit einem ausgeprägten Stetigkeitsstil sind geduldig, mitfühlend und teamorientiert. Sie bevorzugen stabile und vorhersehbare Umgebungen, sind darauf bedacht, Harmonie zu wahren und eine gute Zusammenarbeitsform herzustellen.

Compliance (Gewissenhaftigkeit): Menschen mit einem ausgeprägten Gewissenhaftigkeitsstil sind genau, analytisch und strukturiert. Sie legen großen Wert auf Genauigkeit, Ordnung und das Einhalten von Regeln und Verfahren.

Bei der Zusammensetzung des Transitionsteams ist eine mögliche Form der Diversifizierung alle DISC-Persönlichkeitsstile ins Transitionsteam zu integrieren.

6.5.4.3 Diversität von Denkpräferenzen erfassen

Das Herrmann Brain Dominance Instrument nach Ned Hermann untersucht wissenschaftlich Präferenzen unterschiedlicher Denkstile. Über entsprechende Fragebögen werden individuelle Präferenzen und Stärken (unter Normalbedingungen und in simuliertem Stress) ermittelt.

Durch die Kenntnis der im Transitionsteam anwesenden Denkstile können alle ihre Kommunikation an die Bedürfnisse und Denkstile der anderen Teammitglieder anpassen. Die meisten Menschen sind im Sinne des HBDI-Modells zweifach dominant, zeigen also starke Tendenzen, zwei Denkstilen in Kombination zu folgen.

Blau (Rationales Ich): Ratio-Orientierung, Logisches Denken, Faktenorientierung, Planung und Organisation

Grün (Organisatorisches Ich): Systematisches Denken, Schritt-für-Schritt-Analyse, sequenzielle Bearbeitung, prozessuale Sicht

Rot (Fühlendes Ich): Betonung zwischenmenschlicher Beziehungen, emotionale Intelligenz, Fokus auf Kommunikation und Empathie

Gelb (Experimentelles Ich): Kreatives Denken, Innovationsfähigkeit, Fantasie und Risikobereitschaft

Das gegenseitige Wissen um Denkpräferenzen kann die Kommunikation und Zusammenarbeit innerhalb des Transitionsteams wesentlich verbessern. Die Forderung

> „Der Wurm muss dem Fisch schmecken, nicht dem*der Angler*in."

gewinnt unter der Kenntnis der Denkstilpräferenzen der Beteiligten eine größere Tiefe und bietet Ansatzpunkte zur besseren Vermittlung des eigenen Standpunkts.

6.5.5 In idealer Teamgröße Veränderungen vorantreiben

Transitionsteams sind dann besonders effektiv und effizient, wenn die Teammitglieder formal und informell gut miteinander kommunizieren können, schnell und einfach zu (Abstimmungs-)Ergebnissen kommen sowie divers und interdisziplinär aufgestellt sind.

In einer Größenordnung von sieben bis neun Teammitgliedern lösen sich diese Forderungen besonders gut ein.

6.6 Erste Phase der agilen Veränderung durchleben

Die erste Phase der agilen Transition fokussiert sich auf die Gruppe der Innovator*innen (Abschnitt 4.3.1) und der frühen Anwender*innen (Abschnitt 4.3.2), spricht in Teilen bereits die frühe Mehrheit (Abschnitt 4.3.3) an.

Sobald sich Menschen für die agile Veränderung verantwortlich zeigen, beginnt deren erste Phase. Diese Phase kann durch äußeren oder inneren Veränderungsdruck (siehe Abschnitt 2.7.1) induziert sein.

Die Treiber*innen werden das Organisationsanliegen fassen, um eine Richtung der agilen Veränderung als Hypothese zu formulieren. Sie bedienen sich bei der Aufnahme des Organisationsanliegens

- äußerer Eindrücke,
- Beschreibungen, Erfahrungen und Gefühle zum Inneren (wie Kommunikation, Strukturen, Prozessen)
- sowie Wünschen und Hoffnungen

der Beteiligten. Die Aufnahme kann und wird nicht vollständig sein. Um das Ist zu würdigen, ergänzen die Treiber*innen Beschreibungen, Erfahrungen und Gefühle von bereits erfolgten agilen Initiativen (siehe Abschnitt 6.6.1).

Die Treiber*innen versuchen, aus dieser Ist-Aufnahme und Würdigung des Ist-Zustands einen Organisationshebel zu formulieren und starten erste Experimente. Diese sind eher in den agilen Reifegraden AR-D und AR-C verortet (siehe Abschnitt 6.7.6.1).

Mit weiteren Initiativen prüfen die Treiber*innen den vermuteten Organisationshebel. Dabei versuchen die Beteiligten, jeweils mit kleinen Experimenten zu arbeiten und so schnell wie möglich den Organisationsmitgliedern erfahrungsbasiertes Lernen (siehe Abschnitt 10.1.1) zu ermöglichen.

Die Treiber*innen lernen mit jeder Iteration weiter. Dabei haben sie einen Blick auf den möglichen Zielraum der agilen Transition. Mit den Fragen:

> „Können wir einen Zielraum beschreiben?"
> „Zeichnet sich ein Zielraum ab?"

klären die Beteiligten, ob sie in die zweite Phase der agilen Transition übergehen werden.

6.6.1 Aus bisherigen agilen Initiativen lernen

Hat die Organisation bereits Erfahrungen mit agilem Vorgehen gesammelt, ist es sinnvoll, die daraus resultierenden Erfahrungen für die startende agile Transition zu nutzen. Häufig rekrutieren sich die Transitionsteams aus Mitgliedern, die bereits agile Initiativen erlebt haben. Diese bringen dann ihre Erfahrungen direkt ins Transitionsteam ein.

Die Beteiligten starten **nicht** den Versuch, alle bisherigen Initiativen im Detail nachzuvollziehen. Sie nähern sich den bisherigen Erfahrungen locker und im Erzählton:

Fragen an die agilen Initiativen

Was hat Euch am meisten verblüfft?

Wenn Ihr nochmals starten würdet, was würdet Ihr anders machen?

Worauf seid Ihr besonders stolz?

Was ist passiert, womit Ihr überhaupt nicht gerechnet habt?

Welches Vorgehen empfehlt Ihr anderen agilen Initiativen?

An welchen Stellen habt Ihr gemessen? Welche Messkriterien würdet Ihr anderen in der Organisation empfehlen?

Welche Lernhürden hattet Ihr auf dem Weg? Was würdet Ihr anderen Organisationsmitgliedern in einer ähnlichen Herausforderung empfehlen?

Mit Euren Erfahrungen: Wo lag für Eure Veränderung ein echter Hebel? Ist dieser Hebel als Organisationshebel übertragbar?

Dabei haben die Transitionsteammitglieder auch einen Blick für Veränderungen in Teams und Bereichen, die still(er) verlaufen sind. Nicht immer ist den entsprechenden Individuen klar, dass sie sich agil verändert haben. Häufig wird mit einer agilen Veränderung vorwiegend die Umstellung auf eine agile (Projekt-, Prozess-)Methode assoziiert. Gerade für diese Organisationsmitglieder kann die Ist-Aufnahme durch die Transitionsteammitglieder sehr erhellend wirken.

Beispiel 019: Ist-Aufnahme einer agilen Initiative

Das Transitionsteammitglied Barne kommt auf die Führungskraft Akke zu. Akke berichtet von ihrem Team, welche technische Infrastruktur verantwortet. Sie erläutert ihre Führungsimpulse, die Art des gemeinsamen Lernens und der veränderten Kommunikation innerhalb des Teams. Sie berichtet auch von einer veränderten Form, wie die Teammitglieder zu technischen Entscheidungen kämen, die sie selbst aufgrund ihrer Ausbildung und Erfahrung nicht beurteilen könne.

Dabei betont Akke, nicht agil zu arbeiten: „Wir machen das hier mit gesundem Menschenverstand. Und nach meinem Wechsel in die Führungsposition des Teams brauchten wir einen Umgang damit, dass ich nicht alles fachlich entscheiden kann."

Barne fasst das Gehörte zusammen: „Ich sehe, dass Ihr Euch im täglichen Handeln am ersten Wertepaar des agilen Manifests orientiert.

Euch sind Individuen und Interaktionen häufig wichtiger als Prozesse und Werkzeuge. Auch lernt Ihr regelmäßig zusammen, wie es das zwölfte Prinzip hinter dem agilen Manifest fordert.

Ihr habt Eure Zusammenarbeit mit der Fachseite auf die Art umgestellt, wie es das agile Manifest fordert. Ihr redet täglich und direkt. Das sagen das vierte und das sechste Prinzip.

Und was sich für Euch radikal geändert habt: Ihr arbeitet als selbstorganisiertes Team zusammen und produziert so die beste Lösung, die es in Eurem Team geben kann. Damit löst Ihr das achte und das elfte Prinzip ein.

Du beschreibst all dies als aktive Veränderungen in Eurem Team. Für mich stellt sich das als agiles Arbeiten dar."

Akke sieht Barne an: „Danke für Deine Worte. So habe ich das nie gesehen. Aber Deine Einordnung hilft mir zu erklären, was wir tun. Bisher habe ich immer mit gesundem Menschenverstand argumentiert. Das kam nicht immer gut an. So kann ich begründen, warum es in diesem komplexen Umfeld Sinn ergibt, unser Handeln agil auszurichten."

Durch das Erfassen des Organisationsanliegens (so wenig wie möglich, so viel wie nötig) und der Ist-Aufnahme versucht das Transitionsteam, erste Ideen zum Organisationshebel zu formulieren.

6.6.2 Planen, was zu planen ist

Sind in einer Organisation große Veränderungen vonnöten, kann diese Richtungsänderung über eine agile Transition oder einen Change erreicht werden.

So sind in vielen Fällen Wechsel der Produktentwicklungstaktik (wie im Beispiel 008, Abschnitt 2.9.2) von disziplinaren oder Featureteams hin zu interdisziplinären Teams (in der Wertschöpfung) aufgrund arbeitsrechtlicher Konsequenzen und Bedingungen schwer(er) als eine agile Transition als ein Change durchzuführen.

Dies können die Verantwortlichen für die Veränderung womöglich umgehen, indem sie kreativ bestehende Systemregeln ausnutzen (und dem Prinzip „Hack the System" folgen, siehe Prinzip 7.6 in Kapitel 7) oder bedienen, so dass diese Systemregeln nicht zur Lernhürde werden:

> „Hack the System."

So können in vielen Organisationen Arbeitsverhältnisse auf Probe verändert werden. Wenn bestehende Einzelbonusregelungen einer Veränderung im Weg stehen, könnten die beteiligten Teammitglieder zusammen mit der Führungskraft ausmachen, dass die auszuschüttenden Boni zwischen allen Teammitgliedern geteilt werden. Die Wege, ein System kreativ zu bedienen, sind vielfältig. Damit können sich die entsprechenden Organisationsmitglieder ihren Weg in eine iterative, inkrementelle und lernende Veränderung öffnen.

6.6.2.1 Kaikaku in Change mit anschließender agiler Transition übersetzen

Ist dies nicht möglich oder aufgrund der Umstände nicht sinnvoll, sind derartige abrupte Richtungswechsel („Kaikaku", siehe Abschnitt 3.4) über einen Change (siehe Abschnitt 2.9.2) im Sinne Kotters (siehe Abschnitt 2.10.1) zu gestalten.

Dabei versuchen die Treiber*innen des Changes so wenig wie möglich und so viel wie nötig vorherzusehen, zu planen und zu exekutieren. Die Treiber*innen bedienen sich Lernzyklen, sorgen für frühzeitige Transparenz und bestimmen sehr bewusst Entscheidungs- und Beteiligungsformen der gesamten Organisation in diesem Change. Die Beteiligten überlegen sich, wie sie die entsprechenden Organisationsmitglieder in die Veränderung einladen können. Um eine adäquate Einladung auszusprechen, könnten die Beteiligten eine Betroffenheitsmatrix erstellen und entsprechende Maßnahmen ableiten (siehe Abschnitt 6.10.3). Auch das Erfassen und Einladen der Stakeholder ist für diesen Change zu gewährleisten (siehe Abschnitt 6.10.2).

In vielen Fällen wird eine Feinjustierung des Changes notwendig sein. Hierfür bildet sich ein Transitionsteam, welches einen Zielraum mit einem guten Organisationsverhalten auf Basis des erfolgten Changes anpeilt.

Die Verantwortlichen für die Veränderung achten darauf, dass in beiden Phasen die Beteiligungs- und Entscheidungsformen (siehe Abschnitt 12.7) für alle Organisationsmitglieder transparent sind.

Die Verantwortlichen achten ebenfalls darauf, dass Changes als Changes und agile Transitionen als agile Transitionen bezeichnet werden. Den Change als solches sichern die Beteiligten über Nemawashi (siehe Abschnitt 6.8.5) unter den Change-Beteiligten ab.

Für das Beispiel 008 (aus dem Abschnitt 2.9.2) treibt ein interdisziplinär und hierarchieübergreifend besetztes Transitionsteam die Etablierung und Verbesserung der notwendigen Koordination der einzelnen Value-Stream-Teams voran – genauso wie es die Frage treibt, welche Koordination überhaupt notwendig ist. Ist die Frage innerhalb bestehender Lernzyklen zu beantworten, wird das Transitionsteam diese strategische Frage dorthin richten.

Einen strukturverändernden Change initial auszuführen, bricht das Prinzip „Erst die Prozesse, dann die Struktur“ (siehe Abschnitt 7.12). Dieses Vorgehen wird nur dann gut angenommen und umgesetzt werden, wenn durch die Strukturveränderung nur wenige andere Veränderungen induziert werden, d. h.,

- dass die Prozesse den Beteiligten bereits vertraut sind,
- dass die Prozesse durch neue Strukturen unterstützt werden und
- dass sich ein Veränderungsgewinn für die Beteiligten ergibt.

Die in Beispiel 008 (aus dem Abschnitt 2.9.2) benannte Produktorganisation nutzt vor dem Change vierteljährliche Abstimmungsmeetings, um Abhängigkeiten offenzulegen und jeweils einen Umgang festzulegen. Mit diesem Startpunkt wird die Organisation ihre iterativ-inkrementell-lernende Veränderung beginnen.

6.6.2.2 Mittels eines Changes die Nachzügler*innen in die Veränderung bringen

Ist die agile Transition fortgeschritten und hat die späte Mehrheit in den Umsetzungen erreicht, werden die Treiber*innen entscheiden oder für eine Entscheidung sorgen, wie mit den Nachzügler*innen (siehe Abschnitt 4.3.5) zu verfahren ist.

Die Nachzügler*innen werden zur Veränderung aufgefordert. Die entsprechenden Maßnahmen werden ebenfalls in einem Change-Plan zusammengefasst.

6.6.2.3 Change-Plan aufstellen

Identifizieren die Treiber*innen einen planbaren Anteil der agilen Veränderung, überführen sie das zugehörige Maßnahmenset an inhaltlicher Arbeit und Kommunikation in einen Change-Plan.

In diesem sind die Change-Phasen (siehe Abschnitt 2.10.1), die inhaltlichen Maßnahmen, die Kommunikationsmaßnahmen, die Empfänger*innen der Maßnahmen und Kommunikation (entsprechend der Personae in der Veränderung 4.6), die Nemawashi-Liste (siehe Abschnitt 6.8.5), der Stakeholdermatrix (siehe Abschnitt 6.10.2) und der Betroffenheitsmatrix nach SCARF (siehe Abschnitt 6.10.3) reflektiert und die Lernmomente der Treiber*innen aufgeführt.

Change-Phase	Datum, Uhrzeit	Maßnahme	Inhalt	Empfänger*innen	Ausführung	Bemerkungen	Status
Informieren + einladen	02.01., 14.00	Mail	Einladung zur Informationsveranstaltung	FKe[3)]	TT	Neujahrsgruß, an Jahresziele erinnern	erledigt
	03.01., 16.00	Remote-Termin	Ausgangslage, Learnings, Maßnahmen erläutern, Nemawashi ankündigen	FKe	TT	Nemawashi-Liste vorbereiten	erledigt
	bis 08.01.	remote/ in Präsenz	Ausgangslage, Learnings, Maßnahmen besprechen, Betroffene A-D identifizieren	FKe	TT	Nemawashi-Liste + Betroffenheitsmatrix befüllen	in Arbeit

[3] FKe = Führungskräfte, TT = Transitionsteam

Change-Phase	Datum, Uhrzeit	Maß-nahme	Inhalt	Empfän-ger*innen	Aus-füh-rung	Bemerkungen	Status
	19.01., 14.00	Remote-Termin	Change-Plan (Ausgangslage, Learnings, Maßnahmen, Betroffenheitsmatrix) anpassen		TT		offen
	19.01., 16.00	Mail	Finalen Change-Plan versenden	FKe	TT		Offen
	19.01., 16.15	Mail	Zur Beteiligung einladen	FKe, Betroffene „Thema 01“	TT		Offen
	19.01., 16.15	Mail	Über Change informieren	FKe, Betroffene „Thema 02“	TT		Offen
	20.01., 09.30		Vorstellen Change-Plan, zur Beteiligung einladen + auffordern	FKe, Betroffene „Thema 01“	TT, CEO		Offen
	20.01., 10.30		Vorstellen Change-Plan, zur Beteiligung einladen + auffordern	FKe, Betroffene „Thema 02“	TT, CEO		
Erste Erfolge ermöglichen	...						

Die Treiber*innen planen so viel wie notwendig und so wenig wie möglich. So vereinbaren die Beteiligten zunächst „nur“ die zeitlichen Meilensteine. Mit wachsendem Wissen detaillieren die Beteiligten die jeweiligen Phasen aus.

6.6.3 Ideen zum Organisationshebel entwickeln

Viele klassisch geführte Changes begründen ihre Veränderungsnotwendigkeit in den erkannten Organisationschwächen. Das „Command and Control"-System basiert auf einer Defizitorientierung. Mit der Fokussierung auf Defizite ist die Abwertung von vermeintlichen Fehlern und folgend die Abwehr von Fehlern verbunden.

Agile Vorgehensweisen fokussieren auf die Lern- und Entwicklungsfähigkeit der Beteiligten (siehe Abschnitt 10.8). Entsprechend suchen die Treiber*innen der agilen Veränderung schon frühzeitig nach ersten Hypothesen zum Organisationhebel.

Die Treiber*innen der agilen Veränderung versuchen, den Organisationshebel (siehe Abschnitt 2.4.1) zu fassen. Wo gelingt den Beteiligten mit wenig Einsatz eine große Wirkung?

Leitfragen zum Erkennen von Organisationshebeln

- Welche Veränderung erfüllt uns mit Stolz? Was haben wir dafür geleistet?
- Welche Veränderung hat uns besonders verblüfft? Was haben wir dafür getan?
- Was ist eine große Veränderung in unserem Verhalten oder in unseren Ergebnissen, die wir nicht vorhergesagt haben, die wir aber sehr begrüßen?
- Auf welche Veränderung haben wir Lust?
- Was ist der nächste erste Schritt?

Einen Organisationshebel zu benennen, führt die Organisation in die Sprach- und Handlungsfähigkeit. Welche kleine und machbare Veränderung von gezeigtem Verhalten oder genutzten Methoden kann positive Energien und Bewegung in Richtung des Organisationsanliegens erzeugen?

6.6.3.1 Den Sinn von Organisationsmustern aufdecken

Organisationen erlangen während der agilen Transition Bewusstheit über ihre Organisationsmuster (siehe Kapitel 9). Organisationsmuster tragen immer einen (vergangenen oder aktuellen) Sinn in sich. Im Überwinden von Organisationsmustern kann auch ein großer Organisationshebel liegen, wie das Beispiel 020 zeigt.

Beispiel 020: Othering der Produktsparte eines Versicherungskonzerns

Othering erkennen

Im Transitionsteam versuchen die acht Teammitglieder den Ist-Zustand einer Produktsparte (1500 Mitarbeiter*innen) innerhalb eines Versicherungskonzerns (mit 10 000 Mitarbeiter*innen) zu greifen.

Die Transitionsteammitglieder beschreiben in der Ist-Aufnahme: „Wenn für die Produktsparte neue Themen aufkommen, ist der Ruf aus unseren Teams und Abteilungen meistens: „Oh, das ist ein wichtiges Thema. Das sollte die Organisationseinheit $Name strategisch einordnen und uns sagen, was wir konkret tun sollen." Wenn die Organisationseinheit dieser Aufforderung nicht nachkommt, regen wir uns in den jeweiligen Teams und Abteilungen über die inkompetente Organisationseinheit auf und bringen zum Ausdruck, dass großes Potenzial verschenkt wird."

Die Transitionsteammitglieder erkennen ein systematisches Othering (siehe Abschnitt 9.7) in ihrer Organisation, welches die Arbeitsfähigkeit der Teams und Abteilungen in der täglichen Arbeit sichert und beschützt.

Beispiel 020: Othering der Produktsparte eines Versicherungskonzerns

Sinnhaftigkeit des Otherings hypothetisch begründen

Die Transitionsteammitglieder formulieren für sich als hypothetischen Sinn:

1. Alle Organisationsmitglieder möchten die Zukunft des Unternehmens sichern.
2. Alle Organisationsmitglieder möchten ihr Tagesgeschäft gut erledigen.
3. Neue Themen einer anderen Organisationseinheit zuzuschreiben, entlastet die entsprechenden Organisationsmitglieder.
   a) Sie haben die strategische Wichtigkeit benannt.
   b) Sie gehen nicht in die Verantwortung für dieses Thema.

Durch das Othering sorgen die Organisationsmitglieder für sich und eine überschaubare, für sie händelbare Verantwortungsübernahme.

Die Treiber*innen aus Beispiel 020 dieser agilen Transition formulieren die Idee, dass die Organisationsmitglieder für sich überschaubare Projektzusammensetzungen brauchen, um gut in die Verantwortung gehen zu können. Die während der ersten Phase angesetzten Experimente und Pilotprojekte werden daher jeweils so geschnitten, dass diese interdisziplinär mit maximal acht Personen besetzt werden.

Die Treiber*innen formulieren den vermuteten Organisationshebel gegenüber allen Organisationsmitgliedern, insbesondere gegenüber den Teilnehmer*innen der Experimente bzw. der Pilotprojekte und den begleitenden agilen Coaches.

Beispiel 020: Othering der Produktsparte eines Versicherungskonzerns

Übergabe des vermuteten Organisationshebels an die agilen Coaches der Experimente

Sofern diese Hypothese in den jeweiligen Coachingaufträgen räsoniert, werden sie mit ihren Coachees bearbeitet.

So könnten die Beteiligten mit Verweis auf die oberste Direktive (hypothetisch) ermitteln, was und wie ihre Gegenüber über den zu verhandelnden Moment denken.

So könnten die Beteiligten ihr Verhalten in Übungen reflektieren und entdecken (siehe Abschnitt 9.7) und alternative Handlungsweisen erarbeiten und ausprobieren.

So könnten die Beteiligten zusammen mit Menschen ein gemeinsames Projekt in einer agilen Methode durchführen, in der alle Projektteamitglieder regelmäßig Teamrituale durchführen und in Retrospektiven ihre Zusammenarbeit – und sich als Menschen – anders erleben.

Mit dem Formulieren des Organisationshebels öffnet sich für die Organisationsmitglieder eine mögliche Entwicklungsrichtung.

Der Organisationshebel ist eine verifizierte Entwicklungshypothese für die Organisation.

Eine Hypothese ist zunächst eine unbewiesene, in sich widerspruchsfreie Annahme. Zur Festigung einer Hypothese brauchen Organisationen Daten.

6.6.4 Hypothesenbasierte Lernschritte machen

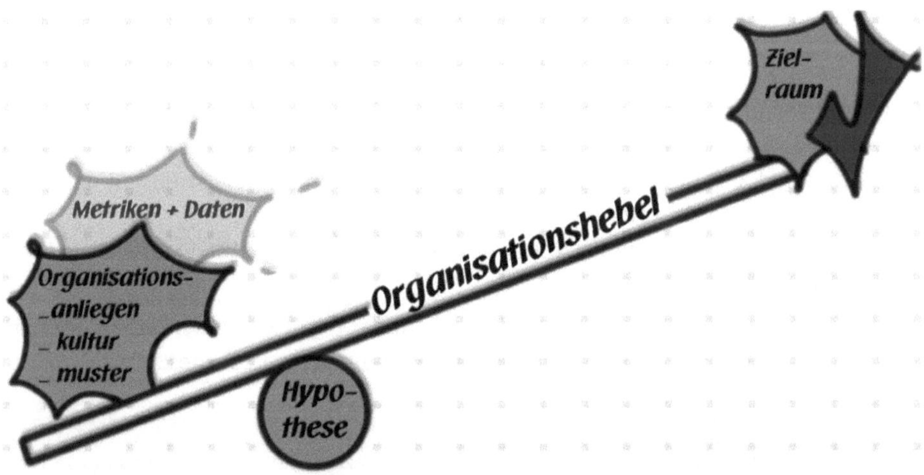

Bild 6.4 Mittels Daten und Hypothesen den Organisationshebel finden und nutzen

Die siebte goldene Kaizen-Regel fordert: „Verwende Daten zur Unterstützung von Entscheidungen" (siehe Abschnitt 3.4). Diese Forderung ist auch für agile Transitionen gültig.

Die Treiber*innen der agilen Transition wählen einfache Metriken zur Beobachtung. Der Zusammenhang zwischen dem Organisationshebel und den Metriken ist allen Beteiligten bekannt und für alle verständlich.

6.6.4.1 Messen

Daten dienen der Verifikation oder Falsifikation von Hypothesen. Dabei können sich die Transitionsteam klassischer KPIs („Key Performance Indicators") genauso wie agiler Metriken bedienen. Die nachfolgende Liste gibt einen Überblick über häufig genutzte und in vielen Fällen leicht zugängliche Metriken.

Die Hypothesen werden so formuliert, dass die Transitionsteams in der Phase Check (siehe Abschnitt 5.2) leicht entscheiden können, ob ein Experiment fachlich erfolgreich verlaufen ist oder nicht.

Name	Messung	Ziel
Blocked Time	Misst die Dauer der geblockten Zeit einer Aufgabe	Eliminierung
Cycle Time	Misst die Bearbeitungszeit	Verkürzung
Deckungsbeitrag	Misst den Bruttogewinn eines Produkts oder Services über eine bestimmte Zeitspanne	Stabilisierung/ Erhöhung
Escaped Defects	Misst die Anzahl der Fehler zum Iterationsende (in der Software-Entwicklung Anzahl der Bugs zum Zeitpunkt des Software-Releases)	Eliminierung
Flow Efficency	Quotient von Cycle Time zu Lead Time	Maximierung
Lead Time	Misst die Zeitspanne vom Auftrag bis zur Auslieferung	Verkürzung
Net Promoter Score	Misst die Zufriedenheit der Mitarbeiter*innen	Steigerung
Nutzerzahlen	Misst die Anzahl der Kund*innen oder die Nutzungshäufigkeit des Produkts oder des Services	Erhöhung
Through Put	Misst die Anzahl der durchgesetzten Aufgaben innerhalb einer Iteration	Erhöhung
Umsatz	Misst den Umsatz des Produkts oder des Services über eine bestimmte Zeitspanne	Stabilisierung/ Erhöhung
Velocity	Misst die Anzahl der bearbeiteten Aufgaben oder Summe der StoryPoints in einer bestimmten Zeitspanne	Maximierung
Work-in-Progress	Misst die Anzahl der sich aktuell in Bearbeitung befindlichen Aufgaben	Verkleinerung
Work-Item-Age	Dauer von Bearbeitungsstart bis heute (auch als Summe aller Aufgaben oder als durchschnittliche Zeit im Board möglich)	Minimierung

Es kann für die Beteiligten hilfreich sein, Zwischenstände oder tagesaktuelle Sichten auf die Metriken zu erhalten. So markieren manche Teams geblockte Aufgaben jeweils am entsprechenden Tag (siehe auch Abschnitt 6.6.6).

Es wird den Treiber*innen der agilen Veränderung leichter gelingen, weitere Maßnahmen, Initiativen und Experimente abzuleiten, wenn sie den Fortschritt ihrer Aktivitäten mit Lead-Indikatoren[4] (und nicht mit Lag-Indikatoren) messen:

Lead-Indikatoren: Beeinflussen die zukünftigen Maßnahmen. Vorhersagend, beeinflussbar, zeigt an, ob die Beteiligten auf einem guten Weg sind. Ermöglicht machbare Schritte. Beispiel sind: Anzahl Interessent*innen, Angebote, Verkäufe.

Lag-Indikatoren: Analysieren die vergangene Leistung. Schwer steuerbar, schwierig vorherzusehen. Repräsentiert das zu erreichende Ergebnis oder das Resultat. Beispiele sind: Umsatz, Return On Investment, Gewinn.

Bei der Einführung von Metriken gilt ebenfalls „Weniger ist mehr" (dem Prinzip „Fokussieren" folgend, siehe Abschnitt 7.4). Eine oder zwei Metriken, die direkt auf den Organisationshebel einzahlen, sind zielführender als eine große Menge an Metriken, bei denen alle Beteiligten schnell in den Überblick bzw. die Klarheit verlieren:

> „Wenn zwei Metriken besser geworden sind und zwei schlechter, was sagt uns das über den Organisationshebel?"

Auch in diesem Fall fordert das zehnte Prinzip hinter dem agilen Manifest seinen Tribut: „Simplicity – the art of maximizing the amount of work not done – is essential." führt zu wenigen, eindeutigen Metriken, welche von den Beteiligten klar und eindeutig interpretiert werden.

6.6.4.2 Lernhürden identifizieren

Auf Basis der erhobenen Daten versuchen die Beteiligten, ihre Veränderung zu beschreiben. Dabei werden die Beteiligten immer mal erleben, dass die Organisation oder Organisationsteile einen Lernschritt vereinbart haben, dieser aber entweder gar nicht gelingt oder erst gar nicht begonnen wird. Die Veränderungsbewegung gerät ins Stocken.

Wenn die Veränderung derartig stockt, ist die Frage,

- was das Stocken genau ausmacht und
- warum sich dieses Stocken zeigt.

Stockende agile Transitionen können sich dabei in nicht begonnenen oder in nicht vollendeten Lernschritten genauso wie in dem Wunsch zeigen, den Zeitpunkt des Iterationswechsels nach hinten zu schieben (siehe Abschnitt 5.6.2).

---

[4] Lead-Indikatoren werden für die Schlüsselergebnisse der OKRs (siehe Abschnitt 11.11.2) genutzt. Lag-Indikatoren werden häufig auch KPIs (Key Performance Indicators) genannt.

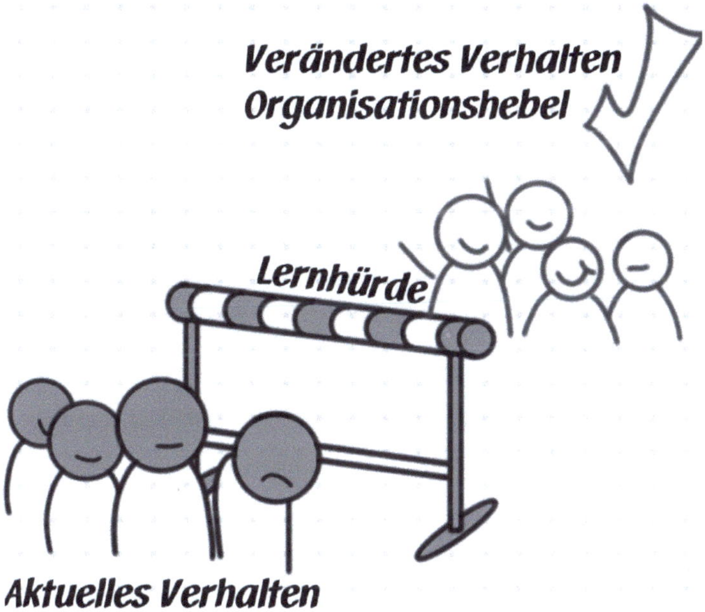

Bild 6.5 Lernhürden überwinden

Definition: Lernhürden in der agilen Transition

Eine Lernhürde in der agilen Transition ist ein in der Organisation übliches Verhaltensmuster, das eine Entwicklung in Richtung des Organisationshebels deutlich erschwert.

Lernhürden können interpersonell, in der Dynamik von Personen oder Personengruppen, in Organisationsmustern oder in der Organisationskultur begründet sein (siehe Abschnitt 10.9).

Dabei sind die Lernhürden nicht auf Ebene der Organisationsanliegen zu formulieren. Es braucht einen klaren Blick darauf, worin sich die Lernhürde genau zeigt.

Beispiel 021: Lernhürde „Kritisches Feedback" in einem Fintech-Start-up offenlegen

Die Mitarbeiter*innen eines FinTech-Start-ups mit 150 Mitarbeitenden entwickelt KI-basierte Empfehlungslogiken. Diese stellen sie traditionellen Banken bereit. Als große prozessurale Herausforderung zeigt sich die Bereitstellung und Akzeptanz der durch das FinTech-Start-ups bereitgestellten Schnittstelle zu den traditionellen Banken.

Das Fintech-Start-up hat als Organisationshebel informellen Austausch und kritisches Feedback über alle Hierarchiestufen und insbesondere in der Kommunikation mit den Kund*innen erkannt. In mehreren Initiativen haben die Beteiligten Retrospektiven, Post-Mortem-Analysen und mehrere Formate zum informellen Austausch probiert – sowohl Start-up-intern als auch mit den Kund*innen. Das FinTech-Start-up lässt sich durch den agilen Organisationsentwickler Tjark begleiten.

Die Beteiligten sehen die Wirkung des Organisationshebels. Die Arbeitsergebnisse der Teams und Projekte werden besser, wenn den Beteiligten der informelle Austausch und kritisches Feedback gelingt. In mehreren Initiativen beobachten die Beteiligten, dass der Erfolg sich nicht vollständig zeigt. Sie erkennen, dass

- informeller Austausch und
- positive Rückmeldungen

den Beteiligten gut gelingen, während kritisches Feedback gar nicht oder erst sehr spät im jeweiligen Prozess geäußert wird.

Kritisches Feedback zu geben, erscheint als die Lernhürde (siehe Abschnitt 10.9) des FinTech-Start-ups. Ist die Lernhürde benannt, können die Beteiligten einen Umgang damit finden. Ob das „Abreißen“ der Lernhürde, das „Umgehen“, das „Verändern der Landschaft vor der Hürde“ der jeweils einfache Weg für die Organisation ist, ergibt sich aus der (modellbasierten) Hypothese zur Lernhürde (siehe Abschnitt 6.6.4.3).

Lernhürden überwinden

1. Welche Lernhürde macht es uns gerade schwer, den Organisationshebel zu nutzen?
2. Welche Ideen haben wir dazu, warum diese Lernhürde existiert? Mit welcher (daten- oder modellbasierten) Hypothese können wir diese begründen?
3. Welche Experimente, Initiativen oder Maßnahmen ergeben sich aus dieser Hypothese für unser Verhalten?

Veränderung wird dann möglich, wenn die Beteiligten den Lernhürden auf den Grund gehen und ein Verhalten möglich machen, das insbesondere für die frühe Mehrheit (siehe Abschnitt 4.3.3) nutzbringend ist.

Die Beteiligten können auch versuchen, ihre Lernhürden leichter zu überwinden, indem sie das Lernen als solches für sich einfacher machen können. Ausgelobte Belohnungen und Gamification könnten sie neben anderen Methoden (siehe Abschnitt 10.6) nutzen.

6.6.4.3 Modellbasierte Hypothesen bilden und Entwicklungsimpulse ableiten

Auf Basis der Beobachtungen der Treiber*innen bilden diese Hypothesen, welche Teams und Organisationsmitglieder zum jeweiligen Transitionszeitpunkt in welchen Anteilen den sozialen Gruppen der Innovationsannahme zugerechnet werden können.

Die Zuordnung bestimmt im Folgenden sowohl die Definition weiterer Initiativen (siehe Abschnitt 6.6.5) als auch die Kommunikation mit der Organisation (siehe Abschnitt 6.8).

> Agile Organisationsentwickler*innen beobachten Verhalten der Organisationsmitglieder und interpretieren ihre Beobachtungen modellbasiert, um Entwicklungsimpulse abzuleiten (d. h. um Ideen für weitere Initiativen oder Experimente und die Kommunikation zum Veränderungsprozess zu entwickeln).

Dabei orientieren sich die agilen Organisationsentwickler*innen zuvorderst an den folgenden Modellen, um ihre Beobachtungen zu interpretieren und die nächsten Experimente und Initiativen abzuleiten. Dabei haben die agilen Organisationsentwickler*innen einen Blick auf sich zeigende Lernhürden (Abschnitt 10.9):

- Organisationsmuster wie systemische Wiederholungen oder Pfadabhängigkeiten (siehe Kapitel 9),
- Agile Reifegrade (siehe Abschnitt 6.7.6.1),
- Werte, Normen und Regeln der Organisation (siehe Abschnitt 9.3),
- in der inneren und äußeren Erlaubnis, anders zu handeln (siehe Abschnitt 6.6.5.3),
- Änderungsbereitschaft und -fähigkeit der Gruppen und der Individuen nach Rogers (siehe Abschnitt 4.3) und Kübler-Ross (siehe Abschnitt 2.10.2) sowie
- Innovationsannahmegeschwindigkeit der Gruppe (siehe Abschnitt 4.1).

Identifizieren die Treiber*innen der agilen Transition explizite wie implizite Werte, Normen und Regeln, machen sie sich bewusst,

- dass sie über neu formulierte Regeln und Normen Verhaltensänderungen induzieren können,
- dass Werte nicht direkt änderbar sind und
- dass die Organisationsmitglieder neuer Erfahrungen bedürfen, damit die gelebten Regeln, Normen und Werte (siehe Abschnitt 9.3) eine Veränderung erfahren können.

Regeln und Normen können genauso wie Interventionen, Experimente und Initiativen ein neues Erleben bewirken. Dies kann zu einer veränderten Wertewelt führen – eine rein kognitiv induzierte Werteveränderung wird in den wenigsten Fällen gelingen.

Agile Organisationsentwicklung zielt auf das Erleben neuer Methoden und Prozesse ab, mit denen sich eine veränderte Wertewelt zeigt.

Beispiel 022: Neues Projektvorgehen einer Digitalagentur

Wir müssen Projekte endlich wieder können!

In einer Digitalagentur mit 60 Mitarbeitenden zeigen sich nach zehn Jahren des Wachstums und Erfolgs Schwierigkeiten. Bei steigendem Umsatz fällt die Marge. Die Stimmung innerhalb der Organisation scheint sich zu verschlechtern.

Die beiden Geschäftsführer*innen Gönke und Gotje bilden mit den drei Teamleiter*innen Imke, Melf und Momme einen strategischen Kreis. Unter Moderation der agilen Organisationsentwicklerin Femke versuchen die fünf Treiber*innen, das Organisationsanliegen zu beschreiben, und würdigen ihr Ist: „Vor drei Jahren wussten wir noch, dass wir ein noch so komplexes Projekt erfolgreich abliefern würden. Das wissen wir nicht mehr. Manchmal haben wir sogar Angst, ein Projekt anzunehmen, weil wir es nicht überblicken können. Und gleichzeitig spüren wir so einen Stolz. Nach außen erzählen wir die Geschichte, dass wir Projekte können. Und das stimmte auch mal. Und obwohl wir Kapa im Projektmanagement aufgebaut haben, stimmt die Geschichte nicht mehr. Das sieht man auch am NPS[5] bei den Kund*innen, den wir erheben. Der ist über die letzten drei Jahre im Prinzip immer weiter gesunken. Wir kommen von einer 9,5 und stehen nun bei durchschnittlich 8,5."

Femke fasst die Würdigung des Ist zusammen und gibt eine modellbasierte Interpretation der Erzählung: „Was Euch erfolgreich gemacht hat, ist ein gutes Projektmanagement. Und was Ihr gelernt habt, ist: ‚Wenn es in Projekten eng wird, brauchen wir mehr Projektmanagementkapa.' Das nennt sich systemische Wiederholung. Ihr habt auf eine Aufgabe mit der Wiederholung Eurer Mechanismen reagiert. Und so hat sich über die letzten Jahre Euer Verhältnis zwischen Mitarbeitenden allgemein und den Projektmanager*innen signifikant verschoben. Vielleicht ist es Zeit für Euch, diese systemische Wiederholung zu beenden und etwas anderes auszuprobieren?

Bei der Sicht auf Organisationen sind besonders häufig systemische Wiederholungen (siehe Abschnitt 9.8) und Pfadabhängigkeiten in der Funktion (siehe Abschnitt 9.10.1) zu erkennen. Eine kritische Würdigung dieser Phänomene ist nahezu in jeder Organisation nützlich:

„Welches Organisationsrezept nutzt Ihr eigentlich gerade?"

Das Aufzeigen von Organisationsmustern liegt bei den agilen Organisationsentwickler*innen. Der Blick der Treiber*innen ist aus ihrem System heraus geprägt – und lässt vor allem das Organisationsanliegen in seiner Größe und Widersprüchlichkeit schillern.

[5] Der Net Promoter Score (NPS) ist eine leicht initiierbare und durchführbare Befragungsmethode zur Zufriedenheit von Kund*innen oder Mitarbeiter*innen. Der NPS misst die Weiterempfehlungsrate [Wikipedia 05].

Agile Organisationsentwickler*innen bieten mit der modellbasierten Interpretation der Beobachtungen der Treiber*innen einen Blick auf das System an (siehe Abschnitt 2.2).

Beispiel 022: Neues Projektvorgehen einer Digitalagentur

Projektteams mit jeweils einer Projektleitung aufsetzen

Gönke, Gotje, Imke, Melf und Momme diskutieren die These Femkes, dass sie als Digitalagentur der systemischen Wiederholung folgen. In dieser zeitlich begrenzten Diskussion (dafür hat Femke gesorgt) würdigen sie nochmals das Ist.

Dabei fallen Worte wie Verantwortungsdiffusion, unklare Zuständigkeiten, hoher Abstimmungsbedarf zwischen den Projektmanager*innen und unklares Teamgefühl zu einem Projekt. Die Beteiligten stellen fest, dass die die meisten Projekte von mehreren Projektleiter*innen gleichzeitig geführt werden.

Die fünf Treiber*innen vereinbaren sich darauf, die nächsten drei Entwicklungsprojekte in kleinen Teams mit einem*einer Projektleiter*in aufzusetzen. Sie werden dazu alle anderen Projektbeteiligungen an andere Organisationsmitglieder delegieren. Um den Übergang zu ermöglichen und kleine Aufgaben, die nur schwer zu delegieren sind, zu fassen, vereinbaren sie, dass am Montag alle Organisationsmitglieder außerhalb ihrer Projektkontexte arbeiten können.

Mit diesen drei Entwicklungsprojekten möchten die Treiber*innen prüfen, ob eine Fokussierung der Teammitglieder und eine klare Zuordnung der Projektleiter*innen dem Projekterfolg hilft (gemessen in Deckungsbeitrag und Kund*innenzufriedenheit) .

In manchen Fällen wird es den Beteiligten schwerfallen, ein passendes Modell für die Beobachtungen zu benennen. In diesen Fällen unterstützen die agilen Organisationsentwickler*innen alle Beteiligten darin, Beobachtungen von Interpretationen zu trennen.

Agile Organisationsentwickler*innen trennen Beobachtungen von Interpretationen. Sie sind sich darüber bewusst, dass ihre Ableitungen (Initiativen und Kommunikation) auf Annahmen basieren.

Im Falle des FinTech-Start-ups (Beispiel 021, Abschnitt 6.6.4.2) können die Beteiligten beobachten, dass sowohl informeller Austausch als auch positive Rückmeldungen gegeben werden, während kritisches Feedback weniger häufig formuliert wird.

Definition: Post-Mortem-Analyse

Post-Mortem-Analysen sind ein Lernformat, um Ursachen und mögliche Handlungsalternativen für gravierende Fehler und Fehlentwicklungen offenzulegen.

In einer Post-Mortem-Analyse tragen alle an dem Vorfall Beteiligten einen zeitlichen Ablauf („Timeline“) zusammen, um jeweils für sich und für die Gruppe zu ermitteln, welche Handlungsalternativen zu den kritischen Zeitpunkten bestanden hätten. In die Timeline werden nicht nur Daten und Fakten, sondern auch Gefühle und außergewöhnliche Verhaltensweisen aufgenommen.

Post-Mortem-Analysen werden in vielen Organisationen ritualisiert nach schweren Fehlern („innerhalb von 24 Stunden nach einem schweren ‚Incident'") eingesetzt, um ein weiteres Auftreten dieser Art von Incidents zu vermeiden. Dies ist auch in dem FinTech-Start-up (Beispiel 021) der Fall.

Beispiel 021: Lernhürde „Kritisches Feedback" in einem Fintech-Start-up offenlegen

Beobachtungen machen und miteinander teilen

Die Treiber*innen dieser agilen Transition können beobachten, dass kritisches Feedback weniger häufiger formuliert wird als informeller Austausch und Rückmeldungen.

In zwei Post-Mortem-Analysen in konkreten Projekten stellt sich heraus, dass mehrere Projektteammitglieder deutlich früher ein schlechtes Bauchgefühl zum Verlauf und zu möglichen Risiken hatten, dieses aber nicht in ein kritisches Feedback umgesetzt haben.

- Die kritischen Feedbacks, welche in den konkreten Projekten formuliert wurden, basierten jeweils auf deutlich unterlaufenen Teilzielen. Diese Teilziele konnten gemessen und deren Nichterreichung konnte klar ermittelt werden.
- Die jeweiligen Organisationsmitglieder hätten ein kritisches Feedback geben können, wenn sie ihr jeweiliges Bauchgefühl zur Grundlage gemacht hätten.

Die Lernhürde „Kritisches Feedback geben" verfeinert sich also zu „Kritisches Feedback auf Basis eines Bauchgefühls geben".

Beispiel 021: Lernhürde „Kritisches Feedback" in einem Fintech-Start-up offenlegen

Mit Bauchgefühlen umgehen

Im Sinne der obersten Direktive (siehe Abschnitt 5.1.1) gehen die Treiber*innen davon aus, dass alle Beteiligten nach bestem Wissen, Gewissen und Kenntnisstand gehandelt haben. Sie gehen auch davon aus, dass keine*r der Beteiligten mutwillig kritisches Feedback unterlassen hat.

Als erste Hypothese formulieren die Treiber*innen dieser agilen Transition, dass Handlungskompetenzen in Bezug auf Feedback fehlen könnten.

Die Treiber*innen klären, dass in den Trainings der Organisationsmitglieder die Verbalisierung erlebter Gefühle (als „Reaktion") als zweiter Schritt des „Feedbacks im Dreiklang" (siehe Abschnitt 10.13.1) vermittelt wurde. Sie klären dies mit den Trainingskräften, sie holen auch Stimmen von Organisationsmitgliedern ein.

Die Treiber*innen haben ad-hoc kein weiteres Modell parat, mit dem sie das Phänomen gut beschreiben könnten. Daher entwickeln sie mehrere Interpretationen der Lernhürde „Kritisches Feedback auf Basis eines Bauchgefühls geben":

a) Organisationsmitglieder würden gerne erfolgreich sein und ignorierten daher ihre Bauchgefühle.

b) Organisationsmitglieder möchten keine „Überbringer*innen der schlechten Nachricht" sein, weil sie davon ausgingen, dass sie für das Formulieren ihrer Bauchgefühle angegriffen würden.
c) Die Organisationsmitglieder hätten das Gefühl, nur Fakten und Daten würden zählen. Ihre Intuition scheine nicht so viel wert zu sein wie ablesbare Fakten und Daten.
d) Das Bauchgefühl der Organisationsmitglieder sei nicht klar gerichtet gewesen. Die Organisationsmitglieder hätten nicht bestimmen können, an wen sie das Feedback hätten richten können, und es daher dann ganz unterlassen.

Aus jeder der vier Interpretationen ergeben sich neue Experimente oder Initiativen. Gelingt es den Treiber*innen, Beobachtungen mit Modellen zu interpretieren, gibt dies stärker eine Richtung für mögliche Experimente oder Initiativen vor.

Beispiel 021: Lernhürde „Kritisches Feedback" in einem Fintech-Start-up offenlegen

Aus Interpretationen mögliche Maßnahmen ableiten

Die Treiber*innen entwickeln mögliche Maßnahmen, welche die Lernhürde der Organisation beantworten. Diese werden vom agilen Organisationsentwickler Tjark zusammengefasst.

1. **Bauchgefühl-Barometer:** Zum morgendlichen Check-In verorten alle Beteiligten ihr Bauchgefühl auf einer Skala von 0–10, wie realistisch sie das Erreichen des Iterationsziels finden.
   a) Oder: Sofern das Iterationsziel in klaren Werten gemessen werden kann („Verkauf von x Einheiten"), geben die Beteiligten diesen Wert zu jedem Check-In an. Die beste und die schlechteste Prognose werden für ihre Bewertung und ihren Mut in der Iterationsretrospektive gefeiert.
   b) In Ergänzung: Die Werte werden wöchentlich als Durchschnittswert zusammengefasst und in der Retrospektive ausgewertet („Release Confidence", [Janlén 2015-01]).
2. **Bauchgefühl-Initiative:** Alle werden innerhalb einer Iteration mindestens drei Mal ein Bauchgefühl in Form eines Feedbacks aussprechen. Das Projektteam wird die Wirkung dieser Initiative in einer Retrospektive auswerten. Die Treiber*innen wünschen sich, dass mit der Ritualisierung eine Gewöhnung eintritt und die Lernhürde sich verkleinert.
3. **Bauchgefühl in Zahlen übersetzen:** Die Beteiligten ermitteln in Post-Mortem-Analysen, welcher (wirtschaftliche) Vorteil entstanden wäre, wenn sie ihrem Bauchgefühl zu dem Zeitpunkt Ausdruck verliehen hätten, als sie es das erste Mal spürten.
4. **Ein Gedanke für alle:** Beim Start eines Teamrituals (in der Retrospektive, im Weekly) erstellen die Beteiligten eine kleine Grafik über „meine Gedanken zum Verlauf" und geben dieser Grafik einen Titel. Die Teammitglieder finden sich in Dreiergrüppchen. Zwei Teammitglieder interpretieren nacheinander Titel und Grafik. Im Plenum werden die Erlebnisse besprochen.

Die Abfrage von Widerständen unter den Treiber*innen (siehe Abschnitt 12.7.8) oder die Frage nach dem vermuteten größten Hebel (siehe Abschnitt 6.6.3) wird die Beteiligten dabei unterstützen, einen Weg zu finden. Zeigen sich bei den Treiber*innen Unsicherheiten in der Entscheidung, werden agile Organisationsentwickler*innen in Führung gehen und eine Maßnahme oder Initiative empfehlen. Sie

- führen auf, welches Organisationsanliegen sie gehört haben,
- wiederholen genannte Beobachtungen der Treiber*innen,
- formulieren den Organisationshebel,
- benennen erkannte Lernhürden,
- interpretieren Vorgenanntes modellbasiert und
- begründen innerhalb des Modells oder mit Erfahrung (dann mit Erfahrungsberichten hinterlegt) eine Maßnahme oder Initiative.

In diesen Situationen wirken agile Organisationsentwickler*innen beratend (siehe Abschnitt 8.3).

Beispiel 021: Lernhürde „Kritisches Feedback" in einem Fintech-Start-up offenlegen

Beratung zu Interventionen, Experimenten und Initiativen durch Tjark

Der agile Organisationsentwickler Tjark, der das FinTech-Start-up begleitet, fasst das Organisationsanliegen zusammen: „Ihr wollt Eure Features über Eure Schnittstelle den von Euch betreuten Bankhäusern schnell und fehlerfrei bereitstellen. Ihr seid mit dem aktuellen Tempo nicht zufrieden."

Als Organisationshebel benennt Tjark eine bessere Kommunikation, welche auf vermehrtem informellen Austausch und direktem Feedback zwischen allen Beteiligten basiert.

Tjark hebt hervor, dass informelle Gespräche und positive Rückmeldungen nachweisbaren und messbaren Erfolg gezeigt haben. Als Lernhürde benennt Tjark, dass negatives Feedback nur selten erfolgt. In den entsprechenden Bearbeitungen sei aufgefallen, dass das Feedback auf Basis von Bauchgefühlen hätte gegeben werden können.

Tjark interpretiert diese Beobachtungen: „Ein direktes Modell, warum Menschen ihr Bauchgefühl nicht äußern mögen, habe ich nicht. In dem Kontext, den Ihr beschreibt, deute ich das Verhalten wie folgt:

1. Die entsprechenden Menschen möchten nicht die ‚Spielverderber*innen' oder die ‚Überbringer*innen der schlechten Nachricht' sein. Sie fürchten eine fachliche Überprüfung ihres Gefühls. Da sie dies nicht leisten können, schweigen sie lieber.
2. Das Bauchgefühl scheint ungerichtet zu sein. In den wenigsten Fällen wissen diejenigen mit einem Bauchgefühl, wen sie genau ansprechen sollten. Also verpufft die Energie."

Der agile Organisationsentwickler Tjark empfiehlt entsprechend drei Maßnahmen für die nächste Iteration:

1. „Ihr braucht einen Boden, auf dem sich Menschen trauen, ihr Bauchgefühl zu äußern. Ich bitte daher jeden aus dieser Gruppe, mit mindestens drei Projektteammitgliedern über die Wichtigkeit von frühem kritischen Feedback zu reden. Das ist aktive Risikosuche. Die ist gut. Erzählt auch, dass es Euch manchmal schwerfällt, ein Bauchgefühl zu äußern – und wie Ihr es schafft, dass zu überwinden. Führt dazu eine gemeinsame Strichliste.
2. Das tägliche Reflektieren des Bauchgefühls wird den Beteiligten helfen, dieses schnell zu erkennen und somit auch früher zu artikulieren. Führt in den beiden Projektteams ein tägliches Bauchgefühl-Barometer ein. Beschreibt dazu den Zusammenhang zwischen Bauchgefühlen und kritischem Feedback. Ladet ins kritische Feedback ein – und stellt die positiven Zwischenergebnisse in Bezug auf informelle und positive Rückmeldungen heraus.
3. Das Äußern von Bauchgefühlen möchte geübt werden. Eine gute Krücke wird das Zeichnen und Interpretieren von Bauchgefühlen sein: sowohl für die Zeichnenden als auch für die interpretierenden Organisationsmitglieder. Findet drei Teams, in denen Ihr diese Übung nach entsprechender Edukation durchführen werdet."

Tjark führt die Treiber*innen zu einer Entscheidung: „Bitte klärt mit einer Widerstandsabfrage, wie gut Ihr mit diesen drei Maßnahmen für Eure nächste Iteration mitgehen könnt. Wenn Ihr über 20 % Widerstand messt, passt die Maßnahmen so an, dass Ihr diese mitgehen könnt."

Weitere Entscheidungsformen neben der Widerstandsabfrage findet Ihr im Abschnitt 12.7. Agile Organisationsentwickler*innen wählen diejenige Entscheidungsform in den Iterationswechseln, welche den Treiber*innen eine schnelle und ehrliche Entscheidung (bei Bedarf unter „disagree and commit" (siehe Abschnitt 12.7.1)) ermöglicht.

Bei der Auswahl der Modelle und der Interpretationstiefe achten agile Organisationsentwickler*innen darauf, dass sie die psychologische Tiefe des Coachens und des Beratens wahren (siehe Abschnitt 8.7). Psychologische Modelle nutzen agile Organisationsentwickler*innen lediglich deskriptiv.

So findet z. B. in stark hierarchischen Organisationen hierarchieübergreifende Kommunikation häufig nicht auf Augenhöhe statt. Die Kommunikation der Beteiligten lässt sich in vielen Situationen mit dem Ich-Zustände-Modell (siehe Abschnitt 12.5.1) beschreiben. Eine Arbeit mit dem Ich-Zustände-Modell beschreibt typische Kommunikationsmuster. Hieraus können die Treiber*innen mögliche Maßnahmen ableiten. Eine tiefere Analyse des Verhaltens Einzelner oder der Gruppe „Warum handeln wir genau so?" wird nicht stattfinden.

Das Organisationsanliegen, der -hebel, in der zweiten Phase der agilen Transition auch der Zielraum lassen sich auch in OKRs („Objectives and Key Results, siehe Abschnitt 11.11.2) ausdrücken.

6.6.4.4 Agiles Manifest befragen

Beim Aufsetzen von Experimenten wählen die Beteiligten in der Bandbreite der agilen Methoden aus, welche ihnen für die jeweilige Aufgabe passend erscheinen: Kanban, Scrum, Extreme Programming sowie Design Thinking und Design Sprints oder das Erreichen eines Minimum Viable Products (siehe Abschnitt 11.6) sind gute Ausgangspunkte für eine generelle Veränderung der Arbeitsweise. Bei der Einführung der entsprechenden Methoden achten die Beteiligten darauf, dass sie nur Methodenbausteine einführen, die in dem jeweiligen Kontext Sinn ergeben.

So ist es für viele Organisationsmitglieder selbstverständlich, dass mit einer Einführung von Scrum auch das Schätzen von Aufgaben und die Formulierung von User Storys nach INVEST (siehe Abschnitt 5.2.1) verbunden ist.

„Weniger ist mehr." (entsprechend des Prinzips „Fokussieren!" 7.4 in Kapitel 7)

Doch: Je mehr Veränderungen anstehen, desto unwahrscheinlicher ist es, dass die Beteiligten diese gut mitmachen. Viele kleine Methodenbausteine können die Organisationsmitglieder genauso überfordern wie ein großer Methodenwechsel.

Das zehnte Prinzip hinter dem agilen Manifest fordert Einfachheit (siehe Abschnitt 3.1). Es ist eine „Kunst", genau so wenige Veränderungen zu vereinbaren, wie es für eine spürbare Annäherung zum Zielraum braucht.

Aber nicht nur für die agile Transition als solches findet das agile Manifest mit seinen dahinterliegenden Prinzipien Anwendung. Insbesondere die zwölf Prinzipien können gute Ansatzpunkte für das Auffinden des Organisationshebels bieten:

„In welchem agilen Prinzip könnte für Euch ein Organisationshebel stecken?"

Bei dieser Frage empfiehlt sich die direkte Auseinandersetzung mit dem agilen Manifest:

Beispiel 022: Neues Projektvorgehen einer Digitalagentur

Agile Prinzipien befragen

Das Transitionsteam liest zusammen das agile Manifest und die zwölf dahinterliegenden Prinzipien.

Bild 6.6 Agile Prinzipien für die eigene Organisation untersuchen

In Murmelgruppen tauschen sich die Teilnehmer*innen aus, welche Prinzipien sie für sich und welche sie für die Organisation besonders anregend finden.

Der*die agile Organisationsentwickler*in betont, dass es nicht um eine Defizitorientierung bei dieser Suche geht – sondern um eine Attraktivität für die Organisation, womöglich um den Ausbau von Fähigkeiten.

Alle Transitionsteammitglieder können mit jeweils drei Punkten diejenigen Prinzipien wählen, in denen sie einen Hebel für die Organisation vermuten.

Zu den drei am höchsten gewählten Prinzipien entwickeln die Transitionsteammitglieder jeweils drei Vorschläge, wie sie diese Vermutungen durch Experimente verifizieren könnten.

Sowohl bei der Vermutung des Organisationshebels als auch bei der Bestimmung möglicher Experimente können sich starke Unstimmigkeiten innerhalb des Transitionsteams zeigen. Viele Transitionsteams suchen an dieser Stelle Einigkeit und lähmen sich mit dem Wunsch nach Konsens. Klare Entscheidungsregeln (siehe Abschnitt 6.9) und ein gutes Zuhören aller Beteiligten könnte dem Transitionsteam zu einem „disagree and commit“ (siehe Abschnitt 12.7.1) verhelfen.

Gut funktioniere Organisationen sind häufig nicht einheitlich aufgebaut (siehe Abschnitt 13.6). Der Wunsch nach Einheitlichkeit könnte das Transitionsteam lähmen – eine gute Antwort ist es, die Uneinheitlichkeit zu umarmen.

6.6.5 Den Organisationshebel über Experimente klären

Die erste Phase der agilen Transition dient zur Festigung des Organisationshebels. Lässt sich aus den bisherigen Maßnahmen noch kein eindeutiger Organisationshebel ablesen, initiieren die Treiber*innen weitere Experimente.

Diese Experimente sind möglichst einfach gehalten (dem Prinzip „Just do it!“ folgend, siehe Prinzip 7.4 in Kapitel 7) und rekrutieren sich aus der Gruppe der Innovator*innen und der frühen Anwender*innen (siehe Abschnitt 4.3).

Sind sich die Treiber*innen nicht sicher, ob sie grundsätzlich den für die Organisation besonders wirksamen Organisationshebel identifiziert haben, sollten sie ein Experiment starten, welches eine große Richtungsänderung für die Organisation in sich trägt („Kaikaku“, siehe Abschnitt 3.4).

Justieren die Treiber*innen der agilen Transition an der genauen Formulierung des Organisationshebels, werden sie diese eher in bestehenden Initiativen und Experimenten überprüfen („Kaizen“, ebenfalls siehe Abschnitt 3.4).

6.6.5.1 Im Machen steckt die Magie!

Der Paradigmenwechsel von kompliziert zu komplex umfasst meist so viele Veränderungen (siehe Abschnitt 5.7), so dass die Veränderung rein kognitiv weder plan-, noch erfassbar sind. Insbesondere ist für die Beteiligten die Wirkung des veränderten Verhaltens nicht vorhersagbar, wenn das veränderte Verhalten einem anderen Paradigma entspringt.

> „Tausend Worte sind nichts gegen eine Erfahrung.“ (Konfuzius)

Die Wirkung der Trennung der Projektfragen „Was“ und „Wie“ in Kombination mit dem Bau und Testen von Inkrementen und kurzen Lernzyklen lässt sich nicht analytisch vorhersagen. Im direkten Erleben können die Beteiligten den Paradigmenwechsel greifen.

Genau wie agile Coaches im Coaching erweitern agile Organisationsentwickler*innen in agilen Transitionen das Erfahrungswissen der Beteiligten durch Interventionen, Initiativen oder Experimente.

Solche Interventionen werden im Allgemeinen in kleineren Gruppe wie in Teams, Initiativen und Experimenten durchgeführt.

Mit Interventionen können Organisationsmitglieder den Organisationshebel entdecken oder erleben. Die Organisationsmitglieder können so neue Erfahrungen machen.

Gleichzeitig lädt das erfolgreiche andere Arbeiten weitere Organisationsmitglieder in die Veränderung (insbesondere die frühe Mehrheit, siehe Abschnitt 4.3.3) ein. Den Treiber*innen der agilen Transition, meist ein Transitionsteam, kommt eine Vorbildrolle zu:

> „Es ist die vornehmste Aufgabe des Transitionsteams, sich entgegen der Organisationskultur zu verhalten."

Diese Vorbildwirkung kann sich unterschiedlich entfalten. So können Transitionsteams mit Transparenz (z. B. über das Transitionsboard, siehe Abschnitt 6.7.2.1) punkten, ihren Lernprozess (z. B. über regelmäßiges Teilen der Learnings im Transitionsteam, siehe Abschnitt 6.8.7) öffentlich machen oder sich mit klaren Iterationsmottos die Wirkung fokussiertem Arbeitens (entsprechend des gleichnamigen Prinzips 7.4) zeigen. Die Vorbildwirkung kann sich auch in Bezug auf die Haltung des Transitionsteams zeigen. So kann das Prinzip „Hack the System" der agilen Transition (siehe Prinzip 7.6 in Kapitel 7) anderen Organisationsmitgliedern zum Vorbild werden.

Beispiel 023: „Hack the System" in einem Verlagshaus

Siebträgermaschine und Sofaecke

In einem sehr traditionellen, klassisch geführten Verlagshaus mit insgesamt 10 000 Mitarbeitenden hat sich die verlagsinterne IT-Abteilung mit 100 Mitarbeitenden entschieden, neue Formen der Zusammenarbeit zu etablieren. Alle IT-Projekte werden von allen Beteiligten als langwierig und kompliziert empfunden.

Als Transitionsteam haben sich die zwei Bereichsleiter und drei weitere Abteilungsleiter*innen gefunden.

In der Ist-Aufnahme führen die Beteiligten alle Projekte auf, die aus ihrer Sicht hätten schneller und besser abgeschlossen werden können. Eher scherzhaft bringt eine*r der Abteilungsleiter*innen ein weiteres Projekt vor: „Und dann ist da noch die Kaffeemaschine und das Sofa fürs Büro. Wie lange reden wir schon darüber? Was wir jetzt kennen, sind die Brandschutzverordnung, die Bedenken des Hausmeisters und die verlagsinterne Deutung der Arbeitsplatzsicherheit. Was wir nicht haben, sind eine vernünftige Kaffeemaschine und eine schöne Sitzecke."

Für die erste Iteration formuliert das Transitionsteam: „Wir als Transitionsteam möchten ein Zeichen setzen, dass Veränderung funktioniert. Wir werden innerhalb der ersten Iteration für eine gute Siebträgermaschine sorgen – und die Möbel für eine Sitzecke bestellt haben. Wir nehmen uns vor, mit „Hack the System" für eine Lösung zu sorgen, die unseren verlagsinternen Bedingungen entspricht."

Dem Transitionsteam gelingt es, diese Aufgabe in der ersten Iteration zu vollziehen. Den Bedenken zum Arbeitsschutz tragen sie Rechnung, indem sie alle Mitarbeitenden an ihrem ersten Arbeitstag in die Benutzung der Siebträgermaschine einweisen. Die Sitzecke wird in einer Flurnische positioniert. Ein Teppich markiert diesen Bereich, so dass die Fluchtwege über die Flure erhalten bleiben.

Alle Beteiligten sind stolz und zufrieden mit dieser pragmatischen Lösung. Die „Kaffeemaschinen-Einweisung für neue Mitarbeitende" wird zum geflügelten Wort für alle Organisationsmitglieder. In späteren Iterationen werden Organisationsmitglieder immer nach einer ähnlich einfachen Lösung von Herausforderungen suchen.

Das Transitionsteam des Verlagshauses aus Beispiel 023 erzeugte eine Vorbildwirkung für die gesamte IT-Organisation. „Hack the System" und die Frage „Können wir hier nicht einfach in die Kaffeemaschine einweisen?" wurden zu geflügelten Worten. Mehrfach gab es weitere pragmatische Lösungen, in denen die Beteiligten die Systemanforderungen auf eine gute, schnelle und kreative Art beantworteten.

6.6.5.2 Den Organisationshebel durch Erfahrungen genauer verstehen

Erfahrungen erfolgen in Interventionen in bestehenden Formaten, in Initiativen und Experimenten in der Organisation.

Vermuten die Treiber*innen direkte Kommunikation als Organisationshebel, könnte eine kurze Erklärung des „Feedback im Dreiklang" [Andresen 2017-01] und ein Feedbackkarussell nützlich sein, damit die Beteiligten die gute Wirkung von Feedback spüren.

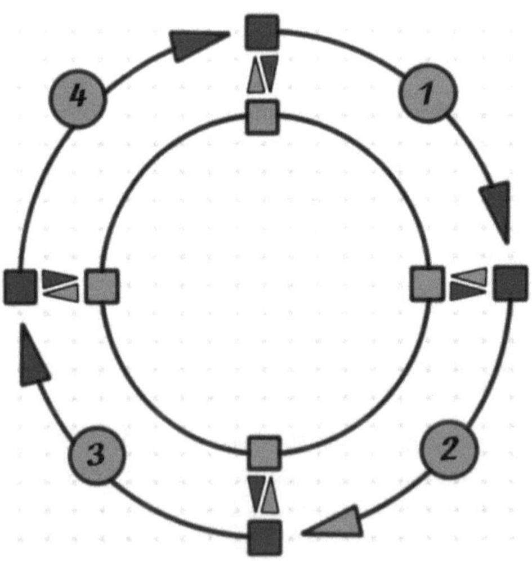

Bild 6.7 Auf jeder Station zwei Mal für eine Minute ressourcenorientiertes Feedback geben

Um das Feedback einfacher und annehmbarer in der ersten Runde zu machen, könnten die Beteiligten sich auf ressourcenorientiertes Feedback konzentrieren. Auf jeder Station gibt erst der Außenkreis dem Innenkreis Feedback, danach gibt der Innenkreis für eine Minute ressourcenorientiertes Feedback. Im Feedbackkarussell entstehen nicht alle möglichen Kombinationen der Gruppe. Dennoch gibt es den Beteiligten eine erste Erfahrung, wie ressourcenorientiertes Feedback wirkt.

Diese Übungen könnten in allen aktiven, in der Transitionen stehenden Projekten, Teams oder Initiativen initiiert werden.

Vermuten die Treiber*innen den Organisationshebel in Prozessen, könnten Freiwillige in Teams andere als die bisher üblichen Projekt- und Prozessmethoden ausprobieren.

Bei der Auswahl der Projekt- und Prozessmethoden und beim Einüben dieser werden die Freiwilligen durch agile Coaches unterstützt.

Liegt der Organisationshebel vermutlich im Bereich der Führung, sind Trainings- oder Supervisionsangebote für Freiwillige dienlich – die beteiligten Führungskräfte lernen so individuell – im besten Falle als Team –, anders zu führen, neue (Lern-)Räume aufzumachen und handlungsleitend Richtungen und Leitplanken zu formulieren.

Vermuten die Treiber*innen den Organisationshebel in anderen Strukturen, können diese Projekte und Prozesse als Minimum-Viable-Produkte (siehe Abschnitt 10.6) aufsetzen und mit einer Prio-1-Policy (siehe Abschnitt 4.2.1) versehen.

Im Rahmen der Initiativen, Pilotprojekte und Experimente vereinbaren die Beteiligten,

- wie die Beteiligten gemeinsam lernen und
- welche Learnings an die Treiber*innen zurückgemeldet werden.

Mit diesen Erkenntnissen werden die Treiber*innen den Organisationshebel genauer verstehen.

6.6.5.3 Sich trauen, anders zu handeln

Zwischen dem Entschluss, sich anders zu verhalten, und einer realisierten Veränderung steht häufig die Erlaubnis.

> „Darf ich das tun?"

fragen sich die Beteiligten (häufig nur innerlich, manchmal unbewusst). Die fehlende innerliche Erlaubnis kann sich als Lernhürde (siehe Abschnitt 10.9) in der Veränderung zeigen.

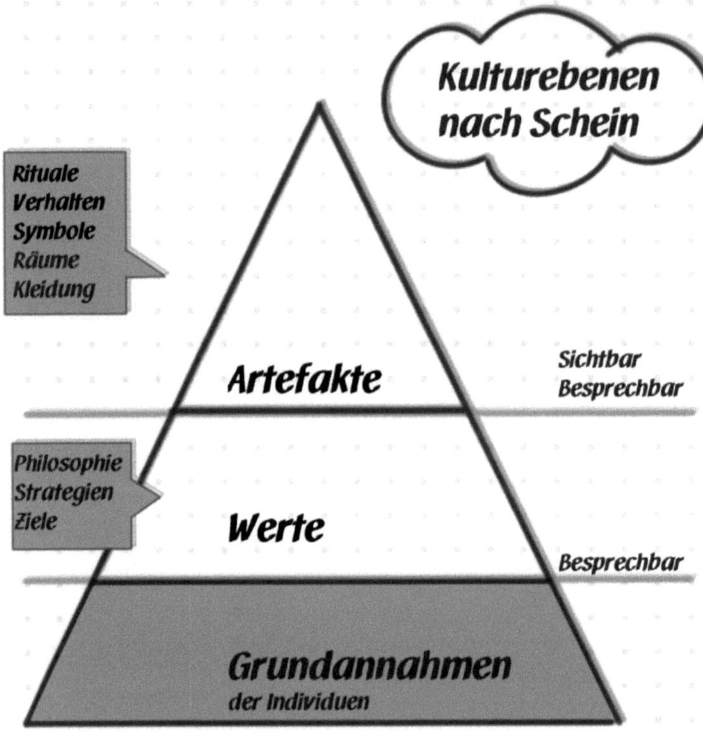

Bild 6.8 Organisationskultur zeigt sich in ihren Artefakten

Nach Edgar Schein [Schein 2016-01] baut sich Organisationskultur auf drei Ebenen auf. Organisationskultur zeigt sich in Handlungen, das meint typische Verhaltensweisen und Rituale genauso wie den Kleidungsstil und die Einrichtung von Räumlichkeiten. Die oberste Ebene beinhaltet alles Sichtbare in der Organisation.

Die zweite Ebene beinhaltet die Philosophie, Organisationsziele und -strategien. Diese prägen die Außendarstellung der Organisation. Diese „bekundeten Werte" können im Widerspruch zum tatsächlichen Verhalten der Organisationsmitglieder stehen (und sich so in Artefakten zeigen).

Ob die formulierte Philosophie, die Organisationsziele und -strategien in kohärente Verhaltensweisen umgesetzt werden können, hängt von den Grundannahmen der Beteiligten ab.

In den Beteiligten können Grundannahmen wie „Du sollst nicht auffallen.", „Der Meinung eines Vorgesetzten ist nicht zu widersprechen.", „Mache keinen Fehler." oder „Ich tue nur etwas, wenn ich mir sicher bin, dass die Lösung perfekt ist." angelegt sein. Die Grundannahmen beziehen sich auf die Umwelt des Individuums, auf das menschliche Handeln, auf zwischenmenschliche Beziehungen und das Verständnis von Wahrheit und Zeit. Kurzum: Die Grundannahmen beschreiben das Verständnis des Individuums über sein*ihr Leben. Sie beschreiben dessen Weltanschauung. In den Grundannahmen der Beteiligten liegen häufig die Begründungen für ein Verschließen vor notwendigen Veränderungen.

Durch geeignete Initiativen oder Interventionen öffnen agile Organisationsentwickler*innen den Möglichkeitsraum der Beteiligten. Durch neue Erfahrungen eröffnet sich den Beteiligten der Raum, die Grundannahmen in Bewegung zu bringen.

So teilen viele Organisationsmitglieder die Grundannahme, dass sie in der jeweiligen Position bestimmte Aussagen nicht machen oder Veränderungen nicht anstoßen dürften. In Summe zeigt sich die Lernhürde der fehlenden Erlaubnis: „Folgende Entscheidungen gehören mir nicht. Da ich $ABC nicht umentscheiden kann, beginne ich erst gar nicht mit Schritt $DEF."

Um die Grundannahme „Mir stehen bestimmte Entscheidungen nicht zu." in Bewegung zu bringen, könnte „Hack the System" hilfreich sein. Wenn alle Beteiligten „Dienst nach Vorschrift" machen und das System nicht umgehen bzw. kreativ ausdeuten würden, würde Stillstand entstehen (siehe Abschnitt 9.3).

Beispiel 024: „Hack the System" in einem Chemiekonzern

Formalisierte Interimsgespräche

In einem Chemiekonzern hat sich die Arbeit in crossfunktionalen Scrum-Teams als Organisationshebel erwiesen. Mehrere Projektziele wurden über klassische Projektmethoden nicht erreicht. Die Organisation war in drei für sie kritischen Projekten in crossfunktionalen Scrum-Teams unter Beteiligung der Fertigung, des Marketings, der IT sowie des Produktmanagements erfolgreich. In einem Fall wurde sogar die zu Beginn veranschlagte Projektzeit deutlich unterlaufen.

Als Organisationshebel formuliert das Transitionsteam: „Wenn wir mutig ein crossfunktionales Team mit jeweils 80 % Projektzeit aufsetzen, kommen diese als crossfunktionale Teams zum Erfolg."

Der agile Organisationsentwickler Jonte lädt ein, aus dem Organisationshebel einen Zielraum abzuleiten und in die zweite Phase der agilen Transition überzugehen.

Die Transitionsteammitglieder zeigen Widerstand. Mehrere Transitionsteammitglieder plädieren für weitere Pilotprojekte. Andere Transitionsteammitglieder votieren dafür, weitere Teams für kleine Themen zu suchen und mit diesen andere agile Methoden auszuprobieren. Leise klingt bei einigen Transitionsteammitgliedern an, dass es keine weiteren „großen" Projekte mehr geben könne: „Wir werden die Leute nicht bekommen."

Aus der Sicht Jontes entwickelt sich eine zähe Diskussion. Er vermutet eine Lernhürde im Paradigmenwechsel für die Beteiligten.

Daher versucht Jonte, die Lernhürde sichtbar zu machen: „Angenommen, Ihr würdet jetzt einfach alle Produktteams so aufstellen, wie es nach der ‚Rule of Three' gerade geboten scheint, wo läge dann das Problem? Was versucht Ihr gerade mit weiteren Projekten abzusichern? Worum geht es hier eigentlich? Kurzlaufendende Projekte scheinen zu gehen – aber wäre es nicht an der Zeit, jetzt auch größere Produkte in Angriff zu nehmen?

Jonte lässt die Transitionsteammitglieder jeweils eine mögliche Quelle für ein Scheitern benennen.

Bei mehreren Transitionsteammitgliedern zeigt sich, dass diese befürchten, keine Projektteammitglieder für große Projekte abgeordnet zu bekommen.

Eine Analyse mit „5 Whys" zeigt, dass die jeweiligen Führungskräfte ihre Teammitglieder nicht zu 80 % der Zeit abordnen möchten und können, weil dann die Führungskräfte nicht in der Lage seien, das vom Konzern geforderte Jahresgespräch in der vorgegebenen Struktur zu führen. Dieses sei sehr wichtig für die Führungskräfte. Ihre eigene Performance würde am guten Bearbeiten der entsprechenden Protokolle gemessen.

Jonte erfragt daher „Hack the System" für diese Lernhürde: „Was könntet Ihr den Führungskräften anbieten, damit diese das Jahresgespräch mit den Projektteammitgliedern führen können – und dennoch die Projektteammitglieder zu 80 % in den agilen Teams arbeiten können?"

Die Transitionsteammitglieder erarbeiten drei Handlungsoptionen.

1. Möglichkeit: Die Projektteammitglieder führen jede Woche am projektfreien Tag ein „One-on-one"-Gespräch mit ihren Führungskräften. Die Führungskräfte sind so gut informiert und können die Vorgaben des Jahresgesprächs erfüllen.
2. Möglichkeit: Die Führungskräfte führen einmal im Monat ein Gespräch mit den lateralen Führungskräften der crossfunktionalen Scrum-Teams über deren Eindrücke zur Entwicklung des*der jeweiligen Mitarbeiter*in. So können die Führungskräfte die eigenen Beobachtungen mit Fremdbeobachtungen ergänzen und so die Vorgaben des Jahresgesprächs erfüllen.
3. Möglichkeit: Die Führungskräfte führen die Jahresgespräche zusammen mit einem weiteren Teammitglied aus dem crossfunktionalen Scrum-Team. Die Beteiligten finden jeweils zusammen eine Formulierung für das Protokoll des Jahresgesprächs.

Die dritte Option verlagert einen Teil der Personalverantwortung in die Selbstorganisation der crossfunktionalen Scrum-Teams, ohne die bisherigen Prozesse infrage zu stellen.

Das Transitionsteam entscheidet sich für die dritte der genannten Optionen. Mit dieser Option können sie den nächsten Schritt gehen und formulieren einen Zielraum der agilen Transition.

Die Grundannahmen der Beteiligten spiegeln sich in den Normen, Werten und Regeln der Organisation (siehe Abschnitt 9.3). Diese zu überwinden, gelingt den Beteiligten in Gruppen besser als Individuen. Daher formieren sich die Treiber*innen in Pilot-, Projekt-, Transitionsteams (siehe Abschnitt 6.5.1) – in den Worten Kotters: Sie formieren sich „in der Koalition der Willigen" (siehe Abschnitt 2.10.1).

6.6.6 Die Richtung halten

Die Treiber*innen prüfen regelmäßig ihren Kurs in Lernzyklen (siehe Abschnitt 10.11):

- Welchen Organisationshebel formulieren wir aktuell? Können wir unsere Thesen mit Experimenten unterlegen?
- Zeichnet sich ein Zielraum für die Organisation ab?

Eine subjektive Bewertung des aktuellen Iterationsstands kann die Treiber*innen unterstützen, Schwierigkeiten und Risiken in der Umsetzung frühzeitig zu erkennen:

Beispiel 025: Visualisierung des Ist-Stands

Ein Transitionsteam formuliert in seinem Weekly die aktuellen Entwicklungsstände auf allen Aufgaben:

Aktueller Bearbeitungsstand in Prozent

Erfolgswahrscheinlichkeit bis zum Iterationsende in Prozent

Visuelle Markierung („Masern") aller in der jeweiligen Woche nicht bearbeiteten („nicht weiter angefassten") Aufgaben

Die Entwicklung dieser Messdaten kann die Transitionsteams dabei unterstützen, gut durchführbare Experimente zu finden. Auch kann es hilfreich sein, Verhaltensregeln auf den Entwicklungsständen zu formulieren:

„Wenn unsere Erfolgswahrscheinlichkeit unter 75 % sinkt, treffen wir uns ad-hoc, um als Transitionsteam nachzujustieren."

Die Entwicklung der Verhaltensregeln und die Entwicklungsauswertung sowie die Bewertung der Ergebnisse nimmt das Transitionsteam regelhaft in seinem Lernzyklus vor.

6.6.7 Organisationshebel formulieren

Wenn die Treiber*innen einen Organisationshebel benennen können, können sie auch einen Zielraum (siehe Abschnitt 2.4.2) festlegen und damit in die zweite Phase der agilen Organisationsentwicklung übergehen.

Organisationshebel können sehr unterschiedlich sein. Die Formulierungen können auch sehr unterschiedlich ausfallen.

Beispiel 026: Organisationshebel

1. „Wir arbeiten dann besonders erfolgreich zusammen, wenn wir die gesamte Wertschöpfungskette in einem Scrum-Team abbilden."
2. „Wir arbeiten dann besonders schnell zusammen, wenn wir das Tagesgeschäft über Kanban transparent verfolgen und uns reine Projekttage einräumen."
3. „Wir arbeiten besonders innovativ zusammen, wenn wir in den jeweiligen Projektteams
   a) unsere Intuition nutzen und
   b) sich abzeichnende Konflikte so früh wie möglich beim Wickel bekommen.
4. „Wir arbeiten dann besonders innovativ zusammen, wenn wir den freien Gedanken Platz und Zeit einräumen. Wir brauchen informelle Gespräche genauso wie dezidierte Teamzeit."
5. „Wir arbeiten dann besonders effizient und effektiv, wenn wir klarhaben, wer von uns mit wem an welchen Aufgaben dran ist. Mögliche Überlast zeigen wir an. Aus der Überlast helfen wir uns gegenseitig."
6. „Wir arbeiten dann besonders gut und zum Kund*innennutzen zusammen, wenn wir darauf vertrauen, dass der*die Einzelne das Richtige tun wird. Einzelne Entscheidungen erzeugen deutlich mehr Fortschritt als Konsens."
7. „Wir arbeiten dann besonders erfolgreich zusammen, wenn wir uns in den Teams im Tagesgeschäft gegenseitig führen – und strategische und normative Fragestellungen zügig in die Bearbeitung über OKRs bekommen."

6.7 Zweite Phase durchführen

Während die erste Phase der agilen Transition eher Innovator*innen und frühe Anwender*innen adressiert (siehe Abschnitt 4.3.1), wirbt das Transitionsteam mit der zweiten Phase um die Gruppe der frühen Mehrheit. Im Ergebnis wird die späte Mehrheit dann der Veränderung folgen.

Ein gut formulierter Zielraum wirbt für das Veränderungsvorhaben in der Organisation.

6.7.1 Zielraum der agilen Veränderung formulieren

Das Transitionsteam entwickelt initial einen Zielraum (siehe Abschnitt 6.7.1.4), dieser kann und wird im Laufe der agilen Transition verfeinert werden.

Sind Ziele klar bestimmbar (siehe Abschnitt 2.9.1), definieren die Treiber*innen diese und entwickeln einen entsprechenden Change-Plan mit anschließender agiler Transition (siehe Abschnitt 6.6.2.1).

6.7.1.1 Ziele und Zielräume unterscheiden

Zielräume sind nicht Ziele. Zielräume geben der agilen Transition Richtung und Leitplanken. Ziele definieren (Teil-)Changes in der agilen Organisationsentwicklung. Entscheidungs- und Beteiligungsformen sind während agiler Transitionen und Changes unterschiedlich (siehe Abschnitt 6.9).

Mit Zielräumen geben die Treiber*innen eine Richtung („was"), vor, sie vermitteln auch Leitplanken („was nicht"). Das Finden der Antwort („wie") liegt in der Selbstorganisation der beteiligten Teams. Sowohl die agilen Organisationsentwickler*innen, die beteiligten agilen Coaches als auch Transitionsteammitglieder gehen gegenüber Teams und Individuen in Führung (siehe Abschnitt 12.3) und bestimmen klar Entscheidungs- und Beteiligungsformen (siehe Abschnitt 12.7).

6.7.1.2 Zielräume bestimmen

Organisationskultur zeigt sich in den Artefakten der Organisation: in deren äußeren Erscheinungsformen und im Organisationsverhalten (siehe Abschnitt 6.6.5.3).

Entsprechend formulieren die Treiber*innen den vermuteten Organisationshebel und die angestrebten Zielräume in Handlungen und Prinzipien (siehe Kapitel 7).

6.7.1.3 Zielräume geben ein Bild „wohin"

In der klassischen Welt kann es vorkommen, dass die Beteiligten Ziele mit Maßnahmen verwechseln. So kann es vorkommen, dass sich Organisationen „Feedbackworkshops in der Onboarding-Phase" als Ziel aufgeben. Das eigentliche Ziel, Fehler ohne Verletzungen zu benennen und so Kritik in einen Lernmoment verwandeln zu können, verlöre sich so. Bei der Bewertung der Zielerreichung könnten die Beteiligten formulieren, dass sie eine bestimmte Anzahl von Workshops durchgeführt haben. Sie würden formal die Zielkriterien erreichen, ohne sich ihrem eigentlichen Ziel zu nähern.

Zielräume laden in eine bunte und lebendige Zukunft ein. Daher sind die Zielräume in Handlungen und Prinzipien beschrieben. Das alleinige Benennen von Adjektiven und/oder Nomen ist nicht ausreichend.

In der agilen Welt basiert eine User Story (siehe Abschnitt 5.2.1) auf dem „Wozu" eines „Was". „Was möchten wir für wen erreichen?" ist die Leitfrage der User Storys.

> **!** „Sind wir schon im Zielraum?"

ist die Leitfrage der Beteiligten. In der Überprüfung können die Beteiligten feststellen, dass

1. der Zielraum erreicht ist. Ist dies der Fall, können die Beteiligten einen Übergang in die lernende Organisation gestalten (siehe Abschnitt 6.7.7.1) oder
2. den Zielraum „nachschärfen".

Dieses Nacharbeiten und Justieren erfolgt in den Lernzyklen des Transitionsteams.

Beispiel 027: Nachjustieren eines Zielraums

Ein Transitionsteam erarbeitet nach einigen agilen Initiativen auf Basis des Organisationshebels „wir arbeiten zusammen – unabhängig von Disziplin und formalen Beschränkungen" einen initialen Zielraum:

„Vertrauen, Ehrlichkeit, Respekt: Wir sehen den Menschen in den Kolleg*innen."

„Wir arbeiten unseren Stärken entsprechend – und haben diese weiter ausgebaut."

„Wir arbeiten kreativ mit den Kolleg*innen zusammen. Wir haben dafür Raum und Zeit."

„Wir sind ein Team und sprechen miteinander (auch Kritik ohne Befindlichkeiten)."

„Wir haben ein Ziel, auf das wir gemeinsam hinarbeiten."

„Wir arbeiten erfolgreich Hand in Hand."

Nach drei Monaten der agilen Transition rekapituliert das Transitionsteam die Wirkung des Zielraums. Die Transitionsteammitglieder stellen fest, dass einige Formulierungen sie in der täglichen Veränderung tragen und dass sie einige Formulierungen gar nicht genutzt haben. Sie formulieren ihren Zielraum daher um:

„Wir arbeiten ehrlich, mit Vertrauen und respektvoll zusammen."

„Wir lernen täglich mit- und voneinander. Unsere Intuition lernt mit."

„Wir geben uns Raum und Zeit, um kreativ zu wirken."

„Wir arbeiten erfolgreich Hand in Hand: Wir veröffentlichen alle zwei Monate Produktneuerungen."

Das Transitionsteam ist mit der Formulierung des ersten, zweiten und vierten Satzes sehr zufrieden. Auf die dritte Formulierung einigt sich das Team mit einer Widerstandsabfrage. Das Transitionsteam geht davon aus, dass der dritte Satz im Verlauf der Transition weiter angepasst werden wird (siehe Abschnitt 6.7.4). Mit der aktuellen Formulierung wird das Transitionsteam im Sinne von „Fertig werden ist eine Entscheidung" weiterarbeiten (siehe Abschnitt 7.13).

6.7.1.4 Zielraumworkshop durchführen

Wenn Teams einen Zielraum für sich bestimmen möchten (und können, weil der Organisationshebel durch sie gefunden wurde), benötigen sie hierfür zwischen vier und sechs und acht Stunden Zeit. Für Organisationen dauern Zielraumworkshops zwischen acht und sechzehn Stunden. Zielraumworkshops sollten durch Nicht-Treiber*innen moderiert werden.

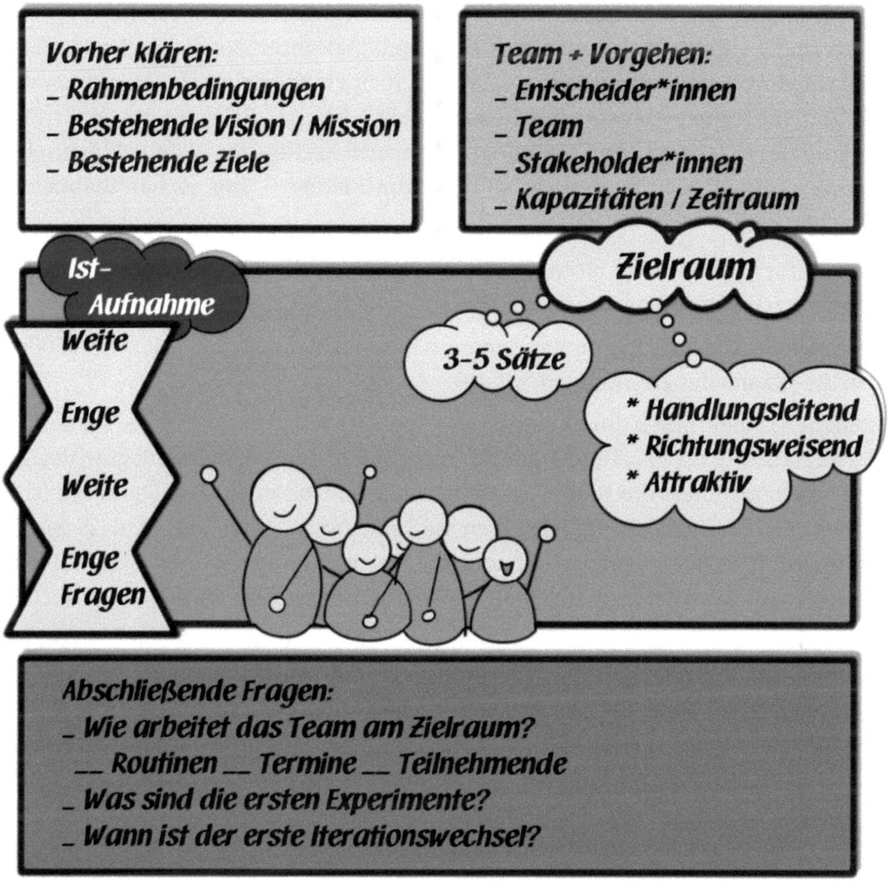

Bild 6.9 Fünf prägnante Aussagen finden, die den Zielraum beschreiben

Dem Zielraumworkshop kann die Ist-Aufnahme vorangestellt werden, die Ist-Aufnahme kann aber auch in den Zielraumworkshop (z. B. über vier Felder, siehe Abschnitt 5.1.1) integriert werden.

Im Vorfeld zum Zielraumworkshop klären die Treiber*innen ebenfalls alle anderen Rahmenbedingungen:

- Die Teilnehmer*innen selbst werden festgelegt. Dabei handelt es sich um eine initiale Setzung. Die Besetzung der Treiber*innen kann und wird sich im Laufe der agilen Veränderung weiter verändern. Ein erster Moment hierfür kann der Zielraumworkshop selbst sein.

- Die Teilnehmer*innen klären die Besetzung des Zielraumworkshops und identifizieren mögliche Stakeholder (siehe Abschnitt 6.10.2) und Entscheider*innen (siehe Abschnitt 6.10.1) für den anstehenden Veränderungsprozess.
- Die Teilnehmer*innen nehmen bestehende Ziele, Missionen und Leitlinien auf. Trennen sich die Beteiligten nicht von bestehenden Zielen, Missionen, Visionen und/oder Leitbildern, könnten sich die Beteiligten ihren Möglichkeitsraum stark verengen. Womöglich enthalten diese bereits formulierten Ziele, Missionen oder Leitlinien Organisationspfade (siehe Abschnitt 9.9).Das Belassen einzelner Ziele, Missionen, Visionen oder Leitbilder kann gleichzeitig den Beteiligten als Leitplanke dienen, weil es den Handlungsraum kleiner – und so handhabbarer – macht.
- Die Teilnehmer*innen klären, welche Kapazitäten sie für den Veränderungsprozess nutzen werden und können.

Nach einer Begrüßung und einem (emotionalen) Ankommen klärt der*die Moderator*in die Inhalte des Zielraumworkshops.

Sollten die Treiber*innen durch eine normative oder strategische Führung einen Veränderungsauftrag für die (Teil-)Organisation erhalten, wird dieser zu Beginn des Zielraumworkshops übermittelt oder in Form einer konsultativen Entscheidung (siehe Abschnitt 12.7.3) finalisiert. Dabei achten die Teilnehmer*innen darauf, dass der Veränderungsauftrag klar delegiert ist und die normative oder strategische Führung nicht zu einem Absicherungsvorbehalt (siehe Abschnitt 6.10.1) wird.

Der*die Moderator*in erläutert den Teilnehmer*innen des Zielraumworkshops, dass Zielräume handlungsleitend, richtungsweisend und attraktiv und in drei bis fünf Handlungen oder Prinzipien beschrieben werden.

Die Teilnehmer*innen nähern sich der Zielraumformulierung in mehreren Runden. Dabei öffnet der*die Moderator*in zunächst den Fragenraum, um ihn zu verengen.

Beispiel 028: Fragen für den Zielraumworkshop

1. „Bitte zeichnet Eure Organisation hier mit diesen Wachsmalern und Pastellkreiden. Nachdem Ihr Eure Eindrücke darüber geteilt habt, zeichnet bitte Eure Organisation in zwei Jahren. Was hat sich geändert? Welche Handlungen innerhalb der Organisation haben sich fundamental geändert, so dass Ihr diesen Zustand erreichen konntet?"
2. „Hier habt Ihr eine Vorlage für eine Organisationszeitung. Füllt das Titelblatt mit Eurem Ist-Zustand aus. Aber wie wünscht Ihr Euch die Organisation?"

6.7.2 Sich lernend in Iterationen und in Inkrementen voran bewegen

In Lernzyklen überprüft das Transitionsteam den Fortschritt der agilen Transition. Mit Blick **auf** die agile Transition fragt sich das Transitionsteam:

- Welche Veränderungen haben wir erreicht?
- Haben wir damit den Zielraum erreicht?
- Stimmt der Zielraum noch? Sollten wir diesen anpassen?

Mit Blick **in** die Organisation und deren Veränderung fragen sich die Transitionsteammitglieder:

- Nutzt uns das formulierte Organisationsanliegen? Müssen wir dieses anpassen?
- Welche Lernhürden zeigen sich gerade? Wie können wir zum Umgang mit diesen beitragen?
- Wie können wir die Lernfortschritte festigen?

Um die Organisation in die Veränderung einzuladen, gehen die Transitionsteammitglieder transparent mit den geplanten Lernschritten und -ergebnissen um.

6.7.2.1 Lernschritte auf dem Transitionsboard transparent machen

Ein probates Mittel zur Selbstorganisation des Transitionsteams und zur Transparenz gegenüber der Organisation ist ein Transitionsboard. In Organisationen, die vorwiegend an einem Platz arbeiten, ist das öffentliche Zeigen (z. B. in der Mensa oder im Eingangsflur) für die Organisation hilfreich.

Für größere oder verteilt arbeitende Organisationen ist das prominente Hinterlegen im Intranet und das offensive Aufzeigen ein probates Mittel. Transitionsmitglieder suchen in der zweiten Phase der agilen Transition die Organisationsöffentlichkeit (siehe Abschnitt 6.8).

Führen die Treiber*innen Teile der agilen Veränderung geplant als Change durch (siehe Abschnitt 2.8) wird auf dem Transitionsboard auf den entsprechenden Change-Plan (siehe Abschnitt 6.6.2.3) verwiesen.

Das Transitionsboard sollte sich in der Gestaltung an in der Organisation üblichen „Wandzeitungen" orientieren. Das Transitionsboard wird im Laufe der agilen Transition seine Form ändern. Die Beteiligten werden jeweils lernen, welchen Blick sie auf die agile Transition benötigen, um diese gut steuern zu können.

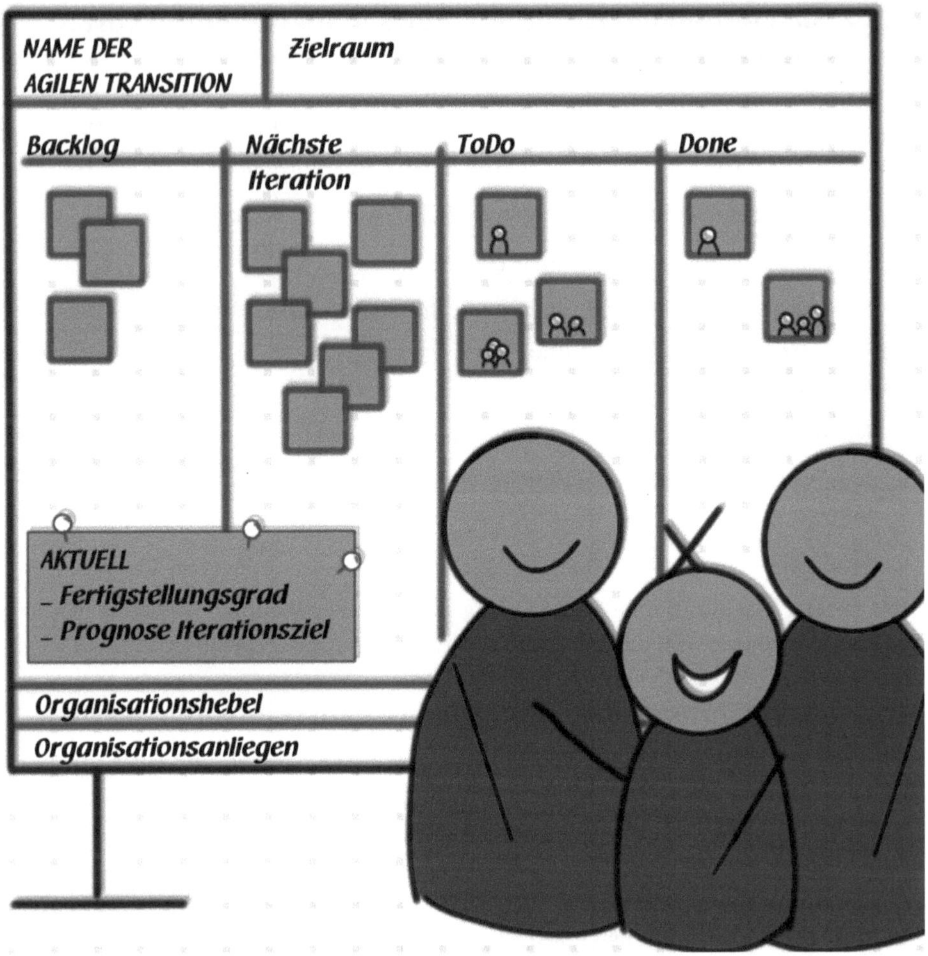

Bild 6.10 Transparenz über den Prozess herstellen

6.7.2.2 OKRs für Iterationen formulieren

Agile Organisationsentwicklung ist strategisches Lernen. OKRs (siehe Abschnitt 11.11.2) sind ein probates Mittel, um strategische Ziele einer Organisation zu erreichen.

Wenn Eure Organisationen in „Objectives und Key Results“ (OKRs, siehe Abschnitt 11.11.2) arbeitet, könnt Ihr Eure Lernschritte in der agilen Veränderung in OKRs formulieren.

Als MOAL („midterm goal“) dient dann der Zielraum der agilen Transition. Ihr formuliert bis zu drei Objectives, welche Ihr innerhalb Eures geübten OKR-Zyklus (meist drei oder vier Monate) erreichen wollt. Ihr formuliert passende Key Results, welche für Euch attraktiv, ambitioniert, handlungsweisend und erreichbar sind.

Ihr bewertet mindestens wöchentlich die Ergebnisse Eurer Tätigkeiten, erhebt die Eintrittswahrscheinlichkeit Eurer Key Results, diskutiert Probleme und Herausforderungen, teilt Eure Erkenntnisse und vereinbart neue Tätigkeiten.

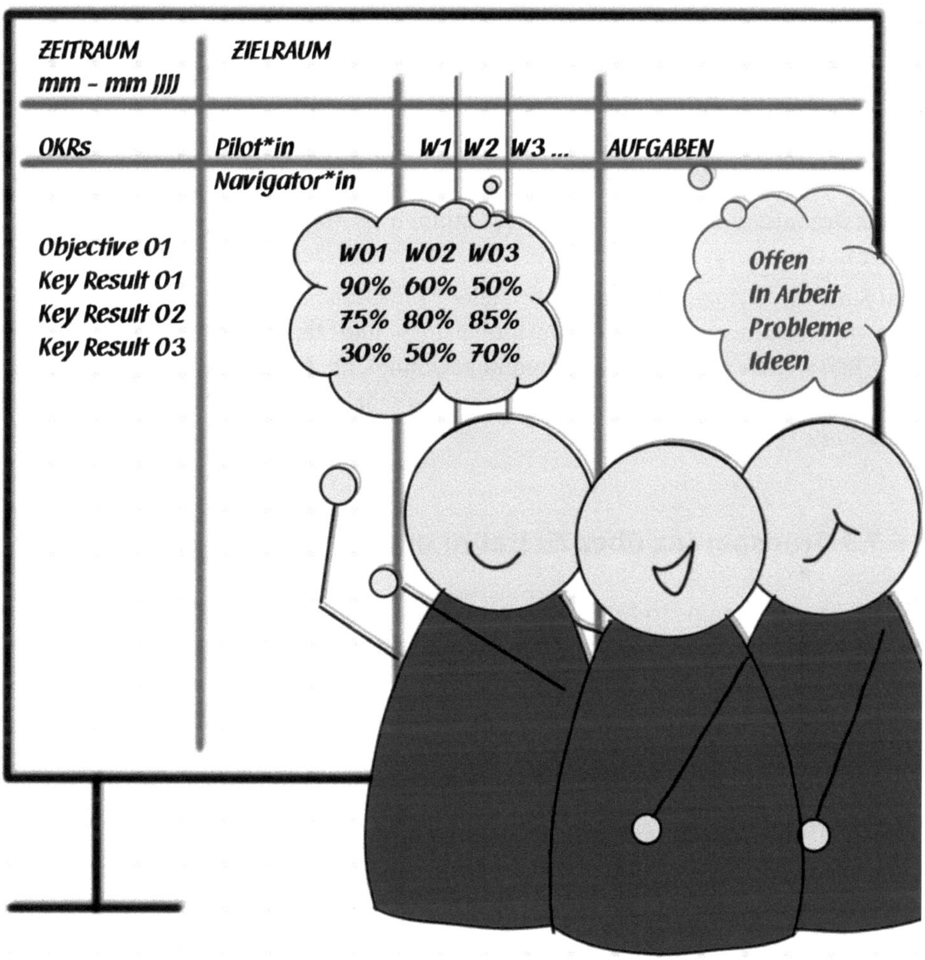

Bild 6.11 OKR-Board in der Übersicht

Im Falle der Digitalagentur (Beispiel 022, siehe Abschnitt 6.6.4.3) vereinbart die Gruppe der Treiber*innen, Gönke, Gotje, Imke, Melf und Momme, unter der Moderation von Femke die folgenden OKRs:

Beispiel 022: Neues Projektvorgehen einer Digitalagentur

OKRs formulieren und bearbeiten

Objective: Wir führen erfolgreiche Projekte in einer zielführenden Besetzung durch.

Key Result 01: Die Marge der bewusst anders durchgeführten Projekte beträgt jeweils mindestens 15 %.

Key Result 02: Wir haben fünf Projekte mit jeweils einem*einer Projektleiter*in aufgesetzt.

Key Result 03: Wir haben für fünf Projekte einen Fokusmodus etabliert. Dieser hat sich aus den drei am höchsten priorisierten Wünschen der jeweiligen Projektteams gebildet.

Viele Organisationen sind geübter, Maßnahmen als Aufgaben (siehe Abschnitt 6.7.2.1) oder in User Storys (siehe Abschnitt 5.2.1) zu formulieren.

Im Sinne des Prinzips „Einfachheit" agiler Transitionen (siehe Abschnitt 7.8) wählen die Organisationen jeweils die Formulierungs- und Repräsentationsform der Lernschritte, welche sie bereits kennen und gewohnt sind. Die Beteiligten werden bei Bedarf die Formulierung der Lernschritte im zugehörigen Lernzyklus verbessern (siehe Abschnitt 10.11.2).

6.7.3 Transparenz über Zielraum und -erreichung herstellen

Die Transitionsteams treffen sich regelmäßig, um ihren Lernzyklus durchzuführen. Viele Transitionsteams treffen sich zum Iterationswechsel, um die Punkte

- Check,
- Act sowie
- Plan

regelhaft durchzuführen (siehe Abschnitt 5.2). Für viele agile Transitionen hat sich ein Takt von vier Wochen für die Lernzyklen als sinnvoll erwiesen. Hat das Transitionsteam eine bestimmte, planbare Aufgabe in einen Change überführt, ist der Takt dem Change-Verlauf anzupassen.

Während viele agile Projektteams sich täglich zu ihren „Daily StandUps" treffen, genügt zur Beobachtung der Aufgaben, der Offenlegung von Risiken und Störungen sowie zur Vereinbarung von Arbeitsformen vielen Transitionsteams ein „Weekly". In einem wöchentlichen Meeting (möglichst kurz) klären die Transitionsteammitglieder:

- welche Aufgaben sie aktuell verfolgen,
- welche Risiken, Störungen und Hindernisse sich dabei für sie auftun und
- wie sie die gemeinsamen Aufgaben angehen und wie sie miteinander arbeiten.

Die Transitionsteammglieder erheben auch den Status der aktuellen Iteration (siehe Abschnitt 6.6.6).

6.7.4 Zielräume anpassen

Zielräume entwickeln sich. Zu große oder zu allgemeine Zielräume wirken weder attraktiv, handlungsleitend noch richtungsweisend. Einige Zielraumformulierungen öffnen einen Raum: Beim Erreichen dieses Raums brauchen die Beteiligten eine weitere Formulierung.

Beispiel 029: Den Zielraum justieren

Ein Transitionsteam einer mittelständischen Organisation mit 250 Mitarbeitenden formuliert initial im Zielraum für die tägliche Zusammenarbeit: „Wir liefern in agilen Projektteams täglich Ergebnisse."

Das Transitionsteam begleitet das Aufsetzen und Lernen mehrerer Projektteams. Das Arbeiten in agilen Projektteams zeigt schnelle und gute Erfolge. Gleichzeitig beobachten die Transitionsteammitglieder, dass die Organisationsmitglieder sich schwer tun.

Die Vermutung des Transitionsteams ist, dass der Organisationshebel „agile Projektmethoden nutzen" ausgedient hat. Denn das Transitionsteam beobachtet, dass sich neu formierende Teams sehr viel Aufwand und Zeit in das Aufsetzen der „richtigen" Projektmethoden setzen. Diese verzögerten Auftakte empfinden die Transitionsteammitglieder als Lernhürden. Ebenfalls beobachtbar ist, dass diejenigen Projektteams, in denen die Projektteammitglieder sehr fokussiert arbeiten können, erfolgreicher abschließen als Projektteams, deren Mitglieder mehreren anderen Aufgaben folgen. Daher verfeinern sie den Organisationshebel zu: „Mit wenigen Störungen an einem Thema in der richtigen Projektmethode arbeiten".

Als Zielraumformulierung einigt sich das Transitionsteam nun auf: „Wir nutzen zielgerichtet agile Methoden. Wir bevorzugen schnelle Projektstarts." Das Transitionsteam ergänzt den Zielraum um einen weiteren Satz: „Wir arbeiten mit Fokus – jede*r von uns verfolgt maximal zwei Aufgaben zur Zeit."

Mit dieser Neuformulierung verfeinert das Transitionsteam den Zielraum. Mit diesen Formulierungen ergeben sich neue Maßnahmen, Initiativen und Experimente, zu denen das Transitionsteam die Organisation einlädt.

6.7.5 Der Innovationsannahme folgen und weiter in die Veränderung einladen

Die Innovator*innen und frühen Anwender*innen (im Sinne der Innovationsannahme nach Rogers, siehe Abschnitt 4.3) bewerten die Idee positiv, sich anders, im Paradigmenwechsel innovativ anders, zu verhalten.

Die Beteiligten sind motiviert, die Neuerungen auszuprobieren und mitzugestalten. Häufig starten diese einfach agile Initiativen in ihrem Wirkungsbereich. Die Treiber*innen können auf diesen Erfahrungen aufbauen (siehe Abschnitt 6.6.1).

6.7.5.1 Freiwillige in die Veränderung einladen

Bild 6.12 Freiwillige suchen

Die ersten beiden Gruppen der Innovationsannahme nach Rogers (siehe Abschnitt 4.3) sind von der innovativen Idee angetan und gerne bereit, diese auszuprobieren. Diese Repräsentant*innen sind über die Organisation verteilt. Es ist sinnvoll, diese in die erste Phase der agilen Transition einzuladen.

Dies kann über unterschiedliche Formate erfolgen. Die Treiber*innen werden eine für die Organisation stimmige Einladung aussprechen. Als Beispiele für sehr unterschiedliche Formate seien genannt:

Betriebsversammlung: Auf einer Betriebsversammlung stellen bisherige Initiativen ihr Vorgehen und ihre Ergebnisse vor. Die Initiativen laden weitere Teams in die Veränderung ein. Diese dürfen sich um eine Begleitung durch agile Coaches bewerben.

Einladungsschreiben mit Gehaltsmitteilung: Alle Organisationsmitglieder werden mit der Gehaltsmitteilung über die ersten Initiativen informiert und in die Veränderung eingeladen. Es können sich einzelne Organisationsmitglieder für weitere Experimente bewerben.

Kaskadierende Einladung: Die Treiber*innen möchten einen Organisationshebel in einem Bereich überprüfen. Sie bitten die Führungskräfte, über die üblichen Weeklys jeweils eine Person zu finden und in das Pilotteam zu entsenden. Die Information über die agile Transition läuft ebenfalls über die Weeklys.

World Café zu aktuellen Initiativen: An den einzelnen Ständen des World Cafés lernen die Teilnehmer*innen den aktuellen Stand kennen, sie können ihre Erfahrungen beisteuern und entsprechenden Initiativen beitreten.

Bemühen sich die Treiber*innen vorwiegend um die Innovator*innen und die frühen Anwender*innen, werden sie die Erfolge der innovativen Veränderungen in den Vordergrund stellen. Ist der Organisationshebel für die Beteiligten klar, werden sie sich um die frühe Mehrheit bemühen. Zu diesem Zeitpunkt werden die Treiber*innen sowohl den Veränderungsgewinn als auch Fehlversuche sowie die (vor allem unerwartete) Veränderungsarbeit erläutern.

Die Treiber*innen achten darauf, dass diese ehrliche und klare Kommunikation vorwiegend zwischen Peers (siehe Abschnitt 4.2.2) stattfindet, da diese besonders überzeugend wirkt (und damit besonders wirksam in die Veränderung einlädt).

Beispiel 020: Othering der Produktsparte eines Versicherungskonzerns

Townhall-Meeting mit Keynote und Paneldiskussion

Der IT-Bereich des Versicherungskonzerns ruft halbjährlich jeweils die Hälfte der Mitarbeitenden weltweit zu einem eine Woche dauernden Townhall-Meeting zusammen. In dieser Zeit organisieren die Beteiligten alle IT-Initiativen, koordinieren die aktuellen Projekte und sorgen sowohl für Training, gemeinsame Hackathons als auch für informellen Austausch.

Die Treiber*innen formulieren, dass das Überwinden des Otherings (siehe Abschnitt 9.7) der Organisationshebel für die Organisation ist. In neun Pilotprojekten konnten sie mit sehr unterschiedlichen Herangehensweisen zeigen, dass echte Zusammenarbeit – wahlweise mit anderen IT-Abteilungen sowie mit den fachlichen Ansprechpartner*innen – zu fulminanten Erfolgen führt.

In einer Keynote erläutert eine Referentin das Phänomen des „Othering“. Im Rahmen der Keynote werden die Beteiligten aufgefordert, mit ihren Sitznachbar*innen zu besprechen, wann sie das letzte Mal „geothert“ wurden, wann sie das letzte Mal selbst „geothert“ haben – und wie sie damit umgehen könnten.

In einer nachfolgenden Paneldiskussion zeigen die Vertreter*innen aller Pilotprojekte auf, worin für sie echte Zusammenarbeit besteht. Dabei erzählen sie auch von Fehlkonzepten und schwierigen Herausforderungen.

Das Panel stellt sich Fragen aus dem Publikum.

Anschließend erhalten die Teilnehmer*innen des Townhall-Meetings das Angebot, dass sie mit Unterstützung von agilen Coaches oder durch Mentor*innen aus den Pilotprojekten eine neue Art von Zusammenarbeit ausprobieren können. Die Bewerbung wird an die Gruppe der Treiber*innen erfolgen. Die freiwilligen Teams erhalten die Aufgabe, eine grobe Idee dessen, was sie erreichen möchten, zu skizzieren. Die Treiber*innen werden im weiteren Verlauf transparent auf die Bewerbungen reagieren und jeweils begründen, warum sie welche Art der Begleitung für die jeweiligen Teams bevorzugen.

6.7.6 Weitere Experimente starten

Wenn die Beteiligten das Gefühl haben, dass der formulierte Organisationshebel nicht mehr stimmig ist, formulieren die Beteiligten einen veränderten Organisationshebel und führen entsprechende Experimente zur Validierung des veränderten Organisationshebels.

Diese Experimente sind möglichst klein und einfach anzusetzen (entsprechend des Prinzips „Just do it", Abschnitt 7.4).

Dabei achten die Beteiligten darauf, niemals zu viele Experimente gleichzeitig zu starten. Mit Fokus wird es den Beteiligten gelingen, sich auf die Experimente einzulassen. Die Beteiligten haben einen Blick darauf, ob die vereinbarten Experimente weitere (zeitweilige) Komplexität erhöhen, und haben eine Antwort darauf (siehe Abschnitt 10.5, Abschnitt 10.6).

Die Treiber*innen sind sich bewusst, dass sie als solche Vorbild für die Organisation sind. Insbesondere sind sie ein Vorbild dafür, die Komfortzone zu verlassen (siehe Abschnitt 10.6.2) und sich offensiv erneut ins Lernen zu bewegen.

6.7.6.1 Agile Reifegrade nutzen

Wenn der Organisationshebel an Deutlichkeit oder der Zielraum an Attraktivität, Handlungsleitung oder Richtungsweisung verloren hat, sind neue Ansatzpunkte für weitere Experimente sinnvoll.

Einen Ansatzpunkt für weitere Experimente können die agilen Reifegrade nach Andresen bieten. Für alle Experimente gilt:

> Experimente sind möglichst klein und einfach aufzusetzen. Die Beteiligten formulieren ihre Hypothesen, welche sie mit dem Experiment überprüfen möchten. Sie legen fest, wie (z. B. mit welchen Daten) sie diese Hypothesen überprüfen möchten (siehe Kapitel 11).

Die agilen Reifegrade nach Andresen beschreiben die Lernfähigkeit der Organisation auf verschiedenen Ebenen.

So wie beim letzten Mal: Kein oder nur implizites Lernen.

AR-D: Echt im Team arbeiten: Lernen in kleinen Teams, bewusste Rituale in gegebenem Setting, erzeugen erfolgreich Teamergebnisse (Lernen auf Teamebene).

AR-C: Im großen Team liefern: Lernen im „großen" Team (an der Wertschöpfungskette entlang), erzeugen erfolgreich Teamergebnisse mit direktem Kund*innennutzen (Lernen auf Teamebene).

AR-B: Führung an Teams ausrichten: Führung lernt sich im Sinne der dienenden Leitung für selbstorganisierte Teams in AR-D und AR-C aufzustellen. Führung verbessert stets Führungsverhalten und -impulse (Lernen auf Organisationsebene). Führung findet die passende Organisationsform.

AR-A: In und mit der Organisation lernen: Die Organisation lernt formal und informell und kann Lernergebnisse bei Bedarf in unterschiedlichen Organisationsteilen bereitstellen.

Beim Nutzen der agilen Reifegrade gilt „Weniger ist mehr" (entsprechend des Prinzips „Fokussieren!", Abschnitt 7.4). Es ist einfacher, eine agile Transition in AR-D zu starten, als ein neues Team für AR-C aufzusetzen und dies in die echte Zusammenarbeit zu begleiten. Ein Start in AR-D mit dem Willen, nach und nach die Personen zu identifizieren, die das Team braucht, um in AR-C echten Kund*innennutzen zu liefern, ist einfacher, als die perfekte Teamzusammensetzung vorab zu identifizieren. Häufig werden Teams, die direkt für AR-C aufgesetzt werden, zu groß, zu „theoretisch" und/oder „zu verkopft" aufgesetzt.

Feedback und eine offene Kommunikation möchten gelernt werden, um in eine echte Zusammenarbeit zu kommen. Für beides braucht es häufig ein größeres Vertrauen als Menschen bisher in ihren Organisationen gewohnt sind. Wenn sich gleichzeitig die Zusammensetzung der Teams radikal ändert, ist dies für die Beteiligten eine große Herausforderung.

Es fällt Teams leichter, erst in kleiner Formation in eine echte Zusammenarbeit zu kommen und sich nach und nach zu erweitern.

Diese Logik folgt dem Kaizen-Gedanken in der ersten Phase der agilen Transition. Haben sich bestimmte Zusammensetzungen und Vorgehensmodelle bewährt, ist in der zweiten Phase der agilen Transition der Neustart mehrerer Teams oder anderer Organisationsteile nach Kaikaku sinnvoll. In diesem Fall sind sich die Beteiligten des Organisationshebels sicher und machen eine abrupte Richtungsänderung zum Zielraum möglich (siehe Abschnitt 6.6.2.1).

Für einige Organisationen empfiehlt sich als Einstiegshebel das Anstreben von AR-B: Wenn die Führungskräfte ihr Verhalten ändern, kann dies einen großen Hebel in die Organisation erzeugen. Dabei setzen die Führungskräfte auf Lernzyklen, in denen sie nach und nach lernen, mit geeigneten Führungsimpulsen Veränderungen in Richtung des Zielraums auszulösen. Sie vermeiden den „alten Reflex", ihre Rolle vorab klären zu wollen. Sie werden ihr Führungsverständnis im Laufe der agilen Transition erklären können.

Der agile Reifegrad AR-A ist für eine Organisation erst in der zweiten Phase der agilen Transition einzulösen. Der entsprechende Zielraum wird sich erst im Verlauf der agilen Transition bilden.

6.7.7 Fertig werden ist eine Entscheidung

Zielräume beschreiben in Handlungen und Prinzipien die entsprechende Organisation in der Zukunft. Die Treiber*innen der agilen Transition werden entscheiden,

- ob der jeweilige Zielraum erreicht ist,
- ob der jeweilige Zielraum eine Verfeinerung benötigt oder
- ob die Beteiligten einen Übergang in die lernende Organisation (siehe Abschnitt 6.7.7.1) vollziehen werden.

Das Erreichen des Zielraums lässt sich nicht klar an Zielkriterien ablesen.

„Fertig werden ist eine Entscheidung."

Wohl aber feststellbar ist, ob der Zielraum an Attraktivität, Richtungsweisung oder Handlungsleitung verliert.

Beispiel 030: Erreichen des Zielraums der IT-Transition

Als Zielraum konkretisiert das Transitionsteam der IT mit 75 Mitarbeitenden eines produzierenden Mittelständlers mit 1500 Mitarbeitenden, in dem die IT tief in die Produktion eingebunden ist. Im Organisationsanliegen der IT fanden sich viele Verletzungen. Die Sicht des Hauses auf die IT als reines „Cost-Center". Als Organisationshebel formuliert das Transitionsteam nach einigen Experimenten Kommunikation auf Augenhöhe. Nach sechs Monaten der agilen Transition fällt es dem Transitionsteam schwer, weitere Maßnahmen aus dem Zielraum abzuleiten:

Wir liefern als IT unseren Produktbeitrag schnell und zuverlässig.

Wir als IT übernehmen losgelöst von Strukturen Produktverantwortung.

Wir als IT schaffen für alle Transparenz und Flexibilität.

Das Transitionsteam stellt fest, dass dieser Zielraum im ersten und im zweiten Punkt erreicht ist. Das Transitionsteam schließt den sechsmonatigen Prozess mit einem Lernzyklus ab. Das Transitionsteam stellt fest, dass sie überwiegend die Maßnahmen aus dem ersten und zweiten Prinzip des Zielraums abgeleitet haben.

Das Transitionsteam vermutet, dass in dem dritten Punkt ein weiterer Zielraum verborgen liegt, und vereinbart, den dritten Punkt mittels Experimenten auf einen weiteren Organisationshebel zu untersuchen. Sie erklären den Zielraum für erreicht.

6.7.7.1 Übergang in die lernende Organisation gestalten

Wenn die Transitionsteammitglieder für sich entschieden haben, dass sie „fertig" sind, klären sie abschließend, wie die Transitionsergebnisse dauerhaft manifestiert werden können.

Dafür stellen sich dem Transitionsteam zwei grundlegende Fragen:

1. Welcher Blick auf die Organisation muss bleiben?
2. Wie sichert die Organisation strategisches Lernen?

Viele Organisationen bilden im Rahmen der agilen Transition Lernzyklen auf normativer und strategischer Ebene aus. Diese sind prädestiniert, um das Lernen auf diesen Ebenen weiter zu fordern und zu ermöglichen.

6.7.7.2 Leitbilder als Ergebnisse einer agilen Transition veröffentlichen

Im Sinne von „Erst die Prozesse, dann die Struktur" können die Beteiligten sich entscheiden, aus dem Zielraum ein Leitbild (Organisation, Produkte und/oder Führung) abzuleiten und zu veröffentlichen.

Eine Umformulierung zu einem True North (siehe Abschnitt 11.5.6) wird die Selbstorganisation entsprechender Teams und Bereiche weiter stützen.

Diese Formulierungen sollten regelmäßig in den geeigneten (z. B. aus denen im Vorkapitel genannten) Lernzyklen überprüft werden.

Leitbilder sollten regelmäßig Anwendung finden und in der täglichen (Führungs-)Arbeit ihren Widerhall finden.

6.8 In und mit der Organisation kommunizieren

Die Treiber*innen laden alle Organisationsmitglieder in die innovative Veränderung ein. In Abständen entscheiden die Treiber*innen der agilen Transition, Teile der Veränderung als Change aufzusetzen und durchzuführen. Sie folgen in diesem Fall mindestens den ersten vier Stufen nach Kotter (siehe Abschnitt 2.10.1).

Die Transitionsteammitglieder entscheiden bewusst über formale Kommunikationsarten und führen diese durch. Sie sorgen auch für informellen Austausch, um die Peerkommunikation zur agilen Transition zu fördern. Insbesondere bieten sie Innovator*innen und frühen Anwender*innen eine Plattform, damit diese über ihre Veränderungsgewinne und die dafür notwendige Veränderungsarbeit sprechen können.

Die Treiber*innen sprechen bewusst die unterschiedlichen Gruppen der Innovationsannahme (siehe Abschnitt 4.3) an. Sie sprechen klare Einladungen mit transparenten Entscheidungs- und Beteiligungsformen aus.

6.8.1 Empathy Map nutzen, um Gruppen der Innovationsannahme identifizieren zu können

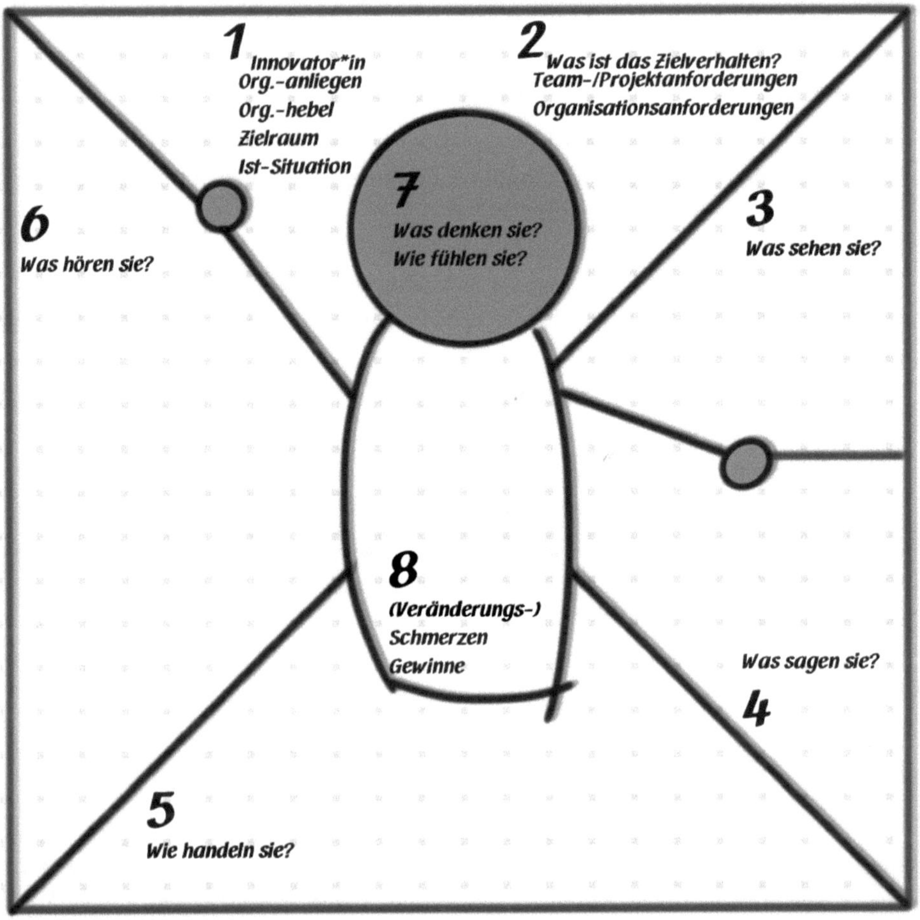

Bild 6.13 Empathy Map eines*einer Innovator*in

Die Empathy Map, mit der agile Produktteams schnell ein Verständnis für ihre Zielgruppen aufbauen können, kann auch während agiler Transitionen sinnvoll sein. So können die Treiber*innen in jeweils kurzer Zeit ihr Wissen und ihre Gedanken zu den fünf Gruppen der Innovationsannahme (siehe Abschnitt 4.3) zusammentragen.

Die Beteiligten entwickeln so einen Blick für die fünf Gruppen, um diese im Verlauf besser ansprechen und die Veränderung einladen zu können.

David Gray sieht für jede Empathy Map eine Bearbeitungszeit von zwanzig Minuten vor [Gray 2017-01]. Jede Empathy Map startet mit der Zielsetzung, welche im Fall der agilen Transition durch Organisationsanliegen, -hebel und Zielraum definiert ist. Im besten Fall lässt sich der Zielraum im zweiten Punkt auf konkrete veränderte Handlungen für die untersuchte Personengruppe herunterbrechen. Die Empathy Map wird im Uhrzeigersinn den Nummerierungen folgend ausgefüllt.

Die Treiber*innen erschließen sich so vom Äußeren ins Innere die Beweggründe ihrer Zielgruppen.

Die Empathy Map ist nicht von Daten (siehe Abschnitt 6.6.4.1) getragen, kann die Beteiligten dennoch auf anschauliche Weise in die richtige Anspracheform bzw. neue Hypothesen führen.

6.8.2 Kommunikationsformen und Ansprache an Bedürfnisse der Innovationsannahmen anpassen

In der Kommunikation gegenüber der Organisation formulieren die Treiber*innen

- Teile des Ists,
- Teile des Organisationsanliegens,
- sie leiten hieraus den Organisationshebel ab und
- zeichnen ein Bild des Zielraums.

Mit dieser Kommunikation besprechen die Beteiligten den „Sense of Urgency“ (siehe Abschnitt 2.10.1). Sofern die Treiber*innen um Beteiligung werben, erläutern sie Richtung und Leitplanken der beworbenen Initiativen oder Experimente.

In vielen Fällen hat es sich als hilfreich erwiesen, dass die Treiber*innen sich selbst als Gruppe oder der agilen Transition einen attraktiven Namen geben. Dies ist besonders dann hilfreich, wenn die Organisation eine Historie an misslungenen Changes hinter sich hat. Mit einem eigenen Titel hat die Organisation die Chance, in die Veränderung ohne Vorurteile und historisch begründete Abwehr zu gehen:

Beispiel 031: Titel agiler Transitionen

Transitionsteams: Übergangsteam, Pacemaker, Organisationstrainer

Agile Transition: Zusammen Produkte liefern, Innovationskraft schaffen, Mutig lernen, Organisationstraining, Kulturwandel 3.0

Für viele Organisationsmitglieder wird es wichtig sein, dass der Ist-Zustand gewürdigt, also anerkannt, wird (siehe Abschnitt 6.2.2). Ein bloßes Ausrufen eines Zielraums wird die Beteiligten eher in die Abwehr bringen, sehen sie sich doch gezwungen, ihr bisheriges Verhalten zu rechtfertigen.

In dem Moment, in dem sich die Treiber*innen entscheiden, strukturelle Anpassungen, methodische oder prozessuale Änderungen mittels Kaikaku in die Organisation zu bringen, werden sie diesen Plan und dessen Inhalte mittels Nemawashi (siehe Abschnitt 6.8.5) absichern und über diesen Prozess auch verfeinern.

6.8.2.1 Freiwillige bei den Innovator*innen und frühen Anwender*innen suchen

An neue Möglichkeiten appellieren, einen Raum für neue Methoden, Praktiken und Umgangsformen aufmachen – das sind attraktive Inhalte und Angebote für Innovator*innen und frühe Anwender*innen.

Die Treiber*innen geben die Entscheidungs- und Beteiligungsformen in der ersten Phase vor. Sie sind jederzeit bereit, mit den entsprechenden Personen zu lernen, welche Entscheidungs- und Beteiligungsformen aus deren Sicht zielführender wären.

Häufig werden Innovator*innen und auch frühe Anwender*innen in ihrem Wirkungsbereich bereits Experimente und Maßnahmen durchgeführt haben. Mindestens lernen die Treiber*innen der agilen Transition mit den entsprechenden Personen über deren Erfahrungen. Sie erläutern die Unterschiede zwischen Organisationsanliegen, Ist-Zustand und Organisationshebel und entwickeln mit den Innovator*innen und frühen Anwender*innen eine Sicht auf deren Erfahrungen.

Im Fokus der Kommunikation steht das Werben für Experimente und deren Teilnehmer*innen.

Die Treiber*innen nutzen hierfür sowohl bekannte als auch neue Kommunikationsformate in der Organisation.

6.8.2.2 Um die frühe Mehrheit werben

Zum Kund*innennutzen in kurzen Zyklen exzellente Qualität in Selbstorganisation liefern – das agile Manifest bietet viele Hebel für eine große Produkt- und Servicequalität an. Daraus lassen sich viele Veränderungen ableiten.

Die frühe Mehrheit begegnet der Organisationsinnovation mit gesunder Skepsis und der Frage:

> „Lohnt sich das für mich?"

Die Kommunikation macht deutlich, warum und wozu eine innovative Veränderung in der Organisation notwendig ist. Sie bedient sich hierzu der Ist-Aufnahme und womöglich einer Prognose über den Organisationsverlauf ohne Veränderungen. Die Treiber*innen machen den Gewinn für den*die Einzelne*n und die Organisation deutlich. Sie deuten den Veränderungsaufwand an. Sie fördern die Peerkommunikation, damit die frühe Mehrheit von den vorherigen Beteiligten direkt lernen kann und schaffen hierfür gute Formate.

Bei der Darstellung des Organisationsliegens achten die Treiber*innen auf eine Ressourcenorientierung.

Beispiel 032: Für direkte Kommunikation mit früher Mehrheit sorgen

„Wir möchten keine Fehler machen. Wir möchten keine Fehlstarts liefern. Was wir möchten, sind funktionierende Projekte, die ohne Reibung vonstattengehen. Wir möchten als Expert*innen unseres Fachs nicht in vermeidbare Fehler hineinlaufen.

Um das hinzubekommen, haben wir unser „Projektsetup". Wir analysieren, wägen ab, bitten um Freigabe, geben frei, erwägen Alternativen und schreiben das alles auf.

Was wir möchten, sind gut verlaufende Projekte. Unser Mittel war dazu das „Projektsetup". Im Ergebnis haben wir viel Zeit genutzt, um Papier zu produzieren, das uns dennoch nicht vor Fehlschlägen bewahrt hat.

Wir, das Transitionsteam, haben vermutet, dass das direkte Starten und gemeinsames Einlernen über alle beteiligten Disziplinen uns schneller und erfolgreicher macht.

Das haben fünf sehr unterschiedliche Projekte bewiesen. An den Tischen des morgigen remote-World Cafés findet Ihr Vertreter*innen dieser fünf Projekte. Sie werden Euch erläutern, wie sie ursprünglich hätten vorgehen wollen, was sie jetzt anders gemacht haben, wie der Weg und das Ergebnis dessen war. Wer mag, kann sich dazuschalten und mit den Vertreter*innen der fünf Projekte sprechen, um herauszufinden, ob Ihr Euch an den ausgeschriebenen Projekten beteiligen möchtet."

Die Treiber*innen der agilen Transition sorgen für direkte Kommunikation – sowohl remote als auch in Präsenz, entsprechend der in der Organisation üblichen Arbeitsweise.

6.8.2.3 Mit der späten Mehrheit und den Nachzügler*innen kommunizieren

In der Antwort auf Nachzügler*innen achten agile Organisationsentwickler*innen auf eine klare und wertschätzende Kommunikation. Sie erkennen das Ist der späten Mehrheit und der Nachzügler*innen an. Sie laden hierfür in die Veränderung ein, ohne diese als solche infrage zu stellen.

Beispiel 033: Wertschätzend späte Mehrheit und Nachzügler*innen in die Veränderung einladen

„Ich verstehe, dass es für Dich nicht einfach ist, die Veränderung auszuprobieren. Die scheint weit weg von Deinem üblichen Verhalten/Deinen bisherigen Wertvorstellungen zu liegen. Wen oder was brauchst Du, um der Veränderung eine Chance zu geben und diese auszuprobieren?"

> „Was ich spüre, ist Dein großer Wunsch nach Beständigkeit und Sicherheit. Mit dieser agilen Methode entsteht Beständigkeit und Sicherheit, indem ein großer Schritt in viele kleine Schritte zerfällt. Wenn etwas schief läuft, bekommen wir das schnell mit und können umdenken. Komm´, probiere das doch mit uns aus und lerne eine neue Art der Beständigkeit und Sicherheit kennen."
>
> „Was ich höre und spüre, ist Dein Anspruch, dass mit genügender Kompetenz das Vorliegende mit den üblichen Methoden zu bewältigen sei. Kannst Du mir nochmals genau erklären, was Ihr bis jetzt getan habt? Und wie? Welche Schlüsse ziehst Du für das kommende Thema? Und unter welchen Umständen kannst Du Dich darauf einlassen, es anders auszuprobieren?"

Während die späte Mehrheit der eigentlichen Veränderung mehr oder minder emotionslos entgegensieht, werden sich die Nachzügler*innen mit negativen Urteilen zeigen: „Ihr kaschiert doch nur Eure Inkompetenz mit Experimenten", „Das Verfahren ist doch Kindergarten".

Die Stimmen der Nachzügler*innen können sich bündeln und laut in die Organisation strahlen. Ein Anerkennen der bisherigen Leistungen und Vorgehensweisen, insbesondere auch der Kompetenzen und vorherigen Entscheidungen, kann diese Stimme (nicht immer) beruhigen. An dieser Stelle ist von den Treiber*innen gefordert, im Sinne der obersten Direktive zu handeln. Sowohl das vorherige Verhalten als auch das Erheben der Gegenstimme erfolgt nach bestem Wissen, Gewissen und Kenntnisstand der Beteiligten. Gleichzeitig werden die Treiber*innen immer wieder betonen, dass die Veränderung als Solches nicht zur Debatte steht, sondern kommen wird.

6.8.3 Entscheidungs- und Beteiligungsformen klar vermitteln

Die Treiber*innen sind klar und deutlich, wie die eingeladenen Organisationsmitglieder in die Entscheidungen eingebunden sind. Auch wird diesen deutlich vermittelt, bei welchen Fragen welcher Gestaltungsspielraum bei den Organisationsmitgliedern liegt.

> **!** „Wir setzen Richtung und Leitplanken."

Die Beteiligten gehen so deutlich in Führung. Über die Entscheidungs- und Beteiligungsformen befinden die Treiber*innen der agilen Transition. Im Sinne des Führungs-ABC (siehe Abschnitt 12.3) werden die resultierenden Formate durch die Treiber*innen angesagt und begründet.

Für viele Organisationen ist das klare Vermitteln von Entscheidungs- und Beteiligungsformen (siehe Abschnitt 12.7) ein weiteres hilfreiches Lernfeld.

Insbesondere in Großgruppenveranstaltungen machen die Treiber*innen deutlich, wie die Teilnehmer*innen in Entscheidungen eingebunden werden und welche Beteiligungsformen sie nutzen können.

6.8.4 Kaikaku-Veränderungen erklären

Wenn sich bestimmte Vorgehensweisen mehrfach in der Organisation bewährt haben (nach der Rule of Three, siehe Abschnitt 7.19), werden die Treiber*innen der agilen Transition einen Change (als Kaikaku für die Organisation, Abschnitt 3.4) ausrufen.

Die Treiber*innen werden diese Veränderung ansagen, dabei die Entscheidungs- und Beteiligungsformen offenlegen.

Auch für einen Change bieten die Treiber*innen Beteiligungsformen an.

Im Prinzip folgen die Treiber*innen im Vorgehen den acht Phasen nach Kotter (siehe Abschnitt 2.10.1). In der Vorbereitung des Changes setzen die Treiber*innen auf Nemawashi, während des Prozesses können Sounding Boards (siehe Abschnitt 6.11.3) und Open Reviews (siehe Abschnitt 6.11.2) nützlich sein.

6.8.5 Nemawashi nutzen

Planen die Treiber*innen, Teile der Organisationsentwicklung über einen Change (siehe Abschnitt 2.9.2) zu implementieren, werden sie diese Veränderung über Nemawashi vorbereiten und feinjustieren.

> **Definition: Nemawashi**
>
> Nemawashi (japanisch) beschreibt wörtlich die Vorbereitungen, um einen Baum zu verpflanzen.
>
> Im Falle eines Changes führen die Change-Team-Mitglieder vorab Einzelgespräche, um sowohl die Veränderung vorzubereiten und zu erklären als auch, um Kritikpunkte früh zu ermitteln und gegebenenfalls in den Change-Plan einzuarbeiten.

Die Treiber*innen ermitteln, mit wem sie mittels Nemawashi den Change vorbereiten möchten. Die Ermittlung der Nemawashi-Partner*innen kann modellbasiert (z. B. SCARF, siehe Abschnitt 2.10.3 oder Innovationsannahme), aber auch nach Meinungsführerschaft erfolgen.

Die Treiber*innen stellen im Nemawashi das Organisationsanliegen vor, begründen den Organisationshebel mittels erlebter Experimente, skizzieren den Zielraum und leiten das Change-Vorhaben ab.

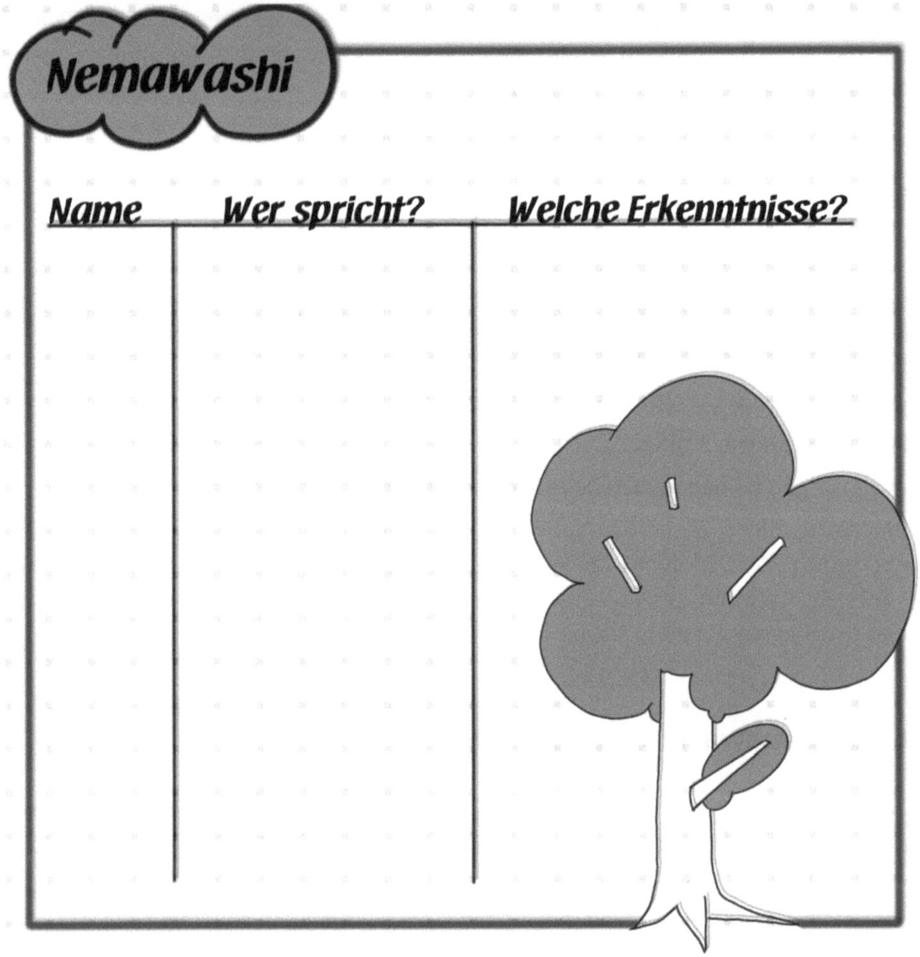

Bild 6.14 Meinungen einholen und in den Change integrieren

Im Nemawashi versuchen sie, die Äußerungen der Gesprächspartner*innen als Feedback anzunehmen, sie versuchen, empathisch zuzuhören, um dann mit den anderen Treiber*innen zu untersuchen und zu entscheiden, ob und welche Anpassungen an ihrem Change-Plan notwendig sind.

6.8.6 Transitionsboard transparent führen

Die Treiber*innen zeigen sich transparent in ihren Veränderungsbemühungen. Ein Transitionsboard (siehe Abschnitt 6.7.2.1) kann ein Teil der notwendigen Transparenz sein.

Dabei sorgen die Treiber*innen der agilen Transition mindestens für eine digitale Repräsentanz. Sind viele Organisationsmitglieder häufig am gleichen Ort (Eingangshalle, Mensa, Kaffeeküche), ist eine physische Repräsentation des Transitionsboards (papiergebunden, Monitor) ebenfalls hilfreich, um für Transparenz zu sorgen und einen Gesprächsanlass für die anwesenden Organisationsmitglieder zu schaffen.

6.8.7 Lernen vorleben und Erkenntnisse teilen

Die Treiber*innen finden Wege und Mittel, über ihre Versuche, Veränderungsbemühungen, die Ergebnisse und die erwarteten wie unerwarteten „Nebenwirkungen" zu sprechen. Kurzum: Die Treiber*innen machen ihren Lernweg transparent.

> „Lernen neu lernen"

ist nicht nur für die Treiber*innen, sondern mit hoher Wahrscheinlichkeit für die gesamte Organisation eine Herausforderung (siehe Kapitel 10), welche Vorbilder benötigt.

Dabei erläutern die Beteiligten auch neue, in der Veränderung und im Zielraum wichtige und identifizierte Handlungsprinzipien. Dabei stellen die Beteiligten immer einen Zusammenhang zum jeweiligen Kontext der Handlungen und dem vorliegenden Veränderungsdruck (siehe Abschnitt 2.5.2.1) her.

6.8.8 Worte prägen, können aber auch (Lern-)Räume öffnen

Mittels einzelner Worte oder Sätze können Organisationen ihre Organisationskultur be- und festschreiben. Das Nutzen anderer Worte oder Sätze kann Lernräume öffnen. So entdecken viele Organisationen in einer agilen Organisationsentwicklung, dass ihr Umgang mit Fehlern einem Lernen nicht zuträglich ist. Sie wünschen sich dann im ersten Schritt eine „positive Fehlerkultur"; das Einfordern einer Lernkultur öffnet einen neuen Raum für die Organisation:

> „Ihr habt einen Umgang mit Fehlern, also eine Fehlerkultur. Wie geht Eure Lernkultur? Wie würdet Ihr handeln, wenn Ihr eine Lernkultur hättet?"

Entsprechend nutzen die Treiber*innen bewusst neue Worte und Sätze, um den Organisationshebel und den Zielraum zu beschreiben. Dafür verwenden sie nicht nur Nomen, sondern sie beschreiben in ganzen Sätzen die Handlungen und Prinzipien der Organisation.

Einzelne Nomen und Adjektive („Mut", „offene Kommunikation") werden von den Rezipient*innen jeweils als Konstrukte aufgenommen und individuell interpretiert.

Die Gefahr von Missverständnissen und Fehlinterpretationen sinkt, wenn die Beteiligten in ganzen Sätzen Handlungen und Prinzipien (z. B. für den Zielraum, siehe Abschnitt 2.4.2) beschreiben.

6.8.9 Die Magie des „noch nicht" nutzen

Insbesondere beim Ansprechen der ersten Hälfte der Innovationsannahme nutzen die Treiber*innen die „Magie des noch nicht“:

> „Wir liefern aktuell zu wenige Produktneuerungen aus. Wir haben noch nicht gelernt, in crossfunktionalen Teams zusammenzuarbeiten."

Das Nutzen des „noch nicht“ erweitert den Möglichkeitsraum der Beteiligten. Insbesondere in der Kommunikation mit der frühen Mehrheit (siehe Abschnitt 4.3.3) kann das „noch nicht“ den möglichen Veränderungsgewinn aufzeigen.

6.9 Über und in der agilen Organisationsentwicklung entscheiden

Die Treiber*innen der agilen Organisationsentwicklung sind sich ihrer Führung des Prozesses bewusst. Sie entscheiden bewusst, welche Fragen und Antworten sie anweisend, welche beratend und welche coachend (siehe Abschnitt 12.3) geben. Sie gehen in Verantwortung für ihre Entscheidungen (siehe Abschnitt 6.5) und leben vor, wie sie Lernschritt für Lernschritt klarer sehen.

In vielen Organisationen sind vor einer agilen Organisationsentwicklung Entscheidungs- und Beteiligungsformen nur implizit gegeben. Einige Organisationsmitglieder scheuen sich vor Ansagen und suchen immer einen Weg in den Konsens, während andere Organisationsmitglieder ohne Vertrauen in das Können und die Absichten anderer jedes Detail bestimmen möchten.

Abzulesen sind diese Unsicherheiten in den Entscheidungs- und Beteiligungsformen unter anderem

- durch große CC-Empfänger*innenquoten in E-Mails oder
- durch ausufernde Besprechungen, in denen die Aufgaben der Beteiligten nicht geklärt werden.

In der agilen Organisationsentwicklung leben die Treiber*innen vor, welche Wirkmacht in klaren Entscheidungs- und Beteiligungsformen liegt.

„Welche Richtung verfolgen wir?"

„Was sind inhaltliche Leitplanken?"

„Wer hat welchen Spiel- und damit Entscheidungsraum?"

Die Treiber*innen geben bewusst die Entscheidungsformen für die jeweiligen Lernschritte der agilen Organisationsentwicklung vor. Sie wählen zwischen konsultativen, Mehrheits-, Konsens-, Konsent- oder Einzelentscheidungen („Verkündung") und Widerstandsabfragen aus (siehe Abschnitt 12.7). Die gleiche Klarheit zeigen die agilen Organisationsentwickler*innen in der Begleitung der Treiber*innen (siehe Kapitel 8).

Die Treiber*innen erläutern die entsprechenden Entscheidungsformen im Prozess. Aus der Entscheidungsform ergeben sich die jeweiligen Beteiligungsformen.

Beispiel 034: Konsultative Entscheidung über Führungsleitbild mit Führungskräften

In einer mittelständischen Filialorganisation mit 2750 Organisationsmitgliedern wird die agile Organisationsentwicklung von der vierköpfigen Geschäftsführung zusammen mit drei Mitarbeiter*innen aus „Human Resources" getrieben.

Als Organisationsanliegen formulieren die Treiber*innen, dass sie in den Filialen eine geringere Verlustquote (für abgelaufene Lebensmittel) erreichen möchten. Die aktuelle Verlustquote läge mit 2,5 % deutlich über dem Branchenschnitt. Die Treiber*innen vermuten mangelnde Verantwortungsübernahme und „Dienst nach Vorschrift" als Ursachen.

In vier vorgelagerten Experimenten haben Filialleiter*innen zusammen mit ihren Vertreter*innen andere Führungsformen ausprobiert, da alle Beteiligten in einem veränderten Führungsverhalten in den Filialen den Organisationshebel vermuteten.

In den vorgelagerten Experimenten verändern die Filialleiter*innen unter Begleitung der HR-Mitarbeiter*innen ihr Führungsverhalten. Nach jeweils wenigen Monaten ist die Verlustquote gesunken. Gleichzeitig scheint die Zufriedenheit der Mitarbeiter*innen zu steigen.

Die Treiber*innen lernen von den Filialleiter*innen über ihre Erfahrungen und nehmen deren Anregungen zu einer organisationsweiten Veränderung mit.

Die Treiber*innen entwickeln in einem zweitägigen Workshop ihren Zielraum eines veränderten Führungsverhaltens in den Filialen. Die Repräsentation auf einer Pinnwand zeigt sowohl die Ist-Situation als auch den Zielraum.

Die Treiber*innen laden alle 60 Filialleiter*innen zu einem Zielraum-Workshop ein. Sie stellen dort den von ihnen erarbeiteten Zielraum vor: „Wir erklären Euch, wie wir die Lage sehen und wie wir unseren Zielraum beschreiben. Ihr habt dann anderthalb Tage Zeit, diesen Zielraum zu verfeinern und zu verändern. Wir wünschen Eure konstruktive Beratung. In anderthalb Tagen stellt Ihr uns Euren Zielraum vor. Wir werden dann innerhalb von zwei Stunden Euch den finalen Zielraum vorstellen.

Bild 6.15 Zielraumerfassung zum „Verhalten der Filialführung“

Die Filialleiter*innen beginnen zunächst skeptisch mit der Überarbeitung des Zielraums. „Was die wohl erreichen wollen?“ ist eine große Frage unter den Beteiligten. Nach einiger Zeit trauen sich die Filialleiter*innen, die bestehenden PostIts auf der Pinnwand zu ergänzen oder zu verändern. Dass die Einträge auf PostIts sind, macht es ihnen einfacher, einen eigenen Beitrag zu leisten.

Nach anderthalb Tagen sind alle PostIts verändert. Sie sind zum Teil genauer beschrieben, zum Teil haben die Filialleiter*innen radikal andere Gedanken in ihrer konstruktiven Beratung eingebaut.

Die Treiber*innen sind angenehm von der Intensität, Ehrlichkeit und Tiefe der Debatte überrascht. Die Filialleiter*innen zeigen ambitionierter zur Reduktion der Verlustquote als die Treiber*innen. Auch ist deren Blick auf notwendige Veränderungen konkreter als der der Treiber*innen.

Nach der Vorstellung der Filialleiter*innen ziehen sich die Treiber*innen zur finalen Diskussion zurück. Sie übernehmen einen Großteil der Formulierungen der Filialleiter*innen, verändern eine Aussage „zurück“ und können dies begründen und erweitern eine Formulierung: „Die Filialleiter*innen waren da im Grunde mutiger, als wir es waren. Wenn man den Gedanken zu Ende denkt, kommt man bei folgender Formulierung raus. Das hätten wir uns nie alleine getraut, offensichtlich haben wir es noch nicht mal gedacht.“

Die Treiber*innnen stellen den Filialleiter*innen die finalisierte Formulierung des Zielraums vor. Die Filialleiter*innen sind sehr zufrieden mit dem Ergebnis: „Wir haben das Gefühl, dass Ihr uns richtig zugehört habt.“ „Es macht Spaß, so zu denken, das ist ambitioniert und fühlt sich dennoch realistisch an.“ „Wenn Ihr das so direkt verkündet hättet, hätte ich das doof gefunden. Nun sehe ich, was Euch wichtig ist, und verstehe Eure Entscheidung.“

Die konsultative Entscheidung macht es den Beteiligten möglich, sich hinter dem Zielraum zu versammeln oder zumindest mit einem „disagree and commit“ (siehe Abschnitt 12.7.1) beizutragen.

Dabei haben die Treiber*innen nicht die Entscheidungsform selbst zur Debatte gestellt. Es ist eine Führungsaufgabe, die für eine Aufgabenstellung notwendige Entscheidungsform festzulegen.

6.10 Interessierte an der Veränderung identifizieren und in die Veränderung einladen

Die Treiber*innen der agilen Veränderung laden alle anderen Organisationsmitglieder in die Veränderung ein. Sie suchen dabei die Beteiligungs- und Entscheidungsform, die klare und schnelle Erkenntnisse möglich macht.

6.10.1 Absicherungsvorbehalte offenlegen und in die Veränderung integrieren

In agilen Transitionen zeigen sich häufig Grundannahmen der Beteiligten in Bezug auf die Hierarchie, welche sich in Sätzen zeigen können wie:

„Die Entscheidung steht uns nicht zu, das muss der*die Vorgesetzte ABC entscheiden.“

„Die Entscheidung kann ich nicht treffen. Wir müssen erst mit dem*der Vorgesetzten DEF klären, dass keine weiteren Abhängigkeiten entstehen.“

„Das ist mir zu heikel. Das können wir nicht einfach anders entscheiden. Wir müssen erst verstehen, was sich der*die Vorgesetzte GHI dabei gedacht hat.“

Die Hierarchielogik zu überwinden (entsprechend des gleichnamigen Prinzips 7.9 aus Kapitel 7) ‚stellt die Beteiligten zu Beginn agiler Veränderungen häufig vor große Herausforderungen. In die Verantwortung und die (mindestens operative) Führung zu gehen, die in der Selbstorganisation liegt, ist für viele Beteiligte eine Herausforderung der eigenen Werte und Normen (siehe Abschnitt 9.3).

Führungskräfte in agilen Systemen führen die Beteiligten in die Selbstorganisation (siehe Abschnitt 12.2.2). Die Treiber*innen der agilen Organisationsentwicklung beobachten, ob sie klare Entscheidungen in der Selbstorganisation treffen können oder regelmäßig die Absicherung bei den vermuteten Entscheider*innen (oder Führungskräften) suchen.

Sollte dies der Fall sein, empfehlen agile Organisationsentwickler*innen die Integration des „Absicherungsvorbehalts" in die Treiber*innengruppe. Ziel ist es, alle Entscheidungen in den jeweiligen Planungen (im Sinne des PDCA-Zyklus, siehe Abschnitt 5.2) zu treffen. Die Beteiligten sollten im Fluss bleiben und Iteration für Iteration neue Lernschritte machen können.

Die Beteiligten versuchen im Laufe der agilen Veränderung zu klären, welche Aufgabentypen direkt in die Verantwortung der Beteiligten übergehen, welche Aufgabentypen eine Information benötigen oder welche Aufgabentypen in der Hierarchie verbleiben.

Die Klärung und Visualisierung über Delegationpoker und -board [Appelo 2023-01 könnten für die Beteiligten sinnvoll sein, damit sie die Klarheit ihrer Entscheidungen beibehalten können.

6.10.2 Stakeholder der agilen Veränderung identifizieren und angemessen bedienen

Im Laufe der agilen Veränderung werden sich weitere Individuen oder Organisationsteile zeigen, die Interesse an einer Veränderung bzw. einer Rückführung in das vorherige System haben.

> **Definition: Stakeholder**
>
> Eine Person, die Interesse an der agilen Veränderung hat, ist ein Stakeholder dieses Prozesses.

Die Stakeholder werden von den Treiber*innen der agilen Organisationsentwicklung erfasst und in die passenden Beteiligungsformate wie Sounding Boards (siehe Abschnitt 6.11.3) und Open Reviews (siehe Abschnitt 6.11.2) eingeladen.

Stakeholder können sich inner- wie außerhalb der Organisation befinden. Die Stakeholder-Matrix führt Personen mit ihrer positiven, neutralen oder negativen Einstellung zur Veränderung sowie ihrem Einfluss und der Höhe des Interesses an der Veränderung auf. Personengruppen können mit einer Betroffenheitsmatrix (siehe Abschnitt 6.10.3) erfasst werden.

Im Rahmen der Lernzyklen wiederholen die Treiber*innen regelmäßig die Stakeholder-Analyse:

1. Stakeholder identifizieren
2. Stakeholder bewerten und zuordnen: Höhe und Art des Interesses, Höhe des Einflusses
3. Maßnahmen ableiten und durchführen

Im kommenden Lernzyklus werden die Maßnahmen und deren Wirkung überprüft. Dabei liegt der Fokus auf dem Unterstützen der interessierten, positiv gestimmten Stakeholder mit hohem Einfluss.

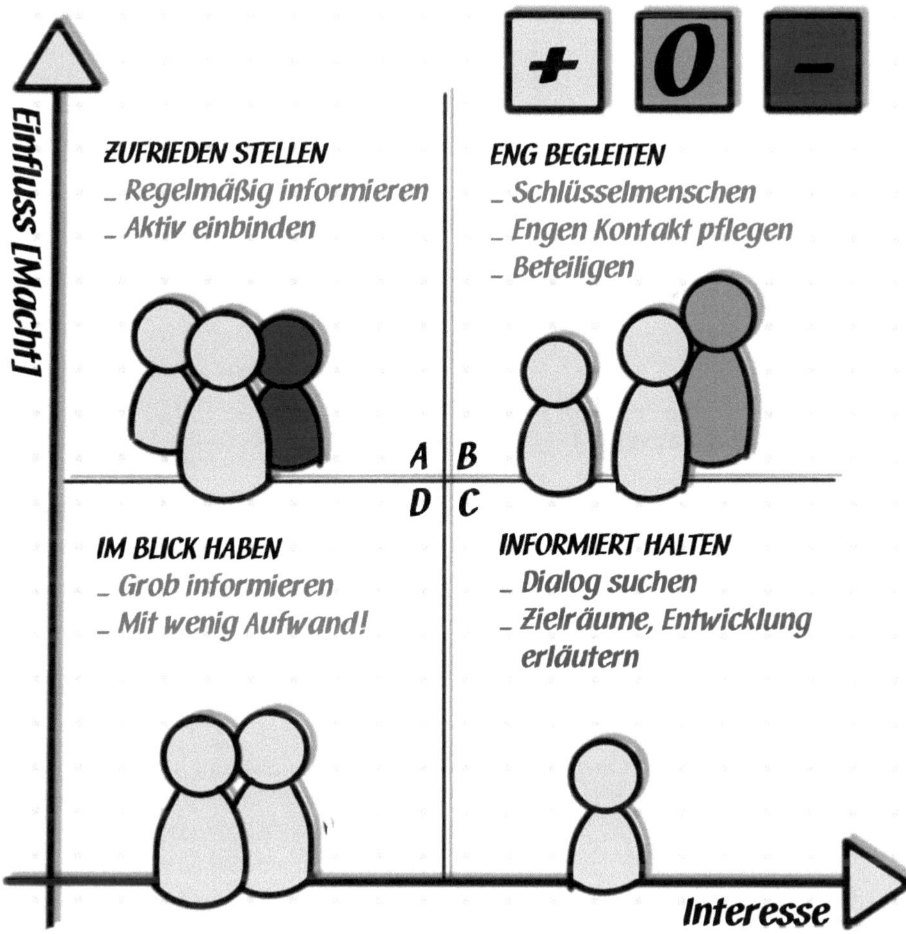

Bild 6.16 Personen in Stakeholder-Matrix erfassen

Die Treiber*innen der Veränderung versuchen Stakeholder der Gruppe A („viel Einfluss, wenig Interesse") zu Stakeholder der Gruppe B („viel Einfluss, viel Interesse") zu machen, sofern sie der Veränderung wohlgesonnen sind.

Dabei achten die Treiber*innen darauf, dass die Stakeholder nicht für einen Systemerhalt (siehe Abschnitt 9.4) sorgen oder anderen Organisationsmustern (siehe Kapitel 9) folgen, die die durch die Treiber*innen angestrebte Veränderung unterlaufen. Stehen Stakeholder einer Veränderung negativ gegenüber, versuchen die Treiber*innen der Veränderung nach entsprechender Hypothesenbildung (z. B. über SCARF, siehe Abschnitt 2.10.3) positiv zu stimmen und neutrale Begleiter*innen im besten Falle zu Befürworter*innen der Veränderung zu machen.

Bei Bedarf werden die vereinbarten Maßnahmen für die Stakeholder in den Change-Plan (siehe Abschnitt 6.6.2.3) und aufs Transitionsboard (siehe Abschnitt 6.7.2.1) übernommen.

6.10.3 Betroffene des Changes identifizieren und in diesen einladen

Wenn sich durch genügend häufige Initiativen oder Maßnahmen genügend ähnliche Prozesse und Strukturen zeigen, ist es sinnvoll, im Sinne der „Rule of Three" (siehe Prinzip 7.19 in Kapitel 7) einen Change durchzuführen.

In diesem Fall empfiehlt es sich, im Sinne der Veränderungskurve nach Kübler-Ross (siehe Abschnitt 2.10.2) und der acht Phasen nach Kotter (siehe Abschnitt 2.10.1) die Betroffenen als Individuen und Personengruppen in einer Betroffenheitsmatrix zu erfassen. Eine Alternative ist das Beschreiben der Betroffenen über Personae in der Innovationsannahme, wie es in Abschnitt 4.6 gezeigt wird.

Die Betroffenheitsmatrix für den Kaikaku-Fall, also einen abrupten Richtungswechsel und schrittweise Annäherung, folgt in die Achsen „Ausmaß der Veränderungen" und „Interesse". Beim Ausmaß der Veränderungen kalkulieren die Treiber*innen ein, ob nur Verhaltensweisen, auch die Nutzung von Geräten oder zusätzlich ein Wertewandel ins Haus steht (siehe Abschnitt 4.1).

In die Betroffenheitsmatrix werden einzelne Personen, Personengruppen (Organisationsteile) eingetragen. Die für die identifizierten Personengruppen bestimmten Maßnahmen werden in den Change-Plan (siehe Abschnitt 6.6.2.3) und in das Transitionsboard (siehe Abschnitt 6.7.2.1) aufgenommen.

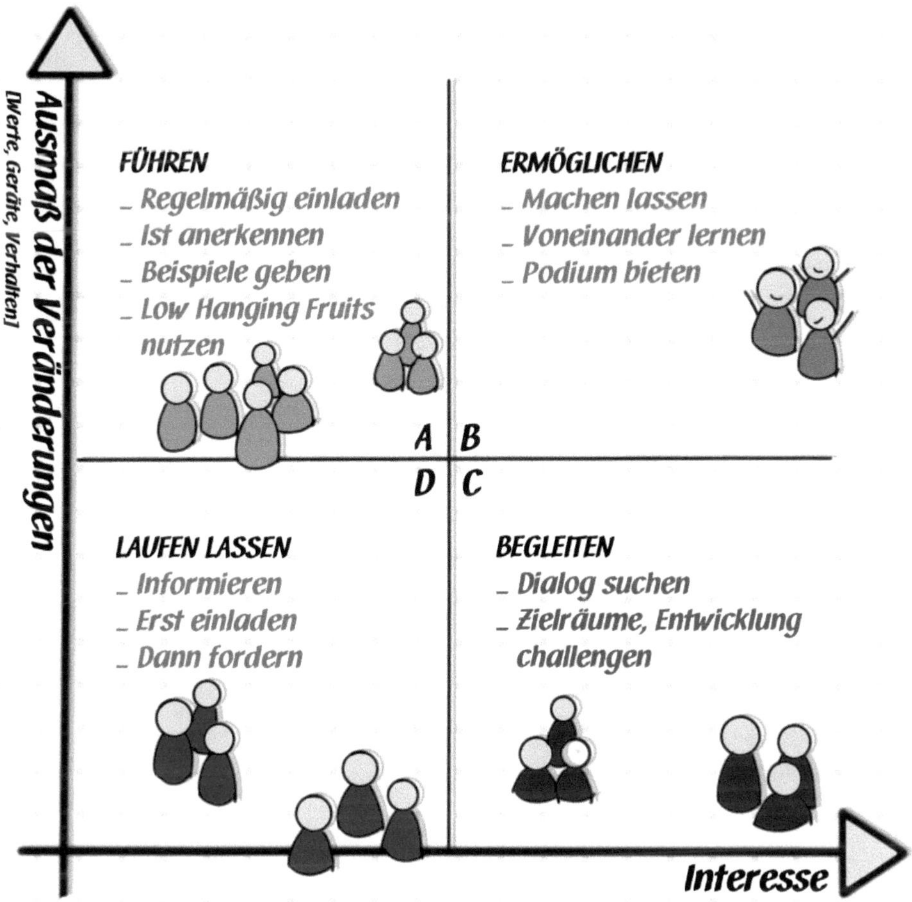

Bild 6.17 Betroffene im Change adäquat behandeln

6.11 Beteiligungsformen bewusst nutzen

Nicht nur die Entscheidungsformen (siehe Abschnitt 12.7.9) sind in der agilen Organisationsentwicklung zu klären, auch die Beteiligungsformen: Die Lernschritte und Experimente werden von den unterschiedlichen Gruppen der Innovationsannahme unterschiedlich gut angenommen. Nicht beteiligt zu werden, kann womöglich auf Individuen demotivierend wirken.

Für die agile Organisationsentwicklung ist für den jeweiligen nächsten Schritt zu klären, wie die Organisation an diesem Schritt beteiligt ist. Gehen diesen Lernschritt einzelne Teammitglieder, ein Pärchen, eine Kleingruppe, eine Gruppe von Stellvertreter*innen, eine repräsentative Gruppe, eine Gruppe bestimmter fachlicher, prozessualer oder technischer Kompetenzen, eine Großgruppe (z. B. eine Abteilung oder ein Bereich) oder die gesamte Organisation?

Dies gilt für alle Experimente, Maßnahmen oder Initiativen, die von den Treiber*innen der agilen Veränderung ausgehen. Diese sollten dazu einladen, dass Personengruppen und Individuen, die entsprechend motiviert sind, in ihrem Wirkungsbereich selbstorganisiert Veränderungen im Sinne der agilen Transition ausprobieren.

6.11.1 Organisationstreffen anbieten

Vollständige Organisationstreffen können sehr unterschiedliche Namen tragen: von der klassischen Betriebsversammlung, über ein „all-hands-meeting", über Townhall-Meetings zu „Brown Bag Sessions" ist vieles möglich. Für die Organisationstreffen ist zu klären,

- welche Informationen die Treiber*innen übermitteln möchten,
- wie die Teilnehmer*innen an den jeweiligen Lernschritten beteiligt werden und
- ob und wie die Teilnehmer*innen zusammen mit den Treiber*innen lernen werden.

Die Beteiligten planen die jeweiligen Beteiligungs- und Entscheidungsformen und geben diese mit der Einladung bekannt:

Beispiel 035: Ablauf eines all-hands-Meetings während einer agilen Transition

Die Treiber*innen entscheiden sich, über den Stand der aktuellen Pilotprojekte zu informieren, und werden alle Organisationsmitglieder darum bitten, sie für die Definition der nächsten Lernschritte zu beraten.

Uhrzeit	Beteiligte	Beteiligungsform	Inhalt
09.00	Treiber*innen	Vortrag	Begrüßung
09.15	Sprecherin des Pilotteams	Keynote	Interdisziplinäre Zusammenarbeit: wie wir gelernt haben, uns neu auf die Kund*innen zu fokussieren
09.45	alle	Plenum	Fragen an die Sprecherin aus dem Plenum
10.00	alle	Pause	

Uhrzeit	Beteiligte	Beteiligungsform	Inhalt
10.15	Sprecher*innen der Pilotprojekte, Moderation: Treiberin ABC	Panel	1. Leitfragen: Wie seid Ihr auf die Zusammenarbeit gekommen? 2. Was waren die größten Überraschungen? 3. Was möchtet Ihr dem Plenum mitgeben?
10.45	alle	Plenum	Fragen ans Panel aus dem Plenum
11.15	Neigungsgruppen	Empfehlung an Treiber*innen	Teilnehmer*innen organisieren sich in Neigungsgruppen zu den acht Themen ABC, DEF, ... und empfehlen den Treiber*innen Experimente für die nächsten Lernschritte.
12.30	alle	Vortrag	Vorstellung der Experimentvorschläge durch Sprecher*innen der Neigungsgruppen mit Handlungsempfehlung
13.00	alle	Mittagspause	
14.00	Treiber*innen	Vortrag	Reaktion auf Experimentvorschläge durch Treiber*innen, Ausblick auf kommende Experimente, Verkündung nächster Schritte
14.30	alle	Abschluss	Messung „ROTI" (siehe Abschnitt 6.11.4), Feedbackwand, Wand mit Wünschen der Teilnehmer*innen

Die Treiber*innen vermitteln mit der Einladung ihren Entschluss, auf persönlich gekennzeichnete Feedbackeintragungen und Wünsche im Nachgang individuell zu reagieren.

Über Großgruppenmoderation und Open-Space-Formate können die Treiber*innen auch viele Menschen gleichzeitig an der inhaltlichen Gestaltung der agilen Organisationsentwicklung beteiligen oder in Entscheidungen einbinden. Je größer die Gruppen werden, desto einfacher wird es sein, über Widerstandsabfragen zu zielführenden Ergebnissen zu kommen.

6.11.2 Open Reviews anbieten

Die Treiber*innen werden mindestens auf dem Organisationsanliegen einen Lernzyklus durchlaufen. Als Format für den „Check“ ist z. B. in der agilen Projektmethode Scrum ein Review vorgesehen.

Als „Open Reviews“ bezeichnet man in der agilen Organisationsentwicklung Arbeitstreffen, zu denen öffentlich und offen eingeladen wird, in physischen Räumen häufig nach dem „first come, first serve“-Prinzip aufgrund begrenzter Platzzahlen. In einem „Open Review“ stellen sich die Treiber*innen die für die jeweilige Iteration geplanten Experimente und Maßnahmen, die zugrundeliegenden Hypothesen sowie die erkannten Ergebnisse vor und bewerten diese im Sinne der Hypothesen.

Die Gäste des Open Reviews haben dann die Möglichkeit, das Vorgetragene möglichst ausführlich und begründet zu kommentieren.

Somit funktionieren Open Reviews ähnlich wie Sounding Boards, nur dass die Besetzung offener angelegt ist.

Agile Reviews bieten häufig auch einen Ausblick auf die kommende Produktentwicklung. So können die Treiber*innen auch Open Reviews nutzen, um kommende Lernschritte und die zugehörigen Hypothesen aufzuzeigen, um diese nach den Kommentaren der Open-Review-Teilnehmer*innen zu verfeinern oder anderweitig anzupassen.

6.11.3 Sounding Boards anbieten

Sounding Boards sind ein klassisches Instrument in Veränderungsprozessen. Eine Auswahl von Fachleuten bzw. von Delegierten kommentiert oder bewertet den Verlauf der Organisationsentwicklung. Ähnlich wie in den Open Reviews nehmen die Sounding-Board-Mitglieder eine beratende Rolle (ohne Weisungsbefugnis) gegenüber den Treiber*innen ein.

Als Mitglieder des Sounding Board können Organisationen auch Kund*innen einladen, insbesondere lohnt sich hier der Blick auf die zukünftigen Experimente.

6.11.4 ROTI messen

Nicht nur für Meetings und Rituale innerhalb der agilen Organisationsentwicklung, sondern für alle Meetings, Regeltermine und Rituale ist das Messen des ROTI („Return on Time Invested“) sinnvoll und nutzbringend.

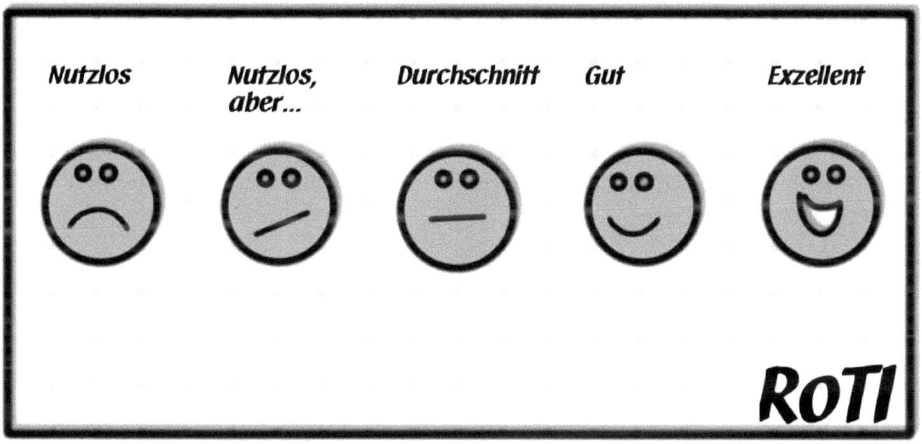

Bild 6.18 Schnell und unmittelbar den Wert eines Meetings erfassen

In einer visuellen Abfrage bewerten die Teilnehmer*innen das Arbeitstreffen auf einer Skala von „nutzlos“ bis „exzellent“. Die Moderator*innen prüfen jeweils die Ergebnisse der Abfrage im Rahmen ihrer Lernzyklen und verbessern die Arbeitstreffen. Wenn die Beteiligten mehrheitlich den Wert eines Arbeitstreffens als „nutzlos“ infrage stellen, ist es zu empfehlen, eine Handlungsalternative zu entwickeln und das eigentliche Arbeitstreffen zu streichen.

Alternativ zu einer Punkteabfrage können die Teilnehmer*innen auch einfach ihre Finger zur Abstimmung nutzen. Einen einzelnen Finger zu zeigen, entspricht der Wertung „nutzlos“, fünf Finger stehen für „exzellent“.

6.12 Selbstreflexion „Agile Transitionen designen“

Beantworte die folgenden Reflexionsfragen bzw. bearbeite die skizzierten Übungen und Vertiefungen. Eine schriftliche Auseinandersetzung beziehungsweise Inter-/Supervision wird die Wirkung der Übung verstärken.

- Welche Changes und agilen Transitionen hast Du bereits erlebt? Reflektiere diese:
  - Welche Kommunikations-, Entscheidungs- und Beteiligungsformen haben sich für Deine Organisation bewährt, welche nimmst Du aus diesen daher mit?
  - Mit Deinem heutigen Wissen: Welche erlebten Veränderungen würdest Du nachträglich anders gestalten (im Sinne von Kaizen und Kaikaku)?
- Überlege Dir Kommunikationsformen, die für Deine Organisation besonders attraktiv sind.

- Welches Organisationsanliegen könnt Ihr für Eure Organisation formulieren?
- Welche Organisationshebel sind für Eure Organisation denkbar? Mit welchen Experimenten könntet Ihr diese prüfen?
- Welche Experimente wären für Euch interessant, um einen Organisationshebel zu finden? Welche Hypothesen habt Ihr hierzu? Mit welchen Daten könntet Ihr die Ergebnisse absichern?
- Wie gewohnt seid Ihr es, Changes im Sinne des Kaikaku anzusagen?

7 Prinzipien der agilen Veränderung folgen

Agile Veränderungen folgen Prinzipien. Während klare und komplizierte Herausforderungen über Pläne und Verhaltensregeln steuerbar sind, lösen Beteiligte komplexe und chaotische Herausforderungen mittels Prinzipien und dem Befolgen einer Richtung.

Das folgende Kapitel fasst alle Prinzipien der agilen Veränderung zusammen, welche in diesem Buch erwähnt werden. Diese Prinzipien haben sich in vielen agilen Veränderungen bewährt.

7.1 Agil mit agil einführen

Wir folgen dem agilen Manifest. Wir entwickeln Organisationen iterativ, inkrementell und lernend – und nutzen sowohl Kaizen als auch Kaikaku.

7.2 Auf Augenhöhe arbeiten

Wir begegnen uns auf Augenhöhe: Wir wertschätzen unseren Beitrag, unser Wissen und unsere Kompetenzen und wir achten unsere Grenzen. Wir feiern uns dafür, dass wir uns trauen, neue Schritte zu gehen.

7.3 Fehler machen und lernen

Erfahrungsbasiertes Lernen ermöglicht uns echte Bewegung. Wir umarmen Fehlentscheidungen und begrüßen jedes Ergebnis eines Lernschritts als ein Lerngeschenk.

7.4 Fokussieren!

Wir fokussieren uns auf einen Organisationshebel und einen Zielraum zurzeit. Fokus schafft Klarheit im Erkennen und erleichtert das Lernen.

7.5 Mit Freiwilligen arbeiten

Wir präferieren die Veränderungsarbeit mit Freiwilligen. In ihnen liegen der Mut und die Motivation zu echten Veränderungen.

7.6 Hack the System!

Wir nutzen das aktuelle System, in dem wir Werte, Normen und Regeln kreativ ausleuchten und neu interpretieren. Wir ändern nur so viel, wie notwendig ist.

7.7 Vom Kleinen ins Große arbeiten

Wir bevorzugen echte, vollzogene Veränderungen im Kleinen – statt große Veränderungen langwierig zu planen, die wir nicht umsetzen. Wir überprüfen unsere Hypothesen im kleinstmöglichen Kontext mit Minimum Viable Products.

7.8 Einfach arbeiten

Wir machen es uns einfach! Wir minimieren auf ein optimales Maß an Ritualen und Maßnahmen.

7.9 Hierarchielogik brechen

Wir heißen alle in der Veränderung willkommen. Wir sorgen für klare Entscheidungen und eine angemessene Beteiligung aller Organisationsmitglieder.

7.10 Mit Hypothesen arbeiten

Wir unterlegen unsere Lernschritte mit Hypothesen und möglichst mit Daten.

7.11 Der agilen Transition einen Namen geben

Wir möchten eine attraktive Zukunft erreichen, laden in die Veränderung ein und werben für diese.

7.12 Erst die Prozesse, dann die Struktur entwickeln

Wir bevorzugen es, funktionierende Prozesse zu (er-)finden. Wenn diese sich bewährt haben, werden wir Strukturen bauen, die diese Prozesse stützen.

7.13 Fertig werden ist eine Entscheidung

Wir entscheiden, wann wir unseren Zielraum erreicht haben. Wir verantworten unseren Weg und unseren Zielraum.

7.14 *Im* Handeln lernen

Wir erleben Veränderung. Wir können sie nicht erdenken.

7.15 „Just do it!"

Wir probieren uns einfach aus. Wir suchen nach Erfahrungen und können so nach und nach prospektiv arbeiten. Wir lernen öffentlich.

7.16 Mindset durch Erfahrungen verändern

Wir fordern nicht ein bestimmtes Mindset, mit dem die Veränderung möglich ist. Wir laden dazu ein, dass wir zusammen zu einem neuen Mindset finden.

7.17 „One Some Many" anwenden

Wir führen Neuerungen erst in einer, dann in einigen und schließlich in vielen Organisationseinheiten ein. Wir sind offen für neue Erkenntnisse in jedem dieser Schritte.

7.18 PDCA: In Lernzyklen Entwicklung voranbringen

Wir arbeiten hypothesenbasiert in operativen, strategischen und normativen Lernzyklen.

7.19 „Rule of Three" für Organisationen beachten

Wenn ähnliche Herausforderungen drei Mal ähnliche Lösungen hervorgebracht haben, fragen wir uns, wie wir diese Lösungen generalisieren werden.

Transparenz über das „Was" und das „Wie" herstellen

Wir agieren transparent. Wir sprechen über das Organisationsanliegen, den Organisationshebel und den angestrebten Zielraum sowie unseren aktuellen Lernschritte.

7.20 Selbstreflexion „Prinzipien der agilen Veränderung folgen"

Beantworte die folgenden Reflexionsfragen bzw. bearbeite die skizzierten Übungen und Vertiefungen. Eine schriftliche Auseinandersetzung bzw. Inter-/Supervision wird die Wirkung der Übung verstärken.

- Welche Prinzipien spiegeln sich in Deiner agilen Organisationsentwicklung wider?
- Welche Prinzipien möchtest Du stärker nutzen?

- Welche Prinzipien findest Du überflüssig?
- Welche Prinzipien wirst Du für Eure agile Organisationsentwicklung streichen?
- Welche Prinzipien möchtest Du für Eure agile Organisationsentwicklung ergänzen?

8 Als agile*r Organisationsentwickler*in ins strategische Lernen begleiten

Eine klare Haltung für sich zu entwickeln, ist für viele Aufgaben erfolgversprechend und zielführend. Eine klare Haltung führt zu wirkungsvollen Entwicklungsimpulsen. Das gilt fürs agile Coachen genauso wie für Führungsaufgaben und für die Aufgabe agiler Organisationsentwickler*innen, welche Organisationen ins strategische Lernen begleiten.

> **Definition: Methoden agiler Organisationsentwickler*innen**
> Agile Organisationsentwickler*innen setzen Führungsimpulse, beraten und coachen Organisationen, so dass diese ihren Zielraum entwickeln und erreichen können.

In der ersten Phase der Organisationsentwicklung erkundet die Organisation das Organisationsanliegen und identifiziert den Organisationshebel. Aus diesem leitet die Organisation in der zweiten Phase einen Zielraum ab, welchen sie iterativ, inkrementell und lernend anstrebt.

Agile Organisationsentwickler*innen nutzen das Führungs-ABC (siehe Abschnitt 12.3), um Organisationen ins strategische Lernen zu begleiten. Ein reines Coaching (als Organisationscoach) wird nicht ausreichen. Die Organisationsmitglieder sind verwoben ins System, leben in und mit ihren Normen, Werten und Regeln und bedienen die vorhandenen Organisationsmuster. Es braucht Führung, damit die Organisation und die Treiber*innen der agilen Veränderung sich bewegen und Bewegung möglich machen können.

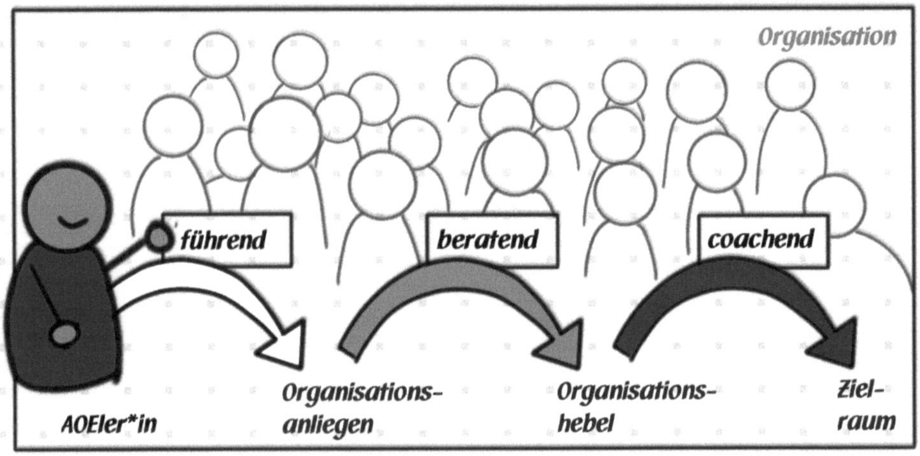

Bild 8.1 Führung, Beratung und Coaching

Agile Organisationsentwickler*innen agieren gegenüber der Organisation und insbesondere den Treiber*innen der agilen Veränderung in dienender Leitung:

> **Dienende Leitung**
> „Was muss ich tun, damit mein Team zur Höchstleistung kommt?"

Die agilen Organisationsentwickler*innen passen ihr Verhalten an die Bedürfnisse der Treiber*innen und der Organisation als solches an. Diese sind naturgemäß sehr unterschiedlich. Je nach Vorerfahrung mit iterativen, inkrementellen und lernenden Vorgehen können die Beteiligten unterschiedlich stark in die Verantwortung gehen und ihren Gestaltungsraum so früher oder später voll nutzen.

Agile Organisationsentwickler*innen verhalten sich zielführend während des Veränderungsprozesses. In allen Phasen beraten die agilen Organisationsentwickler*innen den Prozess. Inhaltlich ändern sie die Haltung ihrer Begleitung während der agilen Veränderung:

Solange die Organisation das **Organisationsanliegen** nicht formulieren kann, führen sie Interessierte in die Veränderung.

Sofern die Organisation den **Organisationshebel** noch nicht benennen kann, beraten sie die Treiber*innen der Veränderung.

Sofern die Organisation an der Erreichung des **Zielraum**s arbeitet, coachen die agilen Organisationsentwickler*innen die Treiber*innen.

Dabei agieren die agilen Organisationsentwickler*innen empathisch gegenüber allen Beteiligten, distanziert zur Sache und dissoziiert zum System. Nur in dieser Grundhaltung [Andresen 2019-01] wird es den agilen Organisationsentwickler*innen gelingen, gute Hypothesen zu entwickeln, um die Organisation in den nächsten Lernschritt begleiten zu können.

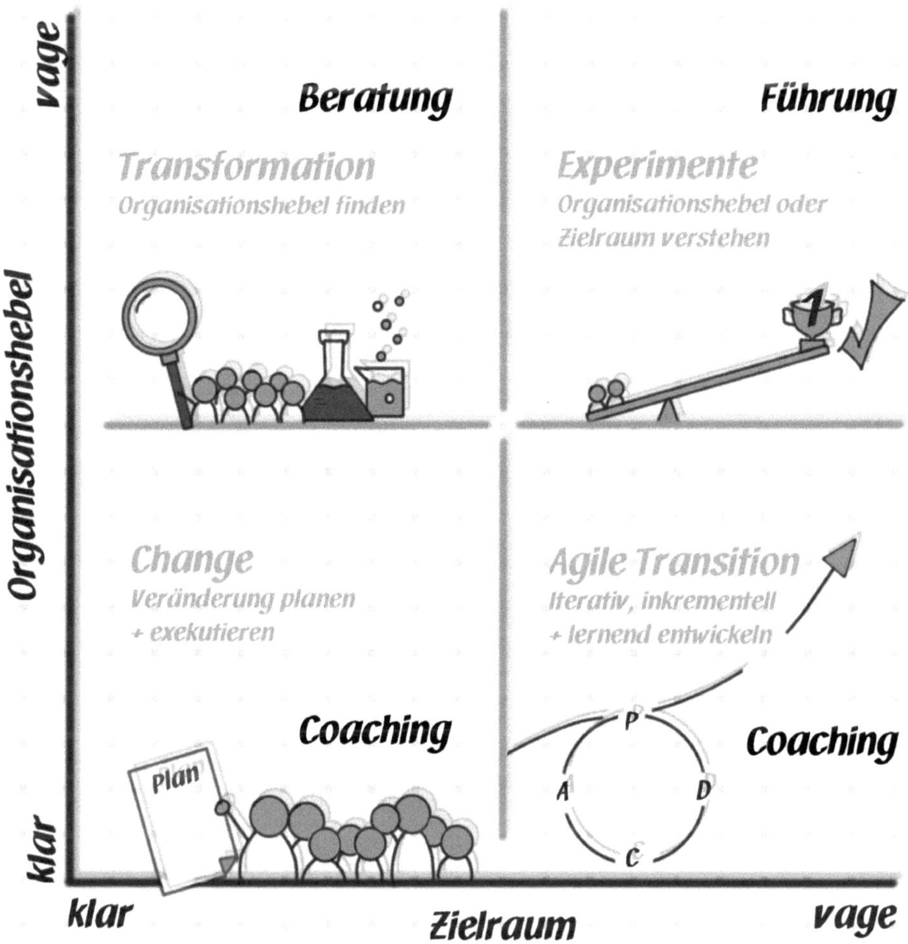

Bild 8.2 Den Veränderungsprozess klar führen

8.1 In Zyklen lernen

Agile Organisationsentwickler*innen begleiten Organisationen, indem sie zum frühestmöglichen Zeitpunkt einen Lernzyklus auf dem Organisationsanliegen aufsetzen. In diesem Lernzyklus prüfen die Beteiligten regelmäßig Folgendes.

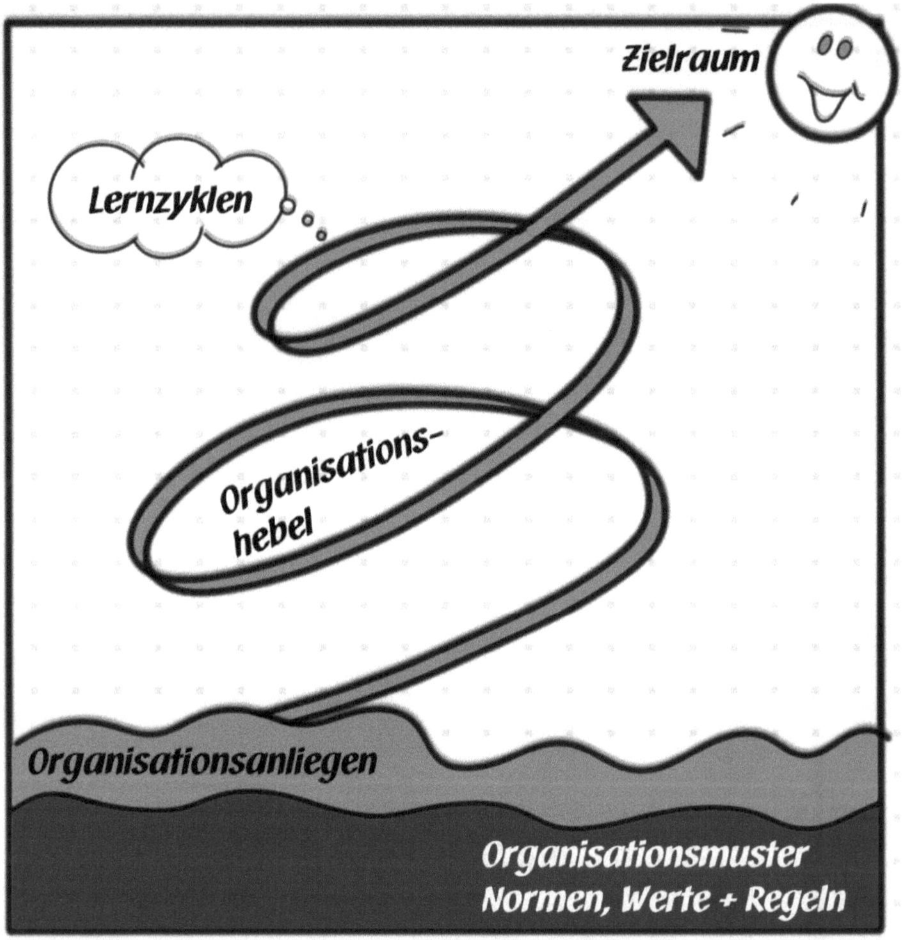

Bild 8.3 Vom Organisationsanliegen über den -hebel zum Zielraum lernen

Lernzyklus auf Organisationsanliegen

- Wie ist der Verlauf der agilen Organisationsentwicklung?
- Können wir das Organisationsanliegen, später den Organisationshebel, schließlich den Zielraum besser beschreiben?
- Was haben wir in der letzten Iteration gelernt?
  - Was haben wir in Bezug auf Organisationsanliegen, -hebel und Zielraum beobachtet?
  - Wie deuten wir diese Beobachtungen? Welche Organisationsmuster zeigen sich? Welche Paradigmenwechsel erscheinen uns zielführend zu sein?
- Welche Lernschritte gehen wir daher als Nächstes?

Agile Organisationsentwickler*innen moderieren diese Lernzyklen und setzen in diesen Lernmomenten zielgerichtet auf Führung, Beratung oder Coaching.

Daher prüft der*die agile Organisationsentwickler*in regelmäßig das aktuelle Veränderungsdesign auf Stimmigkeit:

Lernzyklus zum Veränderungsprozess

1. Ist ein Fortschritt der Organisation in Richtung Organisationshebel/Zielraum erkennbar?
2. Ist das gewählte Veränderungsdesign für die Entwicklung hilfreich?
3. Benötigt die Organisation Führung, Beratung oder Coaching, um die nächsten Lernschritte entwickeln und gehen zu können?

Agilisieren ist immer auch eine Bewusstwerdung über Organisationsmuster und bisher implizite Normen, Regeln und Werte in einer Organisation [Andresen 2019-01]. Ins strategische Lernen zu begleiten, heißt, Organisationen auf ihrem Weg vom **Organisationsanliegen** über den **Organisationshebel** in den **Zielraum** zu begleiten.

8.2 Aus dem Organisationsanliegen herausführen

In vielen Organisationen vermögen es einzelne Organisationsmitglieder eine innovative Veränderung der Arbeitsweisen – und damit auch der Ergebnisse – herbeizuführen. Diese agilen Initiativen werden von Innovator*innen initiiert. Aus diesen Erfahrungen können die Treiber*innen der agilen Veränderung lernen. Häufig zeichnet sich bereits der Organisationshebel ab (siehe Abschnitt 2.7.3). Für einen Großteil der Organisation ist Veränderung häufig im ersten Schritt weder denk- und noch machbar.

Die Organisationsmuster zeigen häufig eine große Wirkung auf die Organisationsmitglieder. Jenseits des „so wie beim letzten Mal" zeigt sich kein Möglichkeitsraum. In vielen Fällen fordern systemische Wiederholungen (siehe Abschnitt 9.8) ihren Tribut oder Entscheidungsoptionen sind durch Pfadabhängigkeiten (siehe Abschnitt 9.9) nicht mehr erkennbar.

Agile Organisationsentwickler*innen führen Organisationen in die Sprachfähigkeit. Diese können im weiteren Verlauf Ressourcen und Defizite benennen, Lernfelder identifizieren sowie den Organisationshebel und schließlich den Zielraum für sich klären.

Dies wird nur gelingen, wenn die agilen Organisationsentwickler*innen deutlich ein Vorgehen empfehlen, Orientierung geben und die Organisationsmitglieder ermutigen, ihre Lernschritte zu gehen. Die Beteiligten benötigen Beratung, in Teilen auch Führung, um das Organisationsanliegen verlassen zu können.

8.2.1 Begründet empfehlen

Agile Organisationsentwickler*innen empfehlen Organisationen, insbesondere den Treiber*innen, wie die anstehende Veränderung zu designen ist. Sie begründen ihre Empfehlung mit einem Blick auf das Organisationsanliegen, den Organisationshebel und einen möglichen oder formulierten Zielraum (siehe Abschnitt 2.9.1).

Sie empfehlen auch die Entscheidungs- und Beteiligungsformen innerhalb der agilen Organisationsentwicklung, sofern die Treiber*innen dies aufgrund mangelnder Erfahrung noch nicht selbst können. Agile Organisationsentwickler*innen sind laterale Führungskräfte, die die Beteiligten in die Selbstorganisation führen (siehe Abschnitt 12.2.2).

In unsicheren Umgebungen scheuen sich viele Menschen, in die Verantwortung zu gehen. Agile Organisationsentwickler*innen wissen um diese Unsicherheiten und ermutigen die Treiber*innen der agilen Organisation und die Organisation als solches, klare Entscheidungen und deutliche Beteiligungsformen (siehe Abschnitt 12.7) auszuprobieren.

8.2.2 Orientierung geben

Die Organisationsmitglieder verlieren sich während der agilen Organisationsentwicklung leicht **im** System. Die Organisationsmuster fordern ihren Tribut – insbesondere Systemerhalt und systemische Wiederholungen. Die gewohnten Verhaltens- und Denkmuster ziehen genauso **in** das System wie die Grundannahmen der Beteiligten. Dabei können die Beteiligten leicht die Orientierung verlieren – und anstatt am Organisationshebel oder dem Zielraum zu arbeiten, verlieren sich die Beteiligten im Organisationsanliegen.

Agile Organisationsentwickler*innen geben den Organisationsmitgliedern, insbesondere den Treiber*innen, Orientierung. Sie fordern die notwendigen und anstehenden Lernschritte ein, erläutern ähnliche Fälle und legen die nächsten Schritte fest.

Insbesondere wenn Experimente fachlich fehlgeschlagen sind, sorgen die agilen Organisationsentwickler*innen für eine abschließende Auswertung des Experiments:

> „Was habt Ihr jenseits Eurer Hypothesen gelernt?"

Danach sorgen die agilen Organisationsentwickler*innen für eine Beendigung dieser Experimente. Gleichzeitig ermutigen Sie die Treiber*innen, die agile Organisationsentwicklung fortzusetzen.

Gerade in der ersten Phase brauchen die Treiber*innen Orientierung. Agile Organisationsentwickler*innen definieren hierzu die notwendigen Veränderungsschritte und erläutern diese.

Beispiel 036: Orientierung im Veränderungsprozess bieten

„Ihr steht in unruhigen Zeiten, das höre ich. Außen ändern sich die Marktanforderungen ständig, innen ist es ganz schön rappelig. Im Außen seid Ihr Euch nicht sicher, ob Euer Angebot dauerhaft zur Nachfrage passt. Im Innen spürt Ihr eine Unruhe unter den Organisationsmitgliedern. Ihr wisst, dass Ihr Euch und Eure Tätigkeiten durch KI extrem verändern werden. Im extremsten Fall schafft Ihr Euch selbst durch KI ab. Es gibt hier also auch viel Angst in der Organisation.

So würde ich Euer Anliegen zusammenfassen: Ihr wollt Euch sicher sein, das Richtige anzubieten. Ihr wisst, dass KI Euer Geschäft verändern wird – nur nicht wie. Und damit das gelingt, müsst Ihr als Organiation aus der Angst heraus.

Nun fragt Ihr Euch: Wie kommen wir dahin? Ihr seid auf der Suche nach Eurem Organisationshebel.

Mit der Erfahrung, die ich mitbringe, vermute ich einen großen Hebel in der Anpassung Eurer Projektmethoden im Produktbereich. Mir scheint es da viel „so wie beim letzten Mal" und wenig Experimentierfreude zu sein.

Daher schlage ich Euch vor, dass Ihr zwei Innovationsteams gründet. Eines baut in Design Sprints KI in den Alltag ein, das andere übernimmt die gleiche Aufgabe in Design Thinking. Und dann braucht Ihr etwas, um KI so ins Gespräch und die Handlung zu bekommen, dass sie Euren Organisationsmitgliedern nicht Angst, sondern Lust auf Veränderung macht. Was da echt helfen kann, ist mit KIs zu spielen. Ein drittes Team übernimmt die Aufgabe, Freiwilligen, Teams oder Abteilungen das Spielen mit KIs zu ermöglichen. Vielleicht gibt es Spielstunden oder -tage. Wir werden da etwas finden, was gut zu Euch und Eurem Arbeitsalltag passt. Und schließlich: in dieser Runde werden wir klären, wie wir auf die latente, Euch lähmende, Angst in der Organisation reagieren.

Der Aufwand dafür ist klein. Und Ihr könntet schnell sehen, auf welche Weise KI Euch zu Eurem Organisationshebel führt.

Sobald Ihr den klar habt, werden wir diesen nutzen, um einen Zielraum für die gesamte Organisation aufzustellen"

In dieser Phase gehen agile Organisationsentwickler*innen deutlicher in Führung, als es z. B. agile Coaches tun würden, die im Wesentlichen Prozesssicherheit und Sekundärberatung anbieten. Agile Organisationsentwickler*innen bieten nicht nur prozessuale Sicherheit, sie empfehlen auch ein fachliches Vorgehen.

8.2.3 Zuhören

Agile Organisationsentwickler*innen achten beim Empfehlen der Fachlichkeit

> „Wenn ich an Eurer Stelle wäre, würde ich aus Gründen ABC und Beobachtung DEF, den Schluss ziehen, das GEH und daher die agilen Methoden IJK auszuprobieren."

darauf, dass sie den Beteiligten genau zuhören. Der Grat zwischen „in Führung gehen" und „den Beteiligten das eigene Bild aufzwingen" kann schmal sein.

Wenn agile Organisationsentwickler*innen nicht gut zuhören, keine bewussten Beobachtungen machen und daraus Hypothesen ableiten, werden sie keine gute Führung bieten. Sie bedienen dann ihre eigenen Bedürfnisse und/oder Muster, sie arbeiten nicht am Organisationsanliegen. Wenn sie dies nicht tun, folgen sie einer Selbstbeauftragung (siehe Abschnitt 8.5).

„Zuhören" heißt Verhalten bewusst zu beobachten, aktiv zuzuhören, Nicht-Verhalten klar zu benennen, um daraus Hypothesen und folgend Anstöße für den jeweiligen Veränderungsprozess abzuleiten. Die Hypothesen sind entweder messbar (siehe Kapitel 6.6.4.1) oder durch fachliche Modelle (vorwiegend Organisationsmuster, siehe Kapitel 9) begründet.

8.2.4 Ermutigen

Lernen ist kein immerwährender positiver Prozess. Zu verstehen, welche Art der Zusammenarbeit, welche Prozesse, welche Kommunikationsform den Organisationszielen dient, heißt auch zu verstehen, was nicht funktioniert.

Organisationsmitglieder können in dieser Phase den Mut verlieren. Kommen sie doch aus einer Situation, die sie nicht als angemessen erlebt haben oder negativ konnotieren: Gelingen nun Lernschritte nicht, können die Beteiligten verzagen. Der Mut geht ihnen verloren. Mit dem (sehr verknappten) Modell

> „Wo Mut gebraucht wird, ist Angst da."

können agile Organisationsentwickler*innen Angebote formulieren, so dass die Organisationsmitglieder die nächsten Schritte gehen und so ihre Ängste überwinden können.

Beispiel 037: Ängste überwinden im Transitionsteam

„Ich verstehe, dass Ihr das als frustrierend erlebt. Ihr habt ein Experiment mit Eurer HR-Abteilung gestartet und auf Scrum als Projektmethode gesetzt, um die nicht regelhaften Aufgaben zu meistern. Was Ihr gesehen habt: Das Tagesgeschäft hat eine größere Bedeutung, als Ihr angenommen habt. Damit konntet Ihr Scrum nicht nutzbringend einsetzen. Was Ihr auch gesehen habt: Alle drei Teams in der Abteilung wollten mitziehen. Und es frustriert Euch, dass Ihr mit dem Vorschlag falsch gelegen habt. Scrum funktioniert da so nicht. Nun habt Ihr Angst, die Stimmung mit einem weiteren Vorschlag runterzuziehen. Ich habe hier eine Liste, auf der Ihr eintragen könnt, was Ihr alles über Prozesse und Projekte in diesem Bereich gelernt habt.

Ihr solltet auch herausstellen, was Ihr schon gelernt habt. Und mit den Mitarbeitenden das Gespräch suchen. Die haben ja auch gelernt: im System und am System.

Mit meinem aktuellen Wissen glaube ich, dass Scrumban für Euch das nächstbeste Experiment ist. Das erscheint mir besser zu sein, um deren Arbeitsalltag mit viel Tages- und weniger Projektgeschäft zu unterstützen.

Wenn Ihr jetzt schnell in ein Gespräch kommt und schon mit der nächsten Iteration Scrumban an den Start bekommt, zeigt Ihr, dass die Veränderung weiterläuft – und dass Ihr alle immer lernt. Auch wenn Ihr falsch liegt. Und ich ahne, dass selbst ein zweiter Fehlstart verziehen würde. Die Mitarbeitenden haben deutlich signalisiert, dass sie auf der Suche nach einem besseren Arbeitsalltag sind. Die Stimmung dafür ist da. Das solltet Ihr nutzen."

Dabei achten die agilen Organisationsentwickler*innen darauf, dass die Beteiligten trotz schwieriger oder demotivierender Umstände nicht ihren Unsicherheiten (siehe Abschnitt 9.2) erliegen, sondern schnell und pragmatisch zu neuen Erfahrungen kommen.

8.2.5 Sicht auf das System anbieten

Wenn die Beteiligten mit ihren Unsicherheiten konfrontiert werden, bieten agile Organisationsentwickler*innen ihre Sicht auf das System zur Entlastung der Beteiligten an. Dabei begründen sie entweder ihre Sicht mit einem Modell oder mit Erfahrungen.

Beispiel 038: Sicht auf das System über Modelle oder Erfahrungen anbieten

„Wisst Ihr, die schwierige Auswertung in Excel scheint Ihr jetzt mit weiteren Excel-Tabellen zu beantworten. Das fühlt sich für mich wie eine systemische Wiederholung an. Auf Unsicherheiten reagiert Ihr – um es despektierlich zu sagen – mit Excel-Tapeten. Das Erstellen und Erfassen von Excel-Dateien scheint Euch Sicherheit zu geben. Ich sehe und fühle Eure Unsicherheit in der aktuellen Situation. Was könntet Ihr alternativ machen, um aus diesem Gefühl heraus- und in die Handlung zu kommen?"

„Ja, jetzt, wo Ihr Euer Anliegen in den kühnsten Farben gemalt habt, scheint Ihr mir ganz schön erschlagen zu sein. Wo anfangen? Haben wir überhaupt eine Chance? Ihr könnt Euch sicher vorstellen, das habe ich schon in anderen Organisationen erlebt. Während Ihr Euer Anliegen gezeichnet habt, ist mir aufgefallen, dass Ihr den Servicebereich immer besonders beachtet habt."

„Ihr habt KI als strategisches Ziel ausgerufen, ladet in Veränderung ein und nichts passiert. Ihr habt den Beweis angetreten, dass KI im Bereich ABC und fürs Produkt DEF super ist. Aber nichts weiter passiert. Die frühe Mehrheit klärt immer für sich, ob sich der Einsatz der Innovation lohnt. Das scheint nicht der Fall zu sein. Wenn hier viele Menschen in der Organisation sind, die sich beschäftigen, ohne einen großen Wertschöpfungsbeitrag zu erarbeiten, werden jene keinen Gewinn darin sehen, diese Arbeit an die KI zu übergeben."

Mit dieser Sicht über Modelle und Erfahrungen entlasten die agilen Organisationsentwickler*innen die Beteiligten. Äußerungen wie „Oh, stimmt, dem Organisationsmuster folgen wir. Und wenn wir da drinnen stecken, ist es nur zu natürlich, dass wir keine Handlungsalternativen entwickeln können." oder „Wir sind nicht alleine mit unserem Ding hier." zeigen dies. Diese Entlastung kann auch durch Peers durch Erfahrungsaustausch entstehen.

8.2.6 Vorbild geben

Agile Organisationsentwickler*innen agieren vorbildlich in der agilen Transition. Sie werden nicht fehlerfrei agieren. Im Falle von Fehlentscheidungen, Unsicherheiten oder z. B. einem hinderlichen Perfektionsanspruch legen sie diese Punkte offen und erläutern,

- wie sie erkannt haben, dass sie in eine (emotionale) Falle getappt sind,
- was sie konkret tun, um die Situation in ein Lernen zu verwandeln und Bewegung zu erzeugen, und
- wie sie zukünftig sicherstellen möchten, diesem Irrtum nicht mehr zu erliegen.

8.3 In der ersten Phase der agilen Organisationsentwicklung beraten

Können die Beteiligten das Organisationsanliegen einigermaßen formulieren, gilt es den Organisationshebel zu identifizieren. Auf der Suche nach dem Organisationshebel ist eine klare Beratung – sowohl inhaltlich als auch prozessual – sinnvoll (also zielführend).

8.3.1 Das Entdecken des Organisationshebels unterstützen

Das Offenlegen von Organisationsmustern, das Spiegeln des aktuellen Verhaltens Einzelner oder der Organisation als solches und das Aufzeigen möglicher Zielräume genügen häufig nicht, damit die Organisation den Organisationshebel entdecken kann. Es braucht neue Erfahrungen, also praktisches Erleben.

Daher benennen agile Organisationsentwickler*innen mögliche Experimente, mit welchen die Organisation ihren Organisationshebel entdecken wird.

8.3.2 Sicherheit geben

Die agilen Organisationsentwickler*innen vermitteln den Beteiligten Prozess- und eine fachliche Sicherheit. Die Sicherheit ergibt sich aus einem klaren Prozess und hypothesenbasierten Experimenten.

„Win or Learn"

gibt den Beteiligten Sicherheit. Wenn agile Organisationsentwickler*innen Unsicherheiten beobachten bzw. Verhaltensweisen der Beteiligten als Unsicherheiten interpretieren, empfehlen sie einen Umgang mit den Unsicherheiten. Dafür formulieren die agilen Organisationsentwickler*innen konkrete Vorschläge, wie die Treiber*innen mit der jeweiligen Unsicherheit umgehen könnten:

Beispiel 039: Konkrete Umsetzungen vorschlagen, um Sicherheit zu geben

„Wenn ich Euer Organisationsanliegen so anschaue, scheinen die Punkte ‚Projekte' und ‚Führung' für Euch von hoher Relevanz zu sein. Und alle scheinen zu ahnen, dass es irgendwie einfacher und besser gehen könnte. Da scheinen die Themen ‚gemeinsam etwas hinbekommen' und ‚gemeinsam Stärken nutzen' als Lernfelder drin zu liegen. Ich vermute, dass für Euch der Organisationshebel in diesem Bereich liegt. Daher schlage ich Euch vor, dass Ihr

1. das aktuelle Projekt in einer Projekt-Supervision auseinandernehmt und entsprechend ab dem Moment nach der Projekt-Supervision das Projekt anders methodisch durchzieht. Ihr solltet diese Projekt-Supervision eher heute als morgen machen.
2. Euer Tagesgeschäft in Eurem Online-Tool für alle transparent macht und täglich Dailys durchführt. Achtet darauf, dass die Beteiligten nicht nur über vergangene Aufgaben referieren, sondern auch die anstehenden Aufgaben mit möglichen Risiken, Unterstützungsbedarf und Schwierigkeiten aufführt.

Bei diesen konkreten Ratschlägen: Habt Ihr Ergänzungen oder weitere konkrete Vorschläge, was Ihr jetzt direkt umsetzen wollt und könnt?"

Agile Organisationsentwickler*innen begleiten die Treiber*innen aus ihrer Unsicherheit in ein souveränes Lernen, in dem die Beteiligten sich sowohl mit bestätigten als auch mit falsifizierten Hypothesen in Richtung Zielraum entwickeln können.

8.4 In der zweiten Phase die Treiber*innen der agilen Organisationsentwicklung coachen

Wenn der Zielraum für die Organisation prinzipiell geklärt ist, werden die Beteiligten sich dem Zielraum über einen Change oder eine agile Transition (siehe Abschnitt 2.9.1) annähern.

8.5 Als agile*r Organisationsentwickler*in Selbstbeauftragungen vermeiden

Agile Organisationsentwickler*innen begleiten Organisationen ins strategische Lernen. Sie verfolgen also strategische Aufgaben. Dabei arbeiten die agilen Organisationsentwickler*innen am Organisationsanliegen, um die Organisation über den Organisationshebel in den Zielraum begleiten zu können.

Definition: Selbstbeauftragung

Verfolgen agile Organisationsentwickler*innen einen Auftrag, den sie sich selbst gegeben haben, befinden sie sich in der Selbstbeauftragung.

Dabei verleiten Eigenanteile und Erfahrungen agile Organisationsentwickler*innen in die Selbstbeauftragung, wenn diese ihre Erfahrungen und Muster nutzen, um den Zielraum für die Organisation abzuleiten.

Der Grat zwischen „ich zeige Möglichkeiten für die Organisation auf Basis des Organisationsanliegens“ und „ich zeige den Weg in einen passenden Zielraum auf“ ist schmal.

Selbstbeauftragungen führen leicht in die Frustration und in die Überforderung – sowohl der agilen Organisationsentwickler*innen als auch der Organisation.

Agile Organisationsentwickler*innen reflektieren daher das gehörte Organisationsanliegen, den vermuteten Organisationshebel und nachfolgend den vermuteten Zielraum regelmäßig – **sowohl** in eigenen Lernzyklen **als auch** in den Lernzyklen auf dem Organisationsanliegen mit den Treiber*innen. Dies gilt insbesondere für interne agile Organisationsentwickler*innen. So können diese ihren Blick auf das System wahren (siehe Abschnitt 2.2).

8.6 Als Führungskraft die Organisation entwickeln

Während agile Organisationsentwickler*innen sich einer strategischen Aufgabe stellen, stellen sich Führungskräfte operativen, strategischen und normativen Aufgaben (siehe Kapitel 12). In agilen Systemen begleiten Führungskräfte Teams, Individuen und Organisationen ins Lernen.

Dafür setzen die Führungskräfte, unabhängig davon, ob sie disziplinarisch oder lateral wirken, Richtung und Leitplanken. Sie folgen mit diesen Setzungen ihrem Führungsauftrag. Dabei achten sie darauf, dass die von ihnen formulierten Richtung und Leitplanken nicht aus Eigenanteilen und/oder alleine aus persönlichen Bedürfnissen gespeist sind (was einer Selbstbeauftragung gleichkommt).

Richtung und Leitplanken werden daher genauso regelmäßig von ihnen reflektiert, um klare, handlungsleitende und richtungsweisende Führungsimpulse zur Organisationsentwicklung setzen zu können.

8.7 Beraten und coachen, nicht therapieren

Agile Organisationsentwickler*innen nutzen Modelle zur Interpretation ihrer Beobachtungen und zur Ableitung ihrer Entwicklungsimpulse (siehe Abschnitt 6.6.4.3). Diese Modelle (wie in Kapitel 9) entstammen der Soziologie, der Organisationspsychologie, der Wirtschaftspsychologie oder der Psychologie.

Agile Organisationsentwickler*innen nutzen die Modelle, um das Verhalten der Beteiligten zu beschreiben. Sie nutzen die Modelle nicht, um das Verhalten der Beteiligten zu analysieren:

> „Wir konzentrieren uns auf die Frage, wie es gerade ist. Wie Ihr dahin gekommen seid, werden wir in diesem Rahmen nicht klären können."

Der Versuch einer Klärung, **warum** Einzelne einem bestimmten Muster folgen, birgt die Gefahr in sich, dass die Beteiligten die psychologische Tiefe des tief Vorbewussten erreichen. Diese Ebene ist nicht passend für agile Organisationsentwickler*innen oder (agile) Coaches. So gilt für Individuen: „Für die Entscheidung, ob ein*e Klient*in eher ein Coaching oder eine Psychotherapie benötigt, eignet sich das Kriterium [der psychologischen Tiefe], weil man in der Praxis gut explorieren kann, ob ein bestimmtes Problem mit Persönlichkeitseigenschaften des*der Klient*in, mit den Strukturen und Verhältnissen im Umfeld und in der Organisation, in der er*sie sich bewegt, oder mit der aktuellen Situation zusammenhängt. Meistens handelt es sich um Mischverhältnisse. Es ist aber hilfreich, genau zu analysieren, ob die Person in vielen oder fast allen Umgebungen (frühere Arbeitsverhältnisse, Ausbildungskontexte oder auch im privaten Bereich, etwa in der Familie oder in Vereinen) vor ähnlichen Problemen stand oder nicht. Zeigt sich, dass es sich um zeitlich und kontextuell **überdauernde Wahrnehmungs-, Beziehungs- und Verhaltensmuster** handelt, spricht dies sehr für ungelöste verinnerlichte Konflikte oder Persönlichkeitseigenschaften, die unbehandelt die starke Tendenz haben, sich immer weiter zu wiederholen und in neuen Kontexten zu aktualisieren. Wenn die damit einhergehenden Beeinträchtigungen und der individuelle Leidensdruck schwerwiegend sind, sollte eine Psychotherapie empfohlen werden." [Grimmer 2009-01]

Agile Organisationsentwickler*innen nutzen Modelle, um bestehende Verhaltensweisen zu spiegeln und Organisationsmuster besprechbar zu machen. So können die Beteiligten das Ist anerkennen – und andere Verhaltensweisen ausprobieren.

8.8 Selbstreflexion „Als agile*r Organisationsentwickler*in ins strategische Lernen begleiten"

Beantworte die folgenden Reflexionsfragen bzw. bearbeite die skizzierten Übungen und Vertiefungen. Eine schriftliche Auseinandersetzung bzw. Inter-/Supervision wird die Wirkung der Übung verstärken.

- Präferierst Du eine führende, beratende oder coachende Begleitung von Organisationen?
- Wie stützt Du Dich, um schnell Entwicklungshypothesen zu entwickeln?

- Wie häufig lässt Du Dich supervidieren?
- Welche Arten der Intervision nutzt Du?
- Wie leicht fällt es Dir, klar in Führung zu gehen und begründet Empfehlungen auszusprechen?
- Welche Veränderungen hast Du in angemessenen Begleitungsformen erlebt?
- Welche Veränderungen hast Du erlebt, in denen eine andere Begleitungsform womöglich effizienter gewesen wäre?

9 Organisationsmuster erkennen und überwinden

Agile Organisationsentwickler*innen arbeiten hypothesenbasiert, um Entwicklungsimpulse (zum Formulieren des Organisationshebels und zum Erreichen des Zielraums) zu formulieren (siehe Abschnitt 6.6.4).

Dabei folgen sie dem Prinzip „Erst die Prozesse, dann die Struktur" (siehe gleichnamiges Prinzip 7.12 in Kapitel 7). Werte und Normen der Organisationen bestimmen die Regeln für die Organisationsmitglieder, welche in Prozessen münden. Im besten Fall unterstützen die definierten Strukturen die Prozesse: „Gleiches gilt auch umkehrt: Strukturen konstituieren sich letztlich immer aus Regeln, die aus Prozessen heraus geformt wurden. Ein Strukturaufbau kann ohne Kenntnis der Prozessabläufe nicht sinnvoll gestaltet werden." [Schreyögg2016]

Agile Organisationsentwickler*innen nutzen Modelle zum Erkennen von Organisationsmustern, damit die Beteiligten neue Verhaltensweisen und Prozesse ausprobieren und erlernen können.

> „Organisationskultur zeigt sich im Handeln."

Im Sinne Edgar Scheins (siehe Abschnitt 6.6.5.3) zeigt sich die Organisationskultur in mehreren Ebenen: Artefakte, also insbesondere Verhaltensweisen und Prozesse, sind beobacht- und besprechbar. Wenn die Akteur*innen ihr Verhalten erkennen, können sie nach alternativen Handlungsweisen suchen.

Wenn es sich bei den erkannten Organisationsmustern um starke systemische Wiederholungen oder Pfadabhängigkeiten handelt, benötigen die Treiber*innen Unterstützung (durch Führung oder Beratung, siehe Abschnitt 8.2), um die Organisationsmuster überwinden zu können.

9.1 Immer einen Plan erstellen wollen

In vielen Organisationen ist der Glaubenssatz verankert, dass sich kompetente Menschen darin zeigen, dass sie einen Plan erstellen können. Umgekehrt lässt sich der Glaubenssatz so deuten, dass sich die Inkompetenz von Menschen zeigt, wenn diese keinen Plan erstellen können.

Pläne sind in diesem Organisationsmuster wichtig und erstrebenswert. Daraus ergibt sich, dass viele Organisationen „Experimente machen" sagen und „Pläne erfüllen" meinen.

Echte Experimente lassen die Beteiligten in diesem Organisationsmuster nicht zu. Experimente werden verlängert oder umdefiniert, damit die Beteiligten **beweisen**, dass sie fachlich kompetent gehandelt haben.

Pläne zu erfüllen und Experimente durchzuführen, unterscheidet sich fundamental:

Pläne erfüllen	Experimente durchführen
Bestehendes Wissen abrufen	Neues Wissen aufbauen
Wissen	Lernen
Fehler	Erkenntnisse
Analyse der Ist-Situation	Aufnehmen des Organisationsanliegens
Start nach beendeter Analyse (Ist, Risiken, Chancen)	Lernen im Prozess (Ist, Risiken, Chancen)
Maßnahmenplanung	Aus Organisationshebel Experimente ableiten
Messbare Ziele, klare Zielkriterien	Zielraum in Prinzipien und Handlungen
Ablesbare Zielerreichung	Zielerreichung ist eine Entscheidung.

Pläne und Experimente haben gemeinsam, dass sie klare Abbruchkriterien benötigen. Das Organisationsmuster, immer einen Plan erstellen zu wollen, kann sich unterschiedlich zeigen:

- Die Beteiligten stellen ein großes Backlog der agilen Transition auf. Sie deklarieren notwendige Lernschritte für die Organisation. Die Beteiligten benötigen viel Zeit und Ressourcen, die User Storys aufzuschreiben. Keiner der Beteiligten startet die eigentliche Veränderung und beginnt im Machen zu lernen.
- Die Beteiligten möchten als Erstes ein klares Ziel formulieren, um daraus einen Plan ableiten zu können. Die Formulierung des klaren Ziels erfolgt über Rollendefinitionen, Leitbilder und Organigramme. Die Beteiligten suchen nach einer mög-

lichst widerspruchsfreien und generellen Lösung. Praktische Erfahrungen sammeln sie so nicht.

- Die Beteiligten sehen sich nicht in der Lage, einen Plan zu erstellen. Sie prokrastinieren den Vorgang.

Organisationsmuster „Immer Pläne erstellen wollen" brechen

Agile Organisationsentwickler*innen identifizieren die aktuellen Aktivitäten als Planerstellungen und bieten kurzfristig durchführbare Experimente in kleine(re)n Gruppen an, um ein Lernen aus Erfahrung zu ermöglichen.

Sie setzen auf die Prinzipien „Rule of Three" (siehe Prinzip 7.19), „Just do it!" (siehe Prinzip 7.15) und „One, some, many" (siehe Prinzip 7.17), alle in Kapitel 7.

9.2 Unsicherheit durch Analyse kaschieren

Eng verwandt mit „Immer einen Plan erstellen wollen“ ist das Organisationsmuster „Unsicherheit durch Analyse kaschieren“. Die Fülle des Organisationsanliegens, der unklare Organisationshebel, der noch nicht klar zu greifende Zielraum verunsichern häufig die Beteiligten.

Kompetenz zeigt sich in diesem Organisationsmuster in Menschen, die die Sachlage gut erfassen und daraus klare Maßnahmen ableiten können.

„Das müsste nur wer machen, der*die sich damit auskennt, dann wird es schon werden."

Das Organisationsmuster, auf Unsicherheiten mit weiterer Analyse zu reagieren, kann sich unterschiedlich zeigen. Alle sprechen von einer notwendigen Veränderung. Vor dem Start braucht es nach Aussage der Beteiligten „nur noch“

- den Austausch mit Expert*innen („wir sollten den Blue Print kennen“),
- eine (Markt-, Produkt-, Risiko-, ...)Analyse („wir sollten das tun, was andere (nicht) machen“),
- die Recherche/Besuche bei ähnlich großen/fachlich ähnlichen Organisationen oder
- das Voranschreiten einer bestimmten Person („XYZ muss das Zeichen setzen“).

Die Beteiligten versuchen, die Sachlage gut zu analysieren. Wenn die Analyse gut war, werden auch die Ableitungen stimmen.

Im Ergebnis startet die Veränderung nicht, da die Organisation die benannten Vorbedingungen nicht einlösen kann oder sich nicht die Erlaubnis erteilt, einfach Verhalten zu erproben.

Organisationsmuster „Unsicherheit durch Analyse kaschieren" brechen

Agile Organisationsentwickler*innen bemerken, dass die Organisation dazu neigt, statt praktischer Erfahrungen theoretische Analysen durchzuführen. Sie bieten Experimente und Lernketten an, damit die Beteiligten schnell neue Erkenntnisse und Handlungen aufbauen können.

Sie setzen auf die Prinzipien „Rule of Three" (siehe Prinzip 7.19), „Just do it!" (siehe Prinzip 7.15) und „One, some, many" (siehe Prinzip 7.17), alle in Kapitel 7.

9.3 Mit Werten, Normen und Regeln umgehen

Die Normen, dahinterliegende Werte und Regeln erzeugen Struktur und Ordnung in einer Organisation. Sie orchestrieren die Arbeitsteilung und -vereinigung von Organisationen.

Normen und Regeln können explizit formuliert oder implizit gegeben sein. Werte sind bewusst.

Die formal formulierten („offiziellen") Werte, Normen und Regeln können sich von den gelebten Werten, Normen und Regeln unterscheiden.

Definition: Werte, Normen und Regeln einer Organisation

Normen bezeichnen kollektive Handlungsvorschriften in einer Organisation.

Ein **Wert** beschreibt eine wünschenswerte und positive Zielvorstellung von Handlungen in der Organisation.

Regeln sind konkrete Handlungsvorschriften in einem bestimmten sozialen System.

Normen gebieten, verbieten oder erlauben bestimmte Handlungen. So sorgen Normen für Konformität und Sozialisierung. Halten sich Organisationsmitglieder an die Normen, erfahren sie Zustimmung. Verletzen sie Normen, werden sie sanktioniert. Je stärker die Abweichungen von der Norm sind, desto weniger Zustimmung erhalten die Organisationsmitglieder und desto mehr Sanktionen erfahren sie. Aufgrund dieses Wechselspiel aus Zustimmung und Sanktion passen die Organisationsmitglieder ihr Verhalten an. Die Organisation erzeugt so ein uniformes und standardisiertes Verhalten.

Normiert werden soziale Interaktionen („das tut man hier nicht", „so begegnen wir unseren Kund*innen"), das Aussehen und die Bekleidung („so sind wir", „so treten wir auf"), Gewichtung und Einsatz der Ressourcen („das ist uns wichtig", „dieser Bereich wird besonders gut bezahlt") sowie letztlich auch Einstellungen und Meinungen von Individuen, wenn diese über das jeweilige Verhalten deutlich werden.

Zu jeder Norm gibt es einen bestimmten Wert, der durch die Norm verwirklicht werden soll. Werte bieten so eine (Ziel-)Orientierung für das Handeln.

Im besten Fall erfüllen Organisationsregeln Normen und Werte der Organisation.

Befolgten alle Organisationsmitglieder alle Normen und Regeln, würden also alle Organisationsmitglieder „Dienst nach Vorschrift" machen, würde keine Innovation möglich sein.

Die Treiber*innen der agilen Organisationsentwicklung können aktiv nach handlungsleitenden Normen, Werten und Regeln suchen:

> „Was liegt unserem Handeln zugrunde?"
>
> „Wenn wir unter Druck kommen, welches Verhalten ist immer zu sehen?"

Die Treiber*innen können umgekehrt auch nach ihren Normen, Werten und Regeln suchen, die sich als Lernhürden in der Entwicklung zeigen:

> „Was macht uns gerade die logische Handlung unmöglich?"
>
> „Was ist gerade wichtiger als der nächste Schritt?"

Beim Aufnehmen des Organisationsanliegens können die Beteiligten versuchen, die (impliziten wie expliziten) Normen, Werte und Regeln der Organisation zu erfassen, welche im Verlauf die (innovative) Veränderung beeinflussen könnten.

> „Werte sind."

Bei der Aufnahme unterscheiden die Beteiligten zwischen dem offiziell formulierten und den gelebten Normen, Werten und Regeln.

In vielen Fällen hilft es Beteiligten, sich in Gemeinschaft und im Einzelfall über bestehende Normen, Werte oder Regeln hinwegzusetzen (siehe Abschnitt 6.6.5.3) oder diese kreativ auszudeuten (entsprechend des Prinzips 7.6 „Hack the System" in Kapitel 7).

> **Organisationsmuster „Werte, Normen und Regeln" brechen**
>
> Agile Organisationsentwickler*innen sind sich der Werte, Normen und Regeln möglichst bewusst, welche der Veränderung dienen und welche die Veränderung verhindern könnten.
>
> Sie setzen auf die Prinzipien „PDCA: in Lernzyklen arbeiten" (siehe Prinzip 7.18 in Kapitel 7) und „Just do it!" (siehe Prinzip 7.15 in Kapitel 7).

9.4 Systemerhalt einer Organisation erkennen

Lernen und Stabilität einer Organisation stehen im Wechselspiel miteinander. Zu große Lernschritte und damit einhergehende Veränderungen stellen die Organisation infrage. Eine statische Stabilität gefährdet aufgrund ihrer Inflexibilität eine Organisation. Organisationen reagieren auf Veränderungsbestrebungen mit Selbsterhalt.

Organisationen als soziale Systeme reagieren auf Störungen. Geraten Organisationen durch diese ins Ungleichgewicht (oder in Bewegung), liegt die Fähigkeit in ihnen, zum Gleichgewicht und zur (alten) Funktionsfähigkeit zurückzukehren: Organisationen erhalten sich selbst.

> **Definition: Selbsterhaltungswille einer Organisation**
>
> Der Selbsterhaltungswille ist die Tendenz und der Drang einer Organisation, ihre Existenz, Stabilität und Funktionsfähigkeit aufrechtzuerhalten.

Ähnlich wie biologische Systeme versuchen auch soziale Systeme, sich in ihrer Umgebung zu behaupten und ihre Ziele zu erreichen.

Der Selbsterhaltungswille einer Organisation basiert vornehmlich auf einer vordergründigen Anpassung an eine Veränderung, ohne die grundlegende Struktur zu verlieren. Diese können sich unterschiedlich zeigen:

Identitätssicherung: Beibehalten der Ziele, Werte, Normen, Regeln der Organisation

Adaptabilität: Anpassungsfähigkeit an neue Bedingungen, Herausforderungen oder Umweltveränderungen, ohne die Identität zu verlieren

Resilienz: Überwindungs- und Erholungsfähigkeit einer Organisation nach Störungen, unvorhergesehenen Ereignissen und Rückschlägen

Kommunikation: Qualität der internen und externen Kommunikation zur Sicherstellung eines effektiven Informationsflusses

Lernfähigkeit: Bereitschaft und Fähigkeit einer Organisation, aus positiven wie negativen Erfahrungen zu lernen

Selbsterneuerung: Fähigkeit zur Überprüfung der Anforderungen, zum organisationellen Lernen und zur stetigen Veränderung

Krisenbewältigung: Fähigkeit zur effektiven Aktion in Unsicherheit oder Krisen und Anpassung an veränderte (Rahmen-)Bedingungen

Im positiven Sinne sorgt der Selbsterhaltungswillen für die moderate Anpassung der Organisation an veränderte Anforderungen. Für einfache Veränderungen ohne innovativen Charakter ist der Selbsterhaltungswillen der Organisation förderlich.

Ist die notwendige Veränderung größer (siehe Abschnitt 3.4), können insbesondere strukturerhaltende Motive des Selbsterhalts zur Lernhürde werden.

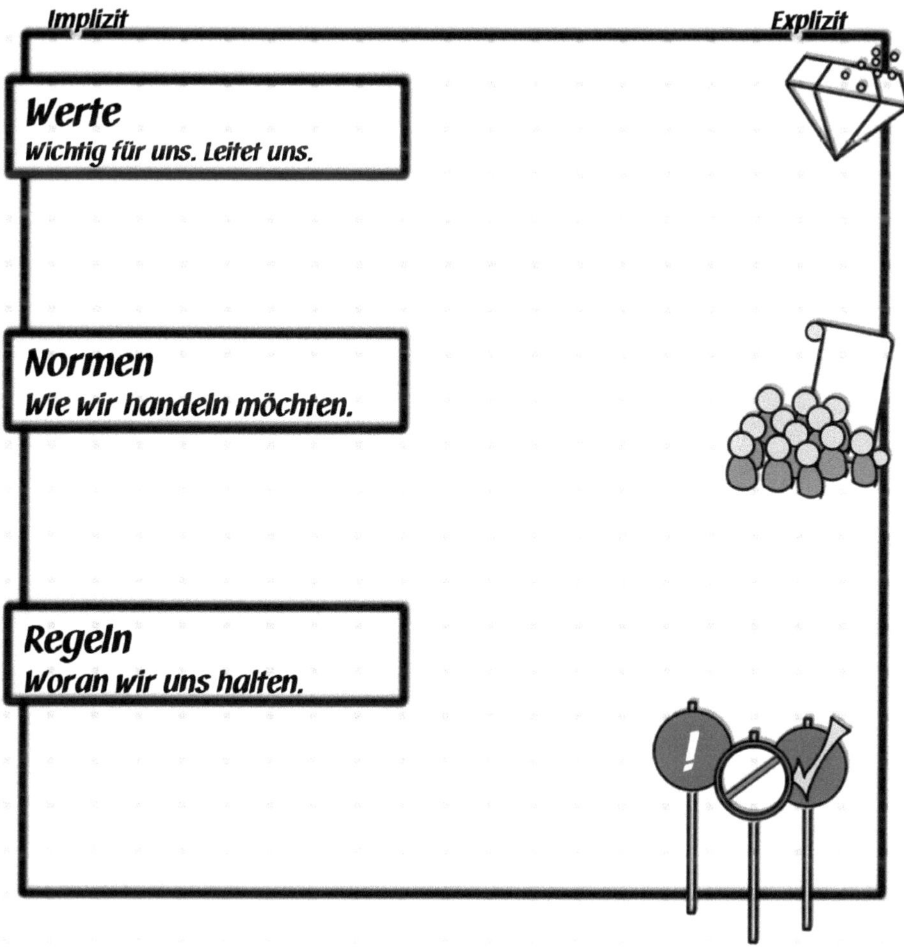

Bild 9.1 Werte, Normen und Regeln erfassen

Beispiel 040: Marktführer unter Innovationsdruck

Ein mittelständischer Marktführer mit 25 000 Mitarbeiter*innen hat seine marktbeherrschende Position im In- und Ausland (EMEA-Marktführer, in anderen Märkten Nummer 2) über große Ingenieursleistung und über den exzellenten Maschinenbau erworben. Die Maschinen werden von den Kund*innen überwiegend mit Batterien betrieben. Der Umstieg von Verbrenner- auf Batterieantrieb gelang vor zwanzig Jahren erfolgreich. Dabei waren sowohl in der Produktion als auch in der Entwicklung nur wenige Anpassungen notwendig. Kund*innen nutzen häufig mehrere Maschinen. Die Live-Cycle-Kosten werden maßgeblich durch die laufenden Kosten (insbesondere geringe Instandhaltungskosten) bestimmt.

Die Mitbewerber*innen setzen verstärkt auf ein digitales Management des Maschinenparks.

Der Marktführer bildet eine digitale Sparte aus, welche ebenfalls ein digitales Management ermöglichen soll. Im Selbstverständnis der Organisation entwickelt die digitale Sparte ein Zusatzangebot für die Maschinen. Die digitale Sparte wächst innerhalb von drei Jahren auf hundert Mitarbeitende heran. Die digitale Sparte setzt als Bereich vollständig auf agile Methoden und organisiert sich in weiten Teilen selbst.

Strukturell bildet die digitale eine Führungsebene weniger als der Rest des Mittelständlers aus: die strategische Steuerung liegt bei der Bereichsleiterin und den jeweiligen Produktteams. Aufbau und Agilisierung des Bereichs werden durch die engagierte, kreative und lernwillige Bereichsleitern geleitet. Im Selbstverständnis der digitalen Sparte (nach drei Jahren mit fünfzig Menschen) entwickelt diese das Produkt zentral mit.

In einem Strategiemeeting über die zukünftigen Maschinenlinien äußert die Bereichsleiterin diese Ansicht, als es um die Entwicklungszyklen und Anschlussmöglichkeiten von digitalen Schnittstellen geht.

In der Sitzung ist Unbehagen spürbar. Ein Vorstandsmitglied spricht sie in einer Pause an, wie sie solche Äußerungen unabgestimmt vortragen könne. Man sei stolz auf die Ingenieure im Haus und könne und wolle deren Innovationsfähigkeiten nicht infrage stellen. Die grundlegende Frage, ob und wie der Maschinenbauer die digitalen Möglichkeiten in sein Produkt voll integriert, wird nicht offen besprochen.

Nach Wochen der vermeintlichen Stille zeigt sich der Organisationskonflikt offen. Die digitale Sparte wird der Produktentwicklung zugesprochen. Der Vorstand bietet der Bereichsleiterin die Auflösung des Vertrags an: „Agile Ideen sind nicht passend für unser Haus."

Die digitale Sparte hat das Selbstverständnis und die Identität des Maschinenbauers infrage gestellt. Stolz sind die Beteiligten auf ihre Ingenieursleistung. Eine Fortschreibung in die digitale Sparte hat nicht stattgefunden. Entsprechend haben die länger bestehenden Organisationsteile für eine strukturelle Lösung gesorgt, welche die bisherige Identifikation als Ingenieursleistung nicht infrage stellt.

Die Taktik der Bereichsleiterin, das digitale Angebot über Maschinenschnittstellen möglich zu machen und ansonsten wenig mit der Maschinenproduktion zu sprechen, war für den Anfang der agilen Transition sehr erfolgreich. Die Teams im Bereich arbeiten erfolgreich in AR-D zusammen.

Einen Gestaltungswillen für das Gesamtprodukt zu entwickeln, ist eine logische Folge agilen Herangehens, welches den Kund*innennutzen fokussiert. Diesen unvermittelt in der Organisation einzubringen, wird Widerstand in Bezug auf den Selbsterhalt herausfordern.

Die Bereichsleiterin hätte über passende Pilotprojekte deutlich machen können, dass die digitale Sparte eine Identifikationsveränderung möglich macht, die kompatibel mit dem Wert hoher Ingenieursleistung ist. Aus diesen Pilotprojekten (Phase 1) hätte sie Mitstreiter*innen suchen können, mit denen sie eine agile Transition des Maschinenbauers hätte antreiben können.

Auch wenn aus Sicht der digitalen Sparte eine Veränderung der Produktausrichtung zwingend ist, ist dies für den restlichen Teil jenseits des Identifikationskerns. Um diese Veränderung herbeizuführen, braucht es eine Gruppe aus Treiber*innen aus den entsprechenden Organisationsteilen (siehe Abschnitt 6.6.5.3).

Organisationsmuster „Systemerhalt" brechen

Agile Organisationsentwickler*innen setzen die Veränderungsprozesse so auf, dass der Systemerhaltungswillen der Organisation dem Lernprozess nicht im Wege steht.

Sie setzen hierfür auf die Prinzipien „Freiwilligkeit" (siehe Prinzip 7.5) und „Erst die Prozesse, dann die Struktur" (siehe Prinzip 7.12).

9.5 Teufelskreis nach Schulz von Thun durchbrechen

Der Teufelskreis wurde von Schulz von Thun zur Beschreibung von Konflikten zwischen Personen formuliert. Eine Übertragung auf Organisationsteile ist aus meiner Sicht zulässig und beschreibt (zum Teil ritualisierte) Konflikte zwischen Organisationsteilen.

Ähnlich wie Edgar Schein unausgesprochene Grundannahmen (siehe Abschnitt 6.6.5.3) zur Basis der später sichtbaren Artefakte macht (z. B. Äußerungen, Handlungen, Uniformen), geht in Friedemann Schulz von Thuns Modell der sichtbaren Handlung bzw. der hörbaren Äußerung ein unausgesprochenes Gefühl voraus, das sich in den jeweiligen Handlungen und Äußerungen reflektiert.

Beispiel 041: Zwei Abteilungen im Teufelskreis

Die Abteilungen „Support" und „Account Management" eines digitalen B2B-Produkts verstehen sich nicht gut.

Das Account Management beschwert sich beim Support, dass diese alle Kund*innenanfragen an sich binden würden. Der Support selbst fühlt sich verantwortlich für die Kund*innenanfragen, mit denen die Abteilung „Support" sich alleine gelassen fühlt. Um der empfundenen Verantwortung gerecht zu werden, tritt der Support deutlich in Erscheinung. Die Mitarbeiter*innen formulieren entsprechend: „Ihr ruht Euch doch nur auf unsere Kosten aus. Ihr wollt doch nur den leichten Teil der Kund*innenbeziehung übernehmen."

Dies führt zu einer Verärgerung des Account Managements, das sich nicht gesehen und übergangen fühlt. Die Mitarbeiter*innen reagieren entsprechend trotzig und wiederholen den Vorwurf, dass der Support alle Kund*innen an sich binden und alleine bedienen würde.

Mit diesem Vorwurf beginnt der Teufelskreis von vorne.

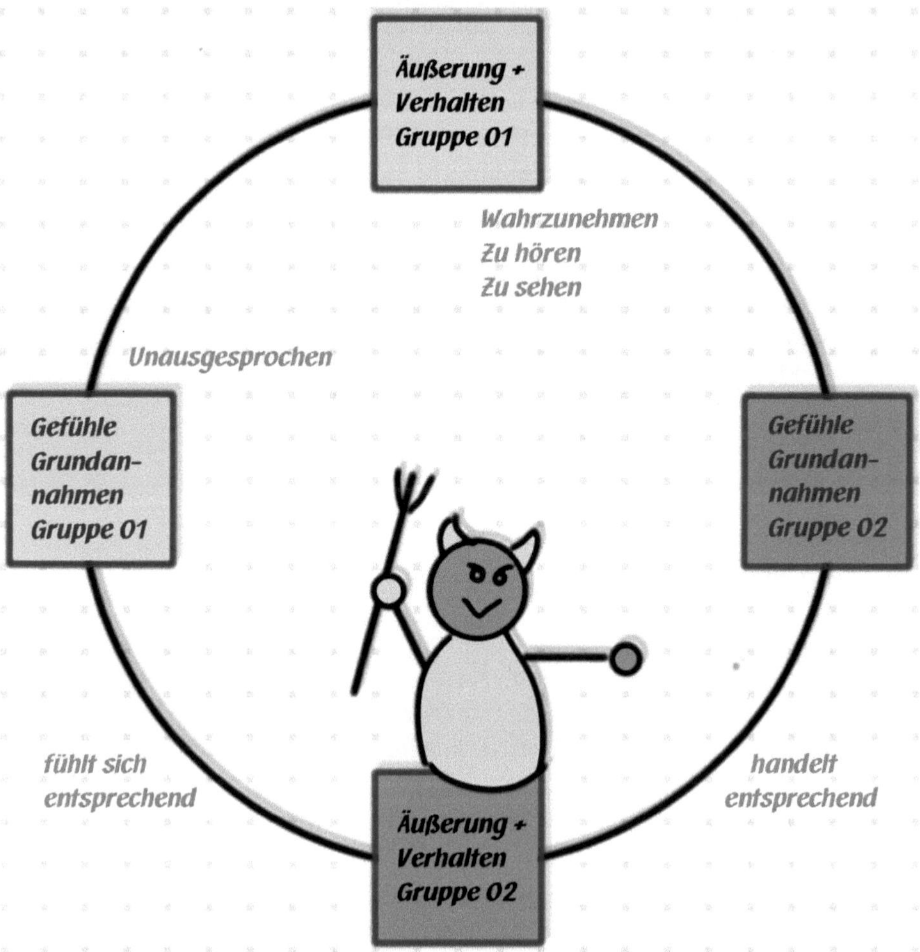

Bild 9.2 Auf Unausgesprochenes folgen Handlungen und Äußerungen

Teufelskreise zeichnen sich dadurch aus, dass die gefühlte Lage aller Beteiligten über die Zeit immer schlechter wird. Dabei scheint das Problem schon immer bestanden zu haben. Auch haben die Beteiligten das Gefühl, nichts verändern zu können.

Ein gemeinsames Ausrichten auf den Kund*innennutzen und das Offenlegen der Anteile könnte die Beteiligten im Beispiel 039 unterstützen, gemeinsam für die Kund*innen Wert entstehen zu lassen.

Lassen sich Phänomene über Teufelskreis oder auch Othering (siehe Abschnitt 9.7) erklären, werden die Beteiligten sich aus der Situation nur nach einem Anerkennen des Ist (siehe Abschnitt 5.1.1) aus der Situation lösen können.

Hierfür könnte eine Vierfelder-Aufnahme (siehe Beispiel 012 in Abschnitt 5.1) des Ists einer Erkundung des Zielraums dienlich sein.

Organisationsmuster „Teufelskreis" durchbrechen

Agile Organisationsentwickler*innen identifizieren Teufelskreise zwischen den Beteiligten, legen die dahinterliegenden Gefühlen und Grundannahmen offen und bieten annehmbare Handlungsalternativen an.

Sie setzen hierfür auf die Prinzipien „Auf Augenhöhe arbeiten" (siehe Prinzip 7.2) und „Fehler machen und lernen" (siehe Prinzip 7.3), beide in Kapitel 7.

9.6 Abwehr auf Basis systemischer Überlastung erkennen

Organisationen erzeugen für ihre Organisationsmitglieder Belastungen und Stress. Dies kann das Individuum als belastend, wenn nicht überlastend empfinden. Systemische Überlastung führt die Organisationsmitglieder in die verminderte Leistungsfähigkeit, reduziert das Wohlbefinden und wirkt krankheitsfördernd.

Es liegt in der Verantwortung von Organisationen, systemische Belastungen und Stress der Organisationsmitglieder zu erkennen und zu minimieren. Dies gilt insbesondere für selbstorganisierte Teams, die diese Aufgaben für ihre Teammitglieder übernehmen.

Dies kann durch Arbeitsplatzänderungen, Stressbewältigungsprogramme, Unterstützung in der Konfliktbewältigung, eine offene, ehrliche und wertschätzende Kommunikation, insgesamt durch eine positive Organisationskultur, erfolgen.

„Ich habe keine Zeit, eine Motorsäge zu holen. Ich bin damit beschäftigt, die Bäume des Waldes mit einer Handsäge zu sägen."

Ziel einer Organisation sollte es sein, eine produktive und gesunde Zusammenarbeit ohne übermäßige Belastungen und Stress zu ermöglichen. Das agile Manifest beschreibt dieses Ziel als achtes Prinzip: „Agile processes promote sustainable development. The sponsors, developers, and users should be able to maintain a constant pace indefinitely."

Systemische Überlastungen können aus unterschiedlichen Bereichen wie der Organisationsstruktur, -kultur und -funktion resultieren.

Arbeitsbelastung: Eine zu hohe Arbeitsbelastung kann durch unzureichende Ressourcenausstattung, ineffiziente Prozesse oder eine hohe Nachfrage nach Dienstleistungen oder Produkten verursacht werden.

Komplexität der Organisation: Viele Hierarchieebenen, nebulöse Verantwortlichkeiten und unklare Eingriffsmöglichkeiten durch andere Organisationsmitglieder beeinträchtigen die Effizienz der Beteiligten.

Ineffektive Kommunikation: Unklare Informations- und Entscheidungsformen zeigen sich in ineffektiver Kommunikation. Missverständnisse und Konflikte entstehen so systemisch.

Mangelnde Anpassungsfähigkeit: Fehlt der Organisation als solches eine Veränderungskompetenz, so führen veränderte Anforderungen die Mitarbeitenden in die systemische Überlastung, da sie jeweils alleine vor der Veränderungsaufgabe stehen.

Unzureichende Ressourcen: Sind finanzielle, personelle oder materielle Ressourcen nicht ausreichend vorhanden oder ungleich verteilt, kann dies entsprechend Organisationsteile überlasten.

Befinden sich Organisationsmitglieder oder -teile in der systemischen Überlastung, werden sie einen Veränderungsprozess abwehren. Die Beteiligten scheuen dann die weitere Unproduktivität bzw. den initialen Aufwand des Lernens (siehe Abschnitt 10.5).

Die Abwehr der Beteiligten kann sich unterschiedlich zeigen: von der rationalen Ablehnung agiler Vorgehensweisen („Das mag woanders funktionieren. Hier funktioniert es nicht.“) über den direkten Widerstand („Das ist doch echter Kindergarten hier. Ich möchte einfach nur arbeiten.“) bis hin zur Verdrängung („Das hat hier dreißig Jahre gut funktioniert. Warum sollten wir das ändern?“).

Vermuten agile Organisationsentwickler*innen eine systemische Überlastung, deuten sie diese Abwehr als einen gesunden Mechanismus von Individuen und Gruppen, um eine weitere Überlastung zu vermeiden.

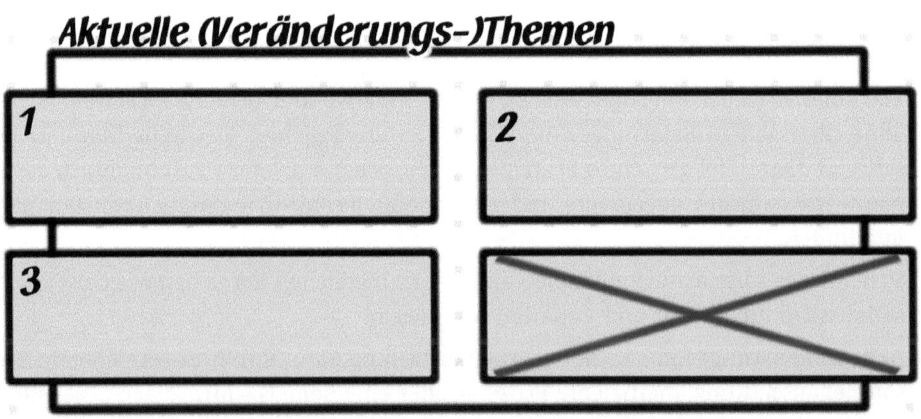

Bild 9.3 Im Team eine machbare Anzahl von Veränderungen treiben

Hilfreich könnte sein, auf das fünfte und zehnte Prinzip hinter dem agilen Manifest hinzuweisen. Eine hilfreiche Umgebung für Veränderungen genauso wie die Kunst des Wenig-Machens könnte die Beteiligten unterstützen, einen Weg in die Veränderung finden.

Als agile Methoden(bausteine) bietet sich ein klarer Teamfokus oder das Definieren und Halten von Team-WIPs („Work in Progress") an. Hilfreich könnte es auch sein, die aktuell anstehende Arbeit aufzunehmen – und Veränderungsarbeiten nur dann anzunehmen, wenn andere Aufgaben wegfallen und/oder durch andere Personen übernommen werden.

Systemische Überlastung kann sich auch als geringer Wertschöpfungsanteil des einzelnen Organisationsmitglieds zeigen. Die Kompexität der Organisation mit einer ineffektiven Kommunikation beschäftigt dann den*die Einzelne*n sehr.

Die Beteiligten zeigen in dieser Situation womöglich Abwehr gegen effiziente Prozesse oder das Ablösen ihrer Tätigkeiten durch KI, weil es kaschierte Unterlast weiter vergrößert.

Organisationsmuster „Systemische Überlastung" durchbrechen

Agile Organisationsentwickler*innen identifizieren systemische Überlastungen und zeigen systemimmanente Konflikte auf. Sie machen den Beteiligten neue Erfahrungen über Interventionen oder organisationelle Experimente möglich.

Sie setzen hierfür auf die Prinzipien „Fokussieren!" (siehe Prinzip 7.4), „Einfach arbeiten" (siehe Prinzip 7.8) und „Vom Kleinen ins Große arbeiten" (siehe Prinzip 7.7), alle in Kapitel 7.

9.7 Othering erkennen und überwinden

Aus den Sozialwissenschaften stammt das Modell des „Othering", welches die Gruppenbildung durch extreme und subtile Vorurteile, Diskriminierung und Unterdrückung beschreibt. Über Vorurteile gegenüber anderen Gruppen entsteht ein Wir, das sich gegensätzlich zu den Vorurteilen (über Einstellungen, Gedanken und Wahrnehmungen) identifiziert.

Definition: Othering

„Othering" refers to the process whereby an individual or groups of people attribute negative characteristics to other individuals or groups of people that set them apart as representing that which is opposite to them.´ (Rohleder 2014-01]

In vielen Organisationen ist zu beobachten, dass einzelne Organisationsteile sich gegenüber anderen durch „Othering“ abgrenzen. Dies kann Ausdruck systemimmanenter Konflikte (siehe Abschnitt 9.11.2) oder übertragener Konflikte der Hierarchie sein. Othering verhindert eine Zusammenarbeit auf Augenhöhe, auch fehlt eine Bereitschaft, die Stärken anderer Organisationsteile anzuerkennen.

Organisationsmuster „Othering“ durchbrechen

Agile Organisationsentwickler*innen öffnen den Raum, so dass die Beteiligten ihr Othering erkennen können. Über gemeinsame Arbeit laden die agilen Organisationsentwickler*innen in ein neues Wir ein.

Sie setzen hierfür auf die Prinzipien „Agil mit agil einführen“ (siehe Prinzip 7.1), „*Im* Handeln lernen“ (siehe Prinzip 7.14) und „Vom Kleinen ins Große arbeiten“ (siehe Prinzip 7.7), alle in Kapitel 7.

9.8 Den Motor der systemischen Wiederholung verstehen

Das Verhalten von Individuen und Organisationsteilen wird durch die Werte, Normen und Regeln in der Organisation bestimmt. Kommen neue Organisationsmitglieder hinzu, entwickelt das bestehende System Traktion: Die Beteiligten passen sich an die bestehenden Verhältnisse an. Im Ergebnis wiederholen sich Abläufe und Verhaltensmuster. Es zeigen sich systemische Wiederholungen.

Definition: Systemische Wiederholung

Eine systemische Wiederholung beschreibt wiederkehrende Verhaltensmuster oder Denkprozesse in einer Organisation.

Systemische Wiederholungen werden durch Belohnungsmuster, Stabilität des Systems (siehe auch Abschnitt 9.4]), die Komfortzone der Beteiligten, entstehende Sicherheit oder ein zu bedienendes Sicherheitsbedürfnis oder die Energieeffizienz eines laufenden Systems angetrieben.

Befinden sich Organisationen oder Organisationsteile in systemischen Wiederholungen, werden die Beteiligten ihren (unbewussten) Beitrag zur Wiederholung eines Verhaltensmusters oder Denkprozesses leisten. Dieser Beitrag wird insbesondere auch durch neue Organisationsmitglieder erfüllt.

Beispiel 042: Der CTO muss weg!

Ein junges Unternehmen wird durch die beiden Gründer als CEO und CMO geführt. Das vierjährige Unternehmen mit dreißig Mitarbeiter*innen stellt ein digitales Produkt her und vermarktet dieses online.

Die ersten anderthalb Jahre arbeitete ein dritter Gründer als CTO mit. Die drei Geschäftsführer hatten schwierige strategische Debatten, welche sie nicht auflösen konnten. Der dritte Gründer stieg daher nach anderthalb Jahren aus.

Es folgte ihm ein angestellter CTO, welcher von den beiden Gründern aufgrund seiner hohen fachlichen Expertise ausgewählt wurde. Die beiden Gründer zeigten sich stolz „über ihren Fang". Sie versprachen sich von der Einstellung eine klare strategische Ausrichtung des Unternehmens.

Nach den ersten vier Jahren beauftragen die drei Geschäftsführer eine strategische Unternehmensentwicklung. Zum ersten Erkunden erscheinen nur die Gründer mit den Worten: „Wir haben uns gerade von unserem CTO getrennt. Der war für uns nicht richtig. Unsere Kommunikation bestand entweder aus Schweigen oder Streit. Ständig hörten wir Bedenken. Kein Projekt kam zum Ende. So konnten wir nicht weiterarbeiten." Die Gründer erklären weiter: „Beim nächsten Treffen werden wir wieder zu dritt sein. Wir haben einen ganz tollen CTO gefunden. Der ist fachlich super und auch sonst haben wir das Gefühl, dass wir super zueinanderpassen. Der wird das Produkt in unserem Sinne vorantreiben."

Die Organisationsentwicklerin Janne schaut die beiden an: „Ich würde Euch gerne spiegeln, was ich gehört habe: Ihr seid mit einem CTO als Gründungsmitglied gestartet, weil der fachlich so toll war. Ihr habt Euch im Streit getrennt, weil der Mitgründer das digitale Produkt nicht im gewünschten Tempo entwickelt hat. Ihr habt diesen CTO durch einen anderen CTO ersetzt, den Ihr fachlich super fandet und von dem Ihr sicher wart, dass er die anstehenden Projekte schaffen würde. Nach zwei Jahren stellt Ihr fest, dass dem nicht so ist. Ihr klagt über das Gleiche wie beim ersten CTO. Der zweite CTO sei nicht kommunikationsfähig und der CTO würde das Produkt nicht genügend vorantreiben. Nun sagt ihr, der neue CTO sei fachlich super, würde liefern und gut passen.

Für mich fühlt sich das wie eine systemische Wiederholung an. Ihr feiert am Anfang den CTO und spätestens nach zwei Jahren folgt auf die Hybris die Abwertung. Dann stellt Ihr jemand Neues ein.

Was werdet Ihr in dieser Runde anders machen, damit Ihr nicht in zwei Jahren einen neuen CTO einstellen müsst?"

In diesem Fall spiegelt die Organisationsentwicklerin Janne zunächst nur die systemische Wiederholung, ohne die (möglichen) Ursachen zu beleuchten. In vielen Fällen genügt es den Beteiligten, die systemische Wiederholung als solche zu erkennen, um eine Veränderung herbeizuführen. Wenn das Aufzeigen der systemischen Wiederholung nicht genügt, lohnt es sich, die Frage zu stellen, welcher Motor hinter der systemischen Wiederholung steckt.

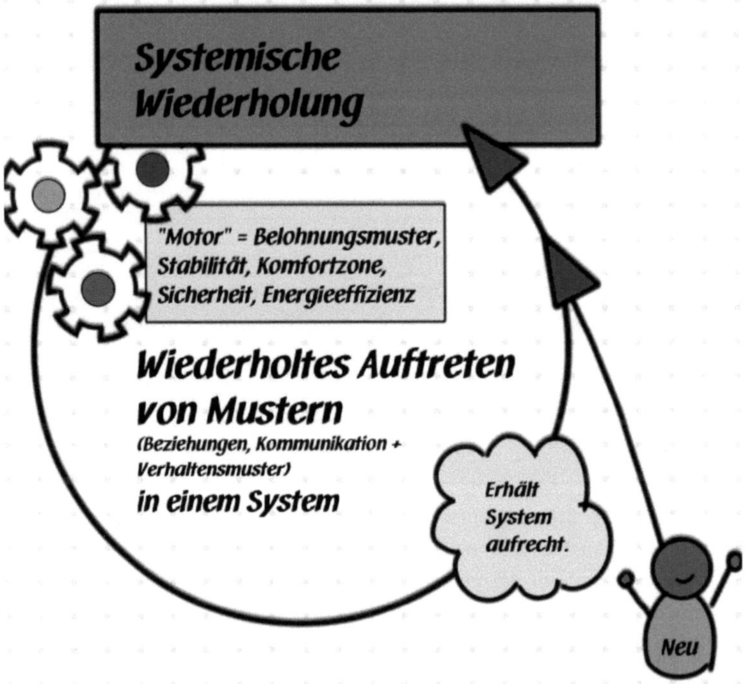

Bild 9.4 Den Motor der systemischen Wiederholung erkennen

> „Welchen Vorteil zieht das System und welchen Vorteil ziehen die Beteiligten aus dem Bedienen der systemischen Wiederholung?"

Im Beispiel 042 ist denkbar, dass die beiden Gründer sich in ihrer strategischen Ausrichtung uneinig sind. Sie könnten das Aussprechen des Konflikts vermeiden, indem sie ihre Konflikte in den CTO projizieren. Denkbar wäre auch, dass die beiden verbliebenen Gründer ihr Zweier-System stabilisieren, indem sie sich über die Ausgrenzung des CTO als Zweiergespann ihrer selbst versichern.

Eine Unterbrechung der systemischen Wiederholung wäre für diese beiden Gründer möglich, wenn sie Kommunikations- und Konfliktverhalten zusammen mit dem neuen CTO neu erlernen würden. Hierzu könnten die Beteiligten sich eine gemeinsame Onboarding-Strategie überlegen. Auch könnten die beiden Gründer gegenüber der Neubesetzung die bisherige Geschichte erläutern und mit einem gemeinsamen Lernzyklus (möglichst extern moderiert) sicherstellen, dass sie nicht in alte Kommunikations- und Konfliktmuster rutschen.

Organisationsmuster „Systemische Wiederholung" durchbrechen

Agile Organisationsentwickler*innen spiegeln Organisationen oder Organisationsteilen vermutete systemische Wiederholungen. Bei Bedarf öffnen sie den Reflexionsraum der Beteiligten, um den Motor der systemischen Wiederholung zu identifizieren. Die Beteiligten können mit diesen Erkenntnissen neue Handlungsweisen entwickeln.

Agile Organisationsentwickler*innen setzen hierfür auf die Prinzipien „Mit Hypothesen arbeiten" (siehe Prinzip 7.10), „Just do it!" (siehe Prinzip 7.15) und „Fehler machen und lernen" (siehe Prinzip 7.3), alle in Kapitel 7.

9.9 Pfadabhängigkeiten und deren Erhaltungslogiken erkennen

Entscheidungen in und Entwicklungen einer Organisation hängen oft von vergangenen Entscheidungen und Entwicklungen ab.

Definition: Pfade und Pfadabhängigkeiten

Aufgrund vergangener Entscheidungen und Ereignisse schlagen Organisationen Pfade ein, welche nachfolgende Entscheidungen und Entwicklungen beeinflussen und einschränken. Diese **Pfade** vertiefen sich, da anstehende Entscheidungen auf bereits vorhandenen Strukturen basieren oder in bereits eingeschlagene Richtungen integriert werden.

Durch dieses Basieren und Integrieren verkleinert sich der Möglichkeitsraum der jeweiligen Organisationen. Sie befinden sich für ihre Entscheidungen und Entwicklung in **Pfadabhängigkeiten.**

Pfadabhängigkeiten basieren auf logischen Entscheidungen. Nach [Schäcke 2006-01] sind Pfadabhängigkeiten nicht vorhersagbar, inflexibel und potenziell ineffizient.

Der Moment der Entscheidung oder Entwicklung, welcher dauerhaften Einfluss auf weitere Entscheidungen und Entwicklungen hat, ist der kritische Wendepunkt („critical juncture"). Diese kritischen Wendepunkte sind logische Antworten auf die zum entsprechenden Zeitpunkt bekannten Informationen und Veränderungen der Umwelt.

Wenn Organisationen bei anstehenden Entwicklungen und Entscheidungen keinen Handlungsspielraum mehr erkennen, also nur „alternativlose Entscheidungen" vor sich sehen, sind sie in einer vorherigen Entscheidung in ein „lock-in" gelaufen.

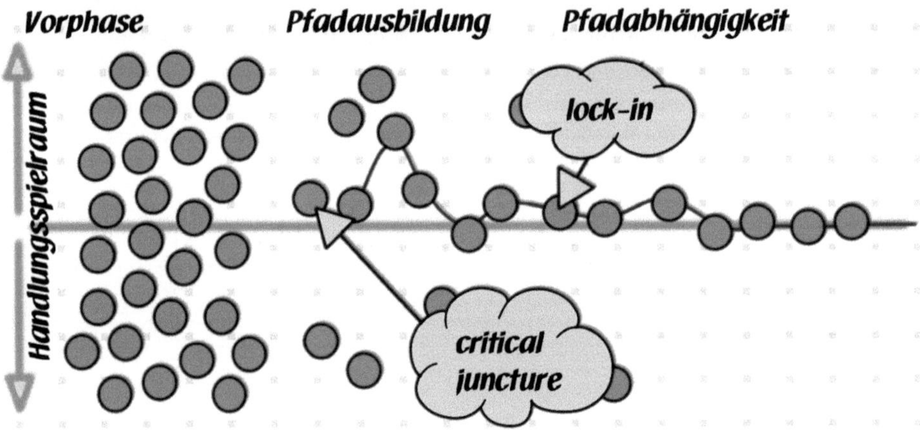

Bild 9.5 Mit dem lock-in schwindet der Handlungsspielraum nahezu auf null

Die Identifizierung solcher „critical junctures" ist wichtig, um das Verständnis für die Dynamik von Pfadabhängigkeiten zu vertiefen und mögliche Wege für zukünftige Entwicklungen besser zu verstehen.

Befindet sich die Organisation auf einem Pfad, sind die entsprechenden Organisationsmitglieder nicht in der Lage, Handlungsalternativen jenseits des Pfads zu denken. Die Beteiligten kennen nur den Möglichkeitsraum auf ihrem Pfad. Andere Handlungsmöglichkeiten können sie nicht sehen.

Organisationen können unterschiedliche Pfade ausprägen, diese werden durch die Erhaltungslogiken definiert. Die Erhaltungslogiken sorgen für eine Verstärkung und Vertiefung der Pfade.

Pfad	Logik der Pfadkontinuität
Funktionalität	Systemische Notwendigkeit
Increasing Returns	Selbstverstärkung
Komplementarität	Interaktionseffekt
Legitimität	Legitimitätsglaube, Sanktionen
Konformität	Entscheidungsentlastung
Macht	Machtsicherung
Sequenzen	Quasi-Irreversibilität

Befinden sich die Beteiligten auf den Pfaden, ist es ihnen nicht oder nur sehr schwer möglich, Handlungsalternativen jenseits der Pfade zu denken. Handlungen außerhalb der Pfade können nicht wirklich gedacht werden.

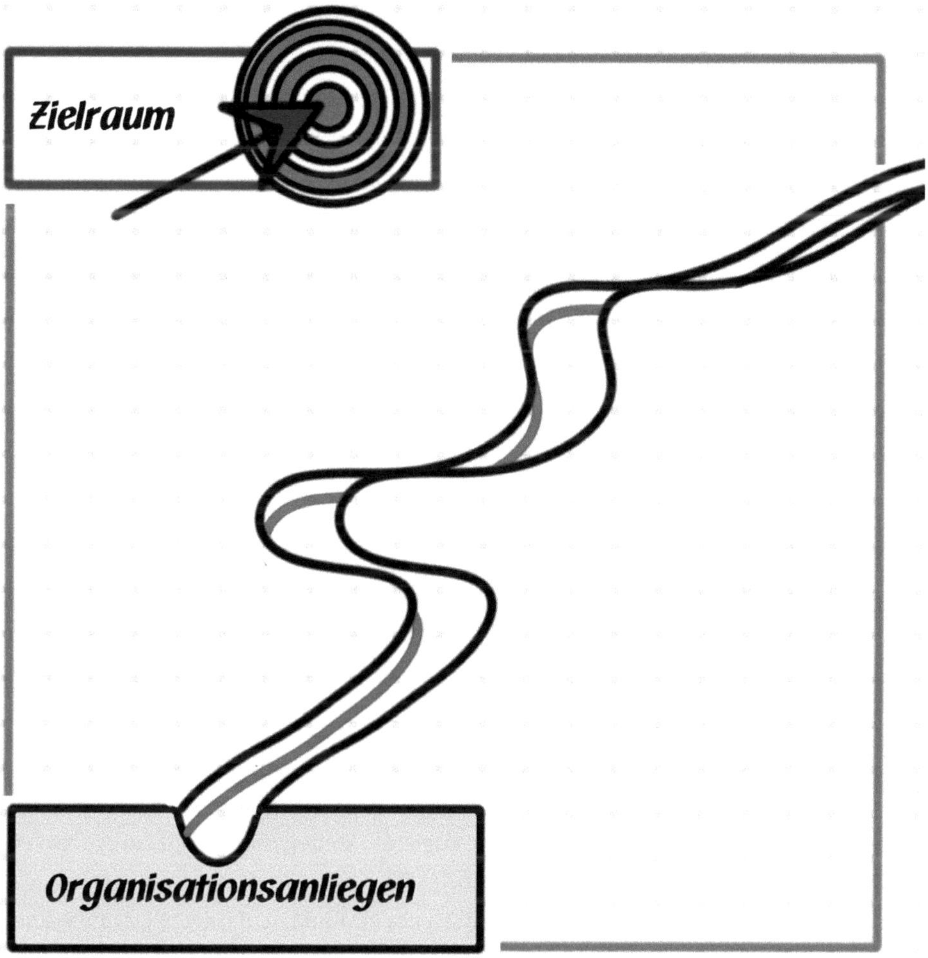

Bild 9.6 Pfade machen das Erreichen von Zielräumen unmöglich

Zum Überwinden von Pfadabhängigkeiten ist es notwendig, die Erhaltungslogik zu erkennen. Das Überwinden der Pfadabhängigkeit wird nur gelingen, wenn die Beteiligten ein konkretes Handlungsangebot jenseits der Erhaltungslogik erhalten.

Organisationsmuster „Pfadabhängigkeiten" durchbrechen

Agile Organisationsentwickler*innen spiegeln Organisationen oder Organisationsteilen vermutete Pfadabhängigkeiten. Sie bieten Experimente zum Ausprobieren von Handlungsalternativen jenseits der Pfadabhängigkeiten an.

9.9.1 Pfadabhängigkeit „Funktionalität" erkennen und überwinden

Die häufigste Form der Pfadabhängigkeiten ist die „Funktion". Auf Basis bereits getroffener Entscheidungen entscheiden sich die Beteiligten, die entsprechende Funktion wiederum zu erfüllen oder zu verstärken.

Als klassisches Beispiel für die Pfadabhängigkeit „Funktionalität" dient der Brunnenbau: In einer sehr trockenen Region werden aufgrund des geringen Grundwasserspiegels tiefe Brunnen gebohrt. Da viele Brunnen gebohrt werden und viel Wasser entnommen wird, bohren die Beteiligten noch tiefere Brunnen.

Eine andere Herangehensweise wie z. B. das Aufforsten durch geeignete Bäume, welche mittelfristig die Wassersituation ändern (und insbesondere den Grundwasserspiegel erhöhen), liegt nicht im Möglichkeitsraum der Beteiligten.

> 80% aller beobachteten Pfadabhängigkeiten basieren auf systemischen Notwendigkeiten und zeigen sich als „Funktionalität".

Pfade vom Typ „Funktionalität" können durch vorangegangene Strukturentscheidungen bestimmt werden. Die Organisation bewertet einen bestimmten Anteil der Arbeitsteilung als hervorhebenswert und sorgt für eine Hervorhebung durch eine geeignete Struktur (ablesbar im Organigramm) in der Organisation. Stehen Organisationsmitglieder nun vor neuen Prozessentscheidungen, werden sie diese im Allgemeinen unter Berücksichtigung der vorhandenen Organisationsstrukturen treffen. Eine veränderte Form der Zusammenarbeit ist im ersten Zuge nur so denkbar, wie es die Strukturen „hergeben".

Manche strategische Entscheidungen führen ebenfalls dazu, dass sich Organisationen in Pfade begeben. So geben sich viele Produkthersteller*innen den strategischen Auftrag, ihre Produkte in bestimmten Produktzyklen zu verbessern und entsprechende neue Produktlinien zu launchen. Sie optimieren ihr Produkt mittels Kaizen. Ein möglicher Kaikaku-Moment wird in dieser Pfadabhängigkeit der Funktionalität nicht gesehen. So könnten durch verändertes Markt- oder Konsument*innenverhalten vollkommen neue Ansätze möglich werden, die einen höheren Kund*innennutzen mit sich bringen. Insbesondere Marktführer*innen fällt es häufig schwer, aus der Pfadabhängigkeit der Funktionalität der stetigen Produktverbesserung auszusteigen und den Kund*innennutzen vollkommen neu zu denken.

Wenn agile Organisationsentwickler*innen bemerken, dass die Beteiligten ähnliche Lösungen immer und immer wieder entwickeln und/oder diese weiter vertiefen möchten, ohne den Lösungsraum signifikant zu erweitern, kann sich der Blick der Beteiligten auf deren Pfadabhängigkeiten lohnen.

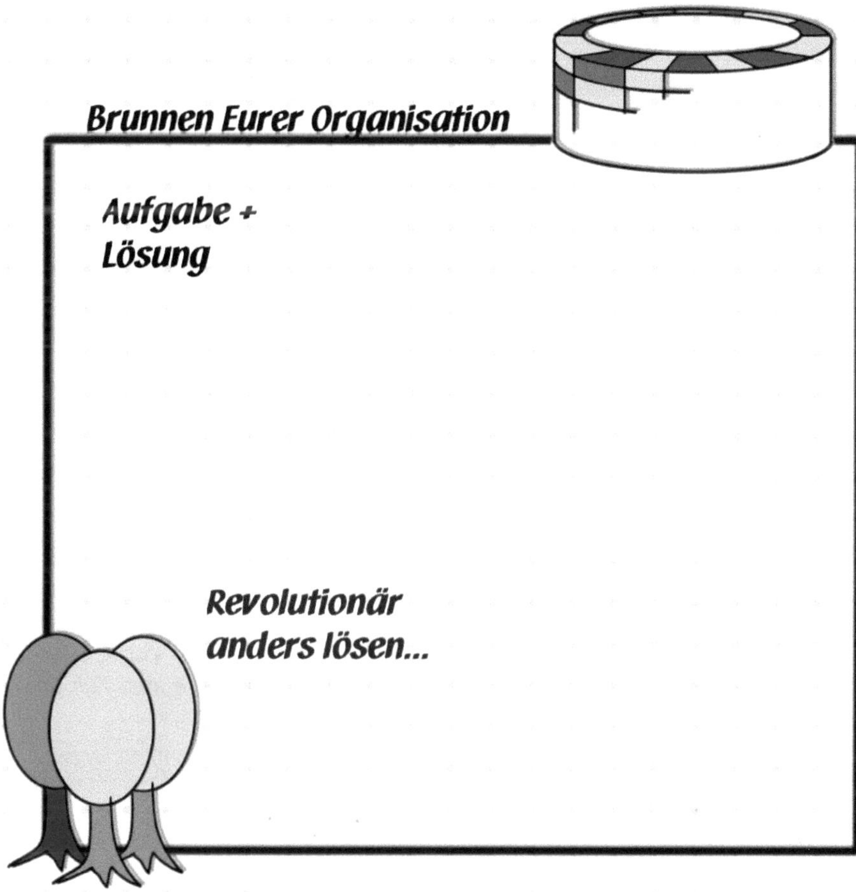

Bild 9.7 Undenkbare Handlungsalternativen entdecken

Beispiel 043: Entwickeln von revolutionären Handlungsoptionen

Hierzu stellen die agilen Organisationsentwickler*innen die Pfadabhängigkeit vom Typ „Funktion" vor und lassen im ersten Schritt typische Handlungsweisen der Organisation und im zweiten Schritt die typischen Organisationslösungen erarbeiten.

Ist ein Anerkennen des Ist notwendig, werden die Beteiligten in einem folgenden Schritt klären, welche direkten und indirekten Ergebnisse diesen Handlungen folgen.

Schließlich erarbeiten die Beteiligten alternative Handlungsformen. Sobald diese formuliert sind, ermitteln die Beteiligten welcher Vorschlag den größten Hebel für die Organisation besitzt. Hieraus entwickeln die Beteiligten unter Beratung der agilen Organisationsentwickler*innen Experimente, mit denen die Beteiligten Pfade brechen und so einen neuen Möglichkeitsraum entdecken können.

Wenn die Beteiligten nicht über die bestehenden Strukturen hinausdenken können, könnte ein Ansatz „Grüne Wiese“ hilfreich sein. Die Treiber*innen bestimmen jenseits der Strukturen ein Pilot-, Projekt- oder Prozessteam, das den Auftrag erhält, eine bestimmte Aufgabe (möglichst in Vollzeit, mindestens in festen gemeinsamen Arbeitszeiten) neu und anders zu lösen. Die systemtypische Frage „Wer ist noch zu beteiligen?“ wird diesen Organisationsmitgliedern über eine Leitplanke explizit verboten.

Pessimieren

Verworrene, irrationale, eher diffuse Ängste (als Bedenken oder Sorgen „getarnt") halten Personen oder -gruppen leicht davon ab, ihren funktionalen Pfad zu verlassen. Das Ermitteln der größten negativen Auswirkungen eines Vorgangs kann es den Beteiligten ermöglichen, neue Pfade zu sehen.

Pessimieren erfolgt in zwei Schritten. Im ersten Schritt wird ermittelt, was im schlechtesten Verlauf passieren könnte:

- „Was ist das Schlimmste, was passieren könnte?"
- „Wenn das hier vollständig schiefläuft, was wäre das schlimmste Ergebnis?"
- „Wenn wir das hier total falsch machen, was würde dann passieren?"
- „Stellt Euch vor, dass wir einen Zeitsprung von einem Jahr machen. Nun sitzen wir hier (am $KONKRETES_DATUM) und wirklich alles, alles ist schiefgelaufen. Wir sitzen vor den Scherben unseres Prozesses. Was alles läuft gerade nicht? Welche Themen gibt es aktuell, die einfach mistig sind?

Im zweiten Schritt klären die Beteiligten, wie sie mit diesen erkannten Ängsten und Risiken umgehen können?

- „Was ist unser Beitrag dazu, dass das nicht eintritt?"
- „Was können wir heute tun, damit dieses Morgen nicht eintritt?"
- „Was raten wir uns mit dem Wissen aus der Zukunft, was wir heute tun und was wir nicht tun sollten?"

Als Hilfsmittel zur Entscheidungsfindung pessimieren die Beteiligten alle Entscheidungen: „Was wäre das Schlimmste, was passieren wird, wenn wir nicht den organisationstypischen Weg gehen?“, gefolgt von „Steckt eine Funktion dahinter, die wir bedienen möchten?“ und daraus die neue Handlungsform abzuleiten.

Beispiel 044: Bottleneck Jurist*innen

In einem mittelständischen Unternehmen, das über 60 Jahre am Markt tätig ist, hat sich bereits vor einigen Jahren im Zuge wachsender Regulationen des Markts eine juristische Abteilung ausgeprägt.

Für alle Beteiligten ist es selbstverständlich, alle wesentlichen Produktveränderungen durch die Jurist*innen prüfen zu lassen.

Die Prüfungen dauern jeweils sehr lange. Zum einen überprüfen die Jurist*innen immer ausführlich auf mögliche Veränderungen im möglichen Umfeld. Sie analysieren gewissenhaft alle möglichen Risikofaktoren. Sie fordern jeweils, dass die Produktneuerungen alle möglichen Konstellationen der Kund*innen vorab absichern. Dabei ergeben sich häufig sehr komplexe Anforderungen für die jeweiligen Produktneuerungen.

Durch die Umstellung auf agile Prozesse liefert die Organisation häufiger als bisher üblich Prüfungsanfragen an die Hausjurist*innen ein. Dabei erweist sich das Organisationsverhalten als echtes Bottleneck. Diverse Produktneuerungen stecken in der juristischen Abteilung fest.

Im Rahmen einer agilen Transition erkennen die Beteiligten die Pfadabhängigkeit der Funktion und erörtern Handlungsalternativen:

1. Über die Kennzeichnung eines Produktstatus „im Test" könnten Testgruppen Erfahrungen mit den Produktneuerungen sammeln, welche dann juristisch bearbeitet werden. Die Beteiligten ändern so die Reihenfolge. Die juristische Beratung würde sich auf tatsächlich auftretende Fälle beschränken.
2. Eine*r der Hausjurist*innen wird in das Produktteam aufgenommen und erarbeitet die Produktneuerungen mit. So können die Beteiligten alle Risiken gut einschätzen und bei Bedarf das Produkt so bauen, dass es intelligent die gesetzlichen Anforderungen erfüllt. Im Rahmen dieser Zusammenarbeit entsteht ein gemeinsames Bild vom Kund*innennutzen.
3. Die Beteiligten ermitteln die häufigste Nutzer*innenkonstellation. Diese wird automatisiert. Im Rahmen der Produkterprobung werden alle Nicht-Standardfälle im Serviceteam individuell bearbeitet.

Alle drei Handlungsalternativen versprechen eine verkürzte „time to market" und fördern so ein schnelleres organisationelles Lernen.

Alle drei Vorschläge finden ein neues Vorgehen, welches nicht durch die Struktur der Organisation definiert wurde. Alle drei Vorschläge durchbrechen so den Pfad. Im Folgenden werden die Beteiligten mit dem Experiment starten, in dem sie den größten Hebel vermuten, und lernen, ob das veränderte Vorgehen die gewünschte Wirkung zeigt, und entsprechende weitere Experimente ableiten.

9.9.2 Weitere Pfadabhängigkeiten erkennen und überwinden

Die Pfadabhängigkeit **„Increasing Returns"** kann sich in technischen Entscheidungen zeigen. So könnte eine Organisation sich zu einem bestimmten Zeitpunkt des Wachstums entschieden haben, ein bestimmtes Betriebssystem für alle Organisationsmitglieder auszurollen. Zu diesem Zeitpunkt war die Entscheidung sinnvoll. Im weiteren Verlauf kamen weitere Anwendungen auf Basis dieses Betriebssystems hinzu, welche von den Organisationsmitgliedern als organisationskritisch bewertet werden. Für neue Herausforderungen werden die Beteiligten nur im Rahmen der technischen Gegebenheiten suchen. Eine vollständig andere Lösung z. B. in Form einer anderen Technologiebasis und/oder einer vollkommen anderen Prozessmodellierung werden die Beteiligten nicht denken können.

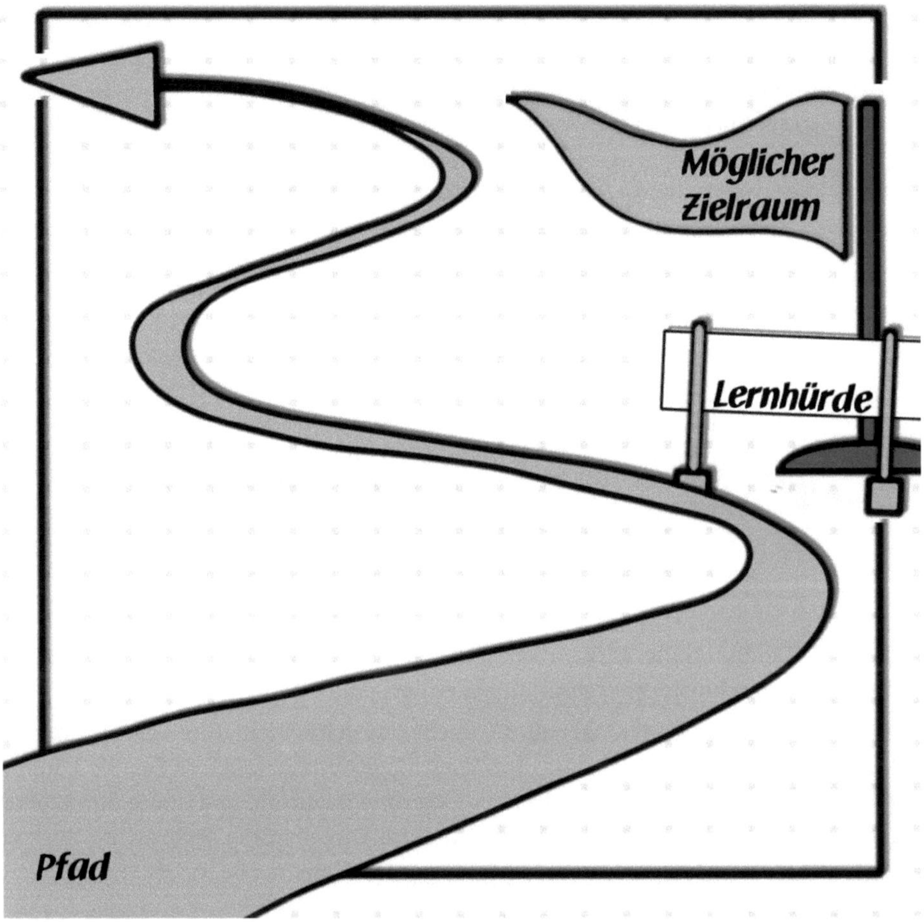

Bild 9.8 Pfade prägen Lernhürden für die Organisation aus

Mit jeder weiteren Entscheidung in diese Richtung lohnt es sich mehr, in diesem Pfad zu bleiben. Die „steigende Rendite" zeigt sich in hohen Umstellungskosten, die sich mit jeder Anschaffung weiterer Software weiter erhöht. Mit diesem Pfad kommt häufig auch das Verständnis daher, **eine** Lösung für alle Organisationsmitglieder bereitstellen zu müssen. Ein mögliches Durchbrechen des Pfads könnte z. B. das gezielte Abkoppeln einzelner Organisationsteile sein.

Beispiel 045: Pfadabhängigkeit „Komplementarität" (QWERTZ)

Die Pfadabhängigkeit **„Komplementarität"** zeigt sich nach vielen miteinander zusammenhängenden Entscheidungen. So sind auch heute noch sehr viele Tastaturen im QWERTZ-Muster aufgebaut, obwohl es womöglich effektivere Tastaturbelegungssysteme gäbe.

QWERTZ wurde ursprünglich eingeführt, damit sich die am häufigsten genutzten Buchstaben nicht im Typenrad der mechanischen Schreibmaschinen verheddern.

Zum Schnellschreiben wurden entsprechende Trainings vermittelt. Die Erwartungshaltung an Tastaturen ist heute daher das QWERTZ-System. Das Anbieten eines neuen Tastatursystems müsste viele Anwender*innen gleichzeitig überzeugen; gleichzeitig müssten hinreichend viele Anwendungen andere Tastaturbelegungen verarbeiten können.

Die Pfadabhängigkeit „Komplementarität" ist am einfachsten innerhalb von Organisationen zu überwinden, indem parallel zur vorhandenen Struktur eine vollkommen andere Lösung des Problems angeboten wird. So könnte die QWERTZ-Tastatur im ersten Schritt durch eine Spracheingabe ersetzt werden. Die dafür notwendige Interoperabilität könnte den Weg in andere Tastaturbelegungen öffnen (so dies denn noch notwendig ist).

Der Pfadabhängigkeit **„Legitimität"** entsteht, wenn viele Organisationsmitglieder im Sinne des von ihnen als richtig und legitim empfundenen System (weiter) wirken. Zum Beispiel könnte in einer Organisation die Norm angelegt sein, dass die Organisationsmitglieder zu jedem Zeitpunkt ansprechbar sein sollten. Dies wird auch für Urlaube und Krankheiten als angemessen und richtig empfunden. Entsprechend werden die Belohnungssysteme der Organisation ausgerichtet. So werden diejenigen Organisationsmitglieder mit einem Bonus belohnt, die sich innerhalb eines Jahres nicht haben krankschreiben lassen. Durch weitere Regeln und Prozesse wird die Legitimität der Handlungsweisen und Prozesse weiter gestützt.

Zur Überwindung der Pfadabhängigkeit „Legitimität" lohnt sich ein Blick auf die Normen, Werte und Regeln (siehe Abschnitt 9.3) der Organisation. Die Treiber*innen könnten für eine Norm (hier: Umgang mit Überstunden und Ansprechbarkeit) eine alternative Norm formulieren und entsprechend handeln (und sich entsprechend erklären).

Die Pfadabhängigkeit **„Konformität"** basiert auf der Entscheidungsentlastung der beteiligten Organisationsmitglieder. So könnte ein Unternehmen basierend auf gesetzlichen/äußeren Anforderungen interne Prozesse entwickelt haben, um die äußeren Anforderungen gut zu erfüllen.

Werden neue Prozesse innerhalb der Organisation benötigt, werden diese im Sinne des bestehenden Regelsets entwickelt. Stehen Organisationsmitglieder vor Entscheidungen, ist es für sie entlastend und arbeitsvereinfachend, wenn sie sich einfach aus dem Regelset bedienen. Dabei beachten die Organisationsmitglieder nicht, ob sich die Anforderungen in der Zwischenzeit verändert haben – und auch einfachere Wege zur Lösung möglich wären.

Zur Überwindung der Pfadabhängigkeit „Konformität“ können die Beteiligten z. B. Handlungsalternativen mit der Frage „Wenn wir diese Regel nicht hätten, wie würden wir die Herausforderung einfach, gut und pragmatisch lösen“ entwickeln.

Die Pfadabhängigkeit **„Macht“** kann z. B. in Organisationen entstehen, welche durch eine einzelne Person gegründet wurden. Legt diese Person Wert darauf, dass zentrale Entscheidungen im Verlauf immer von ihr getroffen werden, kann sich dieser Anspruch in der stark gewachsenen Organisation als zentralisierte Machtstruktur zeigen.

Ein Überwinden dieser Machtstrukturen kann durch autonom und selbstorganisiert wirkende Pilotprojekte erfolgen.

Die Pfadabhängigkeit **„Sequenzen“** ist eine organisationelle Fortschreibung des Ausrufs „Wer A sagt, muss auch B sagen“. In Abständen werden in Organisationen Entscheidungen getroffen, welche maßgeblich die nachfolgenden Entscheidungen beeinflussen. So kann der Einsatz einer bestimmten Basistechnologie für ein Produkt alternative Produktlösungen undenkbar machen.

Das Erkunden und Verproben alternativer Handlungsweisen kann eine Organisation aus dieser Pfadabhängigkeit lösen.

Organisationsmuster „Pfadabhängigkeiten“ durchbrechen

Agile Organisationsentwickler*innen unterstützen Organisationen oder Organisationsteile darin, ihre Pfadabhängigkeiten zu erkennen und zu beschreiben. Agile Organisationsentwickler*innen empfehlen konkret Experimente, um Handlungsoptionen jenseits der Pfadabhängigkeiten zu erleben.

Agile Organisationsentwickler*innen setzen hierfür auf die Prinzipien „Mit Hypothesen arbeiten“ (siehe Prinzip 7.10), „Just do it!“ (siehe Prinzip 7.15) und „Fehler machen und lernen“ (siehe Prinzip 7.3), alle in Kapitel 7.

9.10 Organisationskonflikte erkennen und einen Umgang damit finden

Konflikte in Organisationen können das Verhalten, Denken und Fühlen der Beteiligten stark prägen. Während die einen den Konfliktlinien folgen und den Konflikt angehen oder füttern, versuchen andere, den Konflikt zu vermeiden, zu umgehen oder zu beschweigen.

Definition: Organisationskonflikte

Zwei oder mehrere Parteien stehen in einer Organisation in einem Konflikt, wenn diese Parteien unterschiedliche **Bedürfnisse** haben. Diese werden über unterschiedliche Interessen, Meinungen, Werte oder Ziele definiert und manifestieren sich in Spannungen, Missverständnissen, offenen Auseinandersetzungen oder erkalteten Konflikten.

Innerhalb des Organisationsanliegens, insbesondere beim Anerkennen des Ists, kann es für die Beteiligten hilfreich sein, bestehende Konflikte zu erkennen und einen bewussten Umgang damit zu finden.

9.10.1 Kalte Konflikte erkennen und managen

Nicht jeder Konflikt ist dabei direkt sichtbar. **Heiße Konflikte** zeigen sich durch konkrete Missverständnisse, Reibereien oder offene Auseinandersetzungen (in unterschiedlichen Konfliktstufen). In einem **kalten Konflikt** bestehen weiterhin die verletzten Bedürfnisse, die offene und emotionale Spannung zwischen den beteiligten Parteien ist dennoch abgeklungen. Der Konflikt ist nicht mehr deutlich sichtbar und führt unsichtbar zu neuen Organisationsmustern.

So könnten Beteiligte neue Regeln erfinden, um den Konflikt nicht weiter zu schüren: „Wir liefern erst das Zwischenprodukt ABC ein, wenn die Bedingungen DEF erfüllt sind." Interpersonell zeigen sich kalte Konflikte in der täglichen Kooperation: „Mit Person GEH arbeite ich grundsätzlich nicht zusammen" oder „Von IJK nehme ich keine Anweisungen entgegen".

Kalte Konflikte bilden sich aus, wenn die beteiligten Parteien sich zurückziehen, weil das Ignorieren oder Umgehen des Konflikts der einfachere Weg ist. In Abständen erscheinen auch andere Themen wichtiger (z. B. äußerer Veränderungsdruck), so dass die Beteiligten den Konflikt ignorieren.

Die verletzten Bedürfnisse bestehen weiter. So können kalte Konflikte wieder aufflammen (meist unerwartet und für die Organisationsentwicklung störend), wenn neue Umweltfaktoren einzuarbeiten sind oder Beteiligte deutlich mit ihren verletzten Bedürfnissen konfrontiert werden.

Organisationsmuster „Kalte Konflikte" durchbrechen

Agile Organisationsentwickler*innen unterstützen Organisationen beim Aufarbeiten kalter Konflikte, wenn diese Konflikte das Erreichen des Zielraums unmöglich machen.

Agile Organisationsentwickler*innen setzen hierfür auf die Prinzipien „Mit Hypothesen arbeiten" (siehe Prinzip 7.10), „Auf Augenhöhe arbeiten" (siehe Prinzip 7.2) und „Hierarchielogik brechen" (siehe Prinzip 7.9), alle in Kapitel 7.

Eine erfolgreiche Bearbeitung bedeutet nicht in allen Fällen eine vollständige Befriedung, also das Einlösen aller Bedürfnisse. Im Falle systemimmanenter und vererbter Konflikte besteht die Aufgabe häufig darin, die bestehenden Bedürfnisse anzuerkennen und einen Umgang in der Organisation damit zu finden.

9.10.2 Umgang für systemimmanente Konflikte finden

Systemimmanente Konflikte können sich als Spannungen, Widersprüche oder durch Othering (siehe Abschnitt 9.7) zeigen. Im Gegensatz zu situativen Konflikten beruhen diese Konflikte auf unstimmigen Zielen oder Erwartungen der beteiligten Organisationsteile.

Unterschiedliche Disziplinen verfolgen häufig unterschiedliche Teilziele, bedingt durch einen unterschiedlichen Blick auf die Organisation und deren Ziele. Im Falle begrenzter Ressourcen oder unklarer Rahmenbedingungen kann dies systemimmanente Konflikte offenbaren. Auch die Verteilung von Macht, Machtanspruch, Autorität und Entscheidungsbefugnissen kann zu systemimmanenten Konflikten führen. Diese können sich zeigen, wenn sich die offiziellen Firmenwerte stark von der im Verhalten der Organisationsmitglieder sichtbaren Organisationskultur unterscheiden. Schließlich können Veränderungsvorhaben systemimmanente Konflikte heraufbeschwören, weil das Veränderungsvorhaben (siehe Abschnitt 2.9.2) nicht von allen Organisationsmitgliedern für richtig erachtet wird.

Systemimmanente Konflikte lassen sich erfolgreich über Stellvertreter*innen lösen.

Organisationsmuster „Systemimmanente Konflikte" durchbrechen

Agile Organisationsentwickler*innen sorgen für eine exemplarische Lösung oder einen exemplarischen Umgang mit dem systemimmanenten Konflikt.

Agile Organisationsentwickler*innen setzen hierfür auf die Prinzipien „Mit Hypothesen arbeiten" (siehe Prinzip 7.10), „Auf Augenhöhe arbeiten" (siehe Prinzip 7.2) und „Hierarchielogik brechen" (siehe Prinzip 7.9), alle in Kapitel 7.

9.10.3 Vererbte Konflikte erkennen und managen

Konflikte anderer Hierarchiestufen können sich in Organisationen vererben. So können Zielkonflikte in der Organisation weitergegeben werden. Wenn sich eine höhere Konfliktstufe auf einen „faulen Kompromiss" einlässt, den Konflikt ignoriert oder ihn anderweitig erkalten lässt, kann dieser Konflikt sich in anderen Hierarchiestufen wieder zeigen.

Bild 9.9 Konflikte können sich über mehrere Hierarchiestufen vererben

Beispiel 046: Unterschiedliche strategische Ausrichtungen der Konzernvorstandsmitglieder

Ein Konzern mit weltweit über 100 000 Mitarbeitenden wird über einen achtköpfigen Vorstand geführt. Der Konzern sieht sich massivem Veränderungsdruck ausgesetzt. Der Klimawandel und der entstehende regulatorische Druck fordern massive Veränderungen bei den hergestellten Produkten: sowohl die Herstellungsart als auch das Produktportfolio betreffend. Die CEO und der CFO sind zu unterschiedlichen Zeitpunkten durch den Aufsichtsrat in den Vorstand berufen worden. Der CFO hat zum Zeitpunkt der Berufung den deutlichen Auftrag erhalten, Umsatz und Marge über die nächsten fünf Jahre zu halten. Die vor zwei Jahren berufene CEO erhält den Auftrag, das Produktportfolio schnellstmöglich umzustellen, um die Tradition des seit 120 Jahren bestehenden Konzerns fortzusetzen.

Der Vorstand ruft eine Zukunftsinitiative aus. Für die Mitarbeitenden ist es schwierig, diese Zukunftsinitiative in Einklang mit dem täglichen, fordernden Geschäft zu bringen. In der Organisation wird kolportiert, dass sich die CEO und der CFO nicht leiden könnten und wenig im Tagesgeschäft übereinstimmten.

Die CEO bildet eine Stabsstelle zur Organisationsentwicklung aus. In einer Supervision stellen die internen Organisationsentwickler*innen fest, dass bestimmte, von ihnen begleitete Initiativen vorzüglich laufen, während andere bereits in der Festlegung stocken.

Die internen Organisationsentwickler*innen entwickeln Hypothesen dazu. Eine*r der Organisationsentwickler*innen ruft nach einer Übung dazu aus: „Ich spiele mit der falschen T-Shirt-Farbe. Die CEO trägt grün, der CFO blau. Wenn ich in ein blaues Team komme, bekommen wir gar kein Gespräch hin. Die wissen, dass ich falsch bin; ich gehöre einfach zum falschen Team. Ich bin Team CEO, ich bin das grüne T-Shirt."

Für das Beispiel 046 wird deutlich, dass die beteiligten Organisationsentwickler*innen durch die Organisation einem bestimmten Lager zugewiesen werden. Mit dieser Zuweisung gehen die Organisationsteile, die sich mit dem CFO assoziieren, in die Abwehr.

Eine Auflösung dieser Situation kann erfolgen, wenn sich die Beteiligten des Konflikts bewusst werden und

- einen pragmatischen Workaround in ihrem Organisationsteil finden,
- sich über den Konflikt hinwegsetzen und eine Lösung in ihrem Organisationsteil finden oder
- den Konflikt mit einer konkreten Entscheidungsvorlage an die Verursacher*innen zurückgeben.

Zeigt sich der Konflikt in einer hohen Konfliktstufe, ist eine Mediation zwischen den Verursacher*innen empfehlenswert. Das Aufzeigen der Konfliktwirkungen könnte die Verursacher*innen bestärken, zu einer Lösung beitragen zu wollen. Werden die Konfliktwirkungen einseitig überbetont, könnte dies die Neigung der Verursacher*innen verstärken, den Konflikt aufrechtzuerhalten.

Organisationell vererbte Konflikte können in Abständen die Verursacher*innen „überleben". Die Verursacher*innen sind womöglich nicht mehr in der Organisation oder mit anderen Aufgaben betraut, dennoch kann der Konflikt in der Organisation überdauern. So können durch den Konflikte manifestierte Anweisungen oder Regeln in der Organisation bestehen bleiben, während die beteiligten Parteien gar nicht mehr um ihre Bedürfnisse ringen. Daher lohnt sich der regelmäßige Blick auf die Formalismen der Zusammenarbeit und deren entsprechende Anpassung.

Organisationsmuster „Vererbte Konflikte" durchbrechen

Agile Organisationsentwickler*innen sorgen für eine exemplarische Lösung oder einen exemplarischen Umgang mit dem systemimmanenten Konflikt.

Agile Organisationsentwickler*innen setzen hierfür auf die Prinzipien „Mit Hypothesen arbeiten" (siehe Prinzip 7.10), „Auf Augenhöhe arbeiten" (siehe Prinzip 7.2) und „Hierarchielogik brechen" (siehe Prinzip 7.9), alle in Kapitel 7.

9.11 Selbstreflexion „Organisationsmuster erkennen und überwinden“

Beantworte die folgenden Reflexionsfragen bzw. bearbeite die skizzierten Übungen und Vertiefungen. Eine schriftliche Auseinandersetzung bzw. Inter-/Supervision wird die Wirkung der Übung verstärken.

- Versuche zu definieren, welchen Regeln, Normen und Werten Deine Organisation folgt.
- Du arbeitest aktuell in einer Organisation. Überlege Dir, ob und welche Pfadabhängigkeiten Du in der Organisation erkennen kannst.
- Welche Rituale kannst Du in Deiner Organisation erkennen, die einer Pfadabhängigkeit folgen?
- Welche Experimente würden einzelnen Beteiligten einen größeren Möglichkeitsraum eröffnen?
- Welche Entscheidungen haben in Deiner Organisation zu einer Pfadabhängigkeit geführt?
  - Welchem Ziel folgten diese Entscheidungen?
  - Welche Werte, Normen und Regeln zeigen diese Pfadabhängigkeit?
  - Was wären Handlungsalternativen zu diesen Entscheidungen gewesen?
  - Welche Experimente könntet Ihr mit welchen Beteiligten machen, um Euch aus der Pfadabhängigkeit zu lösen?
- Welche Regeln und Normen ordnen unsere Zusammenarbeit?
  - Welchem Zweck dienen diesen Regeln und Normen?
  - Stimmt dieser Zweck mit unserem Zielraum überein?

10 Lernen neu lernen

Als Individuen lernen wir täglich. Auch Organisationen lernen täglich. Während klassisches Konditionieren nur selten seinen Platz findet, werden Formen des operanten Konditionierens (über Belohnung und Sanktionen), soziales Lernen (durch Nachahmung), konstruktives Lernen (durch Zusammensetzen bekannter Fakten und Handlungen) sowie selbstgesteuertes Lernen täglich in Organisationen gemischt auftreten.

Lernen des Individuums ist das permanente Bestätigen, Erweitern und Verändern der eigenen Wahrnehmung, des eigenen Handeln oder Denkens. Jedes individuelle Lernen fußt auf dem eigenen Vorwissen, eigenen Mustern und Erfahrungen. Lernen als solches wird von Individuen vor diesem Hintergrund unterschiedlich. Für manche ist tägliches Lernen eine große Freude, womöglich Antrieb im eigenen Leben; andere wünschen sich mehr Ruhe und Beständigkeit.

Definition: Lernen

Lernen ist der Prozess zur (relativ) stabilen Veränderung des Verhaltens, Denkens und Fühlens aufgrund von Erfahrungen, neuen Einsichten, des Verständnisses der Umwelt oder der Bewusstwerdung eigener Regungen.

Wenn die Organisationsmitglieder lernen, wird die Organisation lernen (können).

Verhaltensänderung ist ein Prozess, der hoffentlich aus mehr Fort- als Rückschritten besteht. Geraten die Organisationsmitglieder unter Druck, kann es sein, dass die alten Verhaltensweisen wieder zu Tage treten.

Definition: Lernende Organisation

Besitzt eine Organisation die Fähigkeit, dass Individuen kontinuierlich lernen und damit die Organisation als Ganzes, sich anzupassen und sich weiterzuentwickeln, bezeichnet man diese Organisation als lernend.

Der agile Reifegrad AR-A (siehe Abschnitt 6.7.6.1) beschreibt eine lernende Organisation. Lernende Organisationen fördern das Lernen der Organisationsmitglieder und von -teilen täglich. Nach Peter Senge [Senge 2006-01] weist eine lernende Organisation fünf Merkmale auf:

Fünf Merkmale einer lernenden Organisation

Persönliches Meisterschaftsdenken: Die Organisationsmitglieder sind bestrebt, ihr Wissen und ihre Handlungskompetenzen stetig zu verbessern. Die Organisationsmitglieder möchten sich kontinuierlich weiterentwickeln und Expert*innen ihres Gebiets werden, so dass sie positiv zur Organisationsentwicklung beitragen können.

Mentale Modelle: Die Organisationsmitglieder sind sich ihrer Grundannahmen über sich selbst, andere und die Organisationsumgebung bewusst. Sie überprüfen diese regelmäßig. So können die Organisationsmitglieder bestehende Lernhürden identifizieren und neue Perspektiven entwickeln. Im Ergebnis sind die Organisationsmitglieder bereit, offen Neues anzunehmen und sich veränderten Bedingungen anzupassen.

Gemeinsame Vision: Die Organisationsmitglieder teilen gemeinschaftlich eine positive Zukunftsbeschreibung und engagieren sich für diese. Die Vision wirkt handlungsleitend sowie richtungsweisend und fördert so die Zusammenarbeit der Organisationsmitglieder.

Gruppenlernen: Die Organisationsmitglieder schaffen sich eine Umgebung, in der sie Wissen teilen, gemeinsame Herausforderungen meistern und so zusammen lernen können. Die Organisationsmitglieder sorgen für eine Arbeitsumgebung, in der Teamarbeit und der offene Austausch zu Erfolgen und Misserfolgen möglich ist. Gelingt Gruppenlernen, wird die Organisation schnell auf unbekannte Herausforderungen reagieren können.

Systemisches Denken: Die Organisationsmitglieder verstehen die Organisation als Ganzes und kennen die Wechselwirkungen und Zusammenhänge unterschiedlicher Organisationsteile. Somit können die Organisationsmitglieder ganzheitlich wirken: Sie haben eine Idee von guten Wirkungen und möglichen Nebeneffekten ihrer Handlungen innerhalb der Organisation und können so gute Experimente zur weiteren Entwicklung aufsetzen.

Für agile Organisationsentwickler*innen lohnt sich der Blick, in welchen der fünf Merkmale für eine Organisation ein guter Hebel, also eine hohe Wirkung bei einem relativ geringen Einsatz, liegen könnte, um die Organisation mehr ins Lernen zu begleiten.

10.1 Lernen, zu experimentieren

Es sich zu erlauben, echte Erkenntnisse über organisationelle Experimente zu sammeln, heißt insbesondere, es sich zu erlauben, Hypothesen zu falsifizieren. Wenn diese Erlaubnis gegeben ist, können Organisationen in Lernketten Produkte/Services, Prozesse und Strukturen für sich passend entdecken (siehe Abschnitt 5.2).

Für viele Organisationsmitglieder werden Experimente zu einer Prüfungssituation, in der sie keine falschen Vorhersagen machen dürfen. Agile Organisationsentwickler*innen bieten daher ein Angebot zur Umdeutung der Situation.

> „Win or Learn!"
>
> „Kompliziertheit entsteht durch Mangel an Wissen. Komplexität durch Überraschung – ein wichtiger Unterschied." [Pflaeging 2015-01]
>
> „Veränderung entsteht nicht in der Kognition, Veränderung entsteht im Machen."

Agile Organisationsentwickler*innen begleiten Organisationen darin, echte Erfahrungen in Experimenten zu machen. Die J-Kurve kann den Beteiligten im Lernen selbst Spaß nehmen (siehe Abschnitt 10.5). Agile Organisationsentwickler*innen erleichtern das Lernen der Beteiligten durch geeignete Maßnahmen (siehe Abschnitt 10.6).

Dabei gilt es, die Komfortzone „Das haben wir immer schon so gemacht" zu überwinden. Agile Organisationsentwickler*innen laden die Beteiligten in die Lernzone (siehe Abschnitt 10.6.2) ein.

10.1.1 Neue Erfahrungen ermöglichen

Wenn Individuen ihr Wissen und ihre Fähigkeiten durch persönliche Erfahrungen und praktische Anwendungen erweitern, handelt es sich um erfahrungsbasiertes Lernen.

Die Vermittlung von Wissen und Kompetenzen erfolgt nicht nur über eine theoretische Vermittlung, sondern über das direkte Erleben und dessen Reflexion.

> Der Paradigmenwechsel gelingt über erfahrungsbasiertes Lernen.

Viele Organisationsmitglieder antizipieren unter „Lernen" die Vermittlung und Verarbeitung von theoretischem Wissen, wie sie es in Schule, Berufs- oder Hochschule erlebt haben. Das erfahrungsbasierte Lernen, wie es z. B. in der Berufsausbildung, in Praktika oder in Simulationen erlebt wurde, wird häufig nicht als Lernen konnotiert.

Gleichzeitig vermittelt sich vielen Organisationsmitgliedern, dass sie bei Fehlern gemaßregelt oder bestraft werden würden. Entsprechend möchten die Beteiligten Fehler vermeiden. Um wiederum die befürchteten Konsequenzen von Fehlern zu vermeiden, meiden viele Organisationsmitglieder Lernen an sich.

Neue Erfahrungen unterstützen die Beteiligten, Lernen als solches neu zu bewerten.

Agile Organisationsentwickler*innen nutzen so häufig wie möglich Interventionen und Simulationen, um neue (insbesondere agile) Vorgehensweisen auszuprobieren und zu erleben.

10.2 Agile Organisationsentwicklung als strategisches Lernen der Organisation begreifen

Agile Organisationsentwicklung ist strategisches Lernen. In vielen Organisationen ist Lernen nicht in der Organisationskultur verankert. In diesen Organisationen orientieren sich die Organisationsmitglieder eher an der vorhandenen (oder zugeschriebenen), als der statisch empfundenen Kompetenz ihrer Organisationsmitglieder.

Beispiel 047: Widerstand beim Ausrollen von Remote-Arbeit

In einem Konzern verkündet die die Konzernleitung zu Beginn der Coronapandemie für alle Mitarbeitenden der Zentrale, dass zukünftig alle remote arbeiten werden. Die Arbeitsplätze seien entsprechend eingerichtet. Besonders stolz sei man, dass die Konzernleitung eine schon lange diskutierte Videokonferenzlösung innerhalb von 48 Stunden auf alle Laptops der Mitarbeitenden ausrollen konnte.

Innerhalb weniger Tage formiert sich der Veränderungswiderstand der Mitarbeitenden in der Forderung, dass für die neu eingerichteten IT-Lösungen zunächst einmal Schulungen zu organisieren seien. Ohne Schulungen seien die Mitarbeitenden nicht arbeitsfähig.

Die Mitarbeitenden sahen sich offensichtlich im eigenständigen Wissensaufbau überfordert. Sowohl die Mitarbeitenden als auch deren Führungskräfte verfügten über keinerlei Strategie, wie sie individuell oder organisationell lernen könnten.

Digitalisierung, Automatisierung und Künstliche Intelligenz fordern dabei, dass die Organisationsmitglieder selbstständig weiteres Wissen aufbauen. Dafür brauchen die Beteiligten geübte Verfahrensweisen.

„Machen ist wie Wollen, nur krasser."

Kompetenzaufbau entsteht nicht durch Erlesen von Fakten, sondern durch das Üben von Fertigkeiten. In vielen Organisationen erwarten die Organisationsmitglieder, dass ihnen Unsicherheiten und Unklarheiten über Schulungs- und Trainingsprogramme genommen werden. Der eigenständige Wissens- und Kompetenzaufbau ist für viele Organisationsmitglieder undenkbar – mehr noch: Aus dieser Sicht stellt das Nichtbereitstellen von Schulungen und Trainings ein Führungsversagen dar.

Wenn in Organisationen Schuld und Fehler als Norm gleichgesetzt werden (siehe Abschnitt 9.3), dann werden es die Organisationsmitglieder vermeiden, aktiv zu lernen. Beginnen Menschen neues Wissen und neue Fertigkeiten zu erlernen, sinkt zunächst ihre Produktivität (siehe Abschnitt 10.5). In Organisationen, die Schuld und Fehler gleichsetzen, trüge also für den Moment Lernen zu einem Fehler, der fehlenden Produktivität, bei.

10.3 Aus kleinen Experimenten lernen

„Vom Kleinen ins Große arbeiten" (siehe Prinzip 7.7 in Kapitel 7) lautet eines der Prinzipien der agilen Organisationsentwicklung. Es fordert, dass sich die Beteiligten während des Veränderungsprozesses Wissen erarbeiten und aneignen.

Klassisch geschulte Organisationsmitglieder erheben an jeden Lernprozess einen Vollständigkeitsanspruch – sowohl was die Organisation als auch die Fachlichkeit angeht. Eine gute Handlungsalternative ist das Erarbeiten und Erproben eines Minimal Viable Product:

Definition: Minimum Viable Product (MVP)

Ein Minimum Viable Product verfügt über die grundlegenden Funktionen eines Produkts oder Services, um diese gegenüber einer Testgruppe demonstrieren oder den Markt testen zu können.

Mittels eines Minimum Viable Product werden Produkte oder Services so früh wie möglich – meist gegen eine Testgruppe – verprobt. Die Einführung von erfolgreichen MVP verläuft mittels des Prinzips „one some many" (siehe Prinzip 7.17 in Kapitel 7).

„one some many" wird als Skalierungsprinzip genutzt, um einfach und angemessen die Anzahl neuer Verfahren, Strukturen oder Methoden nach Bedarf in die Organisation zu bringen. In allen Phasen lernen die Beteiligten für die nächste Phase.

Dabei wird für die Phase **„one"** genau eine Instanz in der Organisation implementiert. Der erste Fall dient zum ersten, um den Organisationshebel final zu bestätigen, und gleichzeitig zum zweiten, um für die Phase **„some"** zu lernen.

In der Phase **„some“** üben die Beteiligten, das erlernte Verfahren, die Struktur oder die Methode in einigen Fällen auszurollen. Dabei sollten diese Fälle genügend gleich und doch unterschiedlich sein, um die Phase **„many“** gut vorzubereiten.

In der Phase **„many“** wird das Verfahren, die Struktur oder die Methode in vielen Organisationsteilen implementiert, so denn der Organisationshebel für diese Organisationsteile zutrifft.

Ein Ausrollen der neuen Erkenntnis, der neuen Methode, des neuen Vorgehens auf alle Organisationsteile ist unwahrscheinlich. Gut funktionierende Organisationen sind an ihren jeweiligen direkten Systemumgebungen angepasst und dafür unterschiedlich formiert (siehe Kapitel 13).

Beispiel 048: Einkaufsumstellung für Zubehörhandel

In einem mittelständischen Zubehörhandel, welcher vorwiegend Endverbraucher*innen adressiert, wurde der Vertrieb jahrzehntelang durch den Einkauf (und die Produktion in Asien) bestimmt. Die durchschnittliche time-to-market betrug anderthalb Jahre, bis eine neues Zubehörteil als Idee im Einkauf bis zum Produkt in allen Filialen und in der Online-Filiale zum Verkauf stand. Angesichts der direkten Importmöglichkeiten von Produkten ist das Organisationsanliegen, das neue Produkt stärker durch den direkten Kund*innenkontakt zu prägen und insgesamt deutlich schneller in die (Online-)Filialen zu bringen.

Es formiert sich ein Transitionsteam, welches durch Kolleg*innen aus dem Einkauf, dem Marketing, einer Filiale und der Online-Filiale sowie der IT besetzt wird. Das Transitionsteam formuliert für sich den Zielraum, innerhalb von sechs Monaten ein neues Zubehörteil in mindestens der Hälfte der Filialen zu verproben.

One: Das Transitionsteam ermittelt eine Zubehörsparte, welche besonders attraktiv (wirtschaftliche Gründe) für schnelle Marktneuheiten wäre. In direkter Verhandlung mit den asiatischen Hersteller*innen entwickeln sie innerhalb von sechs Wochen ein Zubehörteil, welches sie in einer Filiale und einer Online-Filiale für zwei Wochen zum Verkauf anbieten. Sie führen flankierend Interviews mit den Käufer*innen durch.

Some: Mit der Analyse der Interviews und nach Absprache mit den asiatischen Hersteller*innen erzeugen die Beteiligten eine zweite Variante des Zubehörteils, welche sie gezielt in unterschiedlichen Filialtypen anbieten. Neben kleinen Filialen im Innenstadtbereich verfügt der Zubehörhandel auch über größere Filialen an den Ortsrändern. Es stellt sich heraus, dass das Zubehörteil besonders gut in der Nähe von Großstädten angenommen wird. Die Verprobung dauert vier Wochen.

Many: Die Many-Phase erfolgt mittels zweier Strategien:

1. Das neue Zubehörteil wird gezielt in allen Filialen am Rande von Großstädten ausgerollt.
2. Das Transitionsteam beschließt, das Online-Verkaufsverhalten zu untersuchen. Sobald sich signifikant höhere Bedarfe in bestimmten Regionen ergeben, statten sie die umgebenden Filialen mit dem Angebot aus.

Aus dem MVP leitet das Transitionsteam für die anstehende agile Transition ab:

- Interdisziplinäre und direkte Produktentwicklung ist möglich.
- Das gezielte Ausrollen von Produkten in unterschiedlichen Regionen ist machbar und betriebswirtschaftlich sehr erfolgreich.

Als Organisationshebel benennen die Beteiligten die unkomplizierte Zusammenarbeit und sie laden weitere Produktsparten ein, ihr Einkaufs- und Verkaufsverhalten testweise umzustellen.

Das Beispiel 048 zeigt Lernen auf unterschiedlichen Ebenen, welches von den Beteiligten offen angegangen wird. Um etwaige Lernhürden aus dem Weg zu räumen, werden alle Beteiligten durch agile Organisationsentwickler*innen unterstützt.

10.4 Mit Emotionen (besser, leichter) lernen

Emotionen sind für den Lernvorgang als solches wichtig, da Emotionen das Gedächtnis, die Motivation und die Aufmerksamkeit der Beteiligten beeinflussen.

Emotionen sind auch im sozialen Kontext wichtig. Der Austausch von Emotionen, sei es in der Zusammenarbeit mit anderen oder im Austausch von Erfahrungen, kann das Lernen bereichern und vertiefen.

Nicht jede Lernsituation ist mit positiven Gefühlen verbunden. Organisationelles Lernen basiert auf dem Lernen der jeweiligen Organisationsmitglieder. Diese reagieren unterschiedlich auf ihre Emotionen, entsprechend vielfältig sind die Reaktionen auf unterschiedliche Lernangebote und -umgebungen. Ein bewusster Umgang mit positiven wie negativen Emotionen im Lernprozess kann das Lernen in Summe verbessern.

Soziales Lernen: Der Austausch von Emotionen zwischen den Beteiligten kann das Gruppengefühl stärken und mehr Einsichten in den aktuellen Lernprozess bringen. Insbesondere in den Retrospektiven zur agilen Organisationsentwicklung (siehe Abschnitt 10.13.2) ist es daher wichtig, dass alle Teilnehmer*innen auch ihre Emotionen zum Ist-Stand, zum Prozess und zum Zielraum teilen.

Interesse/Neugierde: Wenn die Beteiligten ein emotionales Verhältnis zum Lerninhalt entwickeln, sind sie häufig motivierter, sich mit diesem Thema zu beschäftigen. So kann ein gut formulierter Zielraum (siehe Abschnitt 2.3.2) die Beteiligten einladen, sich auf das Lernen einzulassen.

Aufmerksamkeit/Gedächtnis: Erleben die Beteiligten eine Situation mit hoher Emotionalität, fesselt dies ihre Aufmerksamkeit, die Aufnahme von Informationen ist intensiver, so dass das Gedächtnis als solches gestärkt wird. Emotionen sorgen so dafür, dass Lerninhalte besser im Gedächtnis der Beteiligten verankert werden. In Retrospektiven der agilen Organisationsentwicklung genauso wie beim Entdecken neuer Experimente und deren Durchführung können die Beteiligten sich also fragen, wie sie positive Emotionen im Prozess (z. B. über Gamification, siehe Abschnitt 10.6) fördern können.

Motivation: Positive Emotionen können die Motivation, also die Bereitschaft der Beteiligten erhöhen, Neues auszuprobieren und sich den Schwierigkeiten im Lernen zu stellen (siehe Abschnitt 10.5, Abschnitt 10.10). Aber der Wunsch, negative Emotionen zu überwinden, kann ins Lernen führen. Damit dies gelingt, ist es wichtig, dass die Beteiligten einen guten Kontakt zu sich und ihren Emotionen im Ist und im Prozess (siehe Abschnitt 10.13.2) haben.

Im Lernen können nicht nur die aktuellen Emotionen den Lernprozess erleichtern. Versuchen Individuen, bestimmte Orte, Situationen oder Aktivitäten (und damit z. B. Emotionen wie Angst und Stress) zu vermeiden, erlernen sie Strategien, um genau dies zu erreichen.

Treiber des Vermeidungslernens ist also, unerwünschte Konsequenzen des Lernens zu verhindern. Vermeidungslernen kann dem Zielraum der Beteiligten im Wege stehen. Daher versuchen die Beteiligten, in der Lernzone dieser (siehe Abschnitt 10.6.2) zu agieren. Eine andere Spielart des Vermeidungslernens besteht darin, dass die Beteiligten sich Vorgehensweisen aneignen, um Sanktionen aus dem Weg zu gehen. Diese können z. B. in Werten, Normen oder Regeln (siehe Abschnitt 9.3) der Organisation begründet sein. In diesem Sinne ist Vermeidungslernen häufig sinnvoll und gesund (siehe Abschnitt 6.2.2). Die Beteiligten schützen sich so vor unerwünschten Konsequenzen. Ein alternatives Verhalten können die Beteiligten häufig erst dann entwickeln, wenn sie diesen Sinn verstanden haben.

10.5 Die J-Kurve einpreisen

Die J-Kurve ist ein populärwissenschaftliches Modell, um ein Lernen in Produktivität im Zeitverlauf zu beschreiben. Dieses Modell beschreibt sowohl den Lernverlauf von Individuen als auch von Organisationen.

Die J-Kurve beschreibt zwei große Phasen im Lernen, die anfängliche Abnahme und den steilen Anstieg, welche durch den Wendepunkt „Tal des Todes“ voneinander getrennt sind.

In der anfänglichen Abnahme sind die Lernenden mit einem neuen Konzept, einer neuen Fähigkeit oder einer Veränderungsabsicht konfrontiert. Es stellen sich Unsicherheit oder Verwirrung ein, weil der Lerngegenstand und das aktuelle Wissen oder Verhalten miteinander kollidieren. Das Unbehagen über diese Unsicherheit oder Verwirrung kann genauso eine Lernhürde für die Beteiligten darstellen wie die Abwehr des Produktivitätsverlusts.

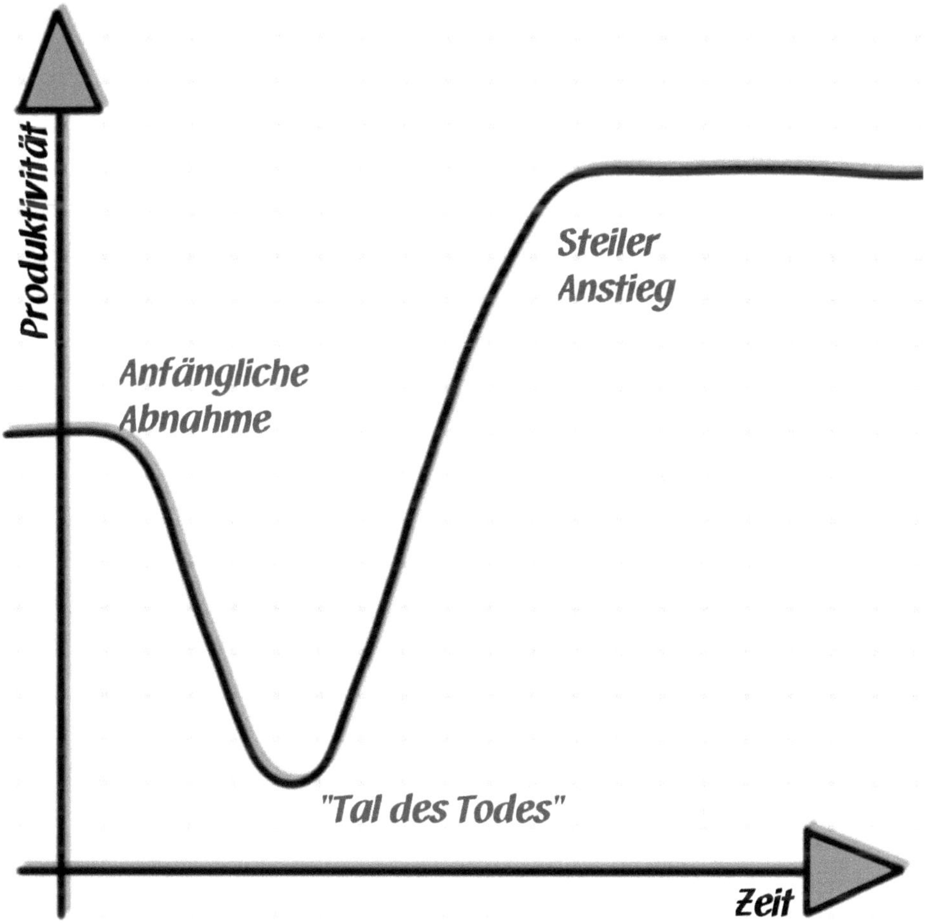

Bild 10.1 Lernen kostet zeitweilig Produktivität

Denn von vielen wird die anfängliche Abnahme als Scheitern interpretiert. Daraus kann Demotivation entstehen, welche im „Tal des Todes“ in Lern- und Veränderungsabbrüchen münden kann. Verstehen die Lernenden nicht den natürlichen Verlauf der Produktivität während des Lernens, können sie geneigt sein, den Lernvorgang als solches zu stoppen.

Sobald die Lernenden Erkenntnisse gewinnen, Zusammenhänge herstellen, die (neuen) Anforderungen adaptieren, sich also insgesamt ihre Handlungskompetenzen verbessern, steigt die Produktivität wieder an.

„Es muss schlechter werden, bevor es besser wird!“

Ausdauer, Anpassungsfähigkeit und kontinuierliches Engagement sind wesentlicher Teil von Lernerfolg.

10.6 Lernen erleichtern

Um einen Lernerfolg zu erreichen, können Organisationen, Teams und Individuen die folgenden Tipps ausprobieren, welche Ausdauer, Anpassungsfähigkeit und kontinuierliches Engagement der Beteiligten fördern.

Oft genügt es, nur einen der Tipps in der Maßnahmenplanung (siehe Abschnitt 6.6.2.3) zu beachten, um Organisationen, Teams und Individuen ins leichtere Lernen zu bringen.

10.6.1 Tipps, um Lernen im Alltag zu verankern

Die folgenden Tipps können Personen und Personengruppen unterstützen, neues Verhalten auszuprobieren und neue Methoden oder Prozesse zu erlernen.

Belohnungen ausloben: In manchen Fällen ist die Aussicht auf den Erfolg zu abstrakt oder das "Tal der Tränen" wird als sehr tief antizipiert. In diesen Fällen hilft es den Beteiligten, sich für Teilstrecken gezielt Belohnungen zu versprechen, die sonst nicht auf dem Programm stehen:

- „Wenn wir die Methode bis zum Ende des Monats zehn Mal durchgeführt haben, werden wir als Team einen extra Urlaubstag direkt vor Weihnachten erhalten."
- „Wenn wir das zu lernende Ritual fünfzehn Mal in Folge ohne Störungen durchführen, werden wir fünf Tage später ein Remote-Frühstück mit externer Lieferung durchführen lassen."

Kleines und Machbares finden: Mancher Lernschritt fühlt sich zu groß an. Zu ungewiss ist der Ausgang oder das Maß an befürchteten Konsequenzen ist zu groß. In diesem Fall hilft es, die Maßnahmen entweder schrittweise durchzuführen oder als Ganzes (siehe Abschnitt 10.3) zu minimieren, damit die Beteiligten in ihre Lernzone zurückkehren können.

- „Mit welcher Wahrscheinlichkeit ist diese Maßnahme am Ende der Iteration ausprobiert? Wie müsstet Ihr die Maßnahmen umdefinieren, damit sie Euch machbarer erscheinen?"
- „Wenn wir bis zum Iterationsende die Maßnahme durchführen möchten, welche Teilschritte würden uns bis wann helfen, das zu erreichen?"

Gamification: Die Organisation, das Team oder die Individuen benennen (Teil-)Erfolge oder Zwischenetappen, welche gezählt und gemessen werden und in den Wettbewerb gehen.

> Die Addition von Humor ist der Gamification häufig zuträglich.

- „Wir nehmen uns vor, unsere komischen Bauchgefühle sofort zu äußern. Tut das weh, trägt er*sie sich auf diesem Bauch-o-meter ein. Wenn wir innerhalb der nächsten Woche zwanzig Punkte schaffen, werden wir in der kommenden Woche am Freitag gemeinsam früher Schluss machen und Eis zusammen essen. Schaffen wir dreißig Punkte, werden wir das zwei Mal machen."
- „Wir möchten weniger ABC machen, wenn die Kolleg*innen anrufen und uns um DEF bitten. Wir werden ihnen dafür GEH anbieten. Wir gehen davon aus, dass uns das nicht auf Anhieb immer gelingen wird. Wir erlauben es uns, zehn Mal den alten Weg zu gehen. Wir haben hier zehn Tennisbälle in einer Schüssel. Immer wenn wer aus dem Team den „alten" Weg gegangen ist, nimmt er*sie einen Ball aus der Schüssel. Dafür erhält er*sie umgehend Beratung durch die anderen Teammitglieder, wie er*sie es auf dem neuen Weg hätte schaffen können. Unser gemeinsames Ziel ist es, am Ende der Iteration noch Bälle „über" zu haben."

Neue Rituale schaffen: Durch das regelmäßige Durchführen von Methoden, das Erörtern bestimmter Fragestellungen, das regelmäßige Machen werden die Beteiligten leichter in eine neue Erfahrung kommen. Daher vereinbaren die Beteiligten regelhaft, die entsprechenden Vereinbarungen zu erproben und zu trainieren.

- „Wir möchten Klarheit in der Delegationsübernahme des selbstorganisierten Teams durch unsere Führungskraft Theda. Wir treffen uns daher alle am Montag nach unserem Weekly mit Theda, kontrollieren das Delegationboard, geben wahlweise erpokerte Delegationsstufen bekannt oder erpokern neue Stufen."

An bestehende Routinen anknüpfen: Den Beteiligten fällt es leichter, eine neue Routine zu entwickeln, wenn diese an eine bestehende Routine angedockt wird. Die neue Routine wird dann schneller von den Beteiligten als Gewohnheit angenommen.

Gemeinsam das Tal durchschreiten: Arbeiten im Pair oder im Mob, das gemeinsame Bearbeiten von Aufgaben, das Bereitstellen von „Gummienten" (Gesprächspartner*innen zum Reflektieren und laut denken), Patenschaften und Mentoring können die Beteiligten stützen, ihre Lernaufgaben zu meistern. Dabei ist es insbesondere hilfreich, die Emotionen der Beteiligten zu klären, so dass alle Gegenüber adäquat miteinander umgehen können.

Win or learn! etablieren: Die Beteiligten entwickeln für sich eine Umdeutung von Experimenten, so dass sie mutig und offen sowohl aus fachlichen Misserfolgen als auch aus Erfolgen in Experimenten lernen können (siehe Abschnitt 10.1).

Stärkenorientiert arbeiten: Die Beteiligten konzentrieren sich auf die Hebel der Organisationsentwicklung. Sie fördern und entwickeln Stärken, Kompetenzen und positive Eigenschaften der Organisation und der Individuen (siehe Abschnitt 10.8).

Bei der Klärung von Experimenten und Maßnahmen – unabhängig auf welcher Ebene der agilen Organisationsentwicklung (siehe Abschnitt 10.11) – prüfen agile Organisationsentwickler*innen, ob sie den Beteiligten durch die obigen Lerntipps das Lernen im Machen ermöglichen können.

Beispiel 049: Start-up mit rauer Lernkultur

In einem stark wachsenden digitalen Plattform wird Innovation strukturell vorangetrieben. Diese strukturelle Anlage sorgt genauso für ein Lernenwollen der Organisation wie einzelne Praktiken. Im Ergebnis zeigt sich eine erfolgreiche, gleichzeitig raue Lernkultur, die von allen Beteiligten fordert, uneitel aus Erfolgen und Misserfolgen zu lernen.

1. Alle Mitarbeitenden können Vorschläge zur Produktverbesserung machen. Es gilt nicht HIPPO („highest paid person's opinion"), alle Interessierten in der Organisation machen Verbesserungsvorschläge.
   a) Diese Vorschläge werden vom Technikteam 1 möglichst schnell und unmittelbar durch die gewünschte Testgruppe in Produktion gestellt. Alle Verbesserungsvorschläge sind mit Metriken versehen.
   b) Nach Ablauf der Testperiode werden die Messdaten ermittelt. Sind die Vorschläge wirtschaftlich erfolgreich, werden sie Technikteam 2 übermittelt, welches diese im Livebetrieb für alle Nutzer*innen aufrechterhalten, bis Technikteam 3 für eine Ablösung des Features durch ein stabile und qualitätsvolle Codebasis sorgt.
   c) Die Einreicher*innen erhalten die Ergebnisse ihrer Verbesserungsvorschläge.
2. Die Organisation ist sich bewusst, dass durch dieses Verfahren Downtimes nicht zu verhindern sind. Die Organisation arbeitet „gegen" 30 Minuten Downtime im Monat. Diese dreißig Minuten stehen als Budget bereit.
3. Das Technikteam 2 ermittelt monatlich, welche Features bis zur Ablösung besonders arbeitsintensiv waren. Sie analysieren die Gründe und veröffentlichen diese. Sie machen Verbesserungsvorschläge, wie die entsprechende Lösung hätte genauso schnell, aber weniger wartungsintensiv betrieben werden können. Die entsprechenden Kurzanalysen werden im Intranet veröffentlicht, aber auch als Empfehlungsliste monatlich an den Innenwänden der Büro-WCs aufgehängt.
4. Trifft der Firmengründer eine*n neue*n Mitarbeiter*in, so fragt er diese*n: „Hast Du das System schon runtergeholt?" Wenn er*sie verneint, fragt er weiter: „Wofür bezahle ich Dich?"

Nicht für jede Organisation sind solch raue, uneitle Lernriten möglich. Gleichzeitig könnte dieses Beispiel agile Organisationsentwickler*innen und Treiber*innen der Veränderung motivieren, mutige, andersartige Lernriten zu entwickeln und auszuprobieren.

10.6.2 Growth und Fixed Mindset beachten

Menschen fällt es unterschiedlich leicht oder schwer, sich auf Lernen und Veränderung einzulassen. Carol S. Dweck untersuchte dieses Vermögen und prägte dafür die Begriffe „Growth Mindset“ und „Fixed Mindset“ [Dweck 2007-01].

Menschen in einem Growth Mindset glauben, dass sie ihre Fertig- und Fähigkeiten sowie ihre Intelligenz durch Lernen, Üben und Trainieren verbessern können. Sie sehen Herausforderungen als Lernmöglichkeiten, denen sie mit Ausdauer und Anstrengung begegnen. Sie stellen sich neuen Aufgaben und sehen Fehler eher als Lernmoment denn als Versagen. Sie möchten sich weiterentwickeln und entfalten ihr Potenzial.

Menschen in einem Fixed Mindset glauben, dass ihre Fertig- und Fähigkeiten sowie Intelligenz statisch sind und sich nicht wirklich verändern lassen. Sie betrachten Herausforderungen als Bedrohungen und vermeiden sie daher, um ihr Selbstwertgefühl zu schützen. Sie neigen dazu, Misserfolge als Beweis für ihre Unfähigkeit zu betrachten, und verteidigen ihre Komfortzone (siehe Abschnitt 10.6.2).

Menschen in einem Growth Mindset können tendenziell besser mit neuen Herausforderungen umgehen und zeigen sich resilienter gegen Fehlschläge. Menschen in einem Fixed Mindset können gut bestehende Prozesse erkennen und Vorgänge in der Tiefe beschreiben.

In der agilen Veränderung werden Menschen sowohl im Growth Mindset als auch im Fixed Mindset benötigt. In Abständen werden Menschen in einem Fixed Mindset herabgewürdigt: „Die Menschen mit Fixed Mindset sind jetzt die Falschen. Die nützen uns nichts.“ Diese Haltung schließt viele Menschen aus und wird zu einem Rückzug dieser Menschen[1)] führen. Wenn die Zuordnungen in einen Growth und Fixed Mindset abwertend, also ohne Augenhöhe, erfolgen, ist das Modell nicht mehr hilfreich, sondern es steht einer gemeinsamen Bewegung entgegen.

Eine Einladung in die agile Veränderung ist an alle Lerntypen auszusprechen. Die Menschen in einem Growth Mindset werden die Innovation, die im Paradigmenwechsel liegt, häufig früher vor den Menschen im Fixed Mindset gehen können.

10.6.3 Lernzone erkennen und nutzen

Das Zonenmodell des Lernens, auf welches der Begriff der Komfortzone zurückgeht, wurde in den 1920ern von Psycholog*innen entwickelt und konnte Ende des letzten Jahrhunderts hirnphysiologisch bestätigt werden.

---

[1] Ähnliche Verletzungen, Abwehr und Resignation ist in Organisationen zu beobachten, die ihre Organisationsmitglieder in Menschentypen X und Y nach Douglas McGregor einordnen und einen der Menschentypen (meist „Y") bevorzugen.

Wie gut Menschen lernen können, hängt nicht nur von ihrem Mindset (siehe Abschnitt 10.6.1) ab, sondern auch vom Lernstoff als solches. Die Leistungs- und Lernfähigkeit wird maßgeblich von der Frage bestimmt, wie gut das Neue, der Lerngegenstand durch die Beteiligten angenommen werden kann.

Diese Frage wird häufig von den Menschen selbst zu optimistisch gesehen: „Das schaffe ich schon“ kann bereits Ausdruck eines inneren Ansporns sein: „Das muss ich schaffen“, welcher vielleicht von dem Glaubenssatz „Ich darf andere nicht enttäuschen“ gespeist sein könnte.

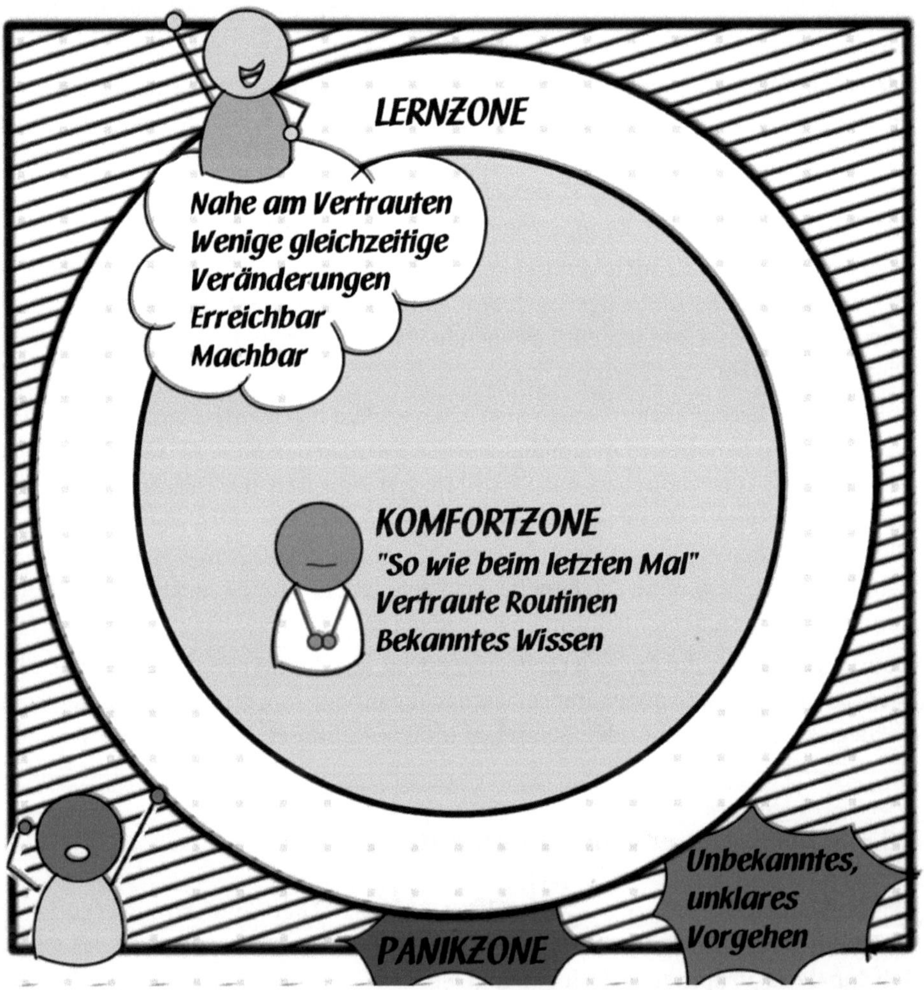

Bild 10.2 Entspannt lernen!

In der agilen Veränderung sorgen agile Organisationsentwickler*innen daher dafür, dass das Lernen im Paradigmenwechsel sinnvoll z. B. durch agile Coaches, Mentor*innen oder strukturell z. B. durch Arbeiten im Pair begleitet wird. Die Aufgabe der*des Begleiter*in liegt darin, die jeweilige Lernzone des Gegenüber zu identifizieren und die Lernaufgabe entsprechend anzupassen, um Lernschritte gehen zu können.

In der **Komfortzone** fühlen sich Menschen meist wohl. Sie verfügen über die erforderlichen Fähigkeiten und Kenntnisse, um alle Aufgaben zu bewältigen. Es ist nicht notwendig, zu lernen oder sich zu entwickeln. Die Komfortzone wird im Laufe der Zeit kleiner, da alle Aufgaben und Kenntnisse, die nicht häufig genutzt werden, nach und nach aus der Routine der Menschen herausfallen.

In der **Panikzone** liegt der Lerngegenstand, also die Aufgaben und Herausforderungen, zu weit über dem aktuellen Kenntnis- und Fähigkeitsniveau des jeweiligen Menschen. Menschen fühlen sich in der Panikzone überfordert und ängstlich. In der Konsequenz antworten Menschen in der Panikzone mit Flucht in die Komfortzone („Macht doch, was Ihr wollt, ich mache das so wie gehabt"), Angriff auf die Treiber*innen der agilen Veränderungen („Was maßt Ihr Euch eigentlich an. Das kann doch nichts werden. Das ist doch inkompetentes Gestümper hier!") oder durch Erstarren in der Panik, was sich z. B. als Prokrastinieren von Aufgaben zeigen kann.

In der **Lernzone** können die Beteiligten entspannt lernen. Sie sind offen für neue Erfahrungen und können auch mit möglichen Fehlschlägen souverän umgehen (siehe auch Abschnitt 2.10.3). Die Lernzone liegt knapp über dem Kenntnis- und Fähigkeitsniveau des jeweiligen Menschen. Anstrengung und Engagement sind notwendig, um die Lernschritte zu gehen (siehe Abschnitt 10.5), diese sind gut erreichbar und führen so zu Wachstum und Bewegung.

Lernzone beachten

Agile Organisationsentwickler*innen beobachten das Lernverhalten der Organisation und unterstützen die Beteiligten, sich in der Lernzone zu entwickeln.

Dies können agile Organisationsentwickler*innen erreichen, indem sie das Lernen durch „Kleiner machen", „Fokus setzen" oder „Gamification" erleichtern (siehe Abschnitt 10.6).

Beispiel 050: Lernzone erforschen

Die agile Organisationsentwicklerin Wiebke beobachtet, dass das Transitionsteam seit zwei Iterationen Aufgaben als machbar und gut bezeichnet, diese aber in Folge nicht zur Ausführung bringt. Sie stellt die Hypothese auf, dass die Beteiligten sich jenseits ihrer Lernzone befinden.

Sie stellt daher das Zonenmodell des Lernens vor und bittet die Transitionsteammitglieder, individuelle und Teammerkmale zu den drei Zonen zusammenzutragen: „Wie verhaltet Ihr Euch konkret, wenn Ihr Euch in einer der drei Zonen aufhaltet?"

Der Punkt „Prokrastinieren" wird im ersten Lauf von den Transitionsteammitgliedern nicht genannt.

Wiebke ergänzt und erklärt diesen Punkt und ordnet dies sowohl der Komfort- als auch der Panikzone zu.

Sie initiiert eine Debatte, in der die Transitionsteammitglieder für sich feststellen, dass sie die aktuellen Aufgaben nicht beginnen, weil diese „zu groß" und „zu mächtig" sind. Die Transitionsteammitglieder machen deutlich, dass sie diese Erkenntnis erstaunlich finden, weil die anstehenden Aufgaben doch **eigentlich** ganz in ihrem Sinne des Zielraums liegen.

Wiebke markiert, dass die Beteiligten jenseits der rationalen Einordnung „Das möchten wir erreichen und es klingt einfach" sich in der Panikzone befunden haben, lädt nun ein, sich gut einzufühlen, um in der kommenden Begleitung der Organisationsmitglieder mögliche Panikzonen leicht zu erkennen.

Schließlich lädt Wiebke dazu ein, die Aufgaben so klein und attraktiv zu machen, dass sie für die Transitionsteammitglieder machbar werden: „Wie könntet Ihr diese anstehenden Aufgaben kleiner oder anders annehmbarer machen, dass Ihr sie sicher in der nächsten Iteration angeht? Und wie werdet Ihr Euch belohnen, wenn Euch das gelingt?"

Die Lernzone nutzen die Beteiligten meistens informell, also jenseits formaler Ausbildungen und Trainings.

10.7 Die Basis für informelles Lernen in Organisationen schaffen

Informelles Lernen umfasst das Kreieren eigener Lösungen für Arbeitsprobleme, die Reflexion von Arbeitsprozessen und deren Verbesserung, den Austausch mit Kolleg*innen und das Feedback zu Arbeitsergebnissen [Decius 2021-01].

Wissensaufbau und -transfer in Organisationen findet meist selbstorganisiert (außerhalb offizieller Fortbildungen und formaler Bildungsformen) statt.

Zum informellen Lernen zählt das eigene Ausprobieren („Learning by doing", „Versuch und Irrtum"), Lernen am Modell, Feedback und Reflexion. Informelles Lernen gelingt nach dem Oktagonmodell dann besonders gut, wenn die vier Faktoren

Erfahrung/Handlung: nachmachen oder eigene Lösungen?

Lernintention: intrinsisch oder extrinsisch?

Feedback: direkt oder indirekt?

Reflexion: vorausschauend oder nachträglich?

sich gegenseitig auslösen. Das Oktagonmodell versteht sich dynamisch. Alle Faktoren können anderen Faktoren vorausgehen oder nachfolgen. Die Faktoren können mehrfach während des Lernens durchlaufen werden. Informelles Lernen ist dann besonders effizient, wenn alle vier Faktoren involviert sind.

Informelles Lernen kann nicht angesagt werden. In lernförderlichen Umgebungen gelingt informelles Lernen leichter. Dazu zählen:

- Ins Lernen einladen (siehe Abschnitt 10.10)
- Feedback geben und nehmen (siehe Abschnitt 10.13.1)
- Guter Umgang mit Fehlern und Fehlschlägen (siehe Abschnitt 10.15)

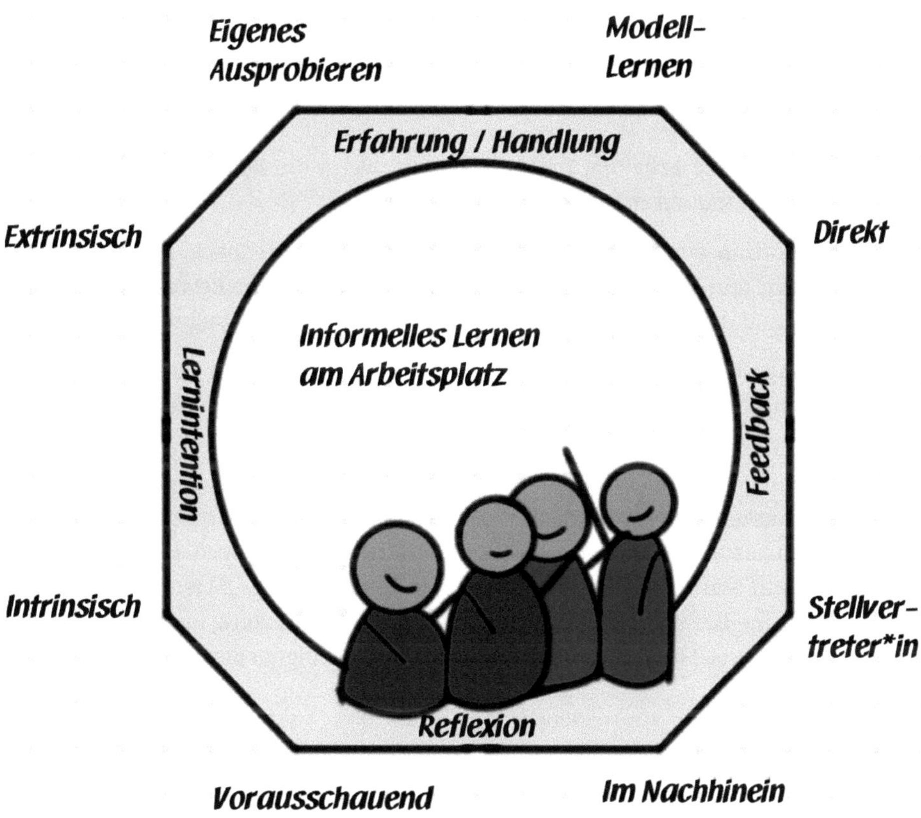

Bild 10.3 Vier Dimensionen des informellen Lernens erfassen

Zum offenen Umgang zählt insbesondere das Eingestehen, also das Benennen von eigenen Fehlern. Bewusstsein über das eigene Lernverhalten und die eigenen Bedürfnisse beim Lernen sind dem informellen Lernen ebenfalls dienlich.

10.8 Stärkenorientiert arbeiten

Wenn Organisationen, Teams oder Individuen in ihre Stärken arbeiten, erleben sie dieses Lernen häufig als motivierender und effektiver als den Versuch, erkannte Defizite abzumildern oder zu korrigieren. Die agile Organisationsentwicklung als solches setzt daher auf die Arbeit am Organisationshebel (siehe Abschnitt 2.4.1).

Stärken gründen auf den Ressourcen der Beteiligten. Stärken sind die positiven Eigenschaften, Fertig- und Fähigkeiten der Individuen, Teams oder Organisationen. Ressourcen sind alles das, was die Individuen, Teams oder Organisationen nutzen können, um einen Vorteil oder (Lern-)Gewinn zu erlangen. Ressourcen können z. B. Wissen, Handlungskompetenzen, Unterstützung von anderen, Netzwerke oder Zeit sein.

Stärkenorientiert zu arbeiten, funktioniert gut, wenn die Beteiligten Klarheit über ihre Ressourcen und ihren Zielraum gewonnen haben:

1. **Identifikation von Stärken:** Mittels Selbstreflexion, Feedback oder Retrospektiven entwickeln die Beteiligten Selbstbewusstsein und eine Bewertung ihrer Ressourcen und ihrer Stärken als Organisation, Team oder Individuum.
2. **Ableitung von Experimenten/Maßnahmen:** Die Beteiligten nutzen gezielt ihre Stärken bei der Entwicklung neuer Experimente oder Maßnahmen.

Stärkenorientiertes Arbeiten fördert das Selbstbewusstsein und die Selbstwirksamkeit der Beteiligen (siehe Abschnitt 10.10). Individuen, Teams und Organisationen, die sich ihrer Stärken bewusst sind, sind oft motivierter, Herausforderungen anzunehmen, Lernen zuzulassen und sich auf ihre Zielräume zuzubewegen. Ein selbstbewusstes Arbeiten in Stärken ist den Beteiligten häufig unbekannt. „Eigenlob stinkt" heißt es noch oft. Eine Defizitorientierung zeigt sich daher auch häufig im Klären des Organisationsanliegens. Mit Sarkasmus zeigen sich die Beteiligten den Ist-Zustand:

> „Wenn wir hier etwas können, dann ist es, Fehler zu verschweigen und so ein graues Schandmal weiterreichen. Mit dem oder der, wo das Schandmal steht, redet dann niemand mehr."

Sind Organisationen, Teams und Individuen stark in einer Defizitorientierung verhaftet, können geeignete Interventionen hilfreich sein, um eine Stärkenorientierung erlebbar zu machen:

Beispiel 051: Interventionen zur Stärkenorientierung

Warmer Regen: Alle Teilnehmer*innen erhalten den Auftrag, ihr positives Feedback für alle anderen Personen aufzuschreiben. Nacheinander erhalten alle Teilnehmer*innen das positive Feedback durch die anderen vorgetragen (siehe Abschnitt 10.13.1.5).

Feedbackkarussel: In einem Feedbackkarussell (siehe Abschnitt 10.13.1.3) erklären sich die Teilnehmer*innen gegenseitig,

1. was sie aneinander schätzen und
2. welche Fähigkeit des Gegenübers sie im Teamgefüge nicht missen möchten.

Superkräfte: Die Teilnehmer*innen ermitteln im Team, welche Superkräfte sie im Team vereinen. Sie erstellen gemeinsam ein Porträtbild.

Ich schätze an Dir, dass: Die Teilnehmer*innen vervollständigen auf einem Template für alle anderen die Satzanfänge:

1. Ich schätze an Dir, dass...
2. Ohne Dich hätten wir die letzte Iteration nicht hinbekommen, weil...
3. Ich wünsche mir, dass Du noch mehr zeigst von...

Mit geeigneten Interventionen erfahren die Beteiligten, dass ein ehrlicher Umgang mit eigenen Stärken und Schwächen dem Teamerfolg dient. Unbekannte Stärken und unklare Schwächen können für die Beteiligten eine Lernhürde darstellen.

10.9 Lernhürden erkennen und umgehen

Agile Organisationsentwickler*innen und Treiber*innen der agilen Organisationsentwicklung gehen bewusst mit den Lernhürden um, die sich im Lernprozess zeigen.

Dieser Satz gilt für alle VUCA-Facetten (siehe Abschnitt 2.3), mit denen sich aktuelle, organisationelle Herausforderungen beschreiben lassen. Lernen (also Wissens- und Kompetenzaufbau) gelingt in einer VUCA-Welt mit konsequenten Lernzyklen:

„Wir reagieren auf VUCA nicht mit Analyse und Planung, wir reagieren auf VUCA mit Lernen in Experimenten."

In Abständen werden die Beteiligten trotz aller Vorsätze die notwendigen Experimente nicht gut gehen können. Es zeigen sich **Lernhürden**. Lernhürden können in den Beteiligten, im Zusammenspiel der Beteiligten, in bestehenden Organisationsmustern oder in der Organisationskultur auftreten.

Interpersonell: Interpersonelle Lernhürden liegen in den Individuen selbst. Eine andere Form des Feedbacks, das direkte Konfliktgespräch oder das offene Benennen von Fehlern ist manchen Individuen nicht möglich. Es könnten z. B. die Erfahrung fehlen oder Vorerfahrungen die Veränderung verhindern. Lernhürden versperren den Weg in die Lernzone (siehe Abschnitt 10.6.2).

Dynamik: Dynamische Lernhürden zeigen sich in gewohnten und geübten Interaktionen zwischen Individuen. Vielleicht gehen die Beteiligten auch in einer bestimmten Dynamik miteinander um: Sprechen sie beispielsweise bislang in einer Eltern-Kind-Kommunikation (siehe Abschnitt 12.5.1), wird ihnen eine Kommunikation auf Augenhöhe ungewohnt, nicht angemessen und unerlaubt vorkommen.

Organisationsmuster: Folgen die Beteiligten ihren Organisationsmustern (siehe Kapitel 9), werden die Beteiligten Handlungsoptionen jenseits der Organisationsmuster nicht sehen und nicht formulieren können. Wenn als systemische Wiederholung angelegt ist, dass bestimmte Entscheidungen nur getroffen werden, wenn ein*e bestimmte*r Leiter*in diese Entscheidung getroffen, mehr noch: initiiert hat (siehe Abschnitt 9.8), wird im ersten Schritt kein anderes Organisationsmitglied entsprechende Entscheidungen vordenken und vorantreiben.

Organisationskultur: Lernhürden in der Organisationskultur zeigen sich, wenn Personen oder Personengruppen die Feststellung „So macht man das hier nicht" nicht verletzen möchten und kein verändertes Verhalten zeigen. Womöglich sind bestimmte Entscheidungsformen in der Organisation nicht geübt und gewohnt. So kennen viele Organisation im Arbeitsalltag nur „Verkünden" und „Konsens". Wenn „Konsens" im Arbeitsalltag daraus entsteht, dass die Beteiligten sich nicht trauen, ihre Bauchgefühle oder ihren Widerspruch offen zu formulieren, werden sie andere Entscheidungsformen (siehe Abschnitt 6.9) womöglich nicht erwägen, weil sie nicht daran glauben, dass andere Entscheidungsformen sinnvoll und erwünscht sind.

Agile Organisationsentwickler*innen entwickeln Hypothesen (siehe Abschnitt 6.6.4), welcher Art die Lernhürden sind, um geeignete Angebote und Hilfen zu schaffen, damit die Beteiligten (weiter) lernen können.

10.10 Basis für Motivation schaffen

Motivation entsteht nach Daniel Pink [Pink 2020-01], wenn der*die Einzelne

Mastery: handwerkliches/fachliches Können entwickelt,

Autonomy: Autonomie in seinen*ihrem Handeln erlebt sowie

Purpose: Sinn in seinem*ihrem Handeln entdeckt und erhält.

Dieses populärwissenschaftliche Modell zeigt eine mögliche Basis für die „motivierten Menschen", welche im fünften Prinzip hinter dem agilen Manifest gefordert werden. Folgt man Daniel Pink, ist es notwendig, dass die Treiber*innen der agilen Organisationsentwicklung Mastery, Autonomy und Purpose für die anstehende und laufende Veränderung entwickeln (können). Der Neurobiologe Gerald Hüther formuliert ebenfalls drei Faktoren als Basis für Motivation:

Sinn: erfüllende Mission,

Kohärenz: Stimmig- und Nachvollziehbarkeit sowie

Wirksamkeit: sichtbarer Anteil am Gesamtergebnis.

Durch agile Herangehensweisen sollten jeweils alle drei Faktoren gestärkt werden – genauso wie das Setzen auf Stärken.

Wirken die Beteiligten in der Veränderung demotiviert, lohnt sich die gemeinsame Analyse durch agile Organisationsentwickler*innen und Treiber*innen der agilen Transition, wie Experimente, Maßnahmen und Initiativen so gestaltet oder angeboten werden sollten, dass alle Beteiligten einen guten Zugang finden. Dabei ist insbesondere zu prüfen, ob die jeweilige Maßnahme zum Verlauf der Innovationsannahme (siehe Abschnitt 4.1) passend ist.

10.11 PDCA auf unterschiedlichen Ebenen durchlaufen

Agile Organisationsentwickler*innen sorgen für Lernzyklen (siehe Abschnitt 5.2), in denen die Beteiligten nicht im, sondern auch am System arbeiten.

10.11.1 PDCA Organisationsanliegen

Agile Organisationsentwickler*innen etablieren in der ersten Phase der agilen Organisationsentwicklung einen PDCA-Zyklus auf dem Organisationsanliegen mit den Treiber*innen der agilen Organisationsentwicklung. Diese Lernzyklus begleitet die gesamte agile Veränderung.

Dieser Lernzyklus wird durch die (womöglich wechselnden) Treiber*innen (siehe Abschnitt 6.5.2) der agilen Veränderung und die agilen Organisationsentwickler*innen besetzt. Agile Organisationsentwickler*innen setzen Führungsimpulse in diesen Lernzyklen und beraten die anderen Teilnehmer*innen.

Dieser Lernzyklus stellt im Verlauf der agilen Veränderung entsprechend genau dieses Verlaufs unterschiedlich betonte Fragen. Mit diesen Fragen sichern die Beteiligten ab, dass sie sich „auf Kurs“ befinden. Sie folgen dem Organisationsanliegen und haben einen Blick auf das System:

PDCA auf dem Organisationsanliegen

Haben wir das Ist ausreichend erfasst?
Können wir das Organisationsanliegen gut greifen?
Wie lautet das Organisationsanliegen in einem Satz?
Zeichnet sich ein Organisationshebel ab?
Können wir den Organisationshebel verifizieren?
Können wir den Zielraum beschreiben?
Nähern wir uns dem Zielraum?
Sind wir fertig?

Der Lernzyklus auf dem Organisationsanliegen folgt einem langsamen Takt von vier Iterationswechseln im Jahr.

10.11.2 PDCA Veränderungsdesign

Agile Organisationsentwickler*innen etablieren einen regelmäßigen Lernzyklus, z. B. über Super- oder Intervision, in dem sie die Wirksamkeit des Veränderungsdesigns überprüfen. Der Lernzyklus auf dem Veränderungsdesign sollte alle sechs bis acht Wochen erfolgen.

Erkennen die agilen Organisationsentwickler*innen Verbesserungspotenzial, werden sie den Treiber*innen konkrete Veränderungsvorschläge des Veränderungsdesigns geben.

10.11.3 PDCA der agilen Organisationsentwickler*innen

Im gleichen Lernmoment, besser noch getrennt davon (und damit mit Fokus), prüfen die agilen Organisationsentwickler*innen ihre Wirksamkeit während der agilen Transition. Die Wirksamkeit agiler Organisationsentwickler*innen misst sich vor allem darin, dass die Organisation in angemessenem Tempo ihren Zielraum erreicht. Darüber hinaus können weitere Parameter die agilen Organisationsentwickler*innen stützen, ihre Wirksamkeit zu prüfen:

Erreichen des Zielraums: Das Verhalten der Organisation lässt sich stimmig im Zielraum zeigen.

Verhaltensänderungen: Die Organisationsmitglieder zeigen ein verändertes Verhalten.

Feedback und Bewertungen: Die Organisationsmitglieder zeigen sich stolz und/oder zufrieden mit ihren Veränderungen und deren Ergebnissen.

Return on Investment (RoI)**:** Der Veränderungsgewinn übersteigt die Veränderungskosten deutlich.

10.11.4 PDCA der Treiber*innen der Veränderung

Die Treiber*innen durchlaufen ihren Lernzyklus der agilen Veränderung, in der sie in der ersten Phase das Organisationsanliegen und das Ist erkunden und den Organisationshebel finden. In der zweiten Phase arbeiten die Treiber*innen in Lernzyklen daran, ihren Zielraum zu erreichen.

In Abhängigkeit des erfassten Ists, Organisationsanliegens, des -hebels, des Zielraums und der vereinbarten Maßnahmen, Initiativen und Experimente werden die Beteiligten unterschiedliche Zykluslängen vereinbaren. In vielen Fällen hat sich in der ersten Phase der agilen Veränderung eine Zykluslänge von sechs Wochen bewährt, während in der zweiten Phase häufig eher vier Wochen für die Beteiligten zielführend sind. Ziel ist es, dass die Beteiligten in den jeweils vereinbarten Zykluslängen die beschlossenen Experimente, Maßnahmen oder Initiativen überprüfbar (messbar, siehe Abschnitt 6.6.4.1) bewegen können.

10.11.5 Lernzyklen nach St. Gallen nutzen

Jenseits des Tagesgeschäfts benötigen Organisationen einen Blick auf weitergehende oder längerfristige Fragestellungen. Die Managementformen nach Hans Ullrich [Wikipedia 07] deuten Management systemisch und verorten normative, strategische und operative Aufgabenstellungen im Management.

Normativ klären Führungskräfte grundsätzliche und für eine längere Zeit gültige Fragestellungen wie die Organisationsziele und -vision sowie die Handlungsprinzipien und Normen einer Organisation. Auf normativer Ebene liegt auch die ethische Legitimation einer Organisation. Ebenfalls grundsätzlich sind Fragestellungen wie die Grundsätze der Organisationspolitik, Leitsätze und -linien im Umgang und für die Führung sowie die Formulierung von Organisationsstandards.

Strategisch verfeinern Führungskräfte alle Vorgaben des normativen Managements. Strategische Arbeit ist das Formulieren der Geschäftsplanung und -ziele mit einer Sicht auf ein bis zwei Jahre. Die Geschäftskonfiguration und die Personalentwicklung sind genauso wie das Setzen von Richtung und Leitplanken für die jeweiligen Bereiche, Abteilungen Aufgabe des strategischen Managements.

Operativ übersetzen Führungskräfte die Vorgaben des strategischen Managements in die tägliche Arbeit. Auf operativer Ebene steuern Führungskräfte über die Formulierung von detaillierten und konkreten Jahreszielen und entsprechenden -planen.

In agilen Organisationen übernehmen selbstorganisierte Teammitglieder die gegenseitige Führung (siehe Abschnitt 10.16.1) und lösen häufig vollständig die operativen Managementaufgaben. Ob und wie die strategische Führung in Teams, in Prozessen oder in Individuen (also Führungskräften) liegt, hängt von der gefundenen Organisationsstruktur (siehe Kapitel 13) ab. Im Normalfall werden normative Aufgabenstellungen auch in agilen Organisationen von Führungskräften (meist im Führungsteam) verantwortet.

Jenseits der Verortung dieser Fragestellungen innerhalb einer Hierarchie oder innerhalb des Systems ist sicherzustellen, dass Lernen auf allen drei Ebenen regelmäßig erfolgt. Dafür setzen die entsprechenden Individuen, Gruppen oder Teams den Fokus auf diese Fragestellungen und nehmen sich entsprechend Zeit (siehe auch Abschnitt 12.2.1.8) zur Beantwortung der jeweiligen Fragestellungen. Die Organisation sichert so das notwendige Lernen auf allen drei Ebenen ab.

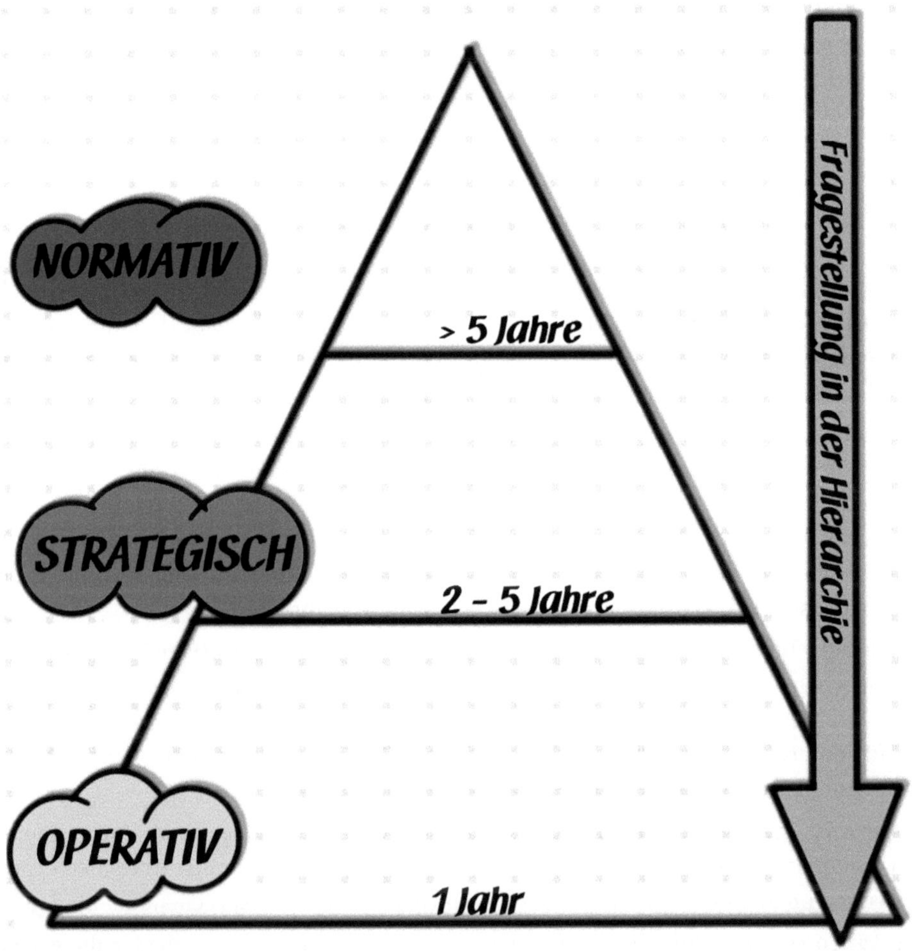

Bild 10.4 Operative, strategische und normative Lernzyklen aufsetzen und leben

Eine andere Sicht auf diese Fragestellungen bieten die „Agile Flight Levels“ nach Klaus Leopold (siehe Abschnitt 11.11.4), die ihren jeweiligen Fokus auf Strategie, Koordination und Tagesgeschäft legen.

10.12 Agile Reifegrade nutzen

Die agilen Reifegrade nach Andresen charakterisieren die Lernfähigkeit und den Lernwillen von Organisationen.

Agilisierungsstufen erleichtern die Bestimmung des Veränderungsdesigns für die Teams, Organisationen und Individuen. Sie können den Beteiligten mögliche Organisationshebel zeigen.

10.12.1 SWBLM: So wie beim letzten Mal

Charakterisierend für SWBLM ist die in Summe zu niedrige Produktivität des Teams. Dabei kann es sein, dass die entsprechenden Teams ihr Tagesgeschäft, die Bearbeitung der Aufgaben aus dem komplizierten Umfeld gut bewältigen. Darüber hinaus gehende Anforderungen, die sich aus einem inneren oder äußeren Veränderungsdruck ergeben, werden von Teams in SWBLM nicht bewältigt. Sie haben keinen definierten Umgang mit solchen Herausforderungen.

Wissenstransfer innerhalb des SWBLM-Teams findet nicht statt. Wissenstransfer wird als unproduktive Zeit angesehen, welche dem Lehrenden oder der Lehrenden Umsetzungszeit ohne Gegenleistung nimmt.

10.12.2 AR-D: Echt im Team arbeiten

Der erste agile Reifegrad AR-D nach Andresen [Andresen 2017-01] realisiert sich auf Teamebene in einer Organisation. Der agile Reifegrad AR-D zeigt sich in der Lernfähigkeit eines (häufig bestehenden) Teams:

Echte Teamarbeit

In echter Teamarbeit lernen alle Teammitglieder zu jedem Zeitpunkt aus ihren Handlungen und aus Resultaten. Die Teammitglieder nähern sich von Experiment zu Experiment einer guten Lösung. Sie versuchen gemeinschaftlich, die Teammission zu erfüllen.

Echtes Zusammenarbeiten zeichnet sich durch das gemeinsame Bearbeiten von Aufgaben aus. Es ist häufig zu beobachten, dass Gruppen als Teams bezeichnet werden, deren Mitglieder jeweils Einzelarbeit leisten. Formal werden Teamartefakte gelebt, faktisch werden Einzelaufgaben orchestriert. Bei allen Aufgaben ist klar, wem diese „gehören". Werden Aufgaben nicht erfüllt, diskutiert die Gruppe eher die Schuld für das jeweilige „Versagen" und geht nicht in die gemeinsame Verantwortung für diese Aufgaben.

> „Wir arbeiten mit-, nicht nebeneinander."

Um dieses Miteinander zu entdecken und zu festigen, braucht es Teamentwicklung. Aufwand und Umfang der Teamentwicklung wird von vielen Organisationsmitgliedern unterschätzt. Agile Teamentwicklung lebt vom Machen. Durch das Ausprobieren von (klassischen, agilen) Methoden(bausteinen) erfahren die Beteiligten echte Veränderung, welche sie Lernzyklus für Lernzyklus mitgestalten (können).

10.12.3 AR-C: Im großen Team liefern

Der zweite Reifegrad AR-C löst sich ebenfalls auf Teamebene ein. Während die Teams in AR-D häufig noch monodisziplinär aufgestellt sind, versuchen Teams in AR-C, alle diejenigen Organisationsmitglieder ins Team zu holen, welche sie benötigen, um wirklichen Kund*innennutzen zu liefern und nicht nur so das agile Manifest einzulösen.

Teams in AR-C entwickeln Strategien sowohl zum Wissensaufbau als auch zum -transfer.

Sie nutzen gezielt agile Methoden wie Pair Programming, Pairing, Shadowing und Peer-Reviews wie Trainings und Mentoring, um als Team crossfunktional arbeiten zu können.

Die Teams des Reifegrads AR-C streben eine maximale Unabhängigkeit von ihrer Umgebung an. Die Teams können sehr schnell mit Kund*innen sprechen und mit diesen (zumindest in Teilen) in Experimenten lernen.

10.12.4 AR-B: Führung an Teams ausrichten

Die Teams in AR-D und AR-C entwickeln zusammen mit ihren zugehörigen Führungskräften ihr Methoden- und Verhaltensset, mit dem sie ihre jeweiligen Aufträge erfüllen können. Dabei finden die jeweiligen Führungskräfte ihren Weg, dienend zu führen.

Im agilen Reifegrad AR-B stellt sich diese Forderung an alle Führungskräfte:

> „Wie müssen wir uns als Führung aufstellen und verhalten, damit die Teams Höchstleistung bringen können?"

Die klassisch-hierarchische Führung nach „Command + Control" vereinigt drei Führungsaufträge, nämlich die disziplinarische, die prozessuale Führung und die fachliche Führung, in einer Person. In agilen Systemen werden diese Führungsaufträge häufig auf unterschiedliche Personen verteilt oder in die Führungsteams abgegeben.

Operative Entscheidungen im agilen Reifegrad AR-B liegen in den jeweiligen Teams, normative Entscheidungen mit einer hohen Wahrscheinlichkeit in der Führung. Die Teams und die Führung handeln im agilen Reifegrad AR-B aus, wie die Organisation strategische Entscheidungen trifft.

Teil des Reifens hin zu AR-B ist eine bewusste Auseinandersetzung zwischen Teams und Führung, wer und wie welche Führungsfunktionen ausüben wird. Dabei sind sowohl fixe als auch laterale Rollen denkbar. Neben der disziplinarischen Führung werden daher auch laterale Führungsfunktionen ausgeprägt.

10.12.5 AR-A: In und mit der Organisation lernen

Mit AR-D und AR-C etablieren sich im Unternehmen lernende Teams, die in AR-B durch Führungsteams geleitet werden. Dabei sind alle Lernerfolge eher von lokaler Natur, da jedes Team zunächst die Lösung in sich selbst sucht. Mit dem agilen Reifegrad AR-A ist die Organisation in der Lage, Erkenntnisse aus einem Wertschöpfungsstrang unmittelbar in einen anderen Strang zu transferieren.

Dabei sind nicht nur kleine, kontinuierliche Veränderungen (Kaizen) möglich. Die Organisation ist in der Lage, Impulse lokal aufzunehmen und global umzusetzen. Die Organisation ist veränderungsfähig und kann sich schnell neu ausrichten. Damit können auch große Veränderungen (Kaikaku) durch lokale Anstöße initiiert werden.

Je nach Anstoß ist die Organisation als Ganzes in der Lage, auf Impulse mit Experimenten und – wo notwendig – mit strukturellen Veränderungen zu reagieren. Je nach Anstoß und Experiment prägt die Organisation fluide oder fixe Strukturen mit interdisziplinären, crossfunktionalen oder disziplinären Teams aus.

10.13 Lernformate einführen und neues Lernen trainieren

Agile Organisationen können ihre Lernfähigkeiten und neues Lernen in unbekannten Wissens- und Kompetenzfeldern durch ritualisierte Lernformate unterstützen.

Das agile Manifest fordert mit dem zwölften Prinzip regelmäßige Lernmomente ein: „At regular intervals, the team reflects on how to become more effective, then tunes and adjusts its behavior accordingly."

10.13.1 Feedback geben und nehmen

Feedback geben und nehmen ist ein wesentlicher Bestandteil von Lernen (siehe Abschnitt 10.7). Dabei ist es schon ein Lernvorgang an sich, aufrichtiges und annehmbares Feedback zu formulieren und dieses vorwurfsfrei, als Lernangebot begreifend aufzunehmen.

Feedback im Dreiklang [Andresen 2017-01] unterstützt die Beteiligten methodisch, aufrichtiges und annehmbares Feedback zu formulieren. Mittels Feedback im Dreiklang trennen die Beteiligten die Beobachtung und die eigene Reaktion in der Darstellung. Gleichzeitig werden die Beteiligten nicht verallgemeinernde oder bewertende Zuschreibungen äußern:

1. **Wahrnehmung:** Was habe ich wahrgenommen? Was ist aus meiner Sicht (nicht) passiert?
2. **Reaktion:** Welche Reaktion hatte dies für mich? Wie habe ich gefühlt?
3. **Impuls:** Was wünschte ich mir stattdessen? Was brauchte ich? Wie sollte es stattdessen sein?

Um Feedback wirklich zu hören, braucht es angstfreie (siehe Abschnitt 10.14) Feedbacknehmer*innen, welche für ihr Verhalten in die Verantwortung gehen können und möchten (siehe Abschnitt 10.16).

Diese Haltung wird unterstützt, wenn die Feedbacknehmer*innen sich ihrerseits feedbackbereit machen.

1. **Offen sein:** Ich versuche, eine Situation herzustellen, in der ich offen und neugierig zuhören kann.
2. **Lerngeschenk annehmen:** Ich versuche, das Gegenüber zu hören. Mein Gegenüber möchte mich nicht verurteilen oder beschuldigen. Mein Gegenüber macht mir ein Lernangebot, das ich annehmen oder verwerfen kann.
3. **Aktiv zuhören:** Ich versuche, durch Paraphrasieren wirklich zu verstehen und die Emotionen sowie den Impuls des Gegenübers wirklich nachzuvollziehen.
4. **Reflektieren:** Ich nehme mir Zeit, das Feedback zu verstehen. Ich werde auf das Feedback erst nach Nachdenken und Abwägen reagieren.

Um diese Haltung zu erzeugen, können Erklärungen wie „Feedback ist eine Einbahnstraße" sowie „Feedback ist ein Lerngeschenk" hilfreich sein.

Feedback geben und nehmen ist durch die Organisationsmitglieder zu lernen. Dabei können Feedbackformate nützlich sein. Beispielsweise können die „Feedbackhand“, „Speedback“, das „Feedbackkarussell“ oder ein „warmer Regen“ (siehe Abschnitt 10.13.1.5) hilfreich sein, um Feedback neu zu erleben.

Die Teilnehmer*innen werden dafür sensibilisiert, dass sie mit diesen Übungen sowohl das Feedback geben als auch das Feedback nehmen üben.

10.13.1.1 Feedbackhand

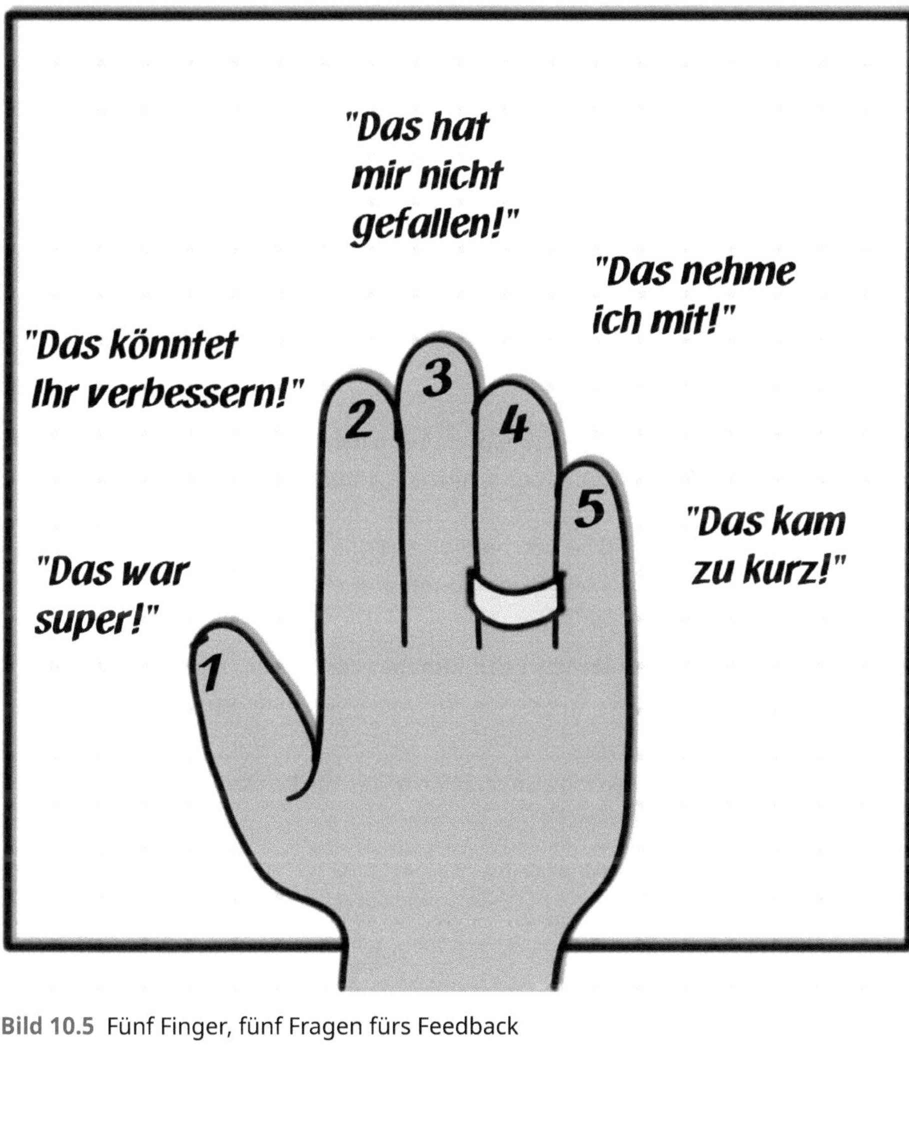

Bild 10.5 Fünf Finger, fünf Fragen fürs Feedback

Die Feedbackhand können Organisationsentwickler*innen nutzen, um einzelne Arbeitstreffen, Rituale oder Prozesse in ihrem Verlauf, ihren Ergebnissen und in ihrer Wirkung zu überprüfen.

Die fünf Leitfragen werden den Teilnehmer*innen entweder visualisiert. Dies kann über ein Flipchart oder den Bildschirm erfolgen, ist aber auch über individuelles Arbeitsmaterial möglich. Auch in geübten Gruppen (die häufig alle fünf Leitfragen bereits kennen) ist das Stützen durch eine Visualisierung hilfreich.

Die Feedbackhand orientiert sich an den Bedeutungen, die allgemein den einzelnen Fingern zugeschrieben werden:

Daumen: Der gereckte Daumen steht für Lob und Zustimmung: „Das war super!"

Zeigefinger: Der Zeigefinger mahnt und weist hin auf: „Das könntet Ihr besser machen."

Mittelfinger: Der Mittelfinger empört oder ärgert sich: „Das hat mir nicht gefallen."

Ringfinger: Der Ringfinger zeigt Verbundenheit: „Das nehme ich mit."

Kleiner Finger: Der kleine Finger ist einfach klein: „Das kam mir zu kurz."

Wenn die Ergebnisse von den Teilnehmer*innen in Worten vorgetragen werden, notieren sich die Moderator*innen entsprechend stichwortartig die Antworten. Es empfiehlt sich für eine weitere Auswertung, die Beiträge der Beteiligten (durch die entsprechende Gruppe oder die Moderator*innen) zu visualisieren.

10.13.1.2 Speedback

Speedback führt zu vielfältigem Feedback in vielen Pärchen. Während der warme Regen (siehe Abschnitt 10.13.1.5) nur positive Rückmeldungen enthält, ist das Speedback für sämtliche Rückmeldungen vorgesehen. Diese Rückmeldungen folgen dem „Feedback im Dreiklang" (siehe Abschnitt 10.13.1). Sie werden in den Beobachtungen wertfrei, mit einer persönlichen Reaktion und mit einem klaren Impuls, also insgesamt als Lerngeschenk, formuliert.

- Jedes Pärchen sitzt für jeweils zehn Minuten zusammen. Sie geben sich jeweils fünf Minuten Feedback, wobei der*die Feedbackgeber*in das Feedback auch schriftlich notiert.
- Der*die Feedbacknehmer*in erhält am Ende des Feedbacks die jeweiligen Notizen des*der Feedbackgeber*in.
- Die Teilnehmer*innen tauschen die Feedbackpartner*innen und wiederholen die Übung.

Es kann die Wirkung des Speedbacks erhöhen, wenn die Beteiligten in ihrem Feedback Leitfragen folgen:

- Was schätze ich an unserer Zusammenarbeit?
- Was wünsche ich mir für eine noch bessere Zusammenarbeit?
- Was schätze ich an dem Gegenüber?

- Welches Verhalten des Gegenübers löst Schwierigkeiten bei mir aus?
- Welche inhaltliche Verbesserung empfehle ich?
- Was kann ich zum Veränderungsvorhaben für das Gegenüber beitragen?
- Welche Lernhürden sehe ich für das Gegenüber und welche Unterstützung biete ich dazu an?

Bei *n* Teilnehmer*innen sind (*n*-1)*10 Minuten plus die Umrüstzeit für die Übung notwendig. Bei zehn Teilnehmer*innen werden also (10-1)*10 = 90 Minuten zuzüglich der Umrüstzeit benötigt.

10.13.1.3 Feedbackkarussell

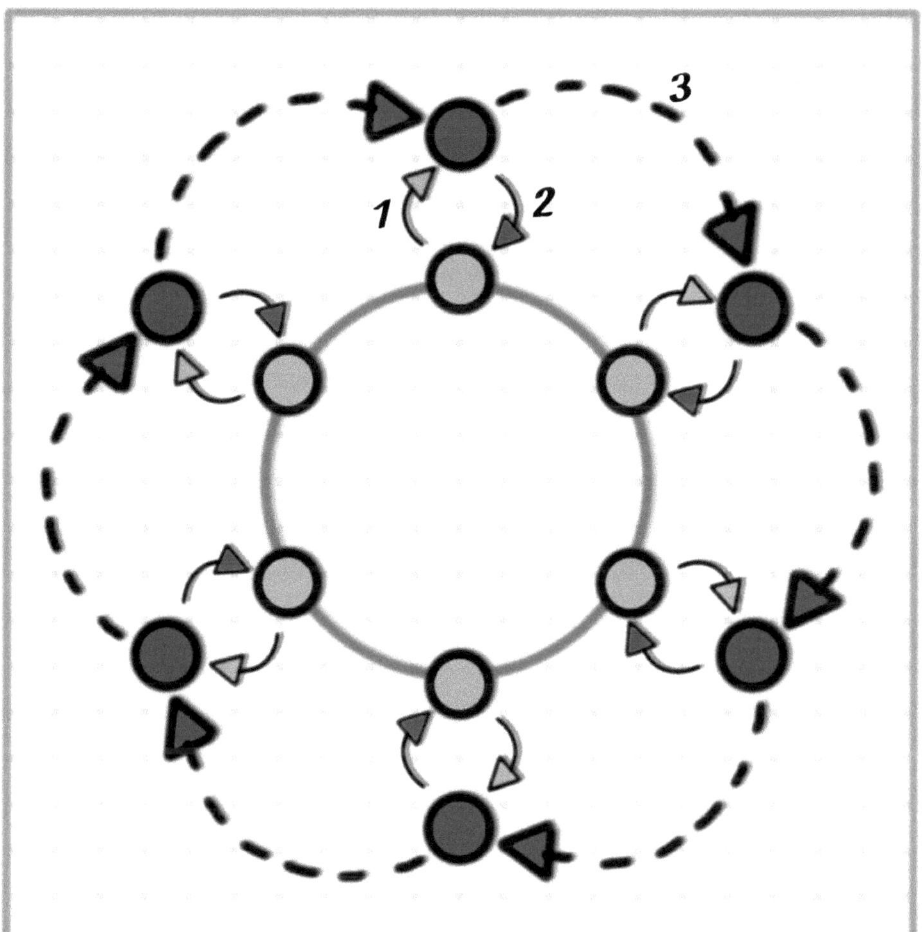

Bild 10.6 Jeweils eine Minute Feedback für alle Teilnehmer*innen

Für das Feedbackkarussell bilden die Beteiligten zwei Stuhlkreise: einen inneren und einen äußeren. Bei einer ungeraden Teilnehmer*innenzahl wird der innere Kreis um einen Platz erweitert.

Zunächst geben die Teilnehmer*innen des Innenkreises für zwei Minuten Feedback. Das kann frei oder unter einer Leitfrage erfolgen. Werden die Rückmeldungen auf positive Feedbacks eingeschränkt, entsteht die Wirkung eines warmen Regens (siehe Abschnitt 10.13.1.5).

Nach zwei Minuten geben die Teilnehmer*innen des Außenkreises dem Innenkreis Feedback. Nach insgesamt vier Minuten rotieren die Teilnehmer*innen des Außenkreises im Uhrzeigersinn ihren Platz.

Im Feedbackkarussell werden nicht alle möglichen Konstellationen aller Teilnehmer*innen erreicht. Daher entsteht durch das Feedbackkarussell ein geringerer Zeitbedarf. So dauert die Übung bei *n* Teilnehmer*innen *(n/2)*4* Minuten Zeit. Für eine zehnköpfige Gruppe werden also *(10/2)*4 = 5 *4 = 20* Minuten benötigt.

Möchten die Moderator*innen allen Teilnehmer*innen ein direktes Feedback ermöglichen, können sie die Feedbackkette nutzen.

10.13.1.4 Feedbackkette

In der Feedbackkette sitzen sich die Teilnehmer*innen in zwei Stuhlreihen gegenüber. Dabei ist die eine Stuhlreihe zum Feedbackgeben vorgesehen, die andere Seite ist fürs Feedbacknehmen zuständig.

Die Teilnehmer*innen der einen dafür vorgesehenen Seite geben ihrem Gegenüber jeweils für eine Minute Feedback. Nach einer Minute wechseln alle Teilnehmer*innen im Uhrzeigersinn ihren Platz. Im Fall einer ungeraden Teilnehmer*innenzahl entsteht ein Pausenplatz. Der*die Teilnehmer*in setzt für eine Runde aus.

Nach *n*-1 Zeit sitzen die *n* Teilnehmer*innen einen Platz vor ihrem Ausgangsplatz und konnten allen Teilnehmer*innen Feedback geben und von diesen erhalten.

Die Feedbackkette kann auch alternativ am Ende von Veranstaltungen genutzt werden, damit die Teilnehmer*innen ihre Eindrücke von der Veranstaltung austauschen können.

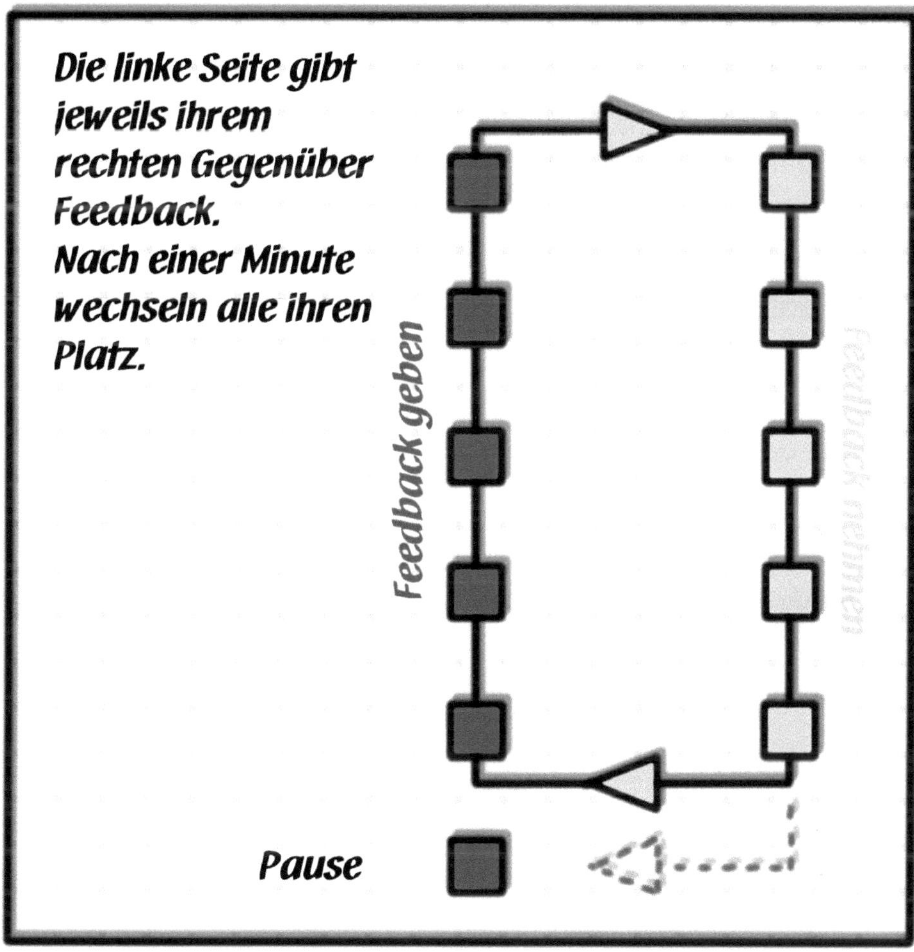

Bild 10.7 Einfach im Uhrzeigersinn umsetzen und alle Teilnehmer*innen sprechen einmal

10.13.1.5 Warmer Regen

Alle Teilnehmer*innen erhalten für alle anderen Teilnehmer*innen eine Postkarte, eine Kudokarte oder eine kleine, aber schöne Moderationskarte. Im besten Fall sind diese mit den Namen der anderen Teilnehmer*innen vorgedruckt.

Alle Teilnehmer*innen werden gebeten, über die anderen Teilnehmer*innen zu reflektieren und ihre Wertschätzung für diese zu formulieren. Dafur können die Moderationskräfte Leitfragen stellen. Leitfragen werden für die Teilnehmer*innen visualisiert. Mit den Leitfragen können die Moderationskräfte das Lernmoment für die jeweilige Gruppe thematisch fokussieren.

Mögliche Leitfragen sind:

- Was schätze ich an Dir?
- Welche Fähigkeiten möchte ich nicht missen?
- Welche Fähigkeit bewundere ich an Dir?
- Welche Fertigkeiten faszinieren mich?
- Welche Fertigkeiten sind besonders wertvoll für mich?
- Was gefällt mir an Dir?
- Wozu inspirierst Du mich?
- Was wäre ohne Dich nicht möglich?
- Wofür möchte ich mich bedanken?

Nachdem alle Teilnehmer*innen ihre Notizen gemacht haben, geraten die Teilnehmer*innen in ihren warmen Regen. Nacheinander wird jeweils eine Person in den Mittelpunkt gestellt. Alle anderen Teilnehmer*innen tragen ihre Wertschätzung vor. Zum Schluss erhält die Person im warmen Regen alle Karten mit den jeweiligen Notizen überreicht.

Bild 10.8 Gesehen werden

10.13.2 Retrospektiven

In vielen agilen Methoden wird das regelmäßige Lernen, wie das agile Manifest es im zwölften Prinzip fordert (siehe Abschnitt 3.1.2), durch Retrospektiven realisiert. Während der Retrospektive entwickeln die Teilnehmer*innen eine inhaltliche Hypothese zum Lerngegenstand, welche sie über maximal zwei Maßnahmenpakete oder Teamregeln abprüfen werden [Andresen 2017-01]. Retrospektiven werden moderiert und durchlaufen sechs Phasen:

1. **Intro:** Begrüßung durch Moderator*in, Agenda, Oberste Direktive, Vegas-Regel, Beschlusskontrolle
2. **Set the Stage:** emotionales Ankommen der Teilnehmer*innen
3. **Gather Data:** Ist aufnehmen, Abläufe und Ergebnisse erkennen
4. **Generate Insights:** Hypothese/Verständnis zum Ist, zu Abläufen oder Ergebnissen aufbauen
5. **Decide What to Do:** Maßnahmenpakete/Teamregeln vereinbaren
6. **Closing the Retrospective:** emotionaler Abschluss, Bewertung der Retrospektive, Feedback für Teilnehmer*innen und Moderator*in

Retrospektiven finden unter der obersten Direktive (siehe Abschnitt 5.1.1) und der Vegas-Regel statt:

> **Vegas-Regel**
>
> Alles, was wir hier besprechen, bleibt unter uns. Es sei denn, wir beschließen eine Öffnung.

Es empfiehlt sich, Retrospektiven als Routine (siehe Abschnitt 10.6) durchzuführen. Dabei können die Beteiligten auch zusätzlich die Regel ausprägen, Retrospektiven anlassbezogen durchzuführen, wie es z. B. Kanban (siehe Abschnitt 11.6.2) mit „Stop the Line“ vorsieht. Ebenfalls anlassbezogen werden „Blameless Post Mortems“ nach schwerwiegenden Fehlern durchgeführt.

10.13.3 Blameless-Post-Mortem-Analysen durchführen

Blameless-Post-Mortem-Analysen schaffen als besonderes Format Raum für die Antwort auf die Frage [Andresen 2017-01]:

> „Was würde ich in einer ähnlichen Situation heute anders machen?“

Nach einem schwerwiegenden Fehler oder Ausfall treffen sich alle an dem Projekt oder Prozess Beteiligten. Jede*r der Teilnehmer*innen bringt einen Zeitstrahl mit, der über alle Berührungspunkte zum Projekt/Prozess des*derjenigen berichtet. Diese individuellen Zeitstrahle werden in der Retrospektiven-Phase „Gather Data“ durch alle Beteiligten zusammengetragen. In der Phase „Generate Insights“ ermitteln die Teilnehmer*innen Schlüsselmomente, die in den Fehler, das Versagen oder den Ausfall geführt haben. Anschließend klären die Teilnehmer*innen, was sie

1. im Generellen anders machen werden und
2. was jede*r Einzelne unter welchen Bedingungen und aufgrund welcher Informationen zukünftig anders machen wird.

Eine ähnliche Tiefe erreicht die „Root Cause Analysis“, bei der alle am Projekt/Prozess Beteiligten z. B. über die Methode „5 Whys“ ermitteln, worin die eigentliche und wesentliche Ursache für den Fehler, das Versagen oder den Ausfall lag und wie die Beteiligten zukünftig diesen Fall nicht mehr erzeugen.

10.14 Angstfrei agieren

Äußerer Veränderungsdruck und die Aussicht auf ein stark verändertes (Organisations-)Umfeld, ein notwendiges anderes persönliches Verhalten und/oder veränderte Beziehungen innerhalb einer Organisation können Menschen in Angst versetzen.

Frei lernen ist Menschen, die Angst haben, nicht möglich. Menschen, die Angst haben, treffen Entscheidungen, die durch ihre Angst bestimmt sind:

- Sie wehren Veränderungen ab und suchen den Streit über die Veränderung.
- Sie verleugnen die notwendigen Veränderungen und arbeiten wie gewohnt weiter.
- Sie ignorieren die anstehende Aufgabe und stellen im Wesentlichen die Mitarbeit ein (siehe auch Abschnitt 10.6.2).
- Sie kompensieren ihre Ängste durch Perfektionismus, so dass sie entweder gar nicht ins Lernen starten oder den Lernvorgang nicht gut beenden können.

Gleiches gilt für Entscheidungen. Menschen können nur angstfrei gut entscheiden.

> „Sind Menschen in Angst, ist ihnen sinnvolles Lernen und Entscheiden nicht möglich. Lernen und Entscheiden können Menschen in Sorge.“

Warum Ängste in den Beteiligten entstehen, kann ein Coachingthema sein, häufig begegnen sich die entsprechenden Menschen in einer psychologischen Tiefe, die eher einer therapeutischen Begleitung bedarf.

Jenseits der Frage, warum die entsprechenden Ängste auftreten, können die Beteiligten daran arbeiten, ihre Ängste in Sorgen zu verwandeln. Ängste können in psychische Störungen münden, Sorgen nicht.

	Angst	Sorge
Dauer	Andauernd	Vorübergehend
Gegenstand	Ungerichtet, unklar, übermächtig	Gerichtet, konkret, spezifisch
Belastung	Hohe emotionale Belastung	Schwache emotionale Belastung
Beschreibung	Schwer zu beschreiben, mit Bildern/Glaubenssätzen	Konkretisier- und definierbar
Erleben	Körperlich	Kopflastig
Funktionsfähigkeit	Stark eingeschränkt	Vorhanden
Kontrolle	Schwer möglich	Gut möglich
Lösung	Steht der Lösung im Weg	Weist Weg in Lösungsraum
Ursache	Unbestimmt	Realistische Befürchtung

Individuelles und damit organisationelles Lernen unter Angst ist nicht möglich. Es ist die Aufgabe, aus Ängsten Sorgen zu machen.

Ängste schwinden, wenn Beteiligte diese aussprechen und ihnen so ihre Macht und Ungeheuerlichkeit nehmen. Möglich ist dies z. B. über „Pessimieren" (siehe auch auch Abschnitt 9.10.1).

Beispiel 052: Ängste über Pessimieren aussprechen

Die Transitionsteammitglieder überlegen sich gemeinschaftlich die Antwort auf die Fragen:

1. „Was würde hier im schlimmsten Fall passieren, wenn wir alles falsch machen?"
2. „Was wären die hässlichsten Konsequenzen unserer (Nicht-)Handlungen?"

Die entsprechenden Moderator*innen öffnen für die Beantwortung dieser Fragen den Raum (gegebenenfalls durch Selbstkundgabe). Neben der Selbstkundgabe kann es förderlich sein, zunächst für (vertraute) Neigungsgruppen zu sorgen, in denen die Beteiligten sich offen zu ihren Ängsten äußern können.

Agile Organisationsentwickler*innen sind achtsam, ob die Beteiligten auf die Frage „Wie geht es Dir?" aufrichtig antworten und auch schlechte Gefühle zulassen.

„Schlechte Gefühle sind wie Scheinriesen. Sie werden kleiner, wenn man über sie spricht."

Dabei kann es die Beteiligten unterstützen, ihre erste Näherung unter der Vegas-Regel (siehe Abschnitt 10.13.2) zu verhandeln. In einem so geschützten Raum wird es einfacher sein, sich den eigenen Ängsten zu stellen.

Insbesondere beim Ausprobieren und Einführen von künstlicher Intelligenz sind häufig existenzielle Ängste im Spiel: viele Beteiligte haben Angst vor der Zukunft mit künstlicher Intelligenz, sie fürchten dystopische Verhältnisse oder haben Angst um ihre Arbeit, mehr noch: sie haben womöglich Angst um ihren Berufsstand.

Auch hier gilt: Ängste werden kleiner, wenn sie ausgesprochen und bearbeitet werden können. Gleichzeitig sehen sich die Beteiligten verpflichtet, sofort eine sich amortisierende KI-Lösung zu entwickeln. Häufig ist den Beteiligten nicht klar, wie KI für sie wirklich nutzbar ist: Der Zielraum ist nicht klar. Auch ist ihnen nicht klar, wie sie KI in den Alltag integrieren können: der Organisationshebel hat vage mit KI-Nutzung zu tun. In diesem Fall braucht es mutige Freiwillige, die in organisationelle Experimente und auf Entdeckungstour gehen, um den Organisationshebel und/oder den Zielraum zu klären.

10.15 Fehler als Fehler benennen

Geben die Beteiligten annehmbares und aufrichtiges Feedback (siehe Abschnitt 10.13.1) und ist die andere Seite bereit, zuzuhören, können Fehler als Fehler benannt werden.

Organisationsmitglieder können nur dann gut aus Fehlern lernen, wenn diese als Fehler anerkannt werden – und keine Energie in Rechtfertigung, Schuld oder Vertuschen fließt.

Fehler zu benennen, kann bei dem*der Einzelnen mit Schuld, Scham oder dem Gefühl von Versagen behaftet sein. Entsprechend schwer ist das klare, aufrichtige und unprätentiöse Erkennen des Vorgangs und des fehlerbehafteten Ergebnisses.

Besonders schwer fällt Organisationen und Organisationsmitgliedern das Anerkennen von Fehlern, wenn entweder in den Organisationswerten Fehler negativ konnotiert sind („Inkompetenz zeigt sich in Fehlern") oder wenn durch die Grundannahmen Fehler nicht erlaubt sind („ich bin nur etwas wert, wenn ich alles perfekt mache").

Wenn die Organisationsmitglieder auf einen Fehler zeigen und spüren, dass ihre Gegenüber Schuld verhandeln, ist es angezeigt, die Schuldfreiheit auszusprechen und an die oberste Direktive (siehe Abschnitt 5.1.1) zu erinnern:

> „Aus meiner Sicht haben wir vieles falsch gemacht. Wir haben das nicht mit Absicht, aus Inkompetenz oder Unlust getan. Wir haben nach bestem Wissen und Gewissen und Kenntnisstand gehandelt. Auch für uns gilt die oberste Direktive. Ich verhandle hier keine Schuld, sondern ich lade in ein Gespräch ein, wie wir beim nächsten Mal ein besseres Ergebnis erzielen können."

Die Einladung, offen, klar und prätentiös auf das Geschehene und die Ergebnisse zu blicken, wird die Beteiligten darin bestärken, Fehler als Fehler zu benennen.

Organisationsmitglieder können dies in Retrospektiven, Post-Mortem-Analysen oder mittels Feedback trainieren. Das Vorleben und Vormachen durch Peers ist ebenso förderlich, um sich als Individuum aus Schuld und Scham zu lösen. „Fuck Up Nights" und das Zelebrieren des „Fehlers der Woche" können die Beteiligten ebenfalls unterstützen, Fehler einfach auszusprechen.

10.16 Verantwortung übernehmen

Gelingt dies nicht, wird eine Fehlerkultur fortbestehen, in der alle Organisationsmitglieder vermeiden möchten, Fehler zu machen. Denn mit Fehlern kommt Verantwortung und Schuld, wie es die unten stehende Grafik in einem Teufelskreis nach Schulz von Thun (siehe Abschnitt 9.5) beschreibt.

In einer Fehlerkultur werden die Begriffe „Fehler" und „Schuld" nahezu synonym benutzt. In einer Fehlerkultur wehren die Beteiligten nach einem Fehler, also einem negativen Ergebnis, die damit einhergehende Verantwortung ab. Die Verantwortung zu übernehmen, hieße, die Konsequenzen des Fehlers anzunehmen und mit diesen umzugehen. Diesen Aufwand scheuen die Beteiligten. Daher weisen die Betroffenen jemand anderem die Schuld zu. Diejenigen werden ob der aus ihrer Sicht ungerechtfertigten Schuldzuweisung wütend und wehren die Schuldzuweisung ab.

Im Ergebnis hat keine*r der Beteiligten über den Fehler als solches gesprochen. Verhandelt wurden von den Beteiligten nur Verantwortung und Schuld. Der Fehler wird erneut passieren.

> **Definition: Verantwortung übernehmen**
>
> Verantwortung zu übernehmen, heißt, die Wirkungen eigener Entscheidungen oder Handlungen anzuerkennen und für diese einzustehen. Das schließt sich ergebende Pflichten und ein bewusstes eigenes Handeln, die Beachtung von Auswirkungen auf andere oder das Umfeld ein.

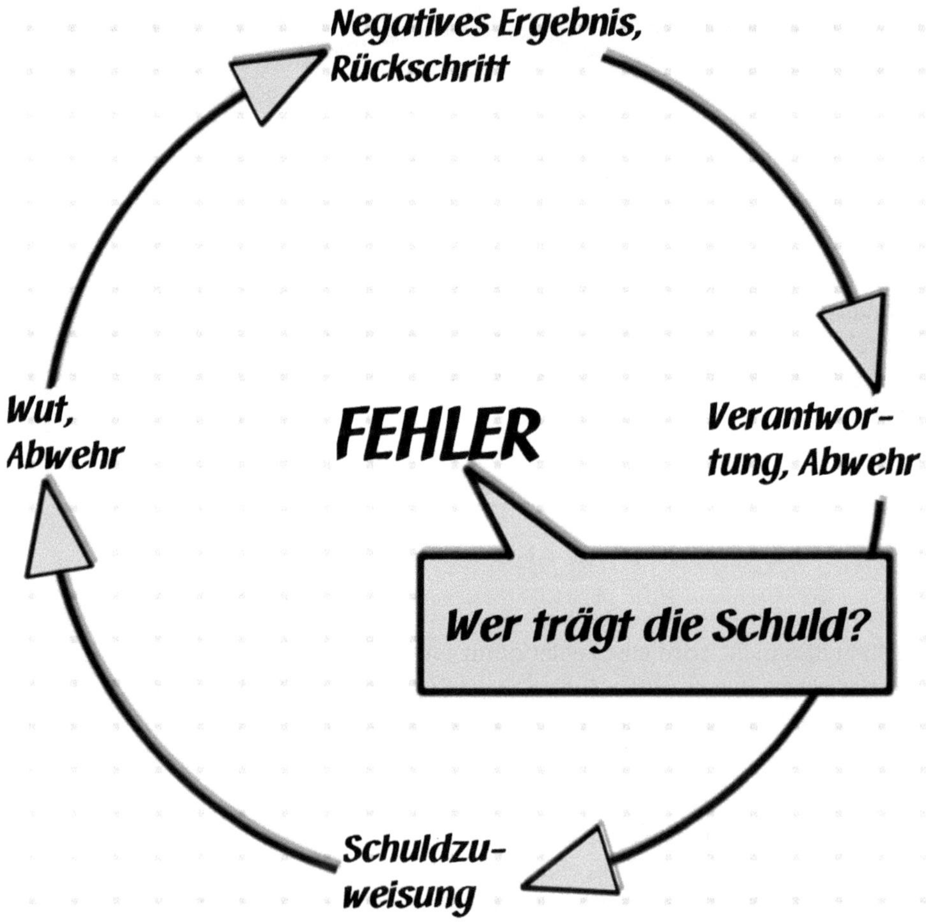

Bild 10.9 Fehler vermeiden hilft, dem Teufelskreis zu entgehen

Übernehmen Menschen Verantwortung für ihre Entscheidungen oder Handlungen, sind sie bereit, ihren Verpflichtungen nachzukommen, und sie stellen sicher, dass andere ihren Verpflichtungen nachkommen.

Verantwortung für negative Ergebnisse oder Fehler zu übernehmen, heißt, diese und deren Auswirkungen klar zu benennen und daraus zu lernen, ohne die Schuld bei anderen zu suchen.

Konkret stellen sich den Organisationsmitgliedern im Falle eines Fehlers oder eines negativen Ergebnisses die Fragen:

1. Was tue ich nun, um dem negativen Ergebnis bzw. dem Fehler konkret zu begegnen?

2. Welche Erkenntnisse habe ich über Verlauf, Wirkung und Ergebnis meiner Handlungen und Entscheidungen?
3. Was werde ich in einem ähnlichen Fall zukünftig anders machen?

Diese Fragen stellen sich alle an dem Fehler Beteiligten. Diese können in Formaten wie Retrospektiven, Post-Mortem-Analysen, aber auch über eine „Reflexion im Nachhinein" beantwortet werden. Die Beteiligten achten dabei auf die Rule of Three (siehe gleichnamiges Prinzip 7.19 in Kapitel 7) und ihren Circle of Influence (siehe Abschnitt 2.1).

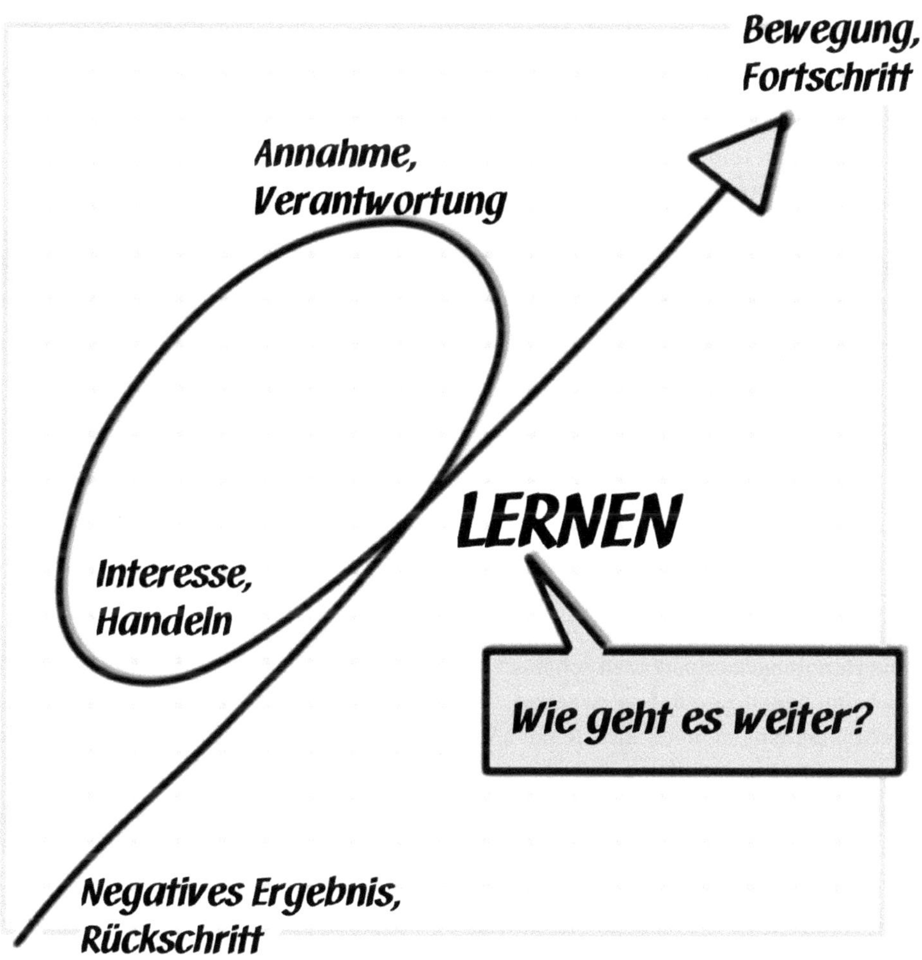

Bild 10.10 Die Leitfrage in der Lernkultur weist in die Zukunft

10.16.1 In der Selbstorganisation sich gegenseitig führen

In Abhängigkeit vom Reifegrad (im Sinne des situativen Führens, siehe Abschnitt 12.3) übernehmen in den selbstorganisierten Teams die Teammitglieder gegenseitig die Verantwortung.

So klären sie Entscheidungs- und Beteiligungsformen und handeln zielführende Delegationsgrade aus. Die Qualität dieser Verantwortungsübernahme wird in den Lernzyklen des selbstorganisierten Teams („Wie erfolgreich haben wir zusammengearbeitet?") geklärt.

In der agilen Veränderung ist häufig zu beobachten, dass Teammitglieder Fehler oder Fehlentwicklungen recht früh erkennen, diese aber zunächst nicht thematisieren.

Fehler und Fehlentwicklungen zu benennen, erfordert Mut. Noch mehr Mut erfordert es, Intuition und Bauchgefühl zur Grundlage eigener Entscheidungen zu machen. Das Herausheben und Feiern entsprechender Führungsimpulse wird dazu beitragen, dass das gegenseitige Führen zu einer Selbstverständlichkeit werden kann.

Mit der gegenseitigen Führung stellen sich alle Teammitglieder in selbstorganisierten Teams dem Führungs-ABC (siehe Abschnitt 12.3) aus Anweisen, Beraten und Coachen. Über geeignete Lernmomente sichern die Teammitglieder ihren Kompetenzaufbau im Führen.

10.17 Lernplateaus und deren Auswirkung auf die Organisation verstehen

Während des Lernens werden die Beteiligten Lernplateaus erreichen. Auf Lernplateaus scheint es keinen Fortschritt zu geben: Das Lernergebnis scheint zu stagnieren.

Die Handlungskompetenzen scheinen sich nicht zu vertiefen, für die Beteiligten gibt es keine neuen Ergebnisse zu sehen. Obwohl die Beteiligten sich aktiv an der Veränderung beteiligen, neue Rituale oder Vorgehensweisen ausprobieren, zeigt sich kein Lernerfolg. Die Beteiligten befinden sich auf einem Lernplateau.

Lernplateaus sind temporär. Die Beteiligten benötigen eine Anpassung ihres Veränderungsprozesses, ihrer Lernstrategie oder andere Vertiefungen, um das Lernplateau zu verlassen und so wiederum Lernerfolge zu erreichen.

Dabei prüfen agile Organisationsentwickler*innen, ob die Beteiligten in ihrem Veränderungsprozess eine Konsolidierung und Vertiefung des Ist-Stands benötigen. Dieses Ansinnen ist von **Aufgeben** (Widerstand gegen Lernaufwand und Abbruch des Lernens) oder **Abfinden** (Beteiligte arrangieren sich mit dem aktuellen Lernerfolg) zu unterscheiden. Auch ein zu schnelles **Aufbrechen** (ohne Verfestigung des aktuellen Wissens- oder Kompetenzstands) ist zu unterscheiden.

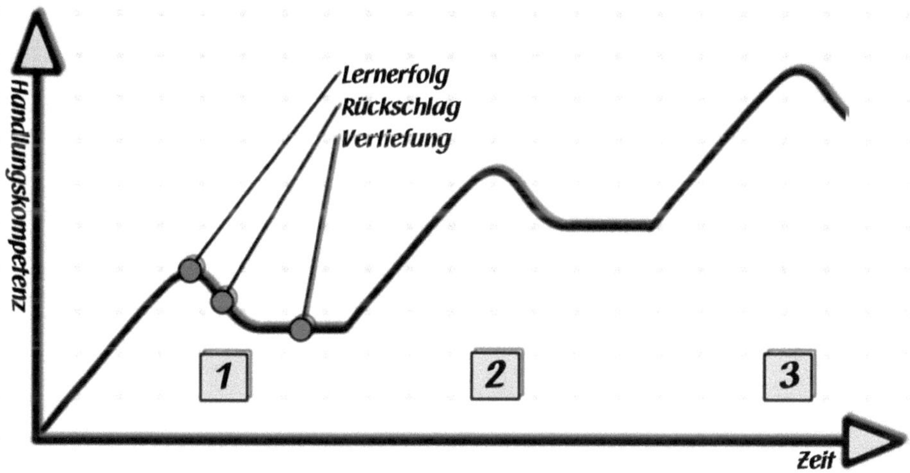

Bild 10.11 Lernen erfolgt nicht linear

10.18 Ergebnisse sichern

Agile Organisationsentwickler*innen sichern ab, dass Organisationen ihren Weg finden, die erlernten Veränderungen dauerhaft in der Organisation zu verankern. Insbesondere unter akutem Druck können alte Muster zum Vorschein kommen; auch wird die Organisation Widerstand entwickeln oder andere Formen des Selbsterhalts zeigen können.

Hilfreich ist, wenn die Organisationsmitglieder sich ihrer Errungenschaften sicher sind und diese auch sicher nutzen können. Erkenntnisse formulieren und in der Erinnerung halten ist daher genauso wichtig, wie Verhaltensweisen in den Regeln zu verankern und als Routinen abzuspielen.

10.18.1 Erkenntnisse einfach und klar formulieren

Wenn die Beteiligten ihre Erkenntnisse und neuen Verhaltensweisen versprachlichen, sorgen sie für eine Verankerung der Innovation im Organisationsalltag. Wenn diese Erkenntnisse gut und einfach formuliert sind, bildet diese Ergebnissicherung gleichzeitig ein Lernangebot für die Peers der Organisationsmitglieder (siehe Abschnitt 4.2.1).

Wie beim Formulieren der Zielräume, Missionen oder Visionen gilt auch für das Formulieren von Ergebnissen, dass die entsprechenden Sätze

1. einfach und verständlich und
2. kurz

zu formulieren sind. Wenn Teil der Ergebnisse agile Methoden oder -bausteine sind, ist es wichtig, die jeweiligen Konstrukte sinnvoll zu erläutern, damit nicht nachfolgende Leser*innen in Deutungsdebatten über die jeweiligen Vokabeln geraten.

Die Beteiligten sorgen dafür, dass diese Erkenntnisse im Gespräch bleiben. So könnten die Beteiligten

1. die Ergebnisse in Retrospektiven feiern und verfeinern,
2. in Wochenmottos überführen und sie so in der Reflexion halten oder
3. entsprechende Kommunikationsinhalte an alle Organisationsmitglieder übermitteln.

10.18.2 Über Veränderungsarbeit und Innovationsgewinne sprechen

Nicht nur die Erkenntnisse und veränderten Verhaltensweisen benötigen eine Festigung, auch ist es wichtig, dass die Organisation in der Veränderung einen realistischen Blick auf die erbrachte Veränderungsarbeit und den resultierenden Innovationsgewinn hat.

Veränderung	Ergebnis
Zielraumformulierung	Beschreibung Ist-Zustand
Hypothesen in Zahlen	Ergebnisse in Zahlen
Kennzahlen im Soll	Kennzahlen im Ist
Normen, Werte, Regeln vor der agilen Veränderung	Aktuelle Normen, Werte und Regeln

Beteiligte glauben ihren Peers mehr als z. B. Führungskräften (siehe Abschnitt 4.2.1), was den Umfang von Veränderungsarbeit und Innovationsgewinnen betrifft.

10.18.3 Routinen und Selbstverständlichkeiten schaffen

Im Lernzyklus auf dem Organisationsanliegen haben die Beteiligten einen Blick darauf, dass das strategische Lernen der Organisation über Lernzyklen und andere Routinen abgesichert wird.

10.19 Selbstreflexion „Lernen neu lernen"

Beantworte die folgenden Reflexionsfragen bzw. bearbeite die skizzierten Übungen und Vertiefungen. Eine schriftliche Auseinandersetzung bzw. Inter-/Supervision wird die Wirkung der Übung verstärken.

- Was war der vermeintlich größte Fehler für Dich, der Dich weit nach vorne gebracht hat?
- Wie gehst Du damit um, wenn ein Experiment einen negativen Ausgang hat? Was könntest Du für Dich tun, dass Du die Erkenntnis, die aus dem negativen Ausgang resultiert, anerkennen (und feiern) könntest?
- Welche Routinen bieten sich in Deiner Organisation an, um neue Verhaltensweisen zu entwickeln?
- Welche Routinen könntet Ihr um neue Verhaltensweisen erweitern?
- Unter welchen Umständen gelingt Dir Lernen, insbesondere das Lernen neuer Verhaltensweisen, besonders gut? Wie kannst Du diese Umstände in Deinem Umfeld fördern?
- Wer ist ein*e gute*r Lernpartner*in für Dich?
- Führe ein tägliches Lernbuch für vier Wochen:
  - Was weiß ich heute abend mehr als gestern?
  - Welche Verhaltensweise habe ich heute ausgeführt?
  - Was nehme ich mir für morgen vor?
- Welche Lernrituale möchte ich in meiner Organisation ausprobieren? Wie sieht dafür ein guter Lernzyklus aus?
- Wie sichert Ihr Lernen auf normativer, strategischer und operativer Ebene ab?

11 Prozesse modellieren

Agile Organisationsentwicklung folgt dem Prinzip „Erst die Prozesse, dann die Strukturen“ (siehe Abschnitt 7.12). In allen Phasen der agilen Veränderung werden die Beteiligten neue Abläufe ausprobieren. Im Prozessbaukasten liegen neben den klassischen Projekt- auch alle agilen Methoden und deren Bausteine bereit.

Finden die Organisationsmitglieder für ähnliche Herausforderungen mehrfach eine ähnliche Lösung, ist es sinnvoll, die Strukturen entsprechend nachzuziehen. Das Prinzip „Rule of Three" (siehe Prinzip 7.19 in Kapitel 7) ist der Daumenregel zum Refactoring nach Martin Fowler entlehnt: *„Rule of three [...] is a code refactoring rule of thumb to decide when similar pieces of code should be refactored to avoid duplication. It states that two instances of similar code do not require refactoring, but when similar code is used three times, it should be extracted into a new procedure."* [Wikipedia 06]. Diese Regel lautet übertragen auf Organisationen:

> **„Rule of Three" für Organisationen**
>
> Wenn Organisationen drei Mal für ähnliche Herausforderungen experimentell sehr ähnliche Prozesse finden, sind die darunterliegenden Strukturen entsprechend anzupassen.

Mögliche prozessunterstützende Strukturen findet Ihr im Kapitel 9.

Das Finden der passenden Projekt- und Prozessmethoden erfolgt in Experimenten. Das Ausrollen von Strukturen wird eher über einen Change und anschließende agile Transition erfolgen (siehe Abschnitt 3.4).

Die nachfolgende Liste ist nicht abschließend, möchte aber eine Idee geben, mit welchen Methoden oder Methodenbausteinen die Beteiligten für bestimmte Themen beginnen können, wenn sie sich auf die Suche nach dem Organisationshebel machen. Wenn Organisationen auf der Suche nach neuen Methoden und -bausteinen sind, verdeutlichen sie sich, *wozu* sie eine neue Methode einsetzen möchten. Sie sichten mögliche Ideen und entscheiden sich eher intuitiv für das erste Experiment mit der Frage: „Worin vermuten wir den größten Organisationshebel für uns?“

11.1 Agile Methodenbausteine nutzen

Agile Methoden sind aus Methodenbausteinen aufgebaut. Dabei werden einige Methodenbausteine häufiger genutzt. Die Beteiligten entwickeln ihre Prozesse Lernschritt für Lernschritt durch Ergänzung oder Veränderung weiterer agiler Methodenbausteine oder agiler Methoden oder durch das Löschen derselben. Die Wirkung von Methoden(bausteinen) wird im Veränderungsprozess (oder in strategischen Lernzyklen) überprüft.

Zentrale Frage beim Integrieren von neuen (agilen) Methoden(bausteinen) ist immer die Frage:

> „In welchem (agilen) Methoden(baustein) vermuten wir eine Antwort auf unsere Entwicklungshypothese?“

Dabei leitet die Beteiligten die Frage: „Wie funktioniert der Prozess?“ Der Prozess ist so aufzusetzen, dass er für die Beteiligten den Ablauf und das Erreichen der Zielräume erleichtert:

> „Nicht die Menschen dienen dem Prozess. Der Prozess dient den Menschen.“

Die Beteiligten folgen dem Prinzip der agilen Veränderung: „Just do it!“ (siehe Prinzip 7.15 in Kapitel 7).

Backlog: Transparenz über offene Aufgaben, Epics (grobe User Story) und User Storys

Burn-Down-Chart: Transparenz über Status und Entwicklung der Aufgaben innerhalb des Teams im zeitlichen Verlauf

Daily Stand-ups: Status, Hindernisse und Klärung der Zusammenarbeit; zum Teil auch Bi-Weekly oder Weekly (dem Geschäftsvorfall und der Änderungsgeschwindigkeit anpassen)

Definition of Done: Kriterien zur Klärung, wann eine Aufgabe fertig bearbeitet wurde

Definition of Ready: iterativ entwickelte Kriterien, ab wann eine Aufgabe in der Selbstorganisation erarbeitet werden kann

Feedback: wert- und schuldfreie Lernangebote (formell wie informell) machen

Grooming: Backlogs bei Bedarf (regelmäßig?) aufräumen, priorisieren, Einträge verfeinern, verändern und löschen

Inkrement: Erstellung kleiner, bereits funktionaler Produkte, Prozesse oder Services

Iterationen: Zeiteinheit zum Durchlaufen der Lernzyklen, dem Geschäftsvorfall und der Änderungsgeschwindigkeit angemessen

Lernzyklen: Anstreben von Zielen/Zielräumen über iterative, inkrementelle und lernende Schritte

Planning: In Lernzyklen nehmen sich die Beteiligten neue Aufgaben/User Storys zur weiteren Bearbeitung vor.

Pair Working: Arbeiten „im Pair" fördert Wissensaufbau und -transfer im Team und sorgt für Ausfallsicherheit.

Retrospektiven: In Lernzyklen lernen die Beteiligten, wie sie ihre Zusammenarbeit verbessern können.

Review: In Lernzyklen haben die Beteiligten einen Blick darauf, was sie erreicht bzw. nicht erreicht haben. Reviews dienen dazu, dass das selbstorganisierte Team den Status des Erreichten und eine Idee der weiteren Entwicklung erfasst.

Task Boards (Wandzeitungen): geben Übersicht über anstehende Aufgaben oder User Storys, liefern Transparenz über Verlauf und Aktivitäten des Teams, häufig in Arbeitsschritte unterteilt („open", „work in progress", „done")

User Story: Beschreibung des Zielbilds aus Kund*innensicht (Fokus: Kund*innennutzen), um kreative und innovative Lösungen jenseits bekannter Pfade zu ermöglichen

Bei der Verfeinerung der eigenen Prozesse fragen sich die Beteiligten jeweils, ob sie eine gesamte agile Methode oder nur einen bestimmten agilen Methodenbaustein („eine agile Technik") einsetzen und ausprobieren möchten.

11.2 Innovationen ermöglichen durch „Slack Time"

Agile Organisationen planen sich nicht zu 100 % aus. Sie nutzen „Slack Time", um sich einer systemischen Überlastung zu entziehen (siehe Abschnitt 9.6).

Definition: Slack Time

Slack Time ist unverplante Arbeitszeit der Organisationsmitglieder. Slack Time ist als Pufferzeit für Projekte und Tagesgeschäft, für freie Projekte und zum Ausprobieren innovativer Ideen gedacht.

Wird die Slack Time nicht an festen Tagen für alle ausgerufen, werden viele Organisationsmitglieder Slack Times nutzen, um unvorhergesehene Ereignisse, Verzögerungen, Änderungen in den Anforderungen, aufkommende oder eintretende Risiken oder Unsicherheiten in ihren Projekten und im Tagesgeschäft auszubalancieren.

In diesem Sinne fördert Slack Time das Einlösen des achten Prinzips: „Agile processes promote sustainable development. The sponsors, developers, and users should be able to maintain a constant pace indefinitely" (siehe Abschnitt 3.1.2).

Organisationen finden als Ganzes oder in Organisationsteilen das Maß an Slack Time, welches ihr Tagesgeschäft und ihre Projekte widerstandsfähiger gegen starke Veränderungen macht. Slack Time kann sich in Projektplänen als Puffer widerspiegeln.

Besonders erfolgreich sind Slack Times für Innovationen, wenn diese organisationsweit in festen Rhythmen genutzt werden.

„Unser Slack Day findet alle zwei Wochen am Freitag statt."

Zur Förderungen innovativer Ideen nutzten Organisationen Methoden wie Design Thinking oder Design Sprints oder fordern die Organisationsmitglieder auf, innerhalb der Slack Days innovative MVPs zu bauen.

11.3 Innovative Produkte und Services entwickeln

Kreativität braucht Zeit und Langeweile. Kreativität braucht einen Raum und die Möglichkeit, anders und neu zu denken. Das gelingt den Beteiligten besonders gut, wenn sie sich anders erleben und womöglich die Umgebung anders als gewohnt ist. Kreativität braucht auch die Ruhe, etwas anderes tun zu können. Viele Geschichten über kreative Ideen haben mit Ruhe zu tun: „Die Idee ist mir beim Duschen gekommen." In allen Kreativitätsmethoden sollten daher auch Momente der Ruhe aufkommen können, so dass die Beteiligten anders denken können.

11.3.1 Design Thinking

Design Thinking durchläuft einen unendlichen Prozess vom Verstehen über Beobachten, eine Zusammenfassung, Ideen generieren, einen neu gebauten Prototyp und den Test desselben. Mit jeder Schleife lernen die Beteiligten mehr über die Bedürfnisse ihrer Kund*innen, die sie mit ihren Prototypen erfüllen möchten.

Viele Design-Thinking-Teams, welche häufig crossfunktional aufgestellt sind, geben sich eine Challenge (oder lassen sich eine Challenge geben), der sie in ihren Umsetzungsschleifen folgen. In Iterationen wird sich das sechs- bis achtköpfige Team der innovativen Lösung nähern.

Problem verstehen (Understand): Studien, wissenschaftliche Untersuchungen, Marktforschung, Marktbeobachtung, Simulationen oder KI-Experimente gehören auch zum Verstehen. Zum Verstehen gehört auch das Erfassen des bisherigen Vorgehens. So kann das Design-Thinking-Team ermitteln, wie sie die Nutzer*innen beobachten möchten.

Bedürfnisse beobachten (Observe): Besonders wichtig ist es, in die „Schuhe der Kund*innen zu schlüpfen", um die Bedürfnisse und Anforderungen der Nutzer*innen zu verstehen. Dafür eignen sich Praktika, Interviews oder Gemba Walks. Beobachten ist immer ein realer Vorgang. Die Beteiligten sehen und fühlen direkt, wie die Nutzer*innen aktuell handeln.

Zusammenfassen (Define Point of View): Das Design-Thinking-Team fasst die Erkenntnisse prägnant und herausfordernd zusammen, welches Problem sie für ihre Kund*innen lösen möchten. Sie beschreiben kurz die Sachlage und das aktuelle (Nicht-)Verhalten. Mögliche Mittel hierzu sind Lean Canvas (siehe Abschnitt 11.5.2) oder Personae (siehe Abschnitt 4.6), um die Herausforderungen greif- und anfassbar zu machen. Mit der Zusammenfassung entwickelt das Design-Thinking-Team also eine Hypothese.

Ideen generieren (Ideate): Das Design-Thinking-Team generiert Ideen, ohne auf Machbar- und Umsetzbarkeit zu schauen. Brainstorming und Mindmapping sind häufig genutzte Methoden. In einer zweiten Phase werden die Ideen auf Umsetzbarkeit in Prototypen geprüft. Mittels der 15 %-Methode oder über eine MVP-Definition nähern sich die Design-Thinking-Teams einem Prototypen.

Prototyp entwickeln (Prototype): Die Design-Thinking-Methode entwickelt einen möglichst einfachen Prototypen (Papier-Prototypen, MockUps, Skizzen), um die zentrale These der Zusammenfassung zu prüfen. Das Design-Thinking-Team entwickelt einfache Metriken, um diese Hypothese zu überprüfen.

Testen (Test): Das Design-Thinking-Team verprobt möglichst einfach und direkt den Prototypen mit der Zielgruppe.

11.3.2 Design Sprints

Design Sprints übertragen im Wesentlichen die Fragestellungen des Design Thinkings auf eine Werkwoche. Mit dem Testen des eines Prototypen ergeben sich neue Design Sprints:

Prototypen anpassen: Der getestete Prototyp hat eine gute Resonanz erhalten, verbliebene Unstimmigkeiten sollen zukünftig aufgelöst werden.

Prototyp pivotieren: Der getestete Prototyp erfüllt die Kund*innenbedürfnisse nur zum Teil. Dennoch steckt ein Ansatz im Prototypen, welcher für den Kund*innennutzen besonders wirksam ist. Dieser wird in eine neue Idee übernommen.

Prototyp verwerfen: Der Prototyp nutzt den Kund*innen nicht. Die Beteiligten lernen über diesen Prototypen mehr über ihre Nutzer*innen, das Produkt oder den Markt.

Am Montag steht **Verstehen des Problems** (Understand), am Dienstag **Skizzieren einer Lösung** (Diverge), am Mittwoch **Entscheiden für eine Lösung** (Decide), am Donnerstag **Bauen eines Prototyps** (Prototype) und schließlich am Freitag **Testen mit Nutzer*innen** (Test) auf dem Programm.

Während Design-Thinking-Challenges häufig für dezidierte Teams ausgerufen werden, werden Design Sprints häufig als bereichs- oder organisationsweite Innovationswochen durchgeführt.

11.3.3 Mittels „Six Hats“ innovative Ideen bewerten

Mittels „Six Hats“ können Gruppen komplexe Aufgabenstellungen bearbeiten und deren Ergebnisse bewerten. Sie nutzen dabei unterschiedliche Perspektiven, die über die sechs Hüte (oder andere deutliche Visualisierungen) bestimmte Sichtweisen und Perspektiven auf die Fragestellung einnehmen.

Der*die Moderator*in („blauer Hut“) stimmt in die Perspektiven möglichst einladend und anschaulich ein. Er*sie achtet auch im Verlauf darauf, dass die Beteiligten in ihrer zeitweiligen Perspektive bleiben. Alle Teilnehmer*innen tragen während der „Six Hats“-Sitzung jeden Hut einmal. Teams entscheiden sich in Abständen, den Moderationshut nicht wechseln zu lassen. Die entsprechenden Äußerungen oder aufkommenden Fragestellungen werden auf Pinnwänden gesammelt und dienen so den Teilnehmer*innen zur weiteren Inspiration.

Weißer Hut (Analyse): Konzentration auf Fakten und Daten zur Fragestellung, Fokus auf Beweisbares, emotionsfreie und objektive Haltung. Startet häufig die Diskussion mit einem neutralen Überblick.

Roter Hut (Emotionen): Konzentration auf (alle, positive wie negative) Gefühle und Meinungen, subjektive Haltung zur Fragestellung, Intuition und Bauchgefühle. Hutträger*innen äußern auch nicht (ver-)rationalisierte Meinungen, sind spontan, diffus, rechtfertigen sich dafür nicht.

Schwarzer Hut (Kritik): Konzentration auf erkennbare Risiken und definierbare (also objektivierbare) Probleme. Fühlt Skepsis und Ängsten nach. Beschreibt Kritik und negative Gefühle.

Gelber Hut (Optimismus): Konzentration auf „best cases“, spekulative Haltung, offen und freudig gegenüber der Fragestellung.

Grüner Hut (Kreativität): Konzentration auf Wachstum, neue Ideen, neue Lösungen. Löst über andere Zugänge, ermittelt Alternativen. Provoziert und fordert, ohne zu kritisieren.

Blauer Hut (Ordnung und Moderation): Kontrolliert und moderiert den gesamten Denkprozess, hat einen Metablick auf die Entwicklung, fasst diese zusammen und entscheidet über die weitere Nutzung von Hüten.

11.4 Prototypen bauen und testen

Das Experimentieren, das schnelle Verproben von Ideen, ist eine der agilen Methoden, die auf das siebte Prinzip hinter dem agilen Manifest zurückgehen: „Working software is the primary measure of progress."

Minimum Viable Products und die Visualisierung als „Walking Skeleton" können die Beteiligten unterstützen, um zielführende Prototypen zu definieren. Mit Prototypen überprüfen die Beteiligten immer Hypothesen in einem geeigneten Lernzyklus.

11.4.1 Minimum Viable Products definieren

Minimum Viable Products [Ries 2014-01] überprüfen eine Produktidee in der kleinsten möglichen Form. MVPs werden so aufgesetzt, dass mit diesen schnell und einfach die Produktidee verprobt werden kann.

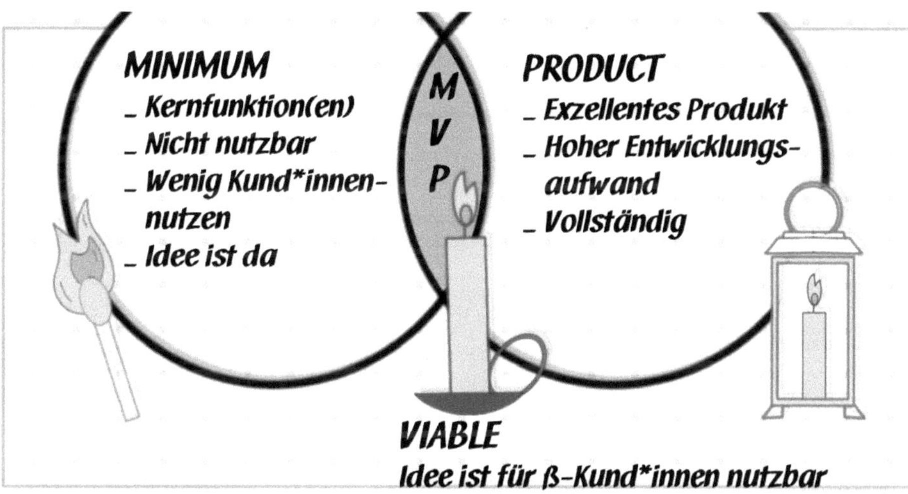

Bild 11.1 Den Kund*innennutzen mit dem MVP absichern

Organisationsmitglieder können Projekte und Services genauso wie Prozesse und Strukturen mittels MVPs überprüfen. MVPs sind Inkremente (siehe Abschnitt 5.5).

Das MVP wird häufig nur mit einer Testgruppe („β-Gruppe“) verprobt. Dabei durchlaufen die Beteiligten einen Lernzyklus, in dem sie das MVP iterativ verbessern. In diesem Zusammenhang folgen sie häufig dem „One – Some – Many“-Prinzip (siehe Prinzip 7.17 in Kapitel 7).

11.4.2 Mit Walking Skeletons digitale Produkte, Prozesse und Services iterativ erweitern

Ein Walking Skeleton ist ein guter Weg, ein digitales Produkt, einen Prozess oder einen Service basal zu modellieren. Dafür beschreiben die Beteiligten den Ablauf auf Epic-Ebene.

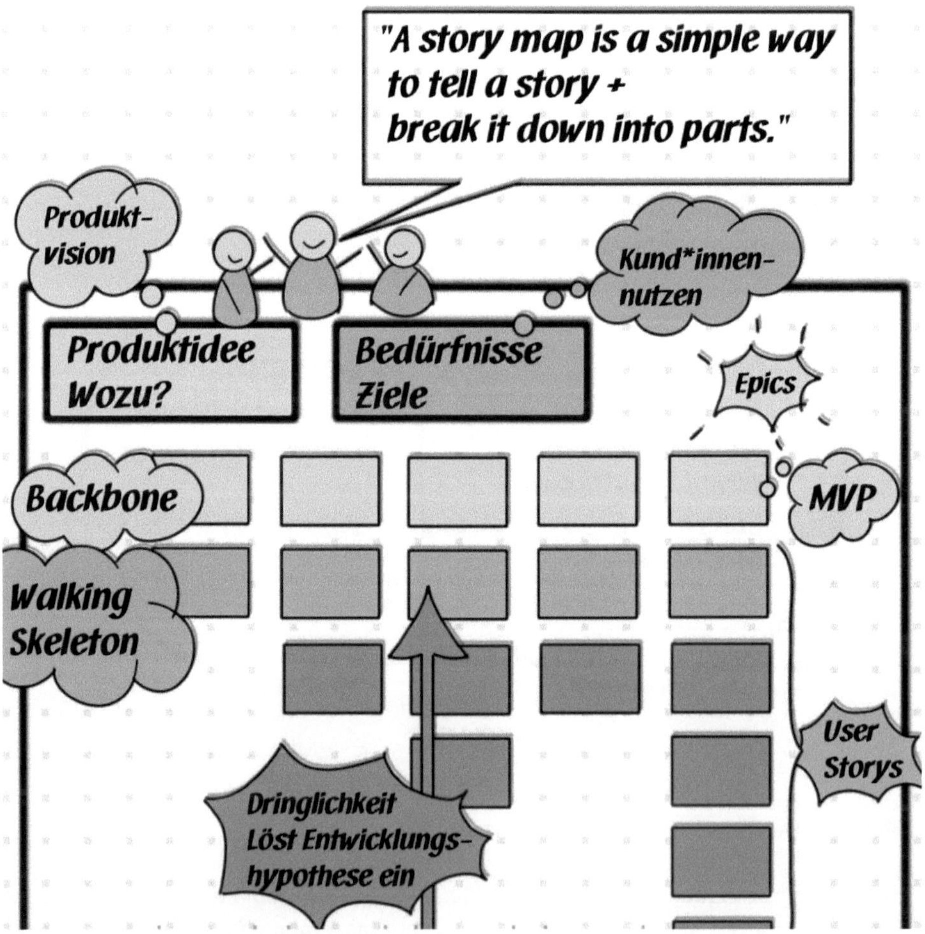

Bild 11.2 Kernfunktionen identifizieren

So entsteht ein erster Blick auf „Minimum Viable Product"-Ebene. Die Epics werden in User Storys nach und nach beschrieben, wobei diejenigen User Storys, die den Kund*innennutzen direkt einlösen, eine höhere Priorität erhalten. Auch die Walking Skeletons bilden Inkremente (siehe Abschnitt 5.5).

So können die Beteiligten des digitalen Produkts den Prozess oder Service iterativ erweitern und Iteration für Iteration weiter lernen.

11.5 Produktprozesse aufsetzen

In allen Produktprozessen arbeiten die Beteiligten ähnlich wie in agilen Veränderungsprozessen: Sie entwickeln Metriken, Kennzahlen, Hypothesen und messen ihre(n) Erfolg(e).

Die Produktentwicklung und -produktion können unterschiedlich ausgesteuert werden. In vielen Fällen übernehmen Produktmanager*innen, Product Owner oder Teams aus diesen die Produktentwicklung, während die eigentliche Produktion von diesen abgekoppelt ist. In anderen Fällen ist es zielführender, wenn auch die Produktentwicklung Teil des selbstorganisierten Teams ist. Diese Strukturen finden die Beteiligten über Lernzyklen mit der „Rule of Three" (siehe Prinzip 7.19 in Kapitel 7).

11.5.1 Mit Business Model Generation ein bestehendes Geschäftsmodell verstehen und verbessern

„Business Model Generation" (BMG) nach Alexander Osterwalder und Yves Pigneur [Osterwalder 2010-01] erzeugt ein Canvas (also einen visuellen Überblick) eines (meist) bestehenden Geschäftsmodells auf einer Seite. BMG erleichtert den Beteiligten das Verändern und Anpassen des Geschäftsmodells in neun Facetten:

Kund*innensegmente (Customer Segments): Beschreibung der Zielgruppe, für die die Organisation Wert/Nutzen schafft

Wertangebot (Value Propositions): Beschreibung der Produkte oder Services, die Kund*innenwerte bzw. -nutzen schaffen. Erklärt die Bedürfnisse und Herausforderungen der Kund*innen und die Produkt-/Service-Antwort darauf.

Vertriebskanäle (Channels): Wege, wie Produkte oder Dienstleistungen zu den Kund*innen gelangen (z. B.: Verkaufskanäle, Marketing, Vertriebspartner*innen oder Kund*innensupport)

Kund*innenbeziehung (Customer Relationships): Art der Interaktion/Kommunikation mit den Kund*innen (z. B.: Betreuung, Begleitung, Beziehungspflege, -aufbau)

Einnahmequellen (Revenue Streams): Liste der Erlösquellen der Organisation, Art und Generierung von Kund*innenzahlungen

Schlüsselressourcen (Key Resources): wichtigste Ressourcen zum Aufbau des Geschäftsmodells (z. B.: physische, intellektuelle oder finanzielle Ressourcen sowie Menschen wie Geschäftspartner*innen und Mitarbeitende)

Schlüsselaktivitäten (Key Activities): notwendige Handlungen zur Umsetzung des Geschäftsmodells (fokussiert auf Organisationserfolg)

Schlüsselpartnerschaften (Key Partnerships): notwendige externe Partner*innen und Ressourcen, die zur Umsetzung beitragen. Beinhaltet auch strategische Allianzen, Lieferant*innen oder Kooperationen.

Kostenstruktur (Cost Structure): Zeigt alle (fixen und variablen) Kosten und Ausgaben, die mit dem Betrieb des Geschäftsmodells verbunden sind.

11.5.2 Mit Lean Canvas eine neue Produktidee greifen

Ash Maurya [Maurya 2022-01] hat auf den lean Prinzipien diese Visualisierung von neuen Geschäftsmodellen entwickelt. Das Lean Canvas ist darauf angelegt, in kurzen Workshops ein neues Geschäftsmodell zu iterieren – und dabei die Schlüsselaspekte dieses für alle Beteiligten transparent zu halten.

Problem (Problem): Welches (Haupt-)Bedürfnis löst Euer Produkt oder Service?

Lösung (Solution): Wie löst Euer Produkt oder Service das Kund*innenbedürfnis?

Einzigartiges Wertversprechen (Unique Value Proposition): Was macht Euer Produkt oder Service einzigartig und wertvoll für Eure Kund*innen? Was macht Ihr anders als Eure Konkurrent*innen?

Einzigartige Kanäle (Unique Channels): Welche effektiven und besonderen Wege nutzt Ihr, um Eure Kund*innen zu erreichen? Welche Kanäle passen besonders gut zu Eurem Produkt oder Service?

Einnahmequellen (Revenue Streams): Wie verdient Ihr Euer Geld? Wie funktionieren Preismodelle und Monetarisierungsstrategien?

Kostenstruktur (Cost Structure): Welche Kosten sind mit Deinem Geschäftsmodell verbunden? Was sind die wichtigsten Posten?

Kund*innen (Customer Segments): Wer sind Eure Hauptkund*innen? Wen möchtet Ihr als Segments besonders ansprechen? Wie sehen deren Profile und Bedürfnisse aus?

Schlüsselmetriken (Key Metrics): Mit welchen Kennzahlen könnt ihr den (Miss-)Erfolg Eurer Produkte und Services klar und einfach beschreiben? Mit welchen Kennzahlen könnt Ihr Fortschritt gut erfassen?

Unfaire Vorteile (Unfair Advantage): Welche Wettbewerbsvorteile oder Ressourcen habt Ihr, die schwer für andere zu replizieren sind? Betont, was Euer Produkt oder Service einzigartig und schwer kopierbar macht.

11.5.3 Personae zur Grundlage des Entwicklungsprozesses machen

Mit Personae können (Produkt-)Teams ihre Zielgruppen charakterisieren. Bei der Formulierung der Personae achten die Beteiligten darauf, nicht bestehende Vorurteile zu manifestieren, sondern offen und wertfrei zu beschreiben.

Treiber*innen der agilen Organisationsentwicklung können Personae nutzen, um sowohl mögliche Experimente als auch die Kommunikation zur agilen Veränderung sinnvoll und zielführend zu entwickeln (siehe Abschnitt 4.6).

11.5.4 Roadmap

Einige Produktteams orientieren sich über eine Produktvision, für andere Produktteams ist es hilfreicher, eine agile Produkt-Roadmap zu skizzieren. Die Roadmap sollte dabei allen Teammitgliedern ständig präsent sein. In Präsenz-Settings sollte die Roadmap ständig als Wandzeitung zu sehen sein, in Remote-Settings ist ebenfalls für eine ständig sichtbare Visualisierung zu sorgen. Die Produkt-Roadmap ist auf nahe Sicht sehr fein, je weiter weg ein Realisierungszeitpunkt ist, desto ungenauer wird eine agile Produkt-Roadmap.

Iterationen: Die kommenden Iterationen werden feiner in User Storys gefasst. Die weitere Sicht ist eher in groben User Storys oder Epics gefasst. Die User Storys und Epics sind in der Product-Roadmap nach Prioritäten (häufig nach Kund*innenwert) aufgelistet.

Lebendes Dokument: Die agile Roadmap verändert sich mit der Zeit, veränderten Anforderungen und neuen Erkenntnissen. Da jeweils nur die nächste Iteration detailliert geplant wird, sind mögliche Anpassungen leicht durchzuführen.

Kontinuierliches Feedback: Eine agile Roadmap kann sich mit jedem Artefakt des Entwicklungsprozesses ändern. Die Beteiligten lernen, ob sie die Roadmap über die jeweiligen Reviews anpassen oder in Abständen Groomings fürs Verfeinern und Aufräumen benötigen. Die Beteiligten arbeiten in allen Arbeitsprozessen hypothesenbasiert.

Ziele und Meilensteine: Die Roadmap enthält klare (Zwischen-)Ziele und Meilensteine für die Produktentwicklung. Dabei formulieren die Beteiligten ein Mindestmaß an Funktionalität und das gewünschte Maß an Erfüllung des Kund*innennutzens für die jeweiligen Zeitpunkte.

Fortschrittsmessung: Die Beteiligten kontrollieren über eine agile Roadmap ihre Zielerreichung und passen bei Bedarf die Ziele, Meilensteine oder den Funktionsumfang an.

11.5.5 Produktvision definieren

Eine Produktvision enthält **keine** Features. Eine Produktvision beschreibt das Umfeld, die Anforderungen der Kund*innen, möglicherweise deren Probleme oder Herausforderungen und gibt in wenigen Worten eine Idee der Lösung durch das Produkt oder den Service.

Kurz: Eine agile Produktvision beschreibt in wenigen Worten den Produktzustand in der Zukunft, welche das Produktteam inspiriert. Eine Produktvision gibt dem Produkt eine Existenzberechtigung. Das Produkt erhält durch die Produktvision einen nachhaltigen Wert.

Die Produktvisionen sind kurz und prägnant formuliert. Sie öffnen Möglichkeitsräume für die Beteiligten. Sie sind richtungsweisend formuliert. Agile Produktvisionen weisen weit voraus (also mit Sicht auf fünf bis zehn Jahre).

Beispiel 053: Produktvisionen bekannter Organisationen

Google: „Organize the world's information and make it universally accessible and useful."

Amazon: „Our vision is to be Earth's most customer-centric company, where customers can find and discover anything they might want to buy online."

Tesla: „To accelerate the world's transition to sustainable energy."

Apple: „We believe that we are on the face of the earth to make great products and that's not changing. We are constantly focusing on innovating."

Spotify: „To unlock the potential of human creativity – by giving a million creative artists the opportunity to live off their art and billions of fans the opportunity to enjoy and be inspired by it."

Agile Produktvisionen werden regelmäßig auf Attraktivität und Sinnhaftigkeit überprüft (z. B. über normative Lernzyklen). Produktvisionen sollten so formuliert sein, dass die Organisationsmitglieder daraus messbare Zielerreichungskriterien ableiten können.

Viele Organisationen sind erst nach einer erfolgreichen agilen Transition in der Lage, eine werthaltige Vision zu formulieren. In der laufenden Veränderung ist es häufig einfacher, ein True North für die Organisation zu formulieren.

11.5.6 True North formulieren

Wie der Nordstern in der Seefahrt den Seemännern eine grobe Orientierung Richtung Norden gab, gibt ein agiles True North mit einem Set aus drei bis fünf Sätzen den Beteiligten eine tägliche Orientierung in deren Produktentwicklung.

- **Handlungsleitend:** Was sollten wir mehr, was weniger tun?
- **Richtungsweisend:** Was zahlt auf das True North ein? Wohin streben wir?

Zielräume der agilen Organisationsentwicklung (siehe Abschnitt 2.4.2) werden wie True Norths formuliert. Einige Organisationen nutzen True-North-Formulierungen, um ihre in der agilen Veränderung erreichte Organisationskultur zu beschreiben (siehe Abschnitt 6.7.7.2).

Beispiel 054: True North für eine Hosting-Plattform

Wir hosten die größten Online-Shops Europas.

Wir innovieren täglich.

Wir machen keinen Fehler ein zweites Mal.

Sowohl Kund*innen als auch wir können sorgenfrei und ohne Störungen Urlaub machen, wenn der dran ist.

11.6 Projekt- und Prozessmethoden finden und nutzen

Für das Finden und Überprüfen von Projekt- und Prozessmethoden entwickeln die Beteiligten jeweils organisationelle MVPs (siehe Abschnitt 10.3), welche sie dann nach Kaizen Lernschritt für Lernschritt verfeinern und den Gegebenheiten anpassen.

Beim Entdecken der zum Geschäftsvorfall passenden Projekt- und Prozessmethoden folgen die Beteiligten dem Entwicklungsprinzip „Einfach arbeiten" (siehe Prinzip 7.8 in Kapitel 7). Die Projekt- und Prozessmethoden werden so angelegt, dass sie zu den jeweiligen organisationellen Herausforderungen passen (siehe Abschnitt 2.5.2.1, 2.5.2.2).

Beispiel 055: Organisationelles MVP für den Einkauf

In einem mittelständischen Unternehmen erfolgt der Materialeinkauf zentral über drei Mitarbeiterinnen. Diese haben ihre Zuständigkeiten bisher nach Produktgruppen aufgeteilt. Im Ergebnis stehen die drei Mitarbeiterinnen vor ihren Aufgaben quasi alleine. Alle drei Mitarbeiterinnen klagen über Lastspitzen und saisonale Überstunden, welche jeweils unterschiedlich sind.

Das Transitionsteam hat in anderen Organisationsteilen bereits erfolgreich neue Projekt- und Prozessmethoden eingeführt. So haben die Werbeabteilung und der PR-Bereich erfolgreich ein Flusssystem eingeführt, über das sie eine neue Form der Zusammenarbeit etablieren konnten.

Ein Mitglied des Transitionsteams begleitet nun die Einkäuferinnen. Diese wünschen sich eine stärkere Entlastung in ihren Tätigkeiten. Ihr ursprünglicher Wunsch war es, eine weitere Kraft für den Einkauf einzustellen. Die Beteiligten einigen sich darauf, zunächst zu prüfen, ob durch eine veränderte Zusammenarbeit eine Entlastung der Mitarbeiterinnen und gleichzeitig bessere Arbeitsergebnisse entstehen.

Als MVP starten die Einkäuferinnen mit einer Wandzeitung und einem Verlaufsprotokoll der Einträge, einem Daily Stand-up und regelmäßigen Retrospektiven.

Während der ersten Retrospektive einigen sich die drei Mitarbeiterinnen auf ein Pair-System, mit dem sie Wissen zwischen den drei Beteiligten teilen und so Aufgaben ausbalancieren möchten.

Im vorliegenden Fall erlernen die drei Einkäuferinnen in einem kleinen Setting neue Formen der Zusammenarbeit. Durch den täglichen Austausch im Daily Stand-up:

- Was habe ich getan?
- Was werde ich heute tun?
- Welchen Herausforderungen und Risiken begegne ich dabei?

haben die Einkäuferinnen innerhalb der ersten Iteration bereits für sich erkannt, dass sie Wissenstransfer benötigen, um sich gegenseitig ausbalancieren zu können. In späteren Iterationen werden sie Spaltenkennzahlen wie Work-in-Progress festlegen, um ihren Arbeitsfluss weiter zu verstetigen.

11.6.1 Extreme Programming

Extreme Programming (XP) ist eine agile Entwicklungsmethode, um vornehmlich neue Produkte in enger Kooperation zwischen Entwickler*innen und zukünftigen Kund*innen zu programmieren. XP basiert auf den fünf Werten Mut, Vertrauen, Einfachheit, Feedback und Respekt.

Mittels XP können die Entwicklungsteams und Kund*innen gemeinsam die Anforderungen entdecken und in wöchentlichen Iterationen sich schnell an eine gute, als den Kund*innen nutzende Lösung heraniterieren. Die Kund*innen (oder deren Stellvertreter*innen) werden direkt in den XP-Prozess eingebunden.

XP formuliert grundlegende Praktiken zur Entwicklung:

Räumlich zusammensitzen: Das Entwicklungsteam kann formell und informell direkt kommunizieren.

Informativer Arbeitsplatz: Anstehende Aufgaben, alle User Storys, die Produktvision/das True North, Status des Projekts und andere Parameter des Projekts sind immer sichtbar.

Team: Teamarbeit ist effizienter als orchestrierte Individualarbeit. Alle Beteiligten fördern die Teamentwicklung. Die anstehenden Aufgaben für eine Iteration werden immer dem Team, nicht Individuen zugeordnet.

Pair-Programming: Die Beteiligten nutzen regelhaft Arbeit im Pair in wechselnden Konstellationen, um qualitätsvolle Software zu erstellen und um Wissen zu teilen und zu mehren.

Energievolle Arbeit: Die User Storys sind attraktiv formuliert und fördern eine qualitätsvolle Lösung. Das Entwicklungsteam gibt keine nicht einhaltbaren Versprechen ab.

Entspannte Arbeit: Das Entwicklungsteam arbeitet kollegial, ruhig und ohne Überstunden. Das Team plant sich angemessen aus und nutzt Slack als Puffer.

User Storys: Die Aufgaben werden in User Storys aus Kund*innensicht formuliert. Die Priorisierung der User Storys erfolgt im Spannungsfeld Risiko – Wert. Die Kund*innen sind an der Formulierung dieser Aufgaben beteiligt.

Wöchentlicher Zyklus: Das Entwicklungsteam strebt wöchentliche Iterationen an. Erfordern einzelne User Storys längere Bearbeitungszeiten, wird die Iterationslänge angepasst.

Quartalsweiser Zyklus: Die Projektplanung erfolgt in vierteljährlicher Planung. Die Beteiligten entwickeln ein Bild vom Quartalsziel als User Story.

10-Minuten-Build: Testläufe sollen innerhalb von zehn Minuten erfolgen können, um eine gleichmäßige Entwicklungsgeschwindigkeit zu ermöglichen.

Kontinuierliche Integration: Die regelhafte und schnelle Bereitstellung von Software führt zu einer hohen Softwarequalität.

Test-First-Programmierung: Vor Entwicklung der Software werden jeweils die notwendigen Tests auf unterschiedlichen Ebenen erstellt. So sichern die Beteiligten eine gute Integrierbarkeit neuer Features.

Inkrementelles Design: Neue Erkenntnisse und Feedback der Beteiligten werden Lernschritt für Lernschritt in das Produkt integriert.

Um diese Praktiken einlösen zu können, formuliert XP vierzehn handlungsleitende Prinzipien: Menschlichkeit, Wirtschaftlichkeit, beiderseitiger Vorteil, Selbstähnlichkeit (zur Wiederverwendung), Verbesserungen, Vielfältigkeit, Reflexion, Flow, Gelegenheiten wahrnehmen, Redundanzen vermeiden, Fehlschläge hinnehmen, Qualität, kleine Schritte sowie akzeptierte Verantwortung.

Während die Praktiken als Block eingeführt werden sollten, empfiehlt es sich, die Prinzipien nach und nach in Retrospektiven zu überprüfen und gegebenenfalls Verbesserungen im Prozess herzustellen, um noch schneller gute Ergebnisse zu erzielen.

11.6.2 Kanban

Kanban ist eine agile Modellierung eines Arbeitsflusses, welche auf einer starken Visualisierung des Flusses der offenen, in Arbeit befindlichen und beendeten Aufgaben des Teams basiert.

Kanban folgt fünf Prinzipien:

1. Visualisiere den Fluss Deiner Arbeit.
2. Begrenze Deinen „Work in Progress".
3. Führe Messungen des Flusses durch und kontrolliere diesen.
4. Mache die Regeln für Deinen Prozess explizit.
5. Verwende Modelle, um Potenzial für Veränderungen zu erkennen.

Die Aufgaben in Kanban werden auf einer Wandzeitung in Spalten visualisiert, in der auch der Work-in-Progress erfasst wird. Wird eines der Prinzipien gebrochen, wird das Team sich in einer Ad-hoc-Retrospektive („Stop the Line") treffen. Dabei klären die Beteiligten:

- Wie lösen wir das aktuelle Problem?
- Was tun wir, damit diese Situation nicht wieder eintritt?

11.6.3 Scrum

Scrum ist eine agile Projektmanagementmethode, die auf iterative und inkrementelle Entwicklung setzt. In kurzen Zeitabschnitten, sogenannten Sprints, werden Arbeitspakete unter einem „Sprintmotto" umgesetzt.

Sprintmotto und fachliche Ziele (meist in Form von User Storys) werden durch den*die Product Owner*in festgelegt.

In einem Sprint Planning nimmt das Entwicklungsteam die aus ihrer Sicht machbaren User Storys an. Scrum Teams planen sich nicht vollständig aus und nutzen Slack, um eine stabile Entwicklungsgeschwindigkeit zu gewährleisten.

Die Umsetzung der Aufgaben erfolgt im selbstorganisierten Team. Das Entwicklungsteam koordiniert sich über Daily Stand-ups.

Die Abnahme der Aufgaben erfolgt mit einem weiteren Ausblick auf das Projekt unter Beteiligung der Stakeholder. Das Scrum-Team lernt regelmäßig über dessen Zusammenarbeit in Retrospektiven und verbessert diese stetig.

Die Team-Artefakte werden durch den*die Scrum-Master*in moderiert, welche*r auch die Teamentwicklung fördert.

11.7 Skalierungen

Wenn Produkte oder Services mehr als ein Entwicklungsteam benötigen oder wenn mehrere Produkte oder Services gleichzeitig in der Organisation erstellt werden, braucht es Skalierungen. Beim Einsatz von Skalierungsframeworks folgen agile Organisationsentwickler*innen dem Prinzip „Einfach arbeiten" (siehe Prinzip 7.8 in Kapitel 7) und führen Artefakte und Rituale Zug um Zug ein, um die für sie passenden Prozesse zu finden. Haben die Beteiligten gut funktionierende Prozesse gefunden, werden sich sinnvolle Strukturen nachziehen.

11.7.1 LeSS

LeSS (Large-Scale Scrum) dient der Skalierung von Scrum in größeren Organisationen, welches sich um **ein** Produkt oder Service ranken, daher fokussiert LeSS auf ein Produkt.

LeSS verwendet die Grundprinzipien von Scrum und erweitert diese, um die Anforderungen von großen, komplexen Projekten zu erfüllen.

Dafür formuliert LeSS zehn Prinzipien, um Scrum von einem Team auf eine größere Organisation zu übertragen:

Large-Scale Scrum ist Scrum (Large-Scale Scrum is Scrum): nach Scrum in größerer Struktur arbeiten.

Weniger ist mehr (More with LeSS): Bürokratie (z. B. über Rollen- und Ergebnisdefinition), Blindleistungen vermeiden. Stets die Entwicklung und das Produkt im Fokus haben.

Systemisches Denken (System Thinking): aufs System und den Produkterfolg konzentrieren, nicht im Kleinen (Entwicklungsteams oder -schritte) Optimum suchen.

Lean! (Lean Thinking): schlank, iterativ, lernend, vor Ort, pragmatisch zusammenarbeiten und sich stetig verbessern.

Empirische Prozesssteuerung (Empirical Process Control): Entwicklungsprozess, Zusammenarbeit, Prozesse und Strukturen auf Basis hypothesenbasierter Experimente weiterentwickeln.

Transparenz (Transparency): Vorgehen, Art der Zusammenarbeit, kurze Lernzyklen und konkrete Ergebniserwartungen im Vorgehen für alle Beteiligte transparent halten.

Kontinuierliche Verbesserung bis zur Perfektion (Continuous Improvement Towards Perfection): normativ, strategisch und operativ Lernzyklen durchlaufen. Stetig lernen.

Kund*innenzentrierung (Customer Focus): Produktentscheidungen mit Bedürfnissen und auf Basis häufigen Feedbacks der Kund*innen begründen.

Gesamtproduktfokus (Whole Product Focus): sich auf ein Produkt oder Service mit eine*m Product Owner*in, einem Product Backlog und einem gemeinsamen Sprint aller Beteiligten fokussieren.

Wartenschlangentheorie (Queueing Theory): Erzeugen eines kontinuierlichen Flusses durch WIPs („Work-in-Progress") und klare Verhaltensregeln zum Auflösen von zeitlichen oder inhaltlichen Problemen.

11.7.2 SAFe

SAFe ist ein agiles Framework, mit dem eine größere Organisation mehrere Produkte und Services koordiniert und zügig ausliefern möchte. SAFe sieht bis zur vier Ebenen vor, mit denen die Zusammenarbeit durch Rollen und Rituale bestimmt wird. Es empfiehlt sich eine schrittweise Einführung, mit der die jeweiligen Organisationen ihr jeweiliges Optimum zur Erzeugung von Kund*innenwert finden.

SAFe entfaltet sich auf vier Ebenen. SAFe sollte immer Zug um Zug eingeführt werden. Wird SAFe in einem Schwung (als Change) eingeführt, überfordert dies im Allgemeinen die Beteiligten. Ein vollständig installiertes SAFe neigt zur Überbürokratisierung und führt häufig zu Stillstand.

SAFe bietet auf vier Ebenen mögliche Methoden(bausteine) und Verantwortlichkeiten zur Modellierung großer Organisationen an.

Team: Die Teams bestehen aus einem*r Product Owner*in, einem*r Scrum Master*in und dem Entwicklungsteam und arbeiten in Kanban oder Scrum.

Programm: Fünf bis zwölf Teams stellen einen agilen Release Train (ART). (Meist) vierteljährlich koordinieren sich diese Teams im PI (Program Increment) Planning, welches von Business Owner*innen geleitet wird. Diese vertreten die Kund*innen und Stakeholder und geben entsprechend die Quartalsziele vor. Die Programmebene verantworten der*die Release Train Engineer*in (Prozess), der*die Product Manager*in (Produkt) und der*die System Architect*in (Technik) im Team.

Das PI Planning ist zentrales Moment der Koordination. Alle Organisationsmitglieder verstehen den Geschäftskontext, kennen die Roadmap und verstehen die Produktvision und die daraus abgeleiteten Prioritäten. Jedes Team sagt in klaren Zielkriterien die zu entwickelnden Features, deren Abhängigkeiten und abgeleitete Timings zu.

Abhängigkeiten, Vereinbarungen und Zielsetzungen der beteiligten ARTs werden auf einem Abhängigkeitsboard visualisiert.

Business Solution: Mehrere ARTs können gemeinsam **ein** Produkt entwickeln. Ist dies der Fall, verantwortet ein*e Team Solution Train Engineer*in (Prozess), Solution Manager*in (Produkt) und Solution Architect*in (Technik) die Koordination der ARTs.

Lean Portfolio Management: Strategische Entwicklungen der Organisation werden auf dieser Ebene durch Epic Owner*innen und Stakeholder verantwortet. Diese legen die mittelfristigen Prioritäten fest und leiten daraus die Lean-Agile-Budgets fest.

11.7.3 Scrum of Scrums

Scrum of Scrums setzt zur Koordination mehrerer agiler Teams nicht auf ein Review und Planungstreffen aller Organisationsmitglieder (wie das PI-Planning in SAFe), sondern koordiniert Aufgaben und Abhängigkeiten über regelmäßige Treffen von Stellvertreter*innen der agilen Teams. In vielen Fällen entsenden die agilen Teams ihre Scrum Master*innen.

Die Stellvertreter*innen treffen sich mindestens einmal während der über alle Teams gleich getakteten Sprints, um Fortschritte, Herausforderungen und Abhängigkeiten zu identifizieren und zu adressieren.

Diese Koordinationstreffen sind auf maximal dreißig Minuten angelegt. Alle Teilnehmer*innen berichten über die abgeschlossenen und laufenden Aufgaben sowie Hindernisse in ihren Teams. Daraus leiten die Teilnehmer*innen Entscheidungen und Maßnahmen ab, welche sie direkt an ihre Teams zurückspielen.

Ziel ist es, dass alle Beteiligten immer auf dem gleichen Stand sind, so dass Entscheidungen und Maßnahmen effizient umgesetzt werden.

11.8 Normative und strategische Prozesse aufsetzen

Um die anfallenden Arbeiten jenseits des Tagesgeschäfts zu modellieren, empfehlen sich OKRs (Abschnitt 11.8.2), Lernzyklen nach St. Gallen (Abschnitt 10.11.5) oder Agile Flight Levels (Abschnitt 11.8.4).

Diese betrachten wahlweise normative, strategische und operative Aufgaben oder orientieren sich an operativen, koordinativen bzw. strategischen Fragen.

Etablierte Organisationen kennen häufig kaskadierende Zielsysteme, die vom ersten Führungskreis ausgehen und bis in die Teamleitungen oder über Bonussysteme bis zu einzelnen Mitarbeiter*innen übermittelt und vererbt werden.

Das Umstellen auf agiles Arbeiten ist im Wesentlichen die Umstellung von einem deskriptiven und fordernden System, dass sich vorwiegend in Lag-Indikatoren (siehe Abschnitt 6.6.4.1) misst, in ein lernendes System, welches vorwiegend in Lean-Indikatoren misst und so bereits mit den Zielformulierungen den Veränderungsraum der Organisationsmitglieder öffnet.

11.8.1 Mittels True North strategische Arbeit in die Selbstorganisation geben

Gerade in jungen, wachsenden Organisationen, die ihr grundlegendes Geschäftsmodell noch finden oder weitere Kund*innenangebote, kann es sinnvoll sein, ein True North (siehe Abschnitt 11.5.6) nicht nur zur Richtungsgebung und Handlungsleitung für operative, sondern auch für strategische Fragestellungen zu nutzen.

> „Wenn wir das so machen, führt uns das in Richtung des True North?"

Die vollständige Abgabe der strategischen Arbeit in selbstorganisierte Teams erfordert ein hohes Commitment und die Bereitschaft zur Verantwortungsübernahme aller Beteiligten.

Insbesondere in wachsenden Systemen sind dieses Commitment und diese Bereitschaft regelhaft zu überprüfen und bei Bedarf zu steigern.

11.8.2 OKRs (Objectives and Key Results) anstreben

OKRs sind nicht für die Aussteuerung täglicher Arbeiten, sondern für das Formulieren und Erreichen strategischer Ziele vorgesehen.

Das Erarbeiten und Verfolgen der strategischen Ziele („Objectives") und der zugehörigen Schlüsselergebnisse („Key Results") folgt vier Prinzipien:

1. Fokussierung: Pro OKR-Durchlauf definieren die Beteiligten bis zu drei Objectives.
2. Transparenz: Alle OKRs sind allen Organisationsmitgliedern transparent.
3. Ambition: OKRs werden ambitioniert formuliert, sind aber gleichzeitig erreichbar.
4. Kontinuierliche Verbesserung: Die Art der Zusammenarbeit und die Objectives sowie die Key Results werden regelmäßig überprüft und angepasst.

Objectives geben ein Bild, wohin die Beteiligten streben und was sie erreichen möchten. Objectives werden verständlich und in klaren Bildern formuliert. Sie werden anspruchsvoll, inspirierend, spezifisch und handlungsorientiert formuliert (siehe Beispiel in Abschnitt 6.7.2.2).

Key Results sind messbare Meilensteine auf dem Weg zur Zielerreichung. Sie beschreiben Aktivitäten, keine Ergebnisse. Key Results sind messbar und bewertbar.

OKRs werden für die Beteiligten stets visualisiert (siehe Abschnitt 6.7.2.2). Die Visualisierung nimmt Bezug auf die strategischen Ziele der Organisation.

OKR-Formulierung nach John Doerr [Doerr 2018-01]
Wir werden $OBJECTIVE erreichen, gemessen an $KEY_RESULTS.

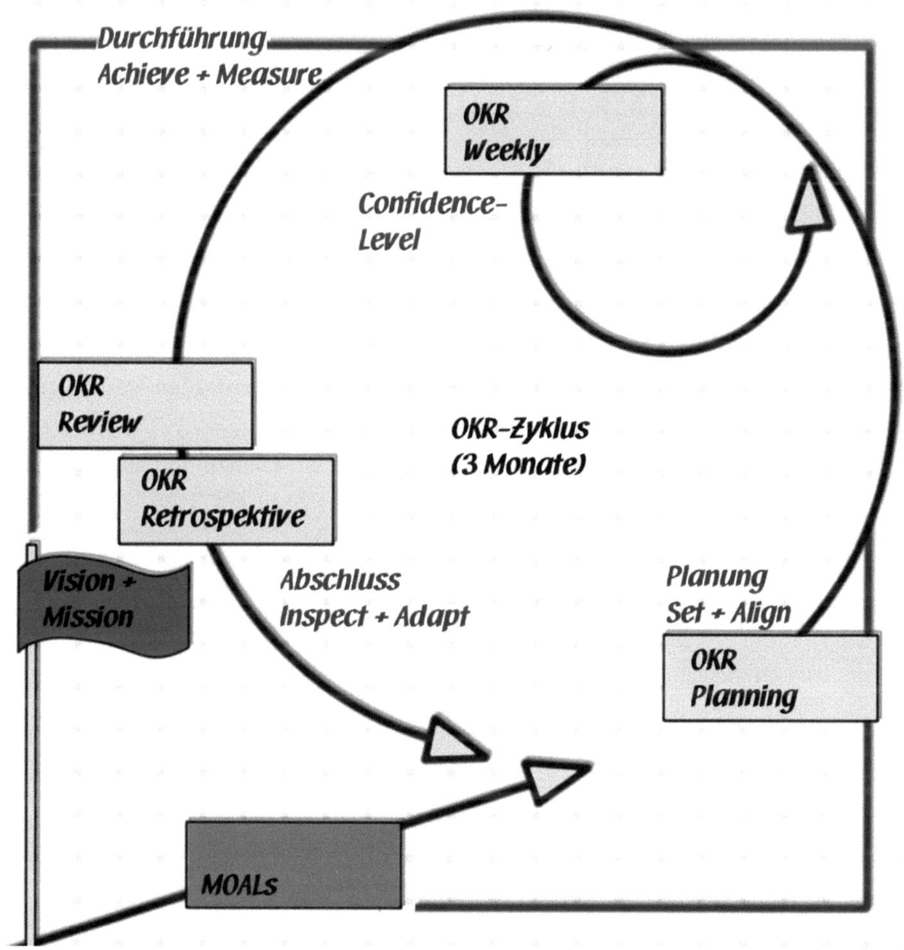

Bild 11.3 OKRs werden zyklisch durchlaufen

In der **Planungsphase** („Set and align") werden die Objectives und initial die Key Results für die nächsten drei Monate definiert. Die Objectives werden so formuliert, dass sie die definierten MOALs („midterm goals") und die definierte Strategie einlösen.

In der **Ausführungsphase** („Achieve and measure") werden kontinuierlich Aufgaben („Tasks") zu den Key Results entwickelt, umgesetzt und anschließend ausgewertet. Wenn für die strategischen Ziele viele Aktivitäten gleichzeitig zu erfüllen sind, stimmen sich die Beteiligten in einem „daily huddle" ab. Die Beteiligten lernen im „OKR

Weekly" aus ihren Aktivitäten und leiten neue für die kommende Woche ab. Sie formulieren aufkommende Probleme und Risiken und führen Ideen auf. Die Beteiligten formulieren wöchentlich die Wahrscheinlichkeit, in der für sie das Key Result eintreffen wird („Confidence Level").

In der **Abschlussphase** („Inspect and Adapt") bewerten die Beteiligten sowohl die Ergebnisse als auch die Zusammenarbeit. Sie lernen aus Erfolgen und Fehlschlägen – sowohl fachlich als auch prozessual.

11.8.3 Lernzyklen nach St. Gallen aufsetzen

Normative, strategische und operative Aufgaben(felder) (gemäß dem Managementmodell nach St. Gallen, siehe Abschnitt 10.11.5 (#stgallen)) sind durch die Organisation regelmäßig zu bearbeiten. Die Lernzyklen haben passende Zykluslängen.

Normative Lernfelder sollten jährlich überprüft werden. **Strategische Lernfelder** werden alle drei bis fünf Monate überprüft. **Operative Lernfelder** werden monatlich überprüft.

Die Organisation hält die jeweiligen Lernfelder auf allen Ebenen und allen Bereichen transparent. So können die normativen Fragestellungen in kürzeren Lernzyklen beantwortet werden, unter denen noch kürzere operative Fragestellungen liegen. Beim Aufsetzen achten die Beteiligten darauf, dass die jeweiligen Arbeitstreffen für sie werthaltig sind. Sie meiden Überbürokratisierung. Dies gelingt am besten, wenn die Beteiligten die jeweils vereinbarten Entscheidungs- und Beteiligungsformen akzeptieren und entsprechend agieren.

Aufgaben(felder)	Zykluslänge	Dauer der Veranstaltung	Beteiligte
Normativ	1 Jahr	1 Tag	Stimmen Organisationsvision und -ziele? Stimmt die ethische Verankerung? Gibt es grundlegenden Änderungsbedarf?
Strategisch	1 Jahr	1 Tag	Wie lauten die strategischen Ziele fürs kommende Jahr? Was lernen wir aus dem letzten Durchlauf?
Strategisch	3 Monate	1/2 Tag	Wie läuft es mit den strategischen Zielen? Wo stehen wir? Was steht noch an? Was lernen wir aus dem bisherigen Vorgehen?
Operativ	Iterationslänge nach Geschäftsvorfall	2 Stunden – 1 Tag (abhängig vom Geschäftsvorfall)	Wie läuft es mit der Übersetzung der strategischen Ziele ins Operative? Wo stehen wir? Was steht noch an? Was lernen wir aus dem bisherigen Vorgehen?

Wie die normative, strategische und operative Führung in den jeweiligen Organisationen wahrgenommen wird, hängt maßgeblich von den definierten Strukturen ab (siehe Abschnitt 12.2.1.8).

11.8.4 Agile Flight Levels etablieren

Agile Flight Levels nach Klaus Leopold [Leopold 2023-01(#leopold2023-01)] skaliert agile Prinzipien in größeren Organisationen. Um größere Zusammenhänge zu erkennen, brauchen die Beteiligten größere Flughöhen.

Flight Level 1 (Team-Ebene): Die Arbeit in den selbstorganisierten Teams wird in agilen Methoden wie Scrum, Kanban oder Design Thinking erledigt. Die Beteiligten arbeiten mit kurzen Iterationslängen und liefern so schnell kund*innenwirksame Ergebnisse.

Flight Level 2 (Programmebene): Über die Programmebene werden alle Teams in einem gemeinsamen Wertstrom synchronisiert. Über diese Ebene werden die Iterationsziele und Abhängigkeiten der Teams koordiniert und alle einlaufenden Aufgaben priorisiert. Die Organisation erhält über die Programmebene Informationen über den gesamten Fortschritt und alle erreichten Ergebnisse.

Flight Level 3 (Organisationsebene): Die Organisationsebene definiert die strategische Ausrichtung der Organisation und fördert eine erfolgreiche Kooperation aller Beteiligten auf Augenhöhe.

11.9 Beyond Budgeting nutzen

Mit Beyond Budgeting können Organisationen klassische Budgetierungspraktiken überwinden. Beyond Budgeting basiert auf Vertrauen, Transparenz, dezentraler Entscheidungsfindung und kontinuierlicher Bewertung der Ergebnisse.

Die Organisationsmitglieder agieren im Rahmen der Richtung und Leitplanken eigenverantwortlich. Sie folgen nicht strikten Budgetvorgaben, sondern versuchen, möglichst vernünftige Entscheidungen in ihrem Verantwortungsbereich zu treffen.

Grundlegend ist in Beyond Budgeting (entsprechend des agilen Manifests) die Ausrichtung am Kund*innennutzen.

Beyond Budgeting setzt auf eine adaptive Steuerung. Stete Transparenz über eingesetzte und genutzte Ressourcen und die Zielerreichung ermöglicht es den Organisationsmitgliedern, konkret, schnell und gut zu entscheiden.

Im Ergebnis verlieren Budgetierung und Haushaltsplanung ihre Starrheit. Die Organisation kann so schnell und zielgerichtet auf akute Veränderungen zunächst reagieren, um dann die Veränderung gezielt zu gestalten.

11.10 Selbstreflexion „Prozesse modellieren“

Beantworte die folgenden Reflexionsfragen bzw. bearbeite die skizzierten Übungen und Vertiefungen. Eine schriftliche Auseinandersetzung bzw. Inter-/Supervision wird die Wirkung der Übung verstärken.

- In welchen Lernzyklen überprüft Ihr Eure Prozesse?
- Wie lernt Ihr im System, auf welche Art lernt Ihr am System?
- Auf welche Art habt Ihr Eure operativen, strategischen und normativen Aufgaben modelliert?
- Woran könnt Ihr erkennen, dass Eure Prozesse optimal bzw. ineffizient verlaufen?
- Auf welche Art reagiert Ihr auf systemimmanente Konflikte, welche sich aus Euren Prozessen ergeben?
- Welche Werte und Normen könnt Ihr aus Euren Prozessen ablesen?
- Wie könnt Ihr erkennen, dass Ihr grundlegend Prozesse verändern solltet?

12 Führung an Teams ausrichten

Das agile Manifest modelliert die Arbeitsweise eines Teams mit einer komplexen oder chaotischen Umgebung. Das agile Manifest spricht von einem selbstorganisierten Team. In einem selbstorganisierten Team führen sich die Teammitglieder gegenseitig (siehe Abschnitt 12.2.2).

In vielen agilen Methoden sind fachliche oder prozessuale Führungsrollen (z. B. als Board Master*in oder Product Owner*in) vorgesehen. Die Weiterentwicklung der jeweiligen Talente wird häufig indirekt dem selbstorganisierten Team zugesprochen: „The best architectures, requirements, and designs emerge from self-organizing teams."

Organisationen müssen darüber hinaus klären, wie sie ihre Mitarbeitenden entwickeln und ob und in welcher Form die disziplinarische Führung wahrgenommen wird. So muss Führung fehlende Selbstführung ersetzen und antwortet je nach Reifegrad der Beteiligten durch Anweisen, Beraten oder Coachen (siehe Abschnitt 12.3). Insgesamt ist die Aufgabe von Führung in agilen Systemen, die Beteiligten ins Lernen zu begleiten.

> ✓ **Definition: Führungskräfte in agilen Systemen**
>
> Führungskräfte in agilen Systemen begleiten Teams, Individuen und Organisationen ins Lernen. Sie nutzen Delegation, Moderation und Feedback als Führungsmethoden.

Mit jedem neuen Organisationsmitglied wird sich das Verhalten der Beteiligten (zumindest ein wenig) ändern. Mit jedem Organisationsmitglied verändern sich die Grundannahmen der Beteiligten (siehe Abschnitt 6.4.5.3). Entsprechend finden agile Organisationen Wege, um ihre Organisationsziele und -vision genauso transparent und im Bewusstsein der Organisationsmitglieder zu halten wie die Führungsprinzipien, Delegationsstufen und Entscheidungs- und Beteiligungsformen in der Organisation.

In vielen Fällen erfolgreicher Führung agiler Organisationen formiert sich Führung selbst im Team und geht gemeinsam in die Verantwortung. Dabei empfiehlt sich eine dienende Haltung.

Dienende Leitung
„Was müssen wir tun, damit unsere Teams zur Höchstleistung kommen?"

12.1 In die gemeinsame Verantwortung gehen

Eine Organisation oder Organisationsteile zu führen, die unter starkem Veränderungsdruck stehen, ist eine komplexe Aufgabe. Es gilt, den Veränderungsdruck (siehe Abschnitt 2.7.1) innerhalb des Organisationsanliegens (siehe Abschnitt 5.1) zu erkennen und einen Organisationshebel und den Zielraum zu identifizieren und sich dabei vom Veränderungsdruck zu emanzipieren.

Für ein Individuum ist diese Aufgabe schwer zu bewältigen. Das Bonmot über Coaching

„Bei eigener Betroffenheit sinkt der IQ auf null."

gilt genauso für Führungskräfte. Der Blick ist durch tägliche Anforderungen geprägt. Der Blick ist eher auf die Optimierung des Systems gerichtet. Zusammen mit Kolleg*innen gelingt es leichter, den Blick auf **das** System zu entwickeln.

Um dies zu gewährleisten, verfolgen Führungskräfte fünf Führungsaufgaben (siehe Abschnitt 12.2). Sie sorgen für Richtung und Leitplanken, führen in die Selbstorganisation, sorgen für Kontrolle und Entscheidungen und entwickeln und fördern Menschen. Dies erfolgt auf drei Handlungsebenen über Lernzyklen. Die Führungskräfte verfolgen normative, strategische und operative Aufgaben (siehe Abschnitt 10.11.5).

„Oben wird es einsam."

Mit diesem Spruch wird häufig die Führungsarbeit in klassischen Systemen kommentiert. Komplexe Aufgaben sind im Team einfacher zu bewältigen als für Individuen. Das gilt genauso für die operative Ebene wie für Führungsarbeit.

Spätestens im agilen Reifegrad AR-B (siehe Abschnitt 10.12.4) wird Führung sich überprüfen und die Formation und Art der Zusammenarbeit (er-)finden, welche die Arbeit der jeweiligen Teams möglichst maximal unterstützt.

Die Veränderung des Führungsverhaltens von der kompetenten, alles überschauenden, einzelnen Führungskraft hin zu einer gemeinschaftlichen Verantwortung ist eine Organisationsentwicklungsaufgabe, die häufig mit Experimenten einzelner Führungskräfte beginnt, die einfach ausprobieren, wie es ist, wenn sie zusammenarbeiten.

12.2 Fünf Führungsaufgaben verfolgen

Fredmund Malik [Malik 2006-01] formulierte für Organisationen nach **Command and Control** fünf essenzielle Führungsaufgaben:

1. **Für Ziele sorgen:** Führungskräfte legen mit ihren Mitarbeiter*innen erreichbare (wenige, messbare, motivierende) Ziele fest. Die Mitarbeiter*innen benennen die erforderlichen Ressourcen (Zeit, Kompetenzen, weitere Mitarbeitende, physische Ressourcen), die sie zur Zielerreichung benötigen. Die Führungskraft sorgt für diese. Kontrolle und Nachsteuern sind Führungsaufgaben.
2. **Organisieren:** Die Organisation ist kund*innenzentriert zu deren Nutzen aufzustellen. Die Organisation ist so aufzustellen, dass ihre Prozesse sinnvoll sind und leicht ablaufen. Für alle Organisationsmitglieder (Mitarbeiter*innen und Führungskräfte) unterstützt die Aufstellung die zu erledigenden Aufgaben.
3. **Entscheiden:** Das zu entscheidende Thema wird so konkret und detailliert wie möglich beschrieben sowie die wahrscheinlichsten Wirkungen von Entscheidung und Nicht-Entscheidung werden bestimmt. Teil der Entscheidung ist es, für eine entsprechende Realisierung zu sorgen.
4. **Kontrollieren:** Gute Kontrolle ist eine Entlastung für alle Beteiligten. Kontrollieren sichert Prozesse und Entscheidungen ab.
5. **Menschen entwickeln und fördern:** Eine nachhaltige Organisationsentwicklung gelingt über die Entwicklung der Mitarbeiter*innen, welche so Motivation, Leistung und Zufriedenheit steigern können.

In **Target and Track**-Systemen bleiben diese Führungsaufgaben als Führungsfunktionen bestehen – werden aber in Teilen vom System durch geeignete Prozesse oder durch selbstorganisierte Teams übernommen. Die Governance über die formulierten fünf Führungsaufgaben bleibt bestehen.

Führungsaufgaben in agilen Organisationen

1. Für Richtung und Leitplanken sorgen
2. In die Selbstorganisation führen
3. Für Entscheidungen sorgen
4. Für Kontrolle sorgen
5. Menschen entwickeln und fördern

12.2.1 Für Richtung und Leitplanken sorgen

Führungskräfte legen mit ihren Mitarbeiter*innen eine Richtung für das tägliche Arbeiten und eine Weiterentwicklung der Organisation fest. Führungskräfte in agilen Organisationen setzen Leitplanken, innerhalb derer die Organisationsmitglieder selbstorganisiert agieren können.

Bild 12.1 Stimmige Einladungen in Prozesse und Veränderungen aussprechen

12.2.1.1 Richtungen setzen

Richtungen können über Ziele, Zielräume oder über Prinzipien wie ein „True North“ gesetzt werden. Diese wirken unterschiedlich gut, wie Ihr am Beispiel 055, der nachhaltigen Einrichtung eines Konferenzraums, ablesen werdet.

Die Führungskräfte bestimmten vor der Bearbeitung der Richtungsformulierung, in welcher Art die Entscheidung über diese erfolgen wird. Beim Formulieren achten die Beteiligten darauf, Formulierungen zu finden, welche für die Beteiligten annehmbar sind.

Die Beteiligten können eine agile Veränderung nur dann gut gestalten und gehen, wenn das prinzipielle Ergebnis der Veränderung für sie machbar erscheint.

Eine Richtung sollte für die Beteiligten anschlussfähig, also in deren Lernzone (siehe Abschnitt 10.6.2), formuliert sein.

12.2.1.2 Ziele festlegen

Sind Aufgabenstellungen von klarer oder komplizierter Natur, lässt sich die Lösung in Zielen formulieren. Das Erreichen von Changes wird am Erreichen von initial formulierten Zielen abgelesen. Das Ablesen wird über Zielkriterien ermöglicht.

Definition: Ziele

Ziele beschreiben einen konkreten Zustand in der Zukunft. Ziele werden mit Zielkriterien formuliert und überprüft.

Die Wahl der Zielkriterien führt je nach System zu einer mehr oder minder detaillierten Auseinandersetzung mit den formulierten Zielen. Das Zielkriteriensystem ist mit Bedacht zu wählen und sollte über Lernzyklen auf die Wirkung in die Organisation überprüft werden.

SMART: spezifisch (specific), messbar (measurable), annehmbar (achievable), realistisch (realistic), terminiert (time bound)

ENDPUNKT: erreichbar, nachweis- und wahrnehmbar, detailliert und konkret positiv, umwelttauglich, nützlich, korrekt (sprachlich), toll (motivierend und sinnvoll)

PURE: positively stated (positiv formuliert), understood (verstanden), realistic (realistisch), ethical (ethisch)

CLEAR: challenging (herausfordernd), legal (rechtmäßig), exciting (aufregend), agreed (einverstanden), recorded (festgehalten)

M+M: messbar und machbar

AROMA: aussagefähig, realistisch, objektiv, messbar, annehmbar

Je nach Zielkriteriensystem fallen die Zielformulierungen unterschiedlich aus. Durch die Zielkriteriensysteme werden auch unterschiedliche Aspekte des Ziels betont.

Beispiel 056: Nachhaltige Konferenzräume

Die Ausstattung und Moderationsmaterialien werden innerhalb der nächsten drei Monate durch plastikfreie Alternativen ausgetauscht **(SMART)**.

Wir nutzen in unseren Konferenzräumen, wenn möglich, plastikfreie und umweltschonende Ausstattungen und Moderationsmaterialien, um unseren Beitrag zu geringeren Müllbergen zu leisten **(PURE)**.

Wir nutzen in drei Monaten schöne und nachhaltig eingerichtete Konferenzräume – möglichst plastikfrei und ohne weiteren Müll produziert zu haben **(CLEAR)**.

Wir ersetzen in unseren Konferenzräumen Zug um Zug Ausstattung und Moderationsmaterialien mit plastikfreien und nachhaltigen Alternativen **(M+M)**.

Die Ausstattung und Einrichtung der Konferenzräume wird innerhalb von drei Monaten zu 100 % auf plastikfreie und nachhaltige Alternativen umgestellt. Die Plastikfreiheit und Nachhaltigkeit bezieht sich auch auf die Liefermaterialien **(AROMA)**.

12.2.1.3 Zielräume festlegen

Zielräume (siehe Abschnitt 2.4.2) laden in drei bis fünf Sätzen, welche handlungsleitend, richtungsweisend und attraktiv formuliert sind, in die so gegebene Richtung ein. Zielräume erzählen über konkrete Handlungen in der Zukunft oder führen Prinzipien auf.

Mit Zielräumen können die Beteiligten Ergebnisse für komplexe und chaotische Herausforderungen (siehe Abschnitt 2.5.2.1) formulieren. Führungskräfte erarbeiten diese in entsprechenden Workshops (siehe Abschnitt 6.7.1.4).

Während das Erreichen von Zielen über Zielkriterien ablesbar ist, ist das Erreichen von Zielräumen eine Entscheidung.

Beispiel 056: Nachhaltige Konferenzräume

Unsere Konferenzräume sind für uns praktisch und nachhaltig eingerichtet.

Wir arbeiten möglichst plastikfrei in unseren Konferenzräumen.

Wir arbeiten in und mit nachhaltigen Materialien.

12.2.1.4 True North festlegen

Der Nordstern bot in der vortechnischen Zeit den Seeleuten Orientierung Richtung Norden. Der Nordstern selbst war selbst nicht zu erreichen, gleichzeitig war der Nordstern handlungsleitend und richtungsweisend für die Seeleute.

Definition: True North

Ein True North ist ein Satz, der einer Organisation Richtung gibt. Ein True North ist handlungsleitend und richtungsweisend formuliert.

Selbstorganisierte Teams können mit guten True North-Formulierungen ihre eigenen Handlungen bewerten und wie gewünscht ausrichten.

Ein True North ist nicht erreichbar, gleichzeitig aber handlungsleitend und richtungsweisend. So wie der Polarstern („Nordstern“) Menschen in der Nacht Orientierung gab (weil durch den Polarstern die Richtung Norden feststand), soll ein True North der gesamten Organisation Orientierung geben.

Beispiel 057: True-North-Formulierungen

- Alle unserer Prozesse sind zu 100% wertschöpfend.
- Wir folgen der Zero Bugs-Policy.
- Wir verbessern das Produkt, unsere Prozesse und uns täglich.

Ähnlich wie für Zielräume geben True Norths so den Beteiligten Orientierung im täglichen Handeln:

„Wenn ich so entscheiden würde, zählt das auf den True North ein? Wie könnte ich anders entscheiden, so dass der True North besser angepeilt wird?“

Einen nachhaltigen Konferenzraum zu erreichen, lässt sich auch als True North formulieren:

Beispiel 056: Nachhaltige Konferenzräume

Wir arbeiten nachhaltig: Wir erzeugen keinen Müll.

12.2.1.5 Missionen formulieren

Teams und (Teil-)Organisationen können sich Missionen geben. Missionen klären den Auftrag, den die Organisationsmitglieder erbringen. Sie begründen die Daseinsberechtigung der (Teil-)Organisation.

Definition: Mission definieren

Eine Organisationsmission formuliert den Auftrag, den eine Organisation sich selbst gibt. Sie definiert den Organisationszweck.

Eine Organisationsmission wird so handlungsleitend und richtungsgebend und bietet den Beteiligten so einen Rahmen für das tägliche Handeln, konkrete Zielsetzungen und strategische Zielräume.

Viele Missionen folgen der Formulierung: „Wir sind da, um $Zweck zu erfüllen.“ („We exist to...“)

Beispiel 058: Organisationsmissionen

„Wir machen echte Zusammenarbeit möglich." (BERATUNG JUDITH ANDRESEN)

„Fach- und Führungskräfte rund um den Globus zusammenzubringen, um sie produktiver und erfolgreicher zu machen." (LinkedIn)

„[...] offering a wide range of well-designed, functional home furnishing products at prices so low that as many people as possible will be able to afford them." (IKEA)

Während eine Vision oder ein True North die Richtung und das große Ziel (was wird erreicht werden, wodurch ist das Zielbild begründet) formulieren, erklärt eine Mission, was die Beteiligten tun werden, um dieses Bild zu erreichen.

Wenn Organisationen neue Strukturen ausprägen, ist es oft sehr hilfreich, wenn die Beteiligten sich eine dem Prozess dienende Mission geben. Auch können bestehende Strukturen auf ihre Effizienz geprüft werden, indem die Beteiligten ihre Mission überprüfen und gegebenenfalls adjustieren.

12.2.1.6 Mit dem Verlieren der Orientierung und übertretenen Leitplanken umgehen

Agile Organisationen arbeiten in selbstorganisierten Teams. Operative Tätigkeiten und Entscheidungen werden durch die jeweiligen Teams verantwortet.

Selbstorganisation ist nicht Selbststeuerung.

Selbstorganisierte Teams benötigen Richtung und Leitplanken, innerhalb derer sie täglich autonom agieren können. Richtung und Leitplanken eröffnen den Handlungsraum der selbstorganisierten Teams.

In Abständen werden Individuen oder selbstorganisierte Teams die gesteckten Leitplanken übertreten oder die formulierte Richtung verlieren. In diesen Fällen gilt es,

1. die Richtung der Beteiligten zu korrigieren und/oder
2. in die Zusammenarbeit im Rahmen der gesteckten Leitplanken zurückzukehren.

Dafür setzt Führung in agilen Organisationen deutliche Führungsimpulse. Aus dem Führungs-ABC nutzt Führung in diesen Momenten „Anweisen" als Führungsform.

Selbstorganisation braucht Führung.

Die Beteiligten bemühen sich um eine wertschätzende, annehmbare und klare Rückmeldung. Sie zeigen das Verlieren der Richtung bzw. das Verletzen der Leitplanken auf. Sie machen deutlich, woran dieses Verlieren und/oder Verletzen ablesbar (möglichst messbar) ist. Sie vermitteln, was sie selbst in ihrem Verhalten verändern und welche Verhaltensveränderung sie von ihren Gegenübern erwarten. Sofern notwendig, vereinbaren sie Lernzyklen und/oder Kontrollpunkte, um zukünftig Richtung und Leitplanken gewährleisten zu können.

12.2.1.7 Strategisch mit OKRs arbeiten

Mit Objectives und Key Results können Organisationen ihre strategischen Ziele einlösen (siehe Abschnitt 11.8.2). Fragestellungen, die sich für die Bearbeitung mit OKRs empfehlen, sind nach St. Gallen auf strategischer Ebene (siehe Abschnitt 10.11.5) und in den agilen Flight Levels auf Programm- und Organisationsebene (siehe Abschnitt 11.8.4) zu verorten. Bei der Bestimmung der entsprechenden OKR-Iterationszyklen achten die Beteiligten auf eine für sie stimmige Zykluslänge – und dass alle Objectives **wirklich** von strategischer Natur sind.

12.2.1.8 Sich Zeit nehmen für operative, strategische und normative Fragestellungen

Operatives Arbeiten ist zumeist Arbeiten im System. Strategische und normative Aufgabenstellungen (siehe Abschnitt 10.11.5 und Abschnitt 11.11.4) sind eher am System zu bearbeiten. Operative Fragestellungen bieten für viele Organisationsmitglieder Ruhe und Bekanntes in einem komplexen Umfeld. Im Ergebnis bleibt wenig Zeit und damit Aufmerksamkeit auf den strategischen und normativen Fragestellungen.

Es lohnt sich, in einem ersten Schritt den zeitlichen Aufwand für operative, strategische und normative Fragestellungen im Ist zu erfassen. Im zweiten Schritt klären die Beteiligten, welche Verteilung für ihre Organisation und ihre Verantwortung besonders dienlich wäre:

> „Wie nutze ich die mir gegebene Zeit besonders effektiv für ein Fortkommen der Organisation?“

In einem dritten Schritt unterlegen die Beteiligten diese Zeiten mit Lernzyklen. So sichern die Beteiligten ein regelmäßiges Arbeiten auf den korrekten Ebenen ab.

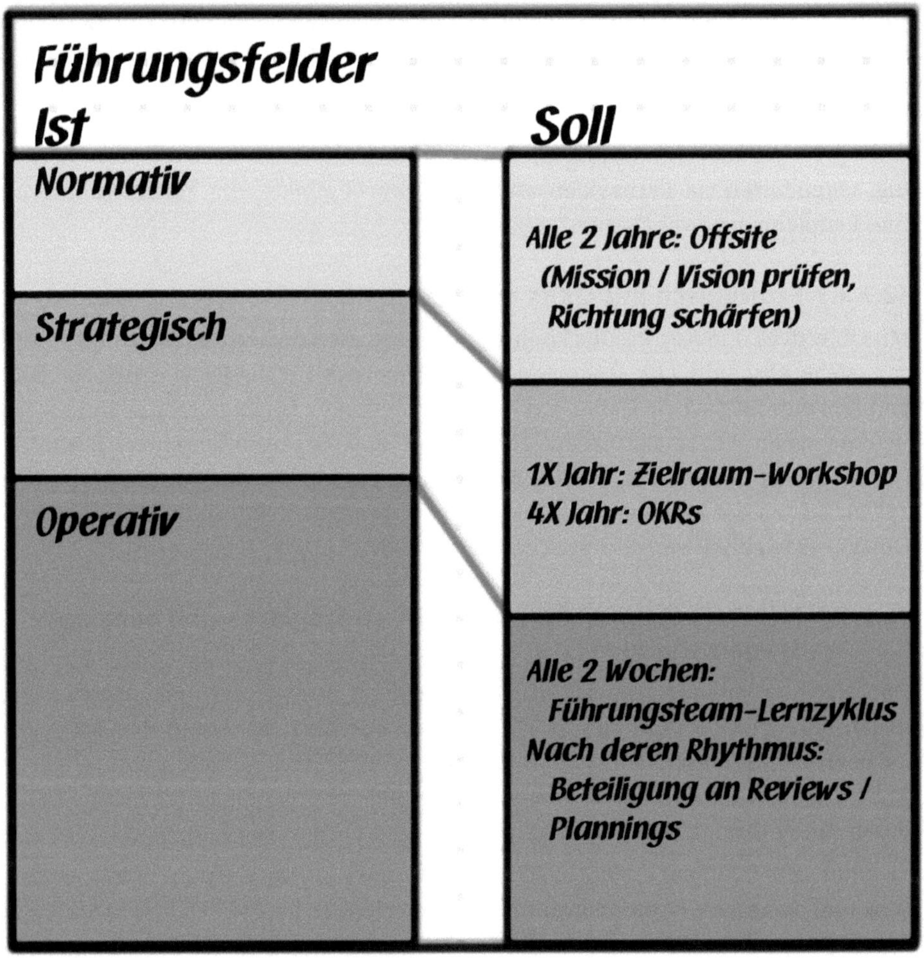

Bild 12.2 Führungsarbeit priorisieren und mit Lernzyklen unterlegen

12.2.1.9 Sich im Arbeitsalltag Zeit für strategische und normative Aufgabenstellungen verschaffen

Vor lauter Arbeitstreffen und Meetings kommen viele Organisationsmitglieder nicht dazu, sich strategischen oder normativen Fragestellungen (siehe Abschnitt 12.2.1.8) zu stellen. Hier hilft ein klarer Blick auf die regelmäßigen Meetings und die Frage nach deren Werthaltigkeit.

Auch lenken viele Arbeitstreffen durch operative Fragestellungen von strategischen und normativen Fragen ab. So entwickeln die Beteiligten nur einen Blick innerhalb, aber nicht auf das System.

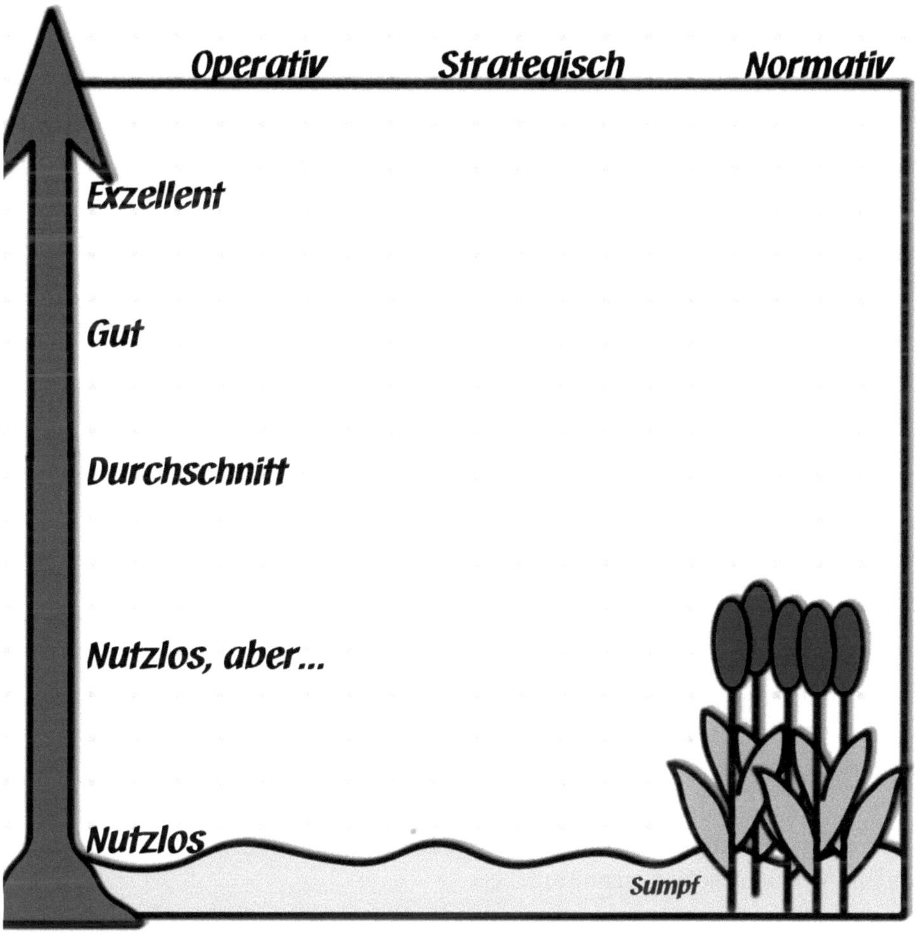

Bild 12.3 Kosten/Nutzen für Meetings ermitteln

Die Werthaltigkeit einzelner Arbeitstreffen kann über RoTI ermittelt werden (siehe Abschnitt 6.11.4). Die Beteiligten können aber auch systematisch alle ihre Arbeitstreffen überprüfen.

Die Beteiligten erfassen systematisch alle anstehenden Termine in ihren Kalendern, d. h., sie untersuchen neben Ritualen auch Regeltermine und einzeln angesetzte Arbeitstreffen. In vielen Fällen stellen die Beteiligten fest, dass die jeweiligen Arbeitstreffen massiv eingekürzt, gestrichen werden oder nur mit einer klaren Agenda für Wert sorgen.

Über diese Arbeitstreffen werden häufig Prozesse rhythmisiert. Eine Entschlackung der Kalender mit einer gleichzeitigen Werterhöhung der einzelnen Arbeitstreffen wird häufig durch eine gezielte Rhythmusanpassung erreicht.

Mittels der Prüffrage

> „In welchem Rhythmus sollten wir uns in dieser Konstellation unter welcher Fragestellung treffen, um den Prozess zielführend voranzutreiben?"

können die Beteiligten viel zeitliches Potenzial für sich heben. Insbesondere klären die Beteiligten so auch, ob und welche Zusammensetzungen für die jeweiligen Arbeitstreffen sinnvoll und zielführend sind.

12.2.1.10 Operative Führung in selbstorganisierten Teams wahrnehmen

Im Rahmen agiler Veränderungen etablieren sich entsprechend des agilen Manifests häufig selbstorganisierte Teams. Dabei achten agile Organisationsentwickler*innen darauf, dass die Beteiligten nicht eine Selbstorganisation mit einer Selbststeuerung verwechseln.

Selbstorganisierte Teams organisieren sich selbst, d. h., dass sie nicht durch eine formale Leitung organisiert werden, sondern dass die Teammitglieder unter sich eine sinnvolle und zielführende Arbeitsteilung und -vereinigung finden und deren Wirkung regelmäßig überprüfen.

In vielen Organisationen herrscht der Glaube, dass mit der Selbstorganisation auch das Setzen von Ziel(räum)en einhergeht. Wäre dies der Fall, wären selbstgesteuerte Teams einzuführen[1].

Selbstorganisierte Teams lernen, in die gemeinsame Verantwortung für ihre Teamziele zu gehen und die notwendige operative Führung innerhalb des Teams situativ zu übernehmen (siehe Abschnitt 12.2.2).

> „In einem selbstorganisierten Team führen wir uns selbst."

Damit Selbstorganisation gelingt, müssen die Beteiligten Verantwortungsübernahme und Führung lernen.

12.2.2 In die Selbstorganisation führen

In selbstorganisierten Teams wird die operative Führung (siehe Abschnitt 10.11.5) durch die Teammitglieder selbst übernommen. Mit

> „Wir führen uns im Team selbst."

[1] Autonom agierende Teams steuern sich in Organisationen im Kreismodell (siehe Abschnitt 13.4) selbst.

beschreibt ein selbstorganisiertes Team diese gegenseitige Verantwortungsübernahme und die Ausübung von Führungsverhalten. Auch die Teammitglieder im selbstorganisierten Team werden das Führungs-ABC erlernen müssen.

Führungskräfte in agilen Organisationen unterstützen die Beteiligten, ihren Teil der Führung und der Verantwortung auf die Teammitglieder zu übertragen. Dafür setzen sie geeignete Lernzyklen auf. Diese können parallel zu den bestehenden Lernzyklen oder als gesonderte Führungs-Lernzyklen (siehe Abschnitt 12.2.5.4) aufgesetzt werden.

Ob und welche strategischen und/normativen Entscheidungen direkt in den selbstorganisierten Teams getroffen werden, klärt sich innerhalb des agilen Veränderungsprozesses.

Verantwortung zu übernehmen, heißt bewusst im „last responsible moment“ Entscheidungen zu treffen und die Konsequenzen dieser Entscheidungen zu tragen.

12.2.3 Für Entscheidungen sorgen

In klaren und komplizierten Umfeldern entscheiden Führungskräfte, in komplexen und chaotischen Umgebungen (siehe Abschnitt 2.5.2.1) sorgen Führungskräfte für Entscheidungen. Gleichzeitig übernehmen in komplexen und chaotischen Umgebungen selbstorganisierte Teams mindestens die Entscheidungen für operative Aufgabenstellungen.

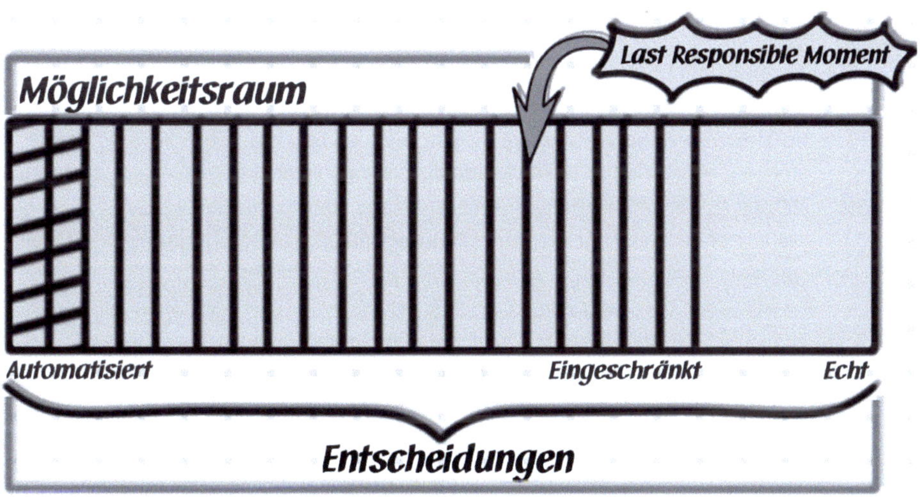

Bild 12.4 Echte oder eingeschränkte Entscheidungen treffen

Entscheidungen sollten möglichst auf einem großen Möglichkeitsraum getroffen werden. Bestehende Pfadabhängigkeiten (siehe Abschnitt 9.9), allgemeiner: bestehende Organisationsmuster, können den Möglichkeitsraum genauso einschränken wie die Komfortzone oder fehlendes Wissen der Beteiligten.

Echte Entscheidungen fallen nach Abwägen eines maximal großen Möglichkeitsraums. **Eingeschränkte Entscheidungen** fallen auf einer Teilmenge des Möglichkeitsraums. Diese Teilmenge kann Resultat vorheriger Entscheidungen sein, aber auch der Komfortzone der Beteiligten oder deren Unwissen folgen. In vielen Fällen verengt sich im Zeitlauf der Möglichkeitsraum. Der **last responsible Moment** beschreibt den Entscheidungszeitpunkt, zu dem die Beteiligten noch eine echte Wahl haben. **Automatisierte Entscheidungen** sind solche, die von den Beteiligten als alternativlos empfunden werden. Gut zu entscheiden, heißt, zwischen (mindestens eingeschränkten, wenn nicht echten) Entscheidungsoptionen unter Abwägen von potenziellen Ergebnissen, den Risiken und Kosten eine Entscheidung bewusst auszuwählen.

Sowohl operative, strategische als auch normative Entscheidungsmomente können von den Organisationsmitgliedern übersehen werden. Übersehene Entscheidungen führen zu automatisierten Entscheidungen. So führt das Übersehen von Entscheidungsmomenten im Normalfall zu schlechten Lösungen[2)].

Eine Entscheidung heißt, in die Verantwortung zu gehen (siehe Abschnitt 6.3.2). Stehen Organisationen in einer Veränderung einer klassisch geprägten in eine agile Organisation, unterstützen agile Organisationsentwickler*innen, agile Coaches, Führungskräfte und schließlich die Teammitglieder sich selbst, diese Verantwortung übernehmen zu können.

Beispiel 059: Pessimieren, um entscheiden zu können

In einem selbstorganisierten Team steht eine wichtige Produktentscheidung an. Im aktuellen Organisationsexperiment untersuchen die Beteiligten die Fragestellung, ob strategische Produktentscheidungen gut durch Produktteams zusammen getroffen werden.

Die anstehende Entscheidung ist mit unterschiedlichen Begründungen zwei Mal von einer Teamiteration in die nächste verschoben worden.

Das Entwicklungsteam wird disziplinarisch, fachlich und technisch von einem Führungsteam verantwortet, welches rein formell noch die Teamleiter*innen von drei Teams umfasst, aus welchen drei Produktteams (in anderer Zusammensetzung) inklusive der Product Owner*innen gebildet wurden.

Ein Führungsteammitglied sucht das Produktteam auf und erläutert, dass aus Sicht des Führungsteams Führung und Unterstützung notwendig seien.

---

[2] So haben die beteiligten Organisationsmitglieder in Transformationen häufig die Auswirkungen des Transformationsdrucks (siehe Abschnitt 2.4) übersehen. Erst mit einer Entscheidung, eine Transformation zu steuern (indem die Beteiligten das Organisationsanliegen erfassen und beginnen, den Organisationshebel zu identifizieren), öffnet sich der Möglichkeitsraum wieder.

Das Führungsteammitglied unterstützt das Produktteam in coachender Haltung und setzt unterschiedliche Impulse durch Fragen und Aufgaben:

1. Welche Entscheidung steht für Euch an?
2. Welchen Vorteil habt Ihr davon, nicht zu entscheiden?
3. Welche Entscheidungsoptionen habt Ihr für Euch ermittelt?
4. Einfach zu entscheiden, gelingt Euch nicht. Vielleicht habt Ihr eine unausgesprochene Angst, die Euch hemmt. Was wäre das Schlimmste, was passieren könntet, wenn Ihr so entscheiden würdet?
5. Wie wahrscheinlich ist dieser Ausgang? Solltet Ihr Euch dagegen „versichern"? Wenn ja, wie?

Mit dieser Übung lernt das selbstorganisierte Team, im Prinzip zu entscheiden. Abhängig von den Beobachtungen könnten auch andere Coachingimpulse dienlich sein. Sollte der Reifegrad des Produktteams noch sehr gering sein, kann es auch notwendig sein, die Entscheidung für das Team zu übernehmen und gleichzeitig für diese Entscheidung zu werben. Auch beim Führen in die Selbstorganisation setzen die Beteiligten auf das Führungs-ABC (siehe Abschnitt 12.3).

12.2.4 Führungsleitfragen wozu, warum, was und wie beantworten

In der täglichen Führungsarbeit ist es wesentlich, alle vier Führungsleitfragen „wozu", „was", „wie" und „warum" gleichberechtigt zu beantworten. Dabei haben alle Organisationsmitglieder unterschiedliche persönliche Präferenzen, welche Führungsleitfrage sie leichter erkennen und/oder als wichtiger empfinden.

Ein Führungsteam sollte alle vier Führungsleitfragen in ähnlicher Gewichtung repräsentieren. Wenn die Führungsteammitglieder jeweils in ihren Stärken arbeiten, entstehen so klare Führungsimpulse:

Wohin: Führung richtet die Organisation aus, sie gibt Orientierung und setzt Leitplanken. Sie motiviert diese Orientierung.

Was: Führung sorgt für klare Ziele im Operativen. Diese werden in entsprechend aufgesetzten Prozessen oder durch die Führung selbst definiert.

Wie: Führung sorgt für eine Klärung, wie die Ziele, welche die Orientierung (Norm, Strategie) einlösen, erreicht werden. Dafür stützt und fördert Führung die Selbstorganisation der entsprechenden Teams.

Warum: Alle drei anderen Führungsfragen sind zu begründen. Dafür braucht es lernenden Blick auf normativer, strategischer und operativer Ebene. Führung sorgt für dieses Lernen (siehe auch Abschnitt 12.2.5.4).

Bild 12.5 Gleiches Gewicht auf alle Fragestellungen legen

12.2.5 Für Kontrolle sorgen

„Command and Control“ ist die Führungsmaxime klassischer Systeme. In einer Welt, die vorhersag- und damit planbar ist, ergibt es Sinn, dass nach der Analyse der Ist- und der Soll-Situation ein Plan formuliert wird, dessen Ausführung kontrolliert wird.

In komplexen und chaotischen Fragestellungen ist „Target and Track“ die sinnvolle Führungsmaxime. Orientierung geben, die selbstorganisierten Teams machen lassen und immer einen Blick darauf haben, dass der Kurs stimmt, ist die stets lernende Antwort auf diese Herausforderungen.

Um dieses Lernen zu ermöglichen, zu fördern und zu gewährleisten, setzt Führung Lernzyklen auf allen Ebenen auf und begleitet diese.

12.2.5.1 Klar delegieren, um für Kontrolle zu sorgen

Wenn anstehende und reguläre Aufgaben erkannt und zwischen den Beteiligten eindeutig delegiert sind, werden mit der Delegation auch die Kontrollpunkte definiert.

> **Delegationsfragen**
>
> Delegationsgeber*in und Delegationsnehmer*innen klären die anstehenden oder regulären Aufgaben so weit wie notwendig. Dabei achten beide Parteien Motivation, Selbstvertrauen und Handlungskompetenzen des*der Delegationsnehmer*in (siehe Abschnitt 12.3).
>
> **Wozu** soll etwas getan werden?
>
> **Was** soll erreicht werden?
>
> **Wie** soll es getan werden?
>
> **Wer** ist an der Bearbeitung beteiligt?
>
> Bis **wann** soll es getan werden?
>
> Welche **Ressourcen** werden benötigt?
>
> Welchen **Beitrag** soll der*die Delegationsgeber*in leisten?
>
> Welche **Kontrollpunkte** benötigt die Delegation?
>
> Wie kann der **Erfolg** gemessen werden?

Zielkriteriensysteme können die Beteiligten unterstützen, die Delegation gut zu klären und die delegierte Aufgabe und das gewünschte Ergebnis gut zu fassen.

12.2.5.2 Delegationsstufen bewusst einsetzen

Wie viel Autonomie Delegationsnehmer*innen in der Aufgabenübernahme erhalten können, möchten und wollen, hängt von deren Motivation, Selbstvertrauen, den Handlungskompetenzen (siehe Abschnitt 12.3) und den zur Verfügung stehenden Ressourcen ab.

Jurgen Appelo definiert sieben Delegationsgrade [Appelo 2023-01] und empfiehlt das Auspokern der Delegationsstufen.

Verkünden (1, Tell): „Ich entscheide und teile Euch die Entscheidung mit."

Verkaufen (2, Sell): „Ich überzeuge Euch von meiner Entscheidung."

Befragen (3, Consult): „Ich hole Euren Rat ein, bevor ich entscheide."

Einigen (4, Agree): „Wir finden einen Konsens."

Beraten (5, Advise): „Ich berate Euch, aber Ihr entscheidet selbst."

Erkundigen (6, Inquire): „Ich erkundige mich nach Eurer Entscheidung."

Abgeben (7, Delegate): „Ich delegiere die Entscheidung komplett an Euch."

Diese Delegationsstufen sind bei jedweden Entscheidungen als Maßstab hilfreich. Entscheidungs- und Beteiligungsformen bewusst zu nutzen, ist Teil der agilen Veränderung (siehe Abschnitt 12.7).

12.2.5.3 Lernzyklen aufsetzen und begleiten

Führung in agilen Organisationen sorgt für das Aufsetzen von Lernzyklen auf operativer, strategischer und normativer Ebene. Dabei achtet Führung darauf, dass es sowohl Lernzyklen im als auch auf dem System gibt. Eine gute Orientierung geben die Managementebenen nach St. Gallen (siehe Abschnitt 10.11.5), so dass Organisationen eine gute Taktung und Abdeckung der zu bearbeitenden Fragestellungen absichern.

Operative Lernzyklen: Alle agilen Methoden beinhalten einen Lernzyklus, wenn diese auf längere Zeit angesetzt sind. Werden agile Methoden (z. B. Design Sprints, siehe Abschnitt 11.3.2) nur als einzelnes Event aufgesetzt, ist dennoch für Lernzyklen im und in ihrer Wirkung auf das System zu sorgen.

Während Lernzyklen im System Erledigung und Optimierung möglich machen, suchen Lernzyklen auf dem System nach Wirksamkeit und Effizienz. So werden über die Lernzyklen Fortschritt, Richtung und Leitplanken regelmäßig kontrolliert und adjustiert.

Entsprechend des Organisationsziels und des Geschäftsmodells sind die operativen Lernzyklen häufig und kurz anzusetzen.

Strategische Lernzyklen: Mittels strategischer Lernzyklen prüfen die Beteiligten, ob Richtung und Leitplanken angemessen sind und allen Organisationsmitgliedern dienen und täglich genutzt werden.

Aus klassischer Sicht gehören Personalentwicklung und -planung zu den strategischen Themen. Entsprechend setzt Führung in agilen Organisationen auch Lernzyklen auf der Führungsarbeit (siehe Abschnitt 12.2.5.4) auf.

Je nach Geschäftsvorfall sind die strategischen Lernzyklen viertel-, halb- oder ganzjährlich anzusetzen.

Normative Lernzyklen: Mittels normativer Lernzyklen prüfen die Beteiligten, ob Vision, Mission und/oder Leitbilder die Entwicklung der Organisationen stützen und so täglich Orientierung bieten und den Fortschritt einfordern.

Je nach Geschäftsvorfall sind die normativen Lernzyklen einmal im Jahr oder alle zwei Jahre anzusetzen.

Die jeweiligen Lernmomente („C“ des PDCA-Zyklus, siehe Abschnitt 5.2) sind in der Länge auf den Takt anzupassen. Findet der Lernzyklus jeden Monat statt, wird dieser wenige Stunden, nicht aber Tage dauern. Umgekehrt werden Lernmomente, die nur alle Jahre wiederkehren, eher in Tagen, als in Stunden stattfinden.

12.2.5.4 Lernzyklus auf Führungsimpulsen aufsetzen

Komplexe und chaotische Herausforderungen werden besonders gut durch Teams bewältigt. Das gilt insbesondere für die Führungsarbeit.

„An der Spitze wird es einsam."

ist die landläufige Meinung. Entsprechend ist es für Führungskräfte eine neue Herausforderung, das Führen im Team zu entdecken und zu erlernen.

Beispiel 060: Führen im Führungsteam

In einem Konzern mit 40000 Mitarbeitenden entscheiden sich im Technikbereich drei Abteilungsleiter*innen, welche bis dato Teile des Online-Auftritts verantworteten, den Online-Auftritt gemeinsam zu verantworten.

In vorherigen Experimenten und schließlich mit einer agilen Transition haben sie alle Teams in den bisherigen Abteilungen zu wertschöpfungskettenorientierten, abteilungsübergreifenden Teams formen lassen.

Im Laufe der agilen Transition haben sie festgestellt, dass sie ihre Führung an diesen Teams ausrichten sollten. Sie haben sich eine gemeinsame Mission gegeben und arbeiten mit einem gemeinsamen Taskboard, Dailys und wöchentlichen Lernmomenten.

In diesen Lernmomenten überprüfen sie Qualität, Richtung und Wirksamkeit ihrer Führungsimpulse.

Führungskräfte sollen in ihrem Wirken Vorbild sein. Dies kann ihnen insbesondere beim Vorleben von Teamarbeit und Lernen gelingen. Dabei steht den Beteiligten ein großes Spektrum an Lernformaten zur Verfügung: (regelmäßige und anlassbezogene) Reflexion, Super- und Intervision sowie Reviews und Retrospektiven bieten sich als Lernformate für die Führungsarbeit an.

Definition: Supervision

Supervision ist hier als die Arbeit an den Fertig- und Fähigkeiten der Führungskräfte in Bezug auf ihr jeweiliges Anliegen zu verstehen.

Die Leitfragen für das Lernen als Führungskräfte sind auf normativer, strategischer und operativer Ebene angesiedelt:

Leitfragen für Lernmomente des Führungsteams

Normativ

- Wirkt unsere Vision/Mission/True North handlungsleitend und richtungsweisend?
- Handeln wir entsprechend unser Vision/Mission/True North?
- Sind wir auf Kurs?

Strategisch

- Wirkt bzw. wirken unsere formulierte Strategie/unsere OKRs/unser Flight Level handlungsleitend und richtungsweisend?
- Arbeiten wir an/Lösen wir unsere Strategie ein?
- Sind wir auf Kurs?
- Stimmt das Tempo?

Operativ

- Welche Führungsimpulse haben wir in der letzten Iteration formuliert?
- Welche Wirkung hatten unsere Führungsimpulse?
- Wie beurteilen wir den aktuellen Status?
- Was müssen wir jetzt tun, damit unser Team zur Höchstleistung kommt?

Die Führungsleistung selbst zu einem Lerngegenstand zu erklären, kann einen großen Organisationshebel darstellen. Im Umkehrschluss bietet die Frage, wie „geführt werden" genau aussieht, einen weiteren Organisationshebel.

Denn wenn Führungskräfte in die Selbstorganisation führen und z. B. deutlich stärker Aufgaben in die Teams delegieren, braucht es Organisationsmitglieder, die diese Führung annehmen und gleichzeitig in die Verantwortung für die entsprechend formulierten Aufgaben gehen.

Auch hier können Lernzyklen – und damit Bewusstsein für die Lernaufgabe – die Beteiligten unterstützen, gut und effizient Selbstorganisation auszuüben und damit in die Exzellenz ihrer Ergebnisse zu kommen.

12.2.6 Menschen entwickeln und fördern

Damit Organisationsmitglieder ihre Stärken im jeweiligen Organisationskontext ausspielen können, lernen alle Beteiligten, wie die Zusammenarbeit optimal gelingen kann.

Dabei finden Organisationen ihren Weg, wie sie die Menschen in ihrer Organisation entwickeln und fördern können. Führungsaufgabe ist es, diesen Weg zu modellieren.

Neben dem Fördern einer Feedback- und damit Lernkultur etablieren Führungskräfte Lernzyklen für die Entwicklung und Förderung von Organisationsmitgliedern. Strategisch ist die Frage zu beantworten, durch wen diese Prozesse geführt werden.

Liegt die Verantwortung für die Entwicklung und Förderung der Teammitglieder alleine, zu Teilen oder gar nicht im selbstorganisierten Team?

So können regelmäßige Entwicklungsgespräche (mit zielgerichtet getakteten, z. B. monatlichen oder vierteljährlichen) durch eine Führungskraft, durch ein Teammitglied, durch eine Führungskraft und ein weiteres Teammitglied oder durch zwei Teammitglieder geführt werden.

Jede dieser Konstellationen führt zu anderen Verantwortlichkeiten der Beteiligten. Bei wechselnden Konstellationen ist es auch Führungsaufgabe, für Kontrolle zu sorgen. Das heißt, das System ist so aufzusetzen, dass Learnings und Beschlüsse des letzten Lernmoments im aktuellen Sprint bearbeitet werden.

12.3 Führungs-ABC nutzen: Anweisen, Beraten und Coachen

Das populärwissenschaftliche Führungsmodell „Situatives Führen II" („Reifegrademodell nach Ken Blanchard") formuliert vier Delegationsstufen (siehe Abschnitt 12.2.5.2) in Bezug auf zu führende Mitarbeiter*innen.

Je nach Handlungskompetenz (einer spezifischen Handlung) und nach Engagement der Beteiligten (ausgedrückt über Motivation und Selbstvertrauen) sind nach Ken Blanchard die Führungsimpulse situativ anzupassen. Allen Führungsimpulsen geht die Klärung des Sinns oder Zwecks voraus.

Mit steigendem Reifegrad werden Erklärungen, Vorgaben und Kontrollpunkte weniger.

Während bei „Anweisen" und „Verkaufen" die Lösung durch den*die Delegationsgeber*in verantwortet wird, liegt die Verantwortung für das Ergebnis bei „Beraten" und „Abgeben" aufseiten des*der Delegationsnehmer*in.

In der Delegation werden die Führungsleitfragen (siehe Abschnitt 12.2.4 (#fuehrungsleitfragen)) beantwortet:

Wozu machen wir das?

Warum machen wir das?

Was wollen wir machen?

Wie erreichen wir dieses Ziel?

Das Delegationsverhalten ist an die Situation der Beteiligten anzupassen. In selbstorganisierten Teams führen sich die Beteiligten operativ untereinander. Wenn die Delegationsstufen „Anweisen", „Verkaufen", „Beraten" und „Abgeben" in diesen Kontexten schwer annehmbar sind, empfiehlt sich das Führungs-ABC zur Vermittlung von Führungskompetenzen.

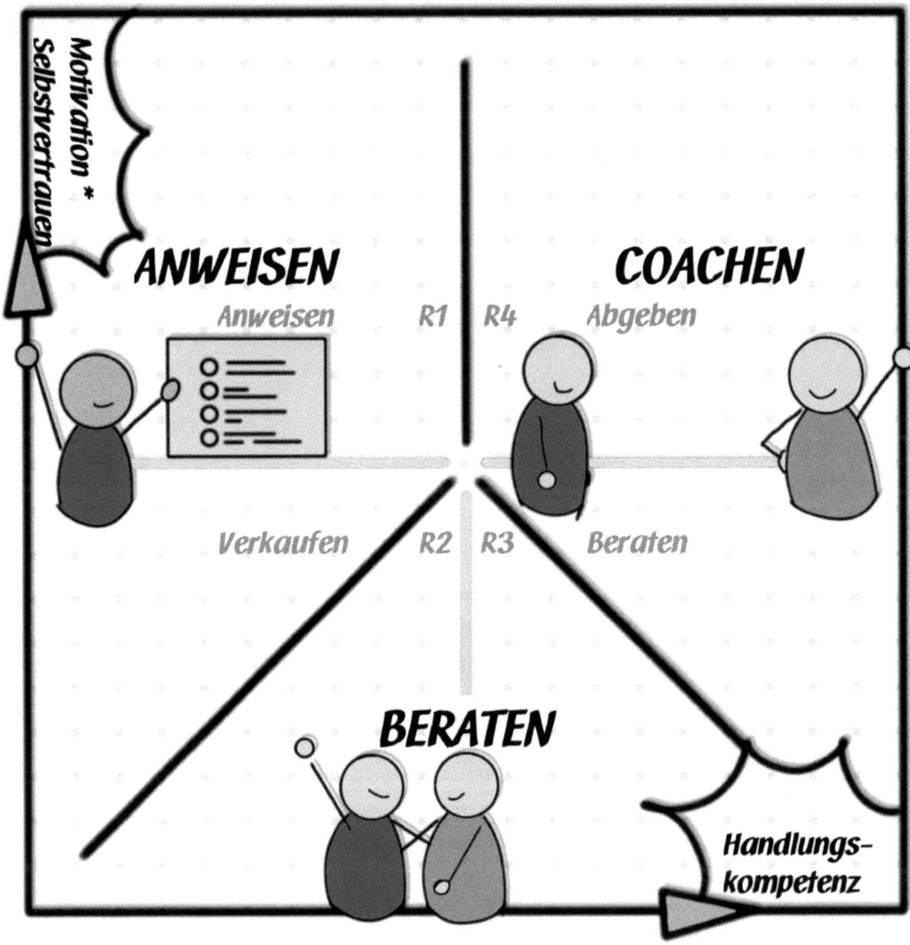

Bild 12.6 Angemessen führen

Das Führungs-ABC postuliert drei Führungsformen: **A**nweisen, **B**eraten und **C**oachen. Die Führungsformen werden ebenfalls situativ – je nach Motivation/Selbstvertrauen sowie der Handlungskompetenz des*der Delegationsnehmer*in eingesetzt.

Während das situative Führen die Delegationsstufe klärt, liegt der Fokus des Führungs-ABCs auf der Vermittlungsform. Dabei achten die Beteiligten darauf, dass alle Führungsleitfragen sauber geklärt sind.

Wenn selbstorganisierte Teams beginnen, die operative Führung zu übernehmen, empfiehlt es sich, mit allen Beteiligten mögliche Führungsimpulse im Führungs-ABC zu üben.

Anweisen, Beraten und Coachen erfolgen immer auf Augenhöhe. Dies ist häufig eine Herausforderung für sich agil verändernde Organisationen. Dabei machen es unterschiedliche Vorerfahrungen den Beteiligten häufig schwer, Augenhöhe einzunehmen. Auch die Verantwortungsübernahme und das klare Entscheiden sind häufig mit (teils schwierigen) Vorerfahrungen belegt.

12.3.1 Entwicklungshypothesen nutzen

Menschen, die in agilen Systemen in Führung gehen, arbeiten auf Basis ihrer Entwicklungshypothesen und leiten daraus die korrekte Führungsform ab.

Wie schätzen sie Motivation, Selbstvertrauen und Handlungskompetenz der Beteiligten ein? Die resultierende Führungsform halten sie gegenüber den Delegationsnehmer*innen transparent.

Unterschiedliche Sichten auf Motivation, Selbstvertrauen und Handlungskompetenz können Meinungsverschiedenheiten zwischen den Beteiligten erzeugen. Diese werden sich in Systemen, in denen die Beteiligten sich vertrauen und um ihre Stärken und Schwächen wissen, nicht zu Konflikten auswachsen.

Entwicklungsziele können sowohl verstärktes fachliches Wissen, erhöhte Handlungskompetenzen wie auch eine verstärkte Führungsleistung oder erhöhte Delegationsstufen (siehe Abschnitt 12.2.5.2) sein.

12.3.2 Anweisen

In agilen Kontexten ist es häufig unpopulär, anzuweisen. Werden mit diesem Begriff doch häufig verletzende Hierarchie, Übergriffigkeiten durch Führungskräfte und unfaire Begegnungen verbunden.

Teil der agilen Veränderung ist es, Anweisen als angemessenen Führungsimpuls anzuerkennen, wenn die Delegationsnehmer*innen entsprechend demotiviert, ohne Selbstvertrauen oder Handlungskompetenz sind.

Wenn Delegationsgeber*innen anweisen, „gehört ihnen die Lösung“. Sie haben einen Blick auf die Gesamtsituation und agieren transparent gegenüber den Delegationsnehmer*innen. Lernzyklen über angewiesene Aufgaben sind kurz anzusetzen.

12.3.3 Beraten

Im Zuge einer Beratung wird die Verantwortung für die Lösung von den Delegationsgeber*innen auf die -nehmer*innen übergehen. Die Lernzyklen für diese Aufgaben fallen häufig länger aus als im Falle der Anweisung.

Beim Beraten achten insbesondere ehemals hierarchisch platzierte Führungskräfte darauf, dass ihre Beratung nicht als implizite Anweisung verstanden wird.

Für alle Beteiligten ist es häufig ein Lernfeld, zu akzeptieren, dass insbesondere Beraten keine widerspruchsfreie Annahme anderer Meinungen ist, sondern dass mit einer guten Beratung das Verständnis für die Beweggründe und Begründung einhergeht, so dass die beratende Person gut entscheiden kann.

Wenn die Delegationsnehmer*innen noch stark in Demotivation, fehlendem Selbstvertrauen oder fehlender Handlungskompetenz verwoben sind, empfiehlt es sich als beratende Führung, die Macht des „noch nicht“ (siehe Abschnitt 6.3) zu nutzen:

> „Ihr könnt $Handlungskompetenz ABC noch nicht. Ich empfehle Euch, um DEF zu erreichen, dass Ihr auf Handlung GEH setzt. Weil IJK Eure Erfahrung ist, würde ich Euch empfehlen, LMN zu machen.“

12.3.4 Coachen

Viele Führungskräfte glauben, dass es ihnen mit einer agilen Veränderung nur noch möglich sei, zu coachen. Folgend wird von vielen Beteiligten „Coachen“ mit „ich darf nur Fragen stellen“ übersetzt.

Damit gehen dem System mit großer Wahrscheinlichkeit Erfahrung und Handlungskompetenz verloren.

Können die Delegationsnehmer*innen mit wachsendem Selbstvertrauen und guter Motivation sowie einer wachsenden Handlungskompetenz die Aufgabe übernehmen, ist „Führen durch Coachen“ am sinnvollsten.

Genau wie beim Anweisen und Beraten sorgen die Beteiligten im Verlauf für die Klärung der Führungsleitfragen „Wozu“, „Warum“, „Was“ und „Wie“ (siehe Abschnitt 12.2.4).

Dabei setzen die Delegationsgeber*innen auf die drei Anstoßformen des Coachings:

Impulse setzen: Delegationsgeber*innen formulieren verbal Aussagen oder Fragen, deren Bearbeitung das Systemverständnis der Delegationsnehmer*innen ermöglicht.

Intervenieren: Delegationsgeber*innen sorgen für eine neue Erfahrung bei den Delegationsnehmer*innen. Diese erweitern ihr Systemverständnis so durch neue Erfahrungen.

Sekundär beraten: Delegationsgeber*innen erweitern den Lösungsraum der Delegationsnehmer*innen durch Beratungsimpulse.

12.3.5 In coachender Haltung führen

Unabhängig von der Führungsform (Anweisen, Beraten oder Coachen) empfiehlt sich die coachende Haltung als Führungshaltung. „Führen durch Coachen“ in Reinform ist nicht möglich. Dies steht der Aufgabe „Für Richtung und Leitplanken sorgen“ genauso entgegen wie Engagement und Wissens- oder Erfahrungsschatz der beteiligten Organisationsmitglieder.

Empathie gegenüber allen Beteiligten: Wenn es Führung gelingt, einen Blick auf alle Beteiligten und deren Beweggründe und Sichten zu erhalten, wird sie klar und fair agieren können.

Distanz zur Sache: Wenn es Führung gelingt, insbesondere in selbstorganisierten Kontexten einen nicht persönlich eingefärbten, sondern einen objektiven Blick auf Vor- und Nachteile des Diskussionsgegenstands zu haben, wird Führung exzellente Ergebnisse fördern.

Dissoziiertheit zum System: Wenn es Führung gelingt, sich nicht durch Werte, Normen und Regeln implizit bestimmten zu lassen, werden große Entwicklungen möglich.

Agiler zu arbeiten, heißt in vielen Fällen, bewusster als bisher zu agieren. Für das Führen in agilen Kontexten stellt sich diese Bewusstheit häufig in Bezug auf Eigenanteile ein. Wenn Menschen, die in agilen Kontexten führen, ihre Eigenanteile (also ihre Geschichte mit ihren Hochs und Tiefs und der Verarbeitung dieser) bewusst haben, werden sie häufig klüger führen als ohne dieses Wissen. Für diese Art der Reflexion empfehlen sich auch die Lernzyklen der Führungskräfte (siehe Abschnitt 12.2.5.4).

12.4 Fachliche, prozessuale und disziplinarische Führung trennen

Agile Projektmethoden (siehe Abschnitt 11.6) trennen die Führungsleitfragen „was“ und „wie“ und verteilen diese Funktionen auf unterschiedliche Prozesse oder Personen.

Klassische Systeme organisieren sich zumeist in „Stab-Linie“ (siehe Abschnitt 13.2) und fügen so alle Menschen einer bestimmten Handlungskompetenz zusammen, die von dem*der Funktionsmeister*in dieser Handlungskompetenz geführt werden. Diese Funktionsmeister*innen führen die entsprechenden Organisationsmitglieder fachlich, prozessual und disziplinarisch. Entsprechend formuliert Malik fünf Führungsaufgaben (siehe Abschnitt 12.2).

Es kann für die Organisation hilfreich sein (also das Organisationsziel unterstützen), wenn Führung sich fachlich, prozessual und disziplinarisch aufteilt.

Wenn Organisationen ihre Führung derart aufteilen, stellt sich mit dieser Arbeitsteilung gleichzeitig die Frage nach Arbeitsvereinigung (siehe Abschnitt 1.1). Damit Führung an dieser Stelle gelingt, wird das Führen zur Teamaufgabe (siehe Abschnitt 12.2.5.4).

12.5 Auf Augenhöhe arbeiten

In klassischen Organisationen begegnen sich die Beteiligten häufig nicht auf Augenhöhe. „Von denen da oben" und umgekehrt „vom Kindergarten" sind häufige Redewendungen, welche die fehlende Augenhöhe zeigen.

Die Analyse der Ich-Zustände in der Kommunikation (siehe Abschnitt 12.5.1) legt für die Beteiligten häufig augenfällig offen, wie oft sie sich jenseits der Augenhöhe verhalten.

Dieser Verlust von Augenhöhe ist in klassischen Systemen häufig institutionalisiert. Wird doch die Fähigkeit zur normativen Entscheidung höher bewertet (und auch gehaltlich entsprechend honoriert) als die Fähigkeit zur operativen Tätigkeit.

Damit eine Lernkultur gelingt, braucht es Zuhören und Verstehen des Ist-Zustands. Dies gelingt wesentlich einfacher, wenn die Beteiligten sich auf Augenhöhe befinden – oder sich bestehender Ebenen bewusst sind – und sich transparent, fair und nachvollziehbar verhalten.

Führung in agilen Kontexten sorgt für Arbeit auf Augenhöhe. Die Beteiligten werben für ein Arbeiten auf Augenhöhe.

Beispiel 061: Neues Teammitglied im Interimsgespräch

In einer Agentur mit 40 Mitarbeitenden hat vor Kurzem eine neue Designerin ihre Arbeit begonnen. In der Agentur treffen sich alle Beteiligten in wechselnder Besetzung alle drei Monate zu Personalentwicklungsgesprächen. Das Personalentwicklungsgespräch hat mehrere feste Agendapunkte. Der Ist-Stand wird aufgenommen, die Beteiligten geben sich Feedback, Lernfelder werden eruiert, Entwicklungsschritte werden definiert. Abschließend gibt es einen Blick auf das aktuelle Gehalt.

An den ersten drei Personalentwicklungsgesprächen nimmt immer die disziplinarische Führungskraft teil.

Nach dem Feedback der neuen Mitarbeiterin an diese formuliert die disziplinarische Führungskraft eine Anweisung: „Vielen Dank für Dein Feedback. Ich werde es abwägen und ich werde daran arbeiten. Ich vermute, dass Du auch Themen formulieren kannst, in denen Du kritischer mit mir umgehst. Das ist, wie wir arbeiten möchten: ehrlich, fair, bereit zum Lernen. Daher bitte ich Dich, dass Du mir beim nächsten Mal ein kritisches Lerngeschenk machst. Wir möchten hier auf Augenhöhe agieren. Wenn Dir das im ersten Schritt unheimlich ist, übe das mit einem*einer Kolleg*in. Ich freue mich darauf, beim nächsten Mal noch anders mit Dir lernen zu können!"

In vielen Organisationen ist zu beobachten, dass Beteiligte bestimmten Aufgaben, Funktionen oder Rollen mehr Bedeutung und mehr Wert zusprechen. An diesen Stellen geht den Beteiligten leicht Augenhöhe verloren.

Auf Augenhöhe sein, ist ein beiderseitiger Prozess. So ist die Kontrollfrage „Bin ich auf Augenhöhe?" für alle Beteiligten hilfreich. Erkennt eine Partei fehlende Augenhöhe, formuliert sie dies und benennt eigene Handlungen, wie sie das verändern kann bzw. lädt das Gegenüber in die Augenhöhe ein.

12.5.1 Ich-Zustände in der Kommunikation (Transaktionsanalyse) beachten

Augenhöhe entsteht, wenn die Beteiligten sich im gleichen Ich-Zustand der Kommunikation befinden. Organisationsmitglieder können sich im Zustand des Eltern-, Erwachsenen- oder Kind-Ichs befinden.

Das Denken, die Gefühle und das Handeln der Organisationsmitglieder können durch diese Ich-Zustände bestimmt werden. So verändern sich Kommunikation und ihre Verarbeitung in unterschiedlichen Ich-Zuständen.

Eltern-Ich: Das Eltern-Ich kann autoritär, fürsorglich, kritisch oder unterstützend sein. Das Eltern-Ich bewertet, prognostiziert und ordnet ein. Das Eltern-Ich wirkt so fördernd oder strafend. Das Eltern-Ich gründet auf eigenen Kindheitserfahrungen.

Erwachsenen-Ich: Das Erwachsenen-Ich zeigt sich differenziert, rational, objektiv, empathisch und adaptiv. Es ist relativ unabhängig von eigenen Erfahrungen und Emotionen. Das Erwachsenen-Ich kann Probleme analysieren, Entscheidungen treffen und Informationen verarbeiten. Das Erwachsenen-Ich findet im Gestern, Heute und Morgen statt.

Kind-Ich: Das Kind-Ich fußt ebenfalls in der eigenen Kindheit. Das Kind-Ich konkretisiert sich im Jetzt, hat einen Fokus auf die eigene Befindlichkeit und kann nicht ins Morgen sehen. Das Kind-Ich zeigt sich angepasst oder frei. Im angepassten Zustand ordnet es sich unter, gehorcht und erfüllt alle Regeln und Erwartungen. Im freien Kind-Ich zeigen sich spontane Emotionen, artikulieren sich Bedürfnisse und entsteht unkonventionelle Kreativität.

In hierarchischen Systemen nehmen die Beteiligten häufig das Wechselspiel von Eltern- und Kind-Ich ein. Erkennen die Beteiligten diese Dynamik, können sie Kommunikationsmuster durchbrechen und Konflikte besser bearbeiten.

Dabei empfiehlt es sich, dass alle Beteiligten sich im Erwachsenen-Ich einfinden und mit diesem kommunizieren.

12.6 Führungskonflikte erkennen und bearbeiten

Organisationen sind soziale Systeme. Täglich wird es zwischen den Organisationsmitgliedern zunächst in Meinungsverschiedenheiten geben, davon werden sich etliche zu Konflikten auswachsen. So werden Organisationsmitglieder mit systemimmanenten Konflikten konfrontiert werden (siehe Abschnitt 9.11.2), wohl auch mit vererbten Konflikten (siehe Abschnitt 9.11.3).

Organisationsziele und -visionen können im Widerspruch zu persönlichen Zielen der Organisationsmitglieder stehen. Dies kann genauso eine Konfliktquelle sein wie die unterschiedlichen Interessen und Vorlieben der Beteiligten.

„Lernen ist Konflikt."

Viele Organisationsmitglieder meiden konflikthafte Situationen. Die Angst vor offenen (und damit lauten oder verletzenden) Auseinandersetzungen lässt die Beteiligten das Angehen von Konflikten genauso meiden wie die Angst vor Ausgrenzung, deren schlimmste Ausprägung der Ausschluss aus der Organisation darstellt.

Im Ergebnis sind die Beteiligten sprachlos miteinander. Feedback unterbleibt genauso wie Mitdenken und -machen.

Beispiele für fehlende Konfliktfähigkeit

- „Dienst nach Vorschrift"
- Künstliche Harmonie
- Fehlendes kritisches Feedback
- „Das war doch klar, dass..."

Wenn die Organisationsmitglieder nicht gelernt haben, Konflikte zu bestehen, rufen sie in Problemfällen nach einer generellen Regel, mit welcher sie den konkreten Fall lösen möchten. Dieser Ruf kann sich mit fehlender Augenhöhe paaren: „An Stelle XYZ zu machen, sollte die Abteilungsleiterin Jonna lieber mal klären, wie wir mit der generellen Frage ABC umgehen sollen."

Führung in agilen Organisationen benennt Konflikte und öffnet den Beteiligten einen Weg aus dem Konflikt. Dabei zeigt sich Führung vorbildlich im Anerkennen und Bearbeiten von Konflikten.

12.7 Entscheidungs- und Beteiligungsformen klären

Eine wesentliche Führungsaufgabe ist, dafür zu sorgen, dass Entscheidungs- und Beteiligungsformen für die Beteiligten geklärt sind.

> Agile Führungskräfte, Moderator*innen in agilen Prozessen, agile Organisationsentwickler*innen und alle Teammitglieder, die in der Selbstorganisation in Führung gehen, entscheiden jeweils bewusst über die in dem jeweiligen Kontext sinnvolle und zielführende Entscheidungsform.

Agilität bedeutet nicht, dass die Beteiligten immer im Konsens entscheiden. Je unklarer und unsicherer eine Entscheidung ist, desto schwerer wird es den Beteiligten fallen, eine mutige, zielführende, experimentelle Entscheidung **schnell** und **im Konsens** zu treffen.

12.7.1 „disagree and commit" ermöglichen

Damit selbstorgansierte Teams entsprechend der gegebenen Richtung und in den formulierten Leitplanken exzellent liefern können, müssen die Organisationsmitglieder die Richtung und die Leitplanken mittragen (können).

Stimmen die Beteiligten diesen zu, ist das Mitgehen einfach möglich. Stimmen sie nicht zu, braucht es „disagree and commit".

Um ein „disagree and commit" zu erreichen, brauchen die Beteiligten das sichere Gefühl, dass ihre Ansichten, ihre Einwände und ihre Alternativen gehört, abgewogen und beachtet worden sind. Gleichzeitig benötigen die Beteiligten für ein „disagree and commit" das Verstehen und Abwägen der letztendlichen Entscheidung. Wenn ein Verständnis dafür entsteht, warum die Entscheider*innen genauso entschieden haben, wie sie entschieden haben, unter Berücksichtigung der bekannten Für, Wider und Alternativen, ist es den Organisationsmitgliedern möglich, sich mit einem „disagree and commit" einzureihen.

Gerhard Schewe definiert im Gabler Wirtschaftslexikon „Change Management" (siehe Abschnitt 2.8.2) und führt weiter aus: „Weiche, stärker evolutionär angelegte Ansätze stammen aus der Organisationsentwicklung. Sie war über Jahrzehnte das dominierende Paradigma des Change Managements. Charakteristisch für Organisationsentwicklung ist das Harmoniepostulat zwischen den Zielsetzungen des Unternehmens und der betroffenen Mitarbeiter." Agile Organisationsentwicklung eröffnet durch „disagree and commit" einen größeren Handlungsraum der Beteiligten.

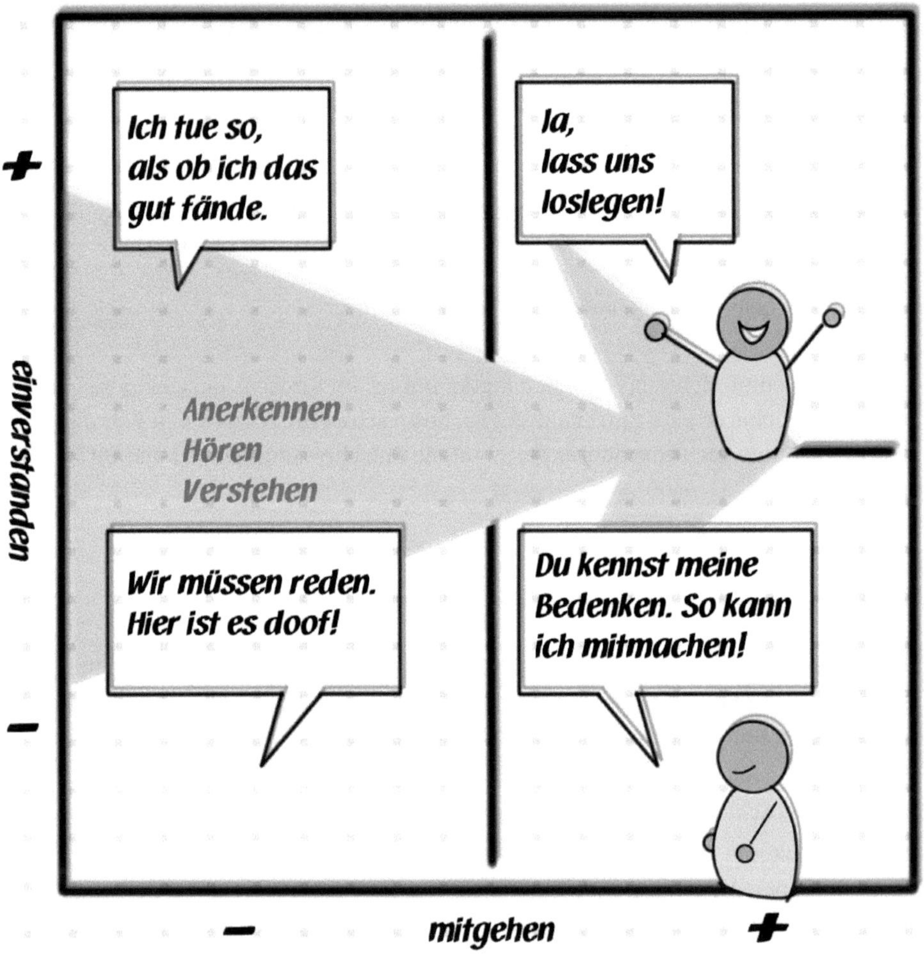

Bild 12.7 Hören und gehört werden macht Mitgehen möglich

12.7.2 Entscheidungsformen klären

Die Festlegung der Entscheidungsform ist eine Führungsaufgabe. Die Beteiligten können die jeweilige Entscheidung zur Entscheidung auf einem Board visualisieren, um für ähnliche Fälle aus diesen Vorbildern weitere Entscheidungsformen ableiten zu können.

Die unterschiedlichen Entscheidungsformen benötigen unterschiedlich viel Zeit. Operative Entscheidungen sind häufig leichter sowohl umzusetzen als auch zu verändern als strategische oder normative Entscheidungen.

Stehen Organisationen in Krisen, wird es der Organisation wahrscheinlich nicht möglich sein, in eine zeitintensive Konsensklärung zu gehen. Die jeweilige Frage bringt auch eine Zeitkritikalität mit sich, die zu beachten ist. Ziel ist es, die optimale Entscheidungsform für die Organisation zu finden.

Optimal sind schnell getroffene, dabei fundierte Entscheidungen, welche von möglichst vielen Organisationsmitgliedern getragen werden.

Insbesondere für bei der Delegation von Aufgaben und Lernfeldern (siehe Abschnitt 12.2.5.2) sind die Entscheidungs- und Beteiligungsformen genau zu klären.

12.7.3 Konsultative Entscheidung

In einer konsultativen Entscheidung entscheidet eine vorab definierte Person und oder Personengruppe nach konstruktiver Beratung durch eine andere Person oder Personengruppe.

Die Berater*innen erstellen und begründen hierfür einen Entscheidungsvorschlag, der durch die Entscheider*innen noch angepasst oder verändert werden kann (auch diese Veränderungen sind zu begründen).

Wenn der zu entscheidende Gegenstand sehr komplex oder für die Beteiligen ungewohnt ist (wie zum Beispiel die Verabschiedung eines neuen Kompetenzmodells einer Aufgabe, die in der Organisation bisher nur experimentell gelebt wurde), ist es häufig hilfreich, wenn die Entscheider*innen einen ersten Wurf der Entscheidungsvorlage liefern, welche dann von den Berater*innen kritisch erfasst, bearbeitet (und häufig stark verändert wird). Durch das Vorlegen einer Entscheidungsvorlage setzen die Entscheider*innen so eine deutliche Richtung, in der sie denken, und geben Leitplanken, welcher Art die Entscheidung gestaltet werden sollte.

In vielen Organisationen wird die bewusste konsultative Entscheidung für alle Beteiligten als sehr heilsam empfunden. Die Verantwortungsübernahme durch die Entscheider*innen ist geklärt, gleichzeitig werden alle Fürs und Widers aller im Prozess Beteiligten gehört.

Konsultative Entscheidungen benötigen mehrere Runden. Die Beratung der Entscheidungsvorlage bzw. die Erstellung einer Entscheidungsalternative benötigt eine intensive Auseinandersetzung. Das Verfahren sorgt für eine hohe „disagree and commit“-Quote.

12.7.4 Mehrheit

Eine Mehrheitsentscheidung entsteht, wenn mehr als fünfzig Prozent einer entscheidenden Personengruppe sich für eine bestimmte Lösung entscheiden. Diese auf den ersten Blick einfache Entscheidungsform entpuppt sich leicht als eine Entscheidungsform, die „disagree and commit“ (siehe Abschnitt 12.7.1) verhindern kann.

Wird nämlich zu früh zur Abstimmung gerufen, kann es sein, dass die Personen, die einer Entscheidung nicht zustimmen, sich nicht gehört fühlen. Entsprechend schwierig wird es ihnen fallen, sich hinter der Entscheidung einzureihen.

12.7.5 Konsens

In einer Konsensentscheidung stimmen alle Beteiligten vollständig zu. Konsensentscheidungen benötigen im Allgemeinen am längsten bis zur Verabschiedung. Konsensentscheidungen basieren häufig auf Kompromissen.

Sind Organisationen noch nicht (sehr) konfliktfähig, streben diese häufig nach einem Konsens, ohne dass dies offen benannt wird. Auch kann es geschehen, dass Organisationsmitglieder vortäuschen, einverstanden zu sein, weil sie den eigentlichen Konflikt nicht gehen möchten.

Einen Konsens zu erreichen, erfordert von den Beteiligten eine offene und interessierte Kommunikation auf Augenhöhe. In der Debatte sorgt Führung dafür, dass Für, Wider und Alternativen zu Worte kommen, so dass ein ehrlicher Konsens formuliert werden kann.

12.7.6 Konsent

Ein Konsent entsteht, wenn keiner der Beteiligten ein Veto gegen eine Entscheidung einlegt. Dieses Veto ist zu begründen. Ein Veto ist ein offizieller und begründeter Einspruch gegen eine Entscheidung.

Damit Konsententscheidungen gelingen, brauchen die Beteiligten Routine und Sicherheit im Formulieren von öffentlichen Widersprüchen und der Mehrheit widersprechenden Meinungen und Argumente.

In einer noch nicht konfliktfähigen Organisation werden Konsententscheidungen zu faulen Kompromissen führen, weil die Veto-Träger*innen sich (noch) nicht trauen, ihr Veto vorzutragen.

Viele Organisationen brauchen lange Zeit, bis Konsententscheidungen gut funktionieren. Müssen die Beteiligten doch lernen,

1. ein Veto sicher und laut vorzutragen und
2. einem Veto wirklich eine aufschiebende Wirkung zukommen zu lassen.

Die Moderation von Konsententscheidungen muss daher absichern, dass ein mögliches Veto wirklich artikuliert wird, und folgend absichern, dass dieses Veto eine aufschiebende Wirkung hat. In der Einwandbehandlung ermitteln die Beteiligten dann eine Kompromisslinie, welche kein Veto mehr erzeugt.

12.7.7 Verkündung

In vielen Organisationen werden normative Entscheidungen nur über Verkündungen vermittelt. Verkündungen bedeuten, dass eine Person oder Personengruppe entscheidet und den anderen Organisationsmitgliedern diese Entscheidung mitteilt.

Verkündungen sind in Krisen probate Mittel, da sie die schnellste Entscheidungsform für die Organisation sind. Gleichzeitig tragen Verkündungen das höchste Potenzial in sich, dass die Organisationsmitglieder die Entscheidungen nicht mittragen.

Für viele operative Entscheidungen sind Verkündungen das probate Mittel. Vertrauen die anderen Organisationsmitglieder darauf, dass die Beteiligten nach bestem Wissen, Gewissen und Kenntnisstand handeln und entscheiden, ist die Verkündung die schnellste Entscheidungsform.

12.7.8 Widerstandsabfrage

Je unklarer eine Sachlage (sowohl in der Ist-Beschreibung, in der Analyse, der Risikoaufnahme als auch in der Ergebnisabschätzung) ist, desto mehr empfiehlt sich die Widerstandsabfrage als Entscheidungsform.

Dabei messen die Beteiligten über die letzten Entscheidungen hinweg, welcher Widerstandswert noch zu tolerieren ist. Für viele Organisationen zeigen sich Entscheidungen mit einem Widerstandswert unter 30 % als zielführend.

Für die Ermittlung des Widerstands zeigen die Beteiligten eine Hand auf. Als Widerstandsabfrage gilt die Anzahl der gezeigten Finger. Die Anzahl reicht von null Fingern: „Ich verspüre keinen Widerstand gegen die Entscheidung" bis zu fünf gezeigten Fingern: „Ich verspüre maximalen Widerstand gegen diese Entscheidung.".

Die Moderation kalkuliert die Anzahl des maximalen Widerstands. Bei n Teilnehmer*innen können maximal 5 * n Widerstandsstimmen entscheiden. Die Annahmeschwelle ergibt sich bei mehr als 0,3 * 5 * n Widerstandsstimmen.

Ist der initial erfasste Widerstand für eine Annahme zu groß, gilt es dem Bauchgefühl Raum und Wort zu verschaffen. Dies kann z. B. über die Methode „Six Hats" (siehe Abschnitt 11.3.3) oder Pessimieren (siehe Abschnitt 12.2.3) erfolgen.

12.7.9 Beteiligungsformen klären

In täglichen Entscheidungen, in Arbeitstreffen, in Lernmomenten und Prozessen ist es entscheidend, dass die Beteiligung stimmt. Sind im jeweiligen Lernschritt die Organisationsmitglieder beteiligt, die zum besten Ergebnis beitragen?

Je nach Beteiligungsform entsteht eine unterschiedliche Diskussionstiefe und ein unterschiedlicher Zeitbedarf.

In vielen Agilisierungen ist zu beobachten, dass alle Beteiligten im ersten Schritt zu einem „alle können alles“ und „alle werden beteiligt“ streben. Im Rahmen der agilen Veränderung müssen alle Organisationsmitglieder, insbesondere die selbstorganisierten Teams, die für sie korrekten, effizienten und nachhaltigen Beteiligungsformen finden.

Lernzyklen zur Zusammenarbeit

Im Rahmen der agilen Veränderung lernen Organisationen, welche Delegations-, Entscheidungs- und Beteiligungsformen für sie effizient und effektiv sind.

Beteiligungsformen in der Auseinandersetzung, in der Er- und Bearbeitung von Themen, in Entscheidungen reichen von Großgruppen bis zum Individuum.

Organisation: Von zentralisierten Nachrichten an alle, Umfragen mit vorgegebenen und Abfragen mit individuellen Antworten reicht das Spektrum der Beteiligung. Viele Organisationen klären für sich Informationskanäle, über die für alle wichtige Informationen geteilt und hinterlegt werden. Veranstaltungen wie Betriebsfeiern und „All Hands“-Meetings sind Angebote an die gesamte Organisation.

Plenum: Das Plenum ist eine Vollversammlung aller Organisationsmitglieder. In Meetings klären die Beteiligten unter definierten Moderationsregeln ihre Anliegen. Das Plenum zeigt Spektrum und Diversität auf. Je mehr Tiefe und Detail erlangt werden soll, desto zeitfordernder ist Plenumsarbeit.

Großgruppen: Er- und Bearbeitung von Themen erlangt in Großgruppen eine geringere Tiefe, als kleinere Gruppen sie erlangen können. Dennoch unterstützen Großgruppenformate, die Diversität und unterschiedliche Kompetenzen einer Organisation ins Spiel zu bringen. Unterschiedliche Moderationsformate wie BarCamps, Unkonferenzen, Zukunftswerkstätten und Big Room Plannings unterstützen Organisationen, das jeweilige Veranstaltungsziel zu erreichen.

Stellvertreter*innen: Er- und Bearbeitung von Themen können genauso wie Entscheidungen delegiert und durch einzelne Stellvertreter*innen von Personen(gruppen) wahrgenommen werden. Dabei kann die Stellvertreter*innendebatte vor („Fish Bowl“) oder ohne Publikum geführt werden. Im zweiten Fall ist für eine gute Kommunikation der Ergebnisse, bei Bedarf auch des Verlaufs, zu sorgen.

Kleingruppe: Die Bearbeitung in Kleingruppen ermöglicht einen tieferen oder detaillierteren Austausch. Es ist Moderationsaufgabe, zu klären, wie die Ergebnisse der Kleingruppe in Großgruppen, ins Plenum oder in die Organisation übermittelt werden.

Pärchen: Die Er- und Bearbeitung von Themen führt zu einer detaillierten, fundierten und ausgewogenen Sicht, wenn die Organisationsmitglieder sich auf die intensive Zusammenarbeit einlassen.

Individuen: Arbeiten in Klausur fördert das tiefe Eintauchen in Themen. Auch in der Selbstreflexion liegen häufig fundamentale Erkenntnisse, wenn die Beteiligten es in Ruhe mit sich selbst aushalten.

Eine gelungene Moderation (im Sinne der Führungsmethode, siehe Abschnitt 12.8) beinhaltet unterschiedliche Er- und Bearbeitungsformen. Methoden wie 1-2-4-all (Liberating Structures, [Lib2024]) führen mehrere Beteiligungsformen in einer Methode zusammen.

12.8 Drei Führungsmethoden nutzen

In agilen Systemen tragen viele Menschen die gemeinsame Verantwortung für das Gelingen der Organisation. Dabei führen sich die Beteiligten auf operativer Ebene (in der Selbstorganisation, siehe Abschnitt 12.2.2) selbst.

Drei Führungsmethoden

Agile Führungskräfte nutzen Delegation, Moderation und Feedback als Führungsmethoden.

12.8.1 Aufgaben und Lernfelder delegieren

Agile Führungskräfte delegieren entsprechend der Motivation, des Selbstvertrauens, der Handlungskompetenzen und der vorhandenen Ressourcen Aufgaben und Lernfelder. Sie sorgen für Kontroll- und Lernmomente in der Delegation.

12.8.2 Gespräche und Konflikte moderieren

Agile Führungskräfte sind in der Lage, die Zusammenarbeit der Organisationsmitglieder zu moderieren. Dazu gehört, Kommunikation zu initiieren, Lernen zu ermöglichen und Konflikte zu bearbeiten.

12.8.3 Feedback geben und nehmen

Agile Führungskräfte sind in der Lage und bereit, auf Augenhöhe Erkenntnisse zu generieren, zu tauschen und zu lernen. Sie können Feedback geben und nehmen und andere Organisationsmitglieder dazu einladen, entsprechend zu handeln.

12.9 Selbstreflexion „Führung an Teams ausrichten"

Beantworte die folgenden Reflexionsfragen bzw. bearbeite die skizzierten Übungen und Vertiefungen. Eine schriftliche Auseinandersetzung bzw. Inter-/Supervision wird die Wirkung der Übung verstärken.

- Welche Entscheidungs- und Beteiligungsformen seid Ihr in Eurem Unternehmen gewohnt?
- In welchen Experimenten könntet Ihr weitere Entscheidungs- und Beteiligungsformen ausprobieren?
- Welche Sicht auf Führung hat Deine Organisation?
- Wie könnt Ihr als Organisation erfolgreiche Führung ermöglichen?
- Welche Art der Führung erscheint Euch in Eurer Organisation als angemessen?
- Wie hoch ist der „Konsensdruck" in Eurer Organisation?
- Wie gut könnt Ihr als Organisation Führung annehmen?
- Wie könnt Ihr Euer Führungsverhalten in agilen Veränderungen gut nutzen?
- Welche Art der Führung würde Eure Organisationshebel weiter bedienen?
- Welche Art der Führung seht Ihr in Eurem Zielraum?

13 Sich organisieren und die Organisation strukturieren

Psycholog*innen, Soziolog*innen, Organisationsforscher*innen, Betriebswirtschaftler*innen definieren Organisationen unterschiedlich aus ihrem jeweiligen Blickwinkel.

Um die Arbeitsteilung und -vereinigung für viele Menschen gut zu gestalten, geben sich Organisationen Strukturen. Dabei ist zu beobachten, dass keine Organisation vollständig nach einem Strukturprinzip aufgebaut ist. Mehr noch: Besonders erfolgreiche Organisationen richten sich in ihrer Struktur jeweils nach ihrem konkreten Umfeld.

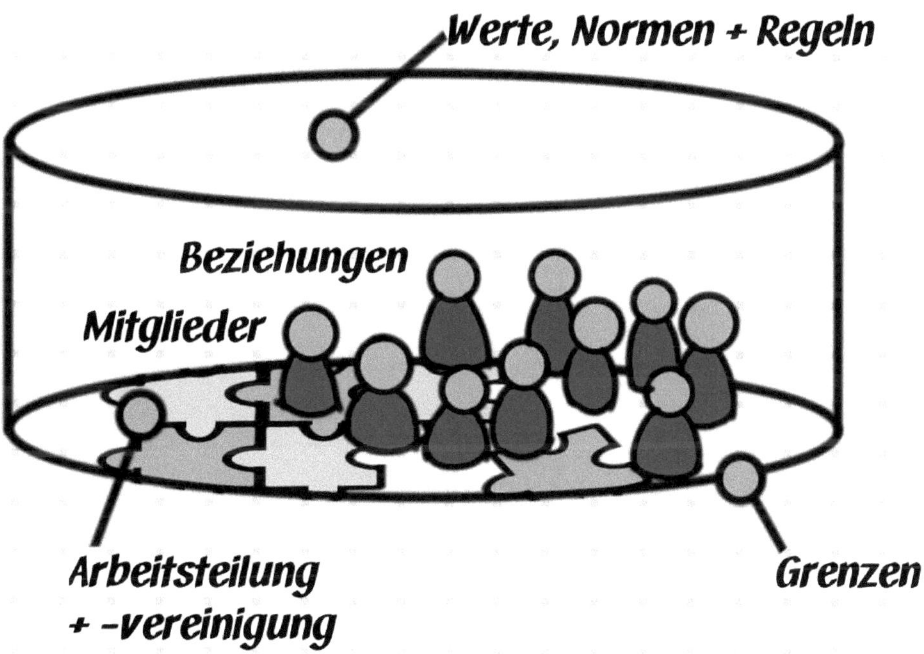

Bild 13.1 Art der Arbeitsteilung und -vereinigung geben der Organisation Struktur

„Je heterogener die Gesamtumwelt eines Systems, desto differenzierter ist das Unternehmen, d. h. umso unterschiedlicher sind seine Subsysteme zueinander" [Schreyögg 2016-01]. Das heißt, je komplexer die direkten Anforderungen an ein Organisationsteil sind, desto stärker antworten erfolgreiche Organisationen mit der gleichen Komplexität im entsprechenden Organisationsteil.

Erfolgreicher Organisationsaufbau

Erfolgreiche Organisationen sind entsprechend ihrer Umgebung komplex aufgebaut.

Dabei richten sich erfolgreiche Organisationen am Kund*innennutzen aus. Diese Forderung des agilen Manifests (siehe Abschnitt 3.1) zeigt sich z. B. in Value Chains oder in wertschöpfungsorientierten Teams.

Die Mitglieder einer Organisation organisieren sich und ihre Arbeitsteilung bzw. -vereinigung häufig, ohne die Organisationsstruktur infrage zu stellen. Über geeignete Experimente (siehe Abschnitt 2.6) können Organisationsmitglieder neue Zusammenarbeitsformen für Projekte und Prozesse ermitteln. Erkennen sie dabei grundlegende gute Antworten, werden sie entsprechend der „Rule of Three" (siehe Prinzip 7.19 in Kapitel 7) und „Erst die Prozesse, dann die Struktur" (siehe Prinzip 7.12 in Kapitel 7) eine Veränderung modellieren. In der neuen Zusammenarbeitsform wird der Organisationshebel liegen, welcher genauer zu beschreiben ist. Ob sich damit ein Change oder eine agile Transition ergibt, entscheidet sich mit der Frage, wie die Auswirkungen des Formationswechsels für die einzelnen Organisationsmitglieder, die entsprechenden Verhaltensänderungen und deren Umsetzung geklärt sind.

13.1 Sich als Organisation am Kund*innennutzen ausrichten

Den Kund*innennutzen entsprechend des ersten Prinzips hinter dem agilen Manifest zum Fokus der Arbeit zu erklären, heißt auch, Prozesse und Strukturen so auszurichten, dass diese den Kund*innen dienen.

Insbesondere in agilen Organisationsentwicklungen möchten Organisationsmitglieder gerne andere Organisationsmitglieder zu ihren Kund*innen machen. Die agile Forderung, den Kund*innennutzen einzulösen, fühlt sich für viele zu groß an, wenn sie über bestimmte Bereiche oder Abteilungen nachdenken.

Damit umgehen sie die Frage, welchen (indirekten oder direkten) Nutzen Human Resources, Legal oder Quality Services zum Kund*innennutzen haben (um häufige Vertreter*innen dieser Debatte zu nennen) (können) – und wie sie die Vertreter*innen dieser Disziplinen in die wertschöpfende Arbeit integrieren können.

Beispiel 062: Fachliche Ansprechpartner*innen zu Kund*innen der agilen Organisationsentwicklung machen

In einem Konzern mit 55000 Mitarbeitenden und einem IT-Department von weltweit 1500 Mitarbeitenden startet nach etlichen organisationellen Experimenten eine agile Transition. Als Organisationshebel formulieren die Beteiligten das Vermögen, Projektsituationen auf die für sie richtigen Projekttypen zu mappen, welche sie dann pragmatisch abarbeiten.

Im Zielraum sehen sie smarte und einfach durchzuführende Projekte und deren Erfolge. Von einer Formulierung in Sätzen sehen die Beteiligten zunächst ab.

Etliche Projekte verlaufen sehr gut und schließen erfolgreich ab. Auch die fachlichen Ansprechpartner*innen äußern sich positiv. Es ist aber zu beobachten, dass die Stimmung im IT-Department sinkt.

In einer Supervision versucht das Transitionsteam, die aktuelle Lage zu erkennen, zu bewerten und daraus Hypothesen für die nächsten Schritte zu ermitteln.

Bei der Bewertung des Ist-Zustands ist für die Beteiligten augenfällig, dass der Fortschritt unterschiedlich beurteilt wird. So scheinen die Mitarbeiter*innen des IT-Departments anders auf Projekte und die Veränderung im Vorgehen zu schauen als die fachlichen Ansprechpartner*innen. Bei der Auflistung der zu betrachtenden Stakeholder des Prozesses hatte das Transitionsteam eine kurze Debatte, ob die fachlichen Projektteilnehmer*innen wirklich eine eigene Gruppe seien – oder nicht in den IT-Projektteams aufgingen. Mit dem Ausspruch „mal sehen, was entsteht", hatte das Transitionsteam die fachlichen Ansprechpartner*innen gesondert aufgeführt. Alle hatten den gemurmelten Kommentar „die sind gleicher als gleich" gehört.

Beim Verstehen des Ist-Zustands weist ein Transitionsteammitglied auf die Negativseite der IT-Projektteammitglieder und sagt: „Wir wollten eine gleichmäßige Geschwindigkeit und tägliche Kommunikation auf Augenhöhe. Wir wollten herausbekommen, wie wir mit wechselnden Anforderungen umgehen können. Wir nennen das Flexibilität. Die geht aber zulasten des IT-Departments, weil wir unsere fachlichen Ansprechpartner*innen nicht als Teammitglieder, sondern wie Kund*innen behandeln. Wenn ich unsere Zusammenarbeit auf dieser Liste richtig lese, dann stehen hier typische Probleme wie ‚Zeitdruck zum Iterationswechsel', ‚Veränderte Leistung wird zum Problem des IT-Departments'. Wir arbeiten nicht auf Augenhöhe mit der Fachlichkeit. Wir haben uns typische Probleme eines Dienstleisterverhältnisses eingefangen. Wir im IT-Department handeln so und die fachlichen Ansprechpartner*innen handeln so. Nur im Projekt PROJEKTNAME ist das anders. Die sind auf Augenhöhe. Aber da ist Tecker auch vollständig ins Team integriert. Wir müssen an die konkrete Zusammenarbeit im interdisziplinären Team ran!" Das Transitionsteammitglied schließt mit: „Wir sollten dringend gucken, wie das Team PROJEKTNAME das hinbekommen hat und ob die Tipps haben, wie wir diese echte Zusammenarbeit überall etablieren können."

Wenn sich alle Organisationsteile am Kund*innennutzen ausrichten, wird die Organisation erfolgreicher sein. Dies gilt insbesondere betriebswirtschaftlich. Überbürokratisierung und Unterlast treiben in vielen Organisationen zeit- und ressourcenintensive Stilblüten.

13.2 Stab-Linie-Organisationen

Stab-Linie ist eine häufig anzutreffende Organisationsstruktur. Für viele Organisationsmitglieder sind zunächst Organisationsformen jenseits von Stab-Linie nicht denkbar.

Implizite Annahmen zur Stab-Linie

„Aber einer muss doch verantwortlich sein!"

„Es braucht jemanden, der*die den Hut aufhat."

„Eine*r muss doch schuld sein."

Eine Stab-Linien-Organisation prägt eine klare Hierarchie von Linienstellen aus.

Die Linien verfolgen Hauptziele der Organisation. Die resultierenden Unterziele werden pyramidenförmig organisiert, indem die oberen Ebenen eher normative Aufgaben verantworten, während die strategischen und operativen Ebenen eher in den unteren Ebenen verantwortet werden (siehe Abschnitt 10.11.5).

Neben den Linienstellen gibt es auch Stabstellen, welche den Linienstellen Beratung, Fachwissen und Unterstützung bieten. Stabstellen haben normalerweise keine direkte Autorität über die Linienstellen, sondern dienen vielmehr als Expert*innen auf ihrem jeweiligen Gebiet. Gleichzeitig kommt den Stabsstellen häufig eine informelle Autorität zu. Dies gilt sowohl für die generalisierten Stabsstellen (häufig: Jurist*innen, Human Resources, IT) als auch die spezialisierten Stabsstellen (z. B.: Assistenz der Organisationsleitung). Die Stabsstellen stellen Fachwissen und Unterstützung in spezifischen Bereichen wie Finanzen, Personalwesen, Forschung und Entwicklung oder Marketing bereit.

Die Linienstellen arbeiten fokussiert an den primären Organisationszielen. Die Linienstellen holen Ratschläge und Unterstützung von den Stabstellen ein, um ihre Aufgaben effektiver zu erfüllen.

Über Stabsstellen sorgt eine Stab-Linienorganisation für Flexibilität und Anpassungsfähigkeit. Stabstellen können bei Bedarf hinzugefügt oder entfernt werden, um auf sich ändernde Anforderungen oder Situationen zu reagieren, ohne die grundlegende Struktur der Linienstellen zu verändern.

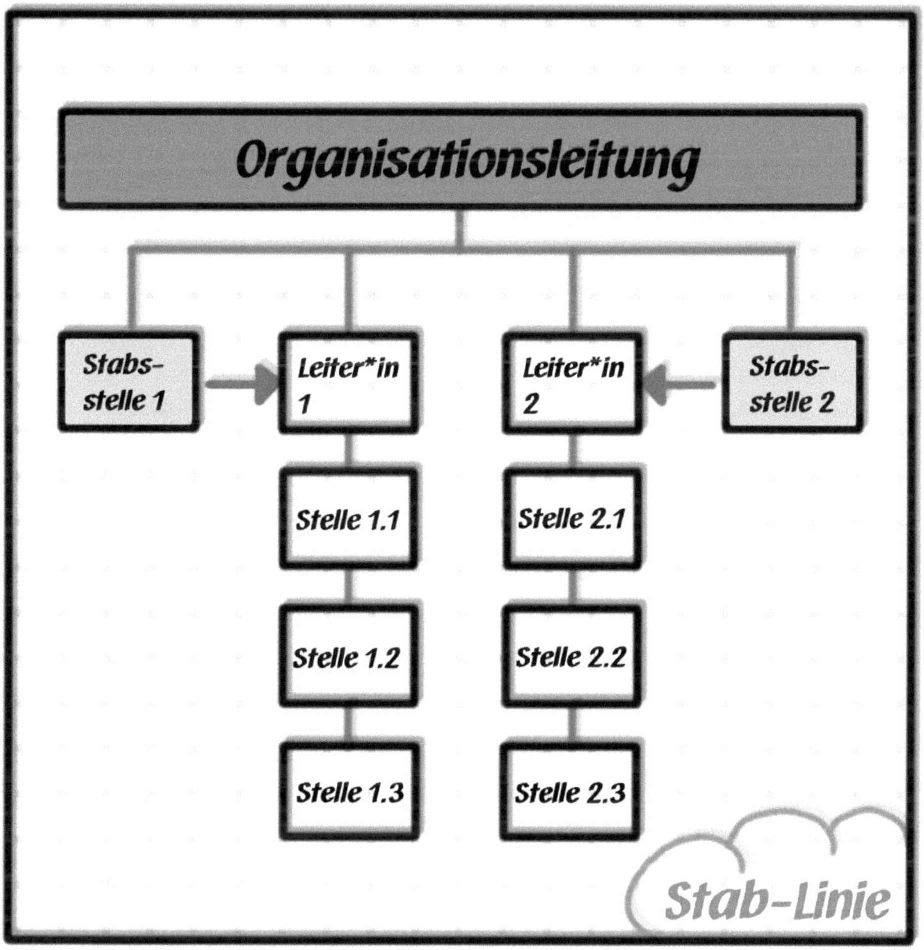

Bild 13.2 Stab-Linie: aktuell die Standardformation einer Organisation

Stab-Linien-Organisationen modellieren häufig in hoher Flugebene das Produkt oder den erbrachten Service über die ausgeprägten Linien. In vielen Organisationen ist zu beobachten, dass die beteiligten Organisationsmitglieder sich eher mit der jeweiligen Linienfunktion und erst nachgelagert mit der Organisation als solches identifizieren (siehe Abschnitt 9.7).

Die Führungsspanne in Stab-Linien-Organisationen ist maßgeblich durch die jeweils zusammengeführte Kompetenz abhängig. Je komplizierter, gar komplexer das notwendige Fachwissen ist, desto kleiner wird die Führungsspanne.

Für Organisationsmitglieder in klaren Hierarchien ist es eine besondere Herausforderung, mit allen Beteiligten auf Augenhöhe zu sprechen (siehe Abschnitt 12.5.1).

Stab-Linien-Organisationen können häufig die Entscheidungsform (siehe Abschnitt 12.7) „Verkünden“ sehr gut praktizieren. Natürlich erzeugen diese häufig schnellen und großen Widerspruch, aufgrund der Hierarchien und des damit eingehergehenden Augenhöhenverlusts setzen sich diese Verkündungen gut durch. Insbesondere für Krisensituationen und notwendige schnelle Entscheidungen ist dies ein großer Vorteil. Für andere Organisationsformen kann dieses Entscheidungs- und Kommunikationsverhalten in der Wirkung vorbildhaft sein.

Als Nachteile von Stab-Linien-Organisationen zeigen sich häufig Abstimmungsschwierigkeiten zwischen gleichrangigen Organisationseinheiten, zeitraubende Schnittstellenkoordination mit einer einhergehenden Inflexibilität, geringe Zurechenbarkeit und Verantwortungsübernahme für (Teil-)Ergebnisse der Organisation sowie die Überlastung der höheren Entscheidungsträger*innen mit Koordinationsaufgaben.

13.3 Matrix-Organisationen

In einer Matrix-Organisation wird über eine doppelte Hierarchie geführt. Die Organisationsmitglieder werden zum einen in Linien oder Stäben geführt, zum anderen werden sie über Projekte wie Aufgaben, Produkte oder Services geführt.

So entsteht für die Organisation eine disziplinare und eine projektorientierte Sicht. Den Organisationsmitgliedern werden so neben dem Organisationsziel zwei grundlegende Unterziele vermittelt: Sie orientieren sich an der Linien- und Projektsicht. Für beide Sichten werden Entscheidungs- und Informationssysteme etabliert.

Während die Zuordnung zur Linie häufig für die Organisationsmitglieder zeitlich stabil ist, kann sich die Zusammensetzung der zweiten Dimension schnell ändern. Die Organisationsmitglieder können temporär oder dauerhaft den jeweiligen Projektteams zugeordnet werden.

Dies erzeugt in Matrix-Organisationen eine deutliche Flexibilität. Für den Erfolg einer Matrixorganisation ist es entscheidend, dass Ziele und Entscheidungen und deren Prioritäten – aus der Linien- und Projektsicht – effektiv und transparent in der gesamten Organisation geklärt sind. Wird durch entsprechende Führung nicht das Verhältnis der Unterziele der Linie und des Projekts geklärt, stehen die Organisationsmitglieder in einem systemimmanenten Konflikt (siehe Abschnitt 9.11.2).

Auf dem Weg in die Selbstorganisation wird die Organisation Wege finden, nach welchen Prinzipien Ziele, Entscheidungen und Prioritäten definiert, kommuniziert und praktiziert werden.

Auch hat es sich in vielen Fällen als wertvoll erwiesen, wenn Führung nicht alleine eine Sicht verantwortet, sondern als Tandem oder im Team die normativen und strategischen Führungsaufgaben gemeinsam verantwortet.

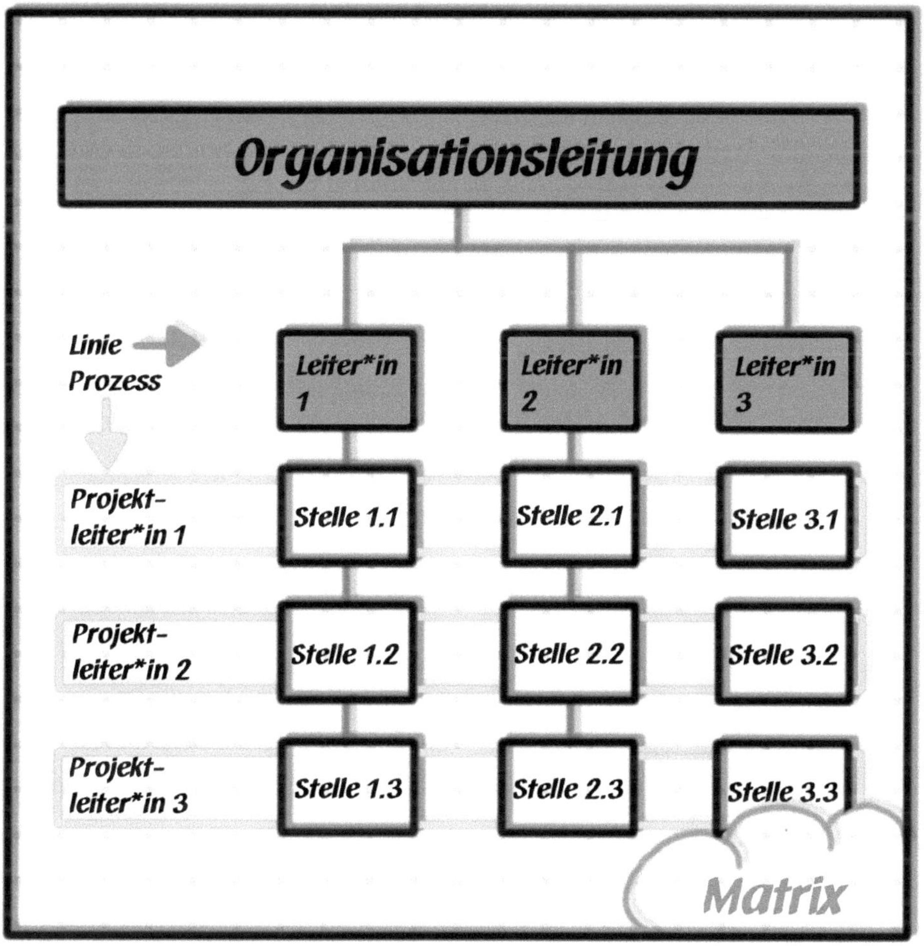

Bild 13.3 Zwei Führungskräfte für die geführten Organisationsmitglieder

In vielen Fällen sind die Leitfragen „Was?“ und „Wie?“ über die Matrixorganisation verortet. Entsprechend werden sich viele Führungskräfte nach ihren Stärken bereits zugeordnet haben. Dies kann eine guten Ausgangspunkt für einen Umbau der Organisation entsprechend eines identifizierten Organisationshebels darstellen.

Matrix-Organisationen können als Nachteile Überkomplexität, Verzögerung von Entscheidungen, zu hohe Koordinationskosten, persönliche Belastungen durch eine systemimmanente Konfliktdichte und Bürokratisierung in sich tragen.

13.4 Laterale Organisationen

Laterale Organisationsformen werden auch als horizontale oder Netzwerkorganisationen oder als Kreismodelle bezeichnet. Häufig genannter Vertreter ist die Holokratie. Das sogenannte Spotify-Modell, eine Momentaufnahme der schwedischen Musikplattform von 2012 in Tribes, Squads, Chapter und Guilds sowie der Beschreibung von typischen Handlungen und Prinzipien (dargelegt als „Spotify Engineering Culture"), ist ein Beispiel einer lateralen Organisation.

Definition: Laterale Führung

„Lateral" bezeichnet als Begriff eine (Aus-)Richtung von etwas, das seitlich oder horizontal verläuft. Laterale Führung bezeichnet also eine Führung, die unter- und nebeneinander von Organisationsmitgliedern wahrgenommen wird. Sie steht im Gegensatz zu disziplinarischer Führung, welche im Allgemeinen vertikal (z. B. über die entsprechende Linie, siehe Abschnitt 13.2) ausgeführt wird.

In lateralen Organisationen gibt es eine flache Hierarchie, in der definierte, ausgewählte und definierte normative und strategische Fragestellungen verortet sind. Alle andere Fragestellungen werden gegenseitig durch die Organisationsmitglieder wahrgenommen. In diesem Sinne sind selbstorganisierte Teams als laterale Organisationsbereiche zu verstehen.

Für Entscheidungen finden laterale Organisationen dezentrale Entscheidungsprinzipien und -methoden. Die Dezentralisierung dieser Entscheidungen führt im Operativen im Allgemeinen zu einer hohen Flexibilität. Wenn geeignete Lernzyklen für strategische und normative Fragestellungen etabliert wurden und/oder sich Organisationsmitglieder ermächtigt fühlen, auf neue Fragestellungen eigenständig zu reagieren, sind laterale Organisationen hoch flexibel und lernfähig. Das Kompetenzprinzip sorgt grundlegend für Entscheidungen.

Laterale Organisationen kennen Mechanismen und Entscheidungsprinzipien, um Teams je nach Projekt, Prozess oder Aufgabe dynamisch zu bilden, in die Leistungsfähigkeit zu begleiten und wieder aufzulösen. Die Organisationsmitglieder identifizieren sich im Allgemeinen über die Organisation, weniger über ihre ausgeübten Stärken.

Laterale Organisationen basieren auf Selbstorganisation der Organisationsmitglieder. Struktur und Führung finden sich nach Bedarf, dieses kann durch bestimmte Regeln oder Aufgaben gefördert werden. Normative, strategische und operative Aufgaben werden nach Bedarf in entsprechenden Teams bearbeitet. Entsprechend wichtig ist das Ausrichten der Organisation durch eine klare Orientierung und Leitplanken. Diese formuliert den Anspruch eines hohen Kund*innennutzens für alle Organisationsergebnisse. So können laterale Organisationen weitestgehend auf eine formale Führung verzichten. Zielsetzung, Orientierung und Leitplanken sind transparent und für alle Organisationsmitglieder gültig. Notwendige Korrekturen werden durch die Organisationsmitglieder im Umkreis wahrgenommen.

Die Führungsaufgabe „Für Kontrolle sorgen" ist insbesondere in lateralen Organisationen abzusichern. Geschieht dies nicht, können Organisationen dazu abgleiten, wenig und verwaschenes Feedback zu geben, um keine Konflikte auszulösen. Das gefährdet die Lernfähigkeit von Organisationen.

Lateral geführte Organisationen entwickeln sich überwiegend evolutionär voran (im Sinne des Kaizen, siehe Abschnitt 3.4). Organisationen im Kreismodell sind häufig sehr reaktiv und handlungsfähig.

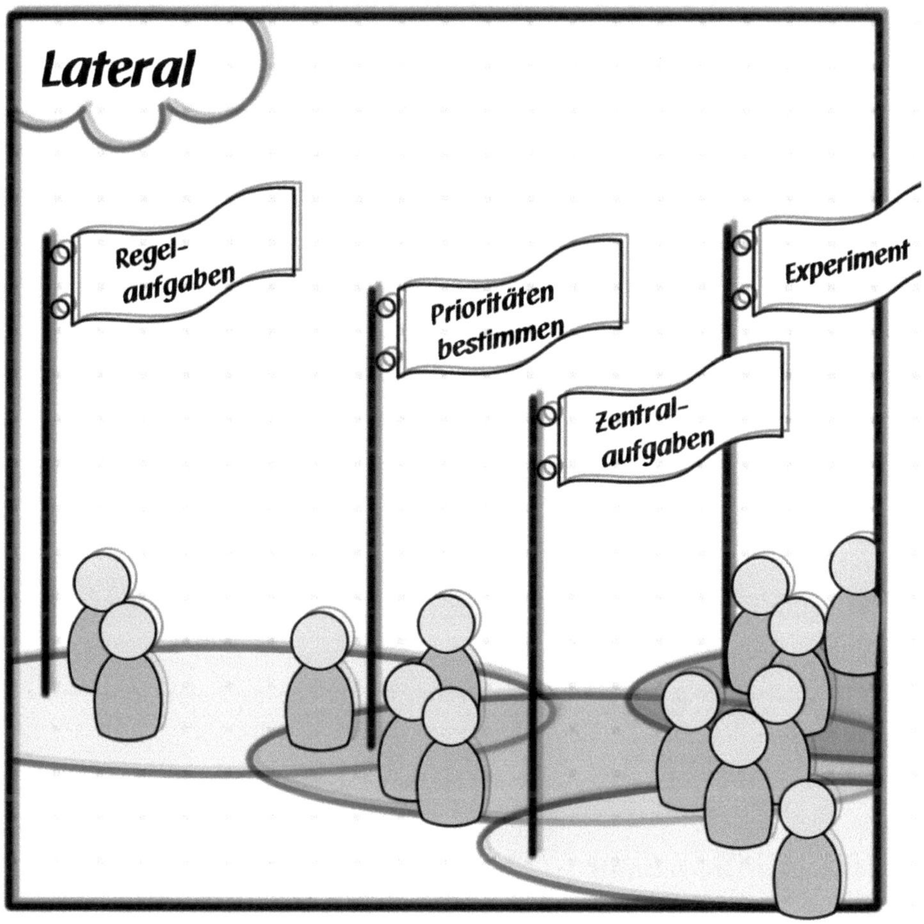

Bild 13.4 Laterale Organisationen im Überblick

Gemeinsam geteilte Wertvorstellungen, Normen und Regeln sind die Basis lateraler Organisationen. Nachteilig kann sich ein Hang zur generellen Debatte dieser und die Generalisierung konkreter Entscheidungen auswirken.

Viele Organisationen finden als strukturgebendes Element auszuübende Aufgaben, welche häufig in dezidierten Rollen zusammengefasst werden. Dies ist sowohl in der Holokratie als auch im „Spotify-Modell“ der Fall.

13.4.1 Holokratie

Zur Orientierung aller dient die „Holokratie-Verfassung“ („Holacracy Constitution“, [Holo 20 124-01]). Diese umfasst fünf Kapitel. Die jeweilige Organisation findet die für sie funktionierende Konkretisierung.

1. **Organisationsstruktur** (Organizational Structure): Rollen und deren Verantwortlichkeiten sowie Kreise werden festgelegt. Rollen werden über den zu erreichenden Zweck („Purpose“), ihre Domäne und ihre Verantwortung definiert. Kreise können andere Kreise enthalten (Super-Circle, Sub-Circle). Zweck und Verantwortlichkeit können von einem Super-Circle an einen Sub-Circle delegiert werden. Jeder Kreis wird von prozessual verantwortlichen Personen („Secretary“) und für die Kontrolle der Holokratie-Verfassung und organisationseigenen Regeln („Facilitator“) verantwortlichen Personen geführt. Circle Leads sorgen für die Übermittlung von Entscheidungen und die Kommunikation zwischen den Kreisen.
2. **Kooperationsregeln** (Rules of Cooperation): Für alle Beteiligten werden Informations- und Entscheidungspflichten und -rechte formuliert.
3. **Taktische Meetings** (Tactical Meetings): Holokratien lernen in ihren taktischen Meetings. Dabei nutzen die Beteiligten „Check“, „Act“ und „Plan“ (siehe Abschnitt 5.2), um den nächsten Lernschritt gehen zu können.
4. **Verteilte Autorität** (Distributed Authority): Die Beteiligten üben ihre Entscheidungsmacht nach definierten Regeln aus.
5. **Governance-Prozess** (Governance Process): Circle Leads stellen sicher, dass die beteiligten Personen jeweils im Sinne der Holokratie-Verfassung und des Organisationserfolgs handeln.

13.4.2 „Spotify-Modell“

Das „Spotify-Modell“ beschreibt die Organisationsstruktur der schwedischen Musik-Streaming-Plattform und wurde von spotify ab 2012 initiiert. Das Spotify-Modell mischt Elemente einer Matrixorganisation (siehe Abschnitt 13.3) mit dem Kreismodell.

Das Spotify-Modell ist nur an den Stellen Spotifys ausgerollt, wo es für die Organisation sinnhaft ist, wie Henrik Kniberg [Kniberg 2017-01] auf X kommentierte:

> „Spotify has not standardized on LeSS, SAFe, or any other specific scaling model (not even the ‚Spotify model', actually....)."

Kniberg bezeichnet die beschriebene Organisationsstruktur nicht als Modell oder Framework, sondern begreift diese Beschreibung als initialen Ausgangspunkt der spotify-eigenen Organisationsentwicklung.

Die **Tribes** („Stämme") sind große Gruppen von Mitarbeiter*innen, die an den gleichen Produkten oder Projekten arbeiten und diese verantworten. Ein Tribe wird durch einen **Tribe Lead** (Stammesleitung) geleitet. Diese koordinieren die Arbeit der Squads, fördern die Zusammenarbeit und sorgen dafür, dass die Ziele des Tribes erreicht werden.

Die **Squads** („Einheiten") sind kleine, autonome Teams innerhalb der Tribes, die eng miteinander zusammenarbeiten und mit sechs bis zwölf Personen einen Teilaspekt der Produkte oder Projekte verantworten.

Mitarbeiter*innen bestimmter Disziplinen werden in **Chapters** („Fachgruppen") zusammengezogen. Diese Chapter dienen dem Wissensaustausch, der Weiterentwicklung von Fähigkeiten und der gezielten Unterstützung der Squads.

In informellen Netzwerken, den **Guilds** („Gilden"), tauschen sich interessierte Mitarbeiter*innen zu bestimmten (fachlichen, technischen) Themen und Technologien aus. Die Guilds ermöglichen den Wissensaustausch, die Zusammenarbeit und die Weiterentwicklung von Best Practices über Tribes und Squads hinweg.

Agile Coaches unterstützen alle Formationen, Personen und Personengruppen darin, die jeweilige Ziele der Formation zu erreichen. Sie setzen hierfür auf geeignete Lernzyklen oder punktuelle Unterstützung durch Training, Coaching und Beratung.

13.5 Prozessorientierte Organisation

In einer prozessorientierten Teamorganisation richten sich alle Teammitglieder auf den zu bearbeitenden Prozess aus. Im Ergebnis verzichten prozessorientierte Teams auf eine starke Spezialisierung der Teammitglieder, sondern sie versuchen, möglichst ausfallsicher Kompetenzen im Team zu teilen und zu verantworten.

In einer Prozessorganisation versuchen die Beteiligten, die Zahl der Schnittstellen und somit die Abstimmungserfordernisse klein zu halten. Die Struktur der Organisation wird durch den Prozess oder Wertschöpfungsketten bestimmt.

In Teams wird ein Prozess oder Produkt vollständig verantwortet. Operative Entscheidungen und Ausführungen liegen in diesen autonomen Teams. Das schließt den Kund*innenkontakt mit ein. Tendenziell durchlaufen prozessorientierte Organisationen eher individualisierte, als standardisierte Prozesse. Die jeweiligen Teams haben das Vermögen, unterschiedliche Problemstellungen schnell und flexibel zu beantworten. Diese Lösungsorientierung führt zu unterschiedlichem Verhalten – die Organisation nutzt daher eher Ergebnis- als Verhaltenskontrollen.

Der agile Reifegrad AR-C (siehe Abschnitt 10.12.3) beschreibt eine prozessorientierte Teamorganisation. Viele Führungsteams agieren entsprechend. Auch arbeiten viele DevOp-Teams in dieser Organisationsform. Diese verantworten nicht nur die Entwicklung, sondern auch den Betrieb der von ihnen erstellten Software.

„Eat your own Dog Food"

illustriert dabei den Anspruch und die Herausforderung, die Konsequenzen eigener Entscheidungen im Betrieb zu erleben und dafür Verantwortung zu übernehmen.

Besonders effizient funktionieren prozessorientierte Organisationen für Dienstleistungs- und Serviceorganisationen.

Ist das notwendige Lernen in der Organisation nicht gut verankert und unterliegen nicht alle Abstimmungsprozeduren Lernzyklen, werden sich die Vorteile der prozessorientierten Organisation ins Gegenteil verkehren: Die Organisation wird dann erstarren, Innovationskraft verlieren und insgesamt überbürokratisieren.

13.6 Mehrdeutigkeiten aushalten, mehr noch: fördern

Die gewählte Struktur und das damit einhergehende Führungssystem sollten die Umwelt reflektieren. Dabei stehen unterschiedliche Organisationsteile unterschiedlichen Umweltsektoren gegenüber[1)].

Entsprechend werden sich erfolgreiche Organisationen unterschiedlich aufstellen und sich jeweils entsprechend der direkten Umwelt entsprechend formieren.

Dabei geht eine hohe Stabilität mit Aufgabenstellungen einher, die mit dem komplizierten Paradigma effizient zu lösen sind, während eine instabile Umwelt von komplexer Natur ist. Entsprechend wird die Organisation die zugrunde liegenden Paradigmen wechseln, was sich in der Bearbeitung der identifizierten Aufgaben, in der Art der Zielsetzung und -kontrolle, in der Führung und in der idealen Organisationsstruktur zeigt (siehe auch Abschnitt 3.2, Abschnitt 5.7).

[1] Die Grafik ist [Schreyögg 2016-01] entlehnt.

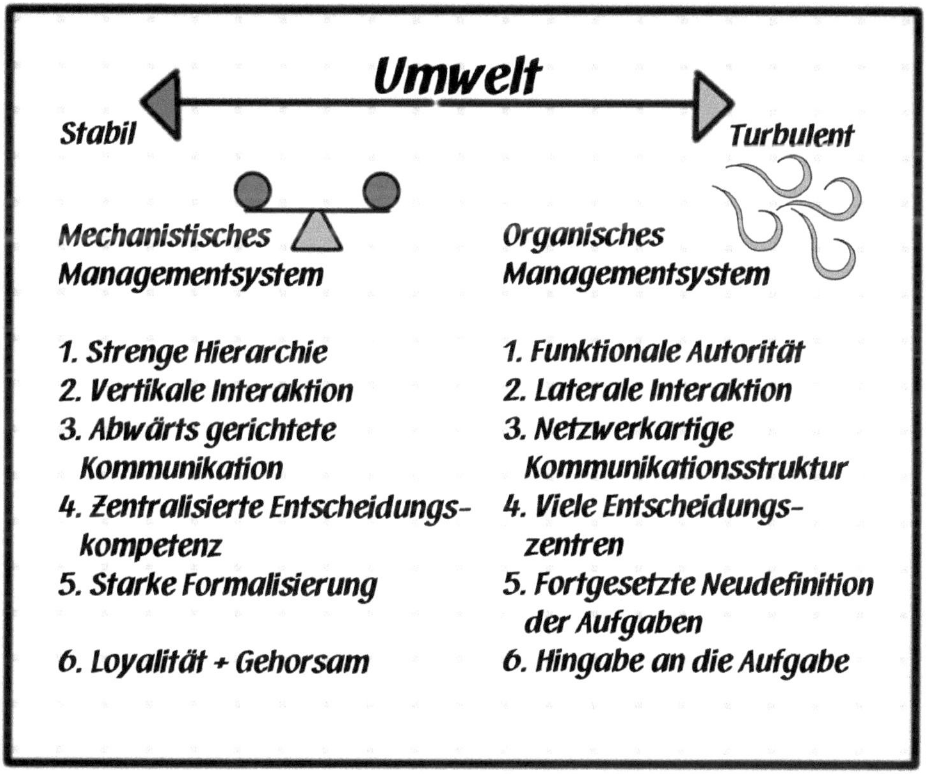

Bild 13.5 Organisches und mechanistisches Managementsystem (nach Burns, Stalker)

13.7 Selbstreflexion „Sich organisieren und die Organisation strukturieren"

Beantworte die folgenden Reflexionsfragen bzw. bearbeite die skizzierten Übungen und Vertiefungen. Eine schriftliche Auseinandersetzung bzw. Inter-/Supervision wird die Wirkung der Übung verstärken.

- Welche Organisationsformen nutzt Ihr in Eurer Organisation?
- Wie könnt Ihr mögliche Organisationsformen in organisationellen Experimenten erproben?
- Wie richtet Ihr Euch am Kund*innennutzen aus?
- Wie stellt Ihr als Organisation den Bezug zur Wertschöpfungskette dar?
- Wie bewusst habt Ihr Euch für Eure Organisationsform entschieden?

- Wie reflektiert Ihr die für Euch zielführende Organisationsform?
- Wie könnt Ihr leicht organisationelle Experimente durchführen?

14 Stolperfallen auslassen

In der agilen Organisation gibt es einige Stolperfallen, welche häufiger auftreten. Diese Liste ist nicht abschließend, mag aber dem einen oder anderen dabei behilflich sein, das eigene Verhalten gut zu reflektieren und ein (nicht) verändertes Verhalten abzuleiten.

14.1 Agilisierung heilt keine Wunden

In Abständen ist zu beobachten, dass Organisationsteile andere Organisationsteile in der Agilisierung ausschließen möchten. „Das machen wir ohne die Führungskräfte, wir sind ja jetzt selbstorganisiert." Das Motiv hinter diesem Ausblenden können Verletzungen in der Vergangenheit sein. So versuchen Beteiligte, durch bewusstes Ausschließen oder Übergehen, Verletzungen und Konflikte, die sie früher erlebt haben, zu umgehen. Diese Art der Abwehr wird diese Konflikte nur verschieben (siehe auch Abschnitt 14.2).

> „Die Beteiligten wertschätzen ihren jeweiligen Beitrag zum Organisationserfolg und lernen sich gemeinsam voran."

14.2 Nicht auf der gleichen Augenhöhe agieren

„Das ist hier wie im Kindergarten, Du kannst die einfach nicht ernstnehmen" hat eine ähnliche Wirkung wie „Ich habe dann mal mein Eltern-Ich ausgepackt und eine harte Ansage gemacht.". Umgekehrt klingt eine ungleiche Augenhöhe wie „Man, die wissen echt nicht, was die tun. Die sollten mal hier in echt mitarbeiten, dann wüssten die, worum es geht.“ oder wie „Ich habe so die Schnauze voll, keiner interessiert sich für mich. Das ist doch Mist, wie das hier läuft.“ Wenn Organisationsmitglieder mit der Agilisierung bestehende Wunden heilen möchten (siehe auch Abschnitt 14.1), begegnen sich die Beteiligten ebenfalls mit fehlender Augenhöhe.

> „Die Organisationsmitglieder begegnen sich auf Augenhöhe; sie ringen darum, Augenhöhe zu erreichen.“

14.3 Basisdemokratie anstreben

Viele Organisationsmitglieder verwechseln Agilität mit Basisdemokratie. Die Beteiligten gehen häufig davon aus, dass große (also strategische und normative) Entscheidungen in den selbstorganisierten Teams getroffen werden – und dass diese Entscheidungen in der Restorganisation widerspruchs- und konfliktfrei angenommen werden. Daher fordern die Beteiligten zu jedem Zeitpunkt basisdemokratische Entscheidungen ein. Ohne die Klärung der Entscheidungsform (siehe Abschnitt 14.11) werden die Beteiligten keinen sinnvollen Vortrieb erzeugen.

Hinter dem Wunsch, Basisdemokratie anzustreben, kann auch ein negatives Führungsverständnis stecken. Wenn die Beteiligten Führung nicht positiv anerkennen, können sie diese durch Basisdemokratie aushebeln.

> „Die Beteiligten sorgen für zielführende, also gleichzeitig gut praktizierbare und annehmbare, Entscheidungsformen in allen Prozessen.“

14.4 Nicht anfangen

Das Organisationsanliegen ist unübersichtlich, der mögliche Zielraum groß und diffus. Statt kleiner Experimente und erster Lernmomente können Organisationen sich im Planen, Analysieren und Vergleichen möglicher Lösungen verlieren. Im Ergebnis fangen die Organisationen nicht mit dem Verändern an, sondern sprechen und schreiben nur über diese.

> „Es gibt keinen ‚Sprint Zero‘. Agile Prozesse starten direkt mit dem Erzeugen von Kund*innennutzen.“

14.5 Halt in Beratung suchen

Solange Fehler noch mit Scham und Schuld belegt sind, also vermieden werden müssen, suchen die Treiber*innen in der Veränderung nach dem*der einen Expert*in, welche*r allen genau ansagen wird, was die Beteiligten zu tun haben. Es ist für die Beteiligten einfacher, diesem Rat zu folgen: Gelingt die Veränderung dann nicht, können die Beteiligten dem*der Expert*in die Schuld geben. Mit dieser Taktik werden die Beteiligten das Organisationsmuster nicht hinter sich lassen (können).

> „Die Treiber*innen suchen nach echten Lernschritten. Sie wählen dafür die Größe an Veränderung, die ihnen selbst als machbar erscheint. So lernen sie Schritt für Schritt Lernen neu."

14.6 Agilen Cargo-Kult betreiben

Formal richtige Vorgehensweisen gepaart mit hohem missionarischen agilem Eifer erzeugen keine agile Organisation. Häufig steht das unbedachte Kopieren von (vermeintlich) agilen Methoden einem echten Lernen entgegen:

> **Definition: Cargo-Kult**
>
> Ahmen die Beteiligten oberflächliche agile Methoden(bausteine) oberflächlich oder symbolisch nach, folgen sie einem agilen Cargo-Cult.

Cargo-Kulte zeigen sich in Äußerungen wie: „Wenn Du das nicht genauso machst wie XYZ, dann wird das nichts werden.", „Im Scrum Guide steht, dass..." oder auch „Wir machen das so wie bei Spotify".

> „Organisationsmitglieder nutzen nur agile Methodenbausteine, mit denen sie ein Ziel erreichen, einen Zweck erfüllen oder eine Hypothese überprüfen wollen."

14.7 Agile Transition sagen, „Change" machen

Wenn Prozesse stocken, Innovation und Veränderung in geübten Ritualen feststecken, wissen viele Organisationsmitglieder, dass sie sich verändern müssten. Sie rufen dann eine agile Transition aus. Ein Blick in das wohlgeformte Backlog kann in diesem Fall zeigen, dass die agile Transition in allen Einzelteilen vorgeplant ist. De facto versuchen die Beteiligten, einen Change durchzuführen, nennen aber ihre Projektmethodenbausteine anders.

> „Die Beteiligten nähern sich ihrem Zielraum iterativ, inkrementell und lernend."

14.8 Change nicht erkennen

Ein Organisationsteil wird durch eine strategische Partnerschaft erweitert, eine Organisation vergesellschaftet sich mit einer anderen, das Kassensystem wird ausgetauscht, der Anbieter der Computeranwendungen wird ausgetauscht oder eine weitere Filiale wird eröffnet – in Organisationen gibt es täglich Veränderungen. Diese sind häufig größer und umfassender, als die Organisationsmitglieder dies auf den ersten Blick erkennen (können). „Wir werden das ERP-System austauschen. Das ist eine Aufgabe für die IT“ mag es dann heißen und die Beteiligten sehen nicht, dass alle Prozesse und damit ihre Zusammenarbeit angepasst werden.

> „In Lernzyklen überprüfen die Organisationsmitglieder die Seiteneffekte von Entscheidungen. Erkennen sie große Veränderungen, treiben sie die Veränderung aktiv in ihrem Sinne."

14.9 Experimente nicht beenden

„Wenn es noch nicht gut ist, ist es noch nicht das Ende“ heißt es langläufig. In agilen Veränderungen tritt in Abständen das Phänomen auf, dass die Beteiligten ein Experiment vereinbaren, es beginnen, es dann aber nicht beenden. Dies tritt ein, wenn die Beteiligten entweder den Überprüfungszeitpunkt oder die Metriken zur Überprüfung nicht geklärt haben. Ein weiterer Grund mag die Fehlerkultur der Organisation sein. In Abständen erlauben sich Organisationen keine (vermeintlichen) Fehlschläge.

> „Die Beteiligten formulieren für Experimente das gewünschte Ziel, ihre Hypothese, die Maßnahmen, den Überprüfungszeitpunkt sowie Abbruchkriterien. Diese werden in Lernzyklen überprüft."

14.10 Sich kein negatives Feedback geben wollen

In einigen agilen Veränderungen fällt es den Beteiligten schwer, eine Fehlerkultur in eine Lernkultur zu verwandeln, weil alle Beteiligten mehr oder minder aktiv (nicht unbedingt bewusst) negatives Feedback vermeiden: „Ach, so groß ist das Thema auch nicht. Ich werde das beizeiten mal sagen“ könnte ein Zeichen dafür sein. Auch Sätze wie „Eigentlich müsste ich das mal sagen, aber ich habe echt keine Zeit, dass unterzubringen“ oder „So wichtig ist mein Bauchgefühl nun auch nicht“ können ein Zeichen dafür sein, dass die Beteiligten nicht willens oder in der Lage sind, Feedback zu geben, welches kritisch oder negativ aufgefasst werden könnte.

In diesen Veränderungen ist häufig auch zu erleben, dass Feedback nur mit Lob oder nur mit Kritik gleichgesetzt wird. Ist Letzteres der Fall, umgehen die Beteiligten häufig dieses Feedback, um eine künstliche Harmonie zu erhalten.

Viele Organisationen dieser Art entwickeln häufig einen öffentlich geäußerten Stolz, dass sie niemals Konflikte haben würden.

> „In agilen Prozessen geben und nehmen alle Organisationsmitglieder annehmbares Feedback.“

14.11 Nicht in Führung gehen

„Wir arbeiten jetzt in selbstorganisierten Teams“ wird häufig von Führungskräften übersetzt mit „Ich darf nicht mehr führen“ oder „Ich möchte das nicht stören“. Der Weg in die Selbstorganisation ist für die Beteiligten kein leichter. Die Verantwortungsübernahme für das Produkt, den Prozess oder Service und füreinander, die Entscheidungsfähigkeit und -willigkeit, also das Erkennen von Entscheidungsmomenten sowie die Wahl der zielführenden Entscheidungs- und Beteiligungsform, das operative Führen – all dies möchte erlernt werden. Dieser Lernprozess ist nicht immer einfach, sowohl Organisationsmuster als auch persönliche Motive können es den Beteiligten schwer machen, ihre Teamfunktionen gut auszufüllen und in die Selbstorganisation zu wachsen.

> „Agile Teams werden in die Selbstorganisation geführt.“

14.12 Die Komfortzone bedienen wollen

Die Komfortzone ist in vielerlei Hinsicht für Organisationsmitglieder insbesondere in Zeiten großer organisationeller oder gesellschaftlicher Veränderungen attraktiv. So macht es manchmal den Anschein, als würden die Organisationsmitglieder die Komfortzone aktiv verteidigen, indem die Beteiligten z. B. große Abwehr zeigen und die anstehenden Veränderungen als Ganzes infrage stellen: „Agil mag woanders klappen. Für uns macht das überhaupt keinen Sinn." Das Bedienen der Komfortzone kann sich aber auch in „Das haben wir schon immer so gemacht." zeigen. Die wenigsten verteidigen ihre Komfortzone bewusst.

> „Agile Organisationen sind sich des Aufwands und der zeitweiligen Anstrengung des Lernens bewusst und nehmen diesen Verlauf in Kauf."

14.13 Sich im Konsens verstecken

Etwas anders zu machen, sich anders als gewohnt zu verhalten, jenseits der Organisationsmuster zu agieren, heißt auch, in die Verantwortung zu gehen, die bestehenden Unsicherheiten zu händeln, notwendige Konflikte zu führen, Vorbild zu sein, also insgesamt mutig voranzuschreiten. Diese Aufgabe ist häufig mehr als fordernd, also überfordernd. Wie wohltuend scheinen dann große Gruppen zu sein: „Wenn wir uns alle einig sind, kann es nicht falsch sein." In komplexen und chaotischen Umgebungen ist Konsens die am schwersten zu erreichende Entscheidungsform. Wenn Gruppen nicht den Konsens finden, neigen sie dazu, sich weitere Gruppenmitglieder zu suchen – in der Hoffnung, dann die notwendigen Expert*innen gefunden zu haben, die schon richtig handeln werden. Im Ergebnis werden von immer mehr Menschen keine Entscheidungen getroffen.

> „Agile Organisationen nutzen angemessene Entscheidungsformen und suchen das kleinstmögliche ‚Wir', mit dem sie Veränderungen vorantreiben können."

14.14 Organisationsmitglieder als Kund*innen des Prozesses verstehen

Wenn sich Organisationsmitglieder auf andere Organisationsmitglieder ausrichten, damit diese leicht und einfach das Produkt oder den Service der Organisation an ihre

Konsument*innen liefern können, kann dies der Organisation als Ganzes dienen. Verlieren die Beteiligten dabei die eigentlichen Kund*innen aus dem Auge, erzeugen sie häufig vollständige und absichernde Prozesse, welche ein gutes Produkt oder einen guten Service für die eigentlichen Kund*innen verhindern. Dies geschieht insbesondere, wenn Leitsätze wie „Der Kunde ist König" eine devote Dienstleister*innenhaltung hervorbringen. Im Ergebnis wird sich kein gemeinsames Lernen einstellen.

„Agile Zusammenarbeit erfolgt immer auf Augenhöhe."

14.15 Vermeintlich bewährte Strukturen, Organigramme und Führungsmodelle einfach kopieren

Nicht nur Methoden können durch die Beteiligten stumpf als Cargo-Kult kopiert werden (siehe Abschnitt 14.6), sondern auch Strukturen, Organigramme und Führungsmodelle können die Beteiligten einfach kopieren. Aus „klaren" Umgebungen (siehe Abschnitt 2.5.2.1) sind es die Beteiligten gewohnt, best practices für Branchen oder bestimmte Produkte zu erfassen und zu kopieren. Ähnliches versuchen häufig Organisationsmitglieder mit Strukturen, Organigrammen und Führungsmodellen. Sie kopieren diese vermeintlich bewährten Elemente und kopieren sie einfach in ihre Organisation. Dabei kopieren sie das Endergebnis eines Entwicklungsprozesses, ohne zu überprüfen, ob für ihre Organisation ein anderes Vorgehen stimmiger ist.

„Agile Organisationsentwicklung entwickelt jede Organisation iterativ, inkrementell und lernend. Die Beteiligten nutzen bestehende gute Beispiele als Inspiration."

14.16 Agiles Mindset zur Startbedingung erklären

Agile Veränderungen beginnen manchmal erst gar nicht, weil Organisationsmitglieder befinden, dass ihre Organisation „noch nicht so weit sei" oder dass das „Mindset erst stimmen müsse". Die Beteiligten agieren so mit Vorwürfen, vielleicht nicht auf Augenhöhe, vielleicht wehren sie so (als schuldhaft empfundene) mögliche Fehler ab.

In allen Fällen wird die agile Veränderung nicht starten. Da Veränderungen nicht erdacht werden können, fehlt den Beteiligten ein neues Erleben.

„Ein agiles Mindset wird auf Basis guter Erfahrungen wachsen."

14.17 Mindset Beta Codex zu Beginn einfordern

Kein Mindset (siehe Abschnitt 14.16), sondern eine besondere Sicht auf moderne Organisationen bietet der Beta Codex [BetaCodex]. Setzen die Beteiligten voraus, dass eine agile Transition nur gelingen wird, wenn alle Beteiligten den Beta Codex als ihr Leitbild sehen, wird die entsprechende agile Veränderung voraussichtlich nicht starten. Das Annehmen des Beta Codex unterliegt der Innovationsannahme (siehe Abschnitt 14.2). Auch brauchen die Beteiligten neue Erfahrungen, bevor sie eine veränderte Organisationssicht entwickeln können.

> „Die Organisationsmitglieder nutzen Modelle, um ihren organisationseigenen Organisationshebel zu finden."

14.18 Den Organisationsmustern folgen

„Bevor wir hier in den Flur eine Wandzeitung hängen, sollten wir den*die Hausmeister*in und den*die Brandschutzbeauftragte*n fragen, ob wir das dürfen." Wenn Organisationen gewohnt sind, dass jede Einzelentscheidung immer im Gesamtkontext ebenfalls entschieden werden muss, wird die Organisation kein Veränderungstempo aufnehmen (können).

„It's better to ask forgiveness than permission" führt als Motto in eine andere Haltung zu Entscheidungen und Veränderung.

> „In agilen Organisationen zeigen sich die einzelnen Organisationsmitglieder für ihre Entscheidungen verantwortlich."

14.19 Framework erfüllen wollen

„Das können wir so nicht machen. Das Framework ABC sieht an dieser Stelle die folgende Rolle DEF mit den Aufgaben GEH oder das Artefakt IJK vor." Wenn Organisationsmitglieder nicht auf den gewünschten Zielraum blicken, um mit dem formulierten Organisationshebel neue Experimente zu entwickeln, sondern grundsätzliche Debatten um eine korrekte Erfüllung bekannter agiler Frameworks wie Scrum, SAFe oder LeSS führen, agieren die Beteiligten nicht agil, sondern missionarisch.

„In agilen Veränderungen suchen die Beteiligten iterativ, inkrementell und lernend nach denjenigen Methoden(bausteinen), die in ihrem Kontext maximal zielführend sind."

14.20 Führungskräfte als „Lähmschicht" diffamieren

Bei der Betrachtung größerer Organisationen äußern Organisationsmitglieder anderer Ebenen, dass das mittlere Management sich einer Veränderung vollständig verwehre, nur die eigenen Pfründe sichere, insgesamt unbeweglich und alles andere als innovativ und nur daran interessiert sei, die eigene Wichtigkeit und den Status zu bewahren. Kurzum: Das mittlere Management geriere sich als „Lähmschicht".

„Jedes Handeln ergibt Sinn." So könnten die anderen Organisationsmitglieder diese Attribution nutzen, um ihre eigene Unbeweglichkeit zu kaschieren. Auch könnte diese Zuschreibung dazu dienen, eine gemeinsame Veränderungsarbeit nicht zu beginnen. Auf der anderen Seite spüren die Beteiligten womöglich eine Verletzung oder fühlen sich herabgewürdigt.

Mit dem Vorwurf der „Lähmschicht" entzieht sich die Organisation der Lösung eines offensichtlichen Konflikts. Es gilt, diesen Konflikt durch andere, neue Handlungsweisen aller Beteiligten aufzulösen.

„In agilen Veränderungen sorgen die agilen Organisationsentwickler*innen für eine Kooperation auf Augenhöhe, in der die Beteiligten stärkenorientiert ihren Beitrag leisten können."

14.21 Paradigmenwechsel nicht erkennen

Viele Organisationen beherrschen ihre Prozesse recht gut. Zu Recht sind sie mit dem aktuellen Produkt oder Service führend im Markt. Nun stehen Innovationen an. Und die Beteiligten versuchen, alle guten und erprobten Methoden, Mechaniken und Techniken auf die innovative Idee anzuwenden. Die Beteiligten haben den notwendigen Paradigmenwechsel nicht erkannt.

Die Gründe hierfür sind vielfältig. Vermeiden von Unsicherheiten, Festhalten an der Komfortzone oder funktionale Pfadabhängigkeiten sind häufige Erklärungsmuster.

„Die Organisationsmitglieder überprüfen regelmäßig, ob die gewählten Herangehensweisen zu ihren Problemen passen."

14.22 Kein Problem lösen

„Ah, wir folgen hier einer Scrum-Logik. Dann brauchen wir auch einen Product Owner und das Schätzen von Aufwänden.“ Viele Organisationen neigen dazu, ganze Methodenpakete in ihren Experimenten zu verwenden, ohne den Sinn der jeweiligen Methodenbausteine zu hinterfragen. Nicht jedes Team benötigt das Schätzen von Komplexität ihrer User Storys, nicht jedes Team (insbesondere in der agilen Organisationsentwicklung) kann eine*n einzelne*n Product Owner*in stellen. Werden Methoden(bausteine) ohne eine Hypothese zum Sinn eingesetzt, droht den Teams oder Organisationen wahlweise Cargo-Kult oder Überbürokratisierung.

„Die Beteiligten klären für alle eingesetzten Methodenbausteine, welchem Zweck diese dienen. Sie nutzen nur zielführende Methoden(bausteine).“

14.23 Methoden zum Zielraum erklären

Der Fehler aus klassischen Projekten, Maßnahmen mit Zielen zu verwechseln, kann auch in agilen Veränderungen auftauchen. Dies ist z. B. der Fall, wenn die Beteiligten bestimmte agile Methoden oder Frameworks zum Zielraum erklären. „Wir möchten alle Projekte in Scrum bearbeiten“ ist eine solche Zielraumbeschreibung. Besser wäre es, wenn die Beteiligten sich z. B. auf „Wir nutzen immer zur Herausforderung passende (Projekt-, Bearbeitungs-)Methoden“ einigen.

„Die Treiber*innen der agilen Veränderung achten darauf, einen sinnhaften (also handlungsleitenden, attraktiven und richtungsweisenden) Zielraum zu formulieren.“

14.24 In der Risikoanalyse versinken

Je komplexer oder chaotischer eine Herausforderung ist, desto weniger sind Risiken vorherzusagen. Folgen die Organisationsmitglieder noch dem Glaubenssatz, dass kompetente Mitarbeiter*innen sich in ihrem Wissen und ihren Fertig- wie Fähigkeiten zeigen, werden sie viel Zeit und Energie in die Abschätzung von Risiken investieren, die in der agilen Veränderung liegen. Statt Erfahrungen zu machen und realistische Störungen zu erleben (und einen pragmatischen Umgang) zu finden, können

Organisationen ihre Zeit und Energie in der Risikoanalyse verbringen, um dann weitere Zeit und Energie in eine theoretische Lösung stecken, ohne jemals einen echten Veränderungsschritt getan zu haben.

> „Organisationsmitglieder suchen nach etwaigen Risiken und Problemen in ihrer täglichen Arbeit und benennen diese, um mit diesem Erkennen einen neuen Lernschritt machen zu können."

14.25 Rollen und Organigramme vorab definieren

Viele klassische Changes beginnen mit einem Zielbild, welches über ein Organigramm ausgedrückt wird. Die geübte Praxis ist, den Bedarf einer Veränderung mit Zieldefinitionen in Form von Organigrammen und Rollenbeschreibungen zu fassen. Und so beginnen „agile Transformationen" mit einer Workshopkette, in der die Beteiligten einen agilen Prozess theoretisch fassen, theoretische Rollenbeschreibungen aufnehmen und Organigramme zeichnen. Die Beteiligten wissen aber gar nicht, ob das gewählte Modell für sie passend ist.

> „Agile Veränderung erfolgt im Machen."

14.26 Selbstorganisation und -steuerung verwechseln

Das agile Manifest spricht im elften Prinzip („The best architectures, requirements, and designs emerge from self-organizing teams.") von selbstorganisierten, nicht von selbstgesteuerten Teams. Ähnlich wie Organisationen in Abständen (womöglich, um alte Verletzungen zu heilen, siehe Abschnitt 14.1) nach Basisdemokratie (siehe Abschnitt 14.3) streben, gibt es Organisationen, die Agilität mit Selbststeuerung übersetzen. Auch hier könnte der Grund in einer Nicht-Anerkennung von Führung liegen. Für viele Organisationen wäre die vollständige Übernahme aller normativen und strategischen Aufgaben eine Überforderung neben der operativen Arbeit.

> „Die Beteiligten klären bewusst, welche Organisationsteile normative und strategische Aufgaben verantworten."

14.27 Transition ohne Anliegen starten

„Wir wollen agil werden!“ heißt es manchmal. Manchmal heißt es auch: „Wir müssen agil werden.“ Und schließlich könnte es auch heißen: „Ohne Agilität sind wir keine attraktiven Arbeitgeber*innen.“ Starten die Beteiligten nun eine agile Transition (womöglich in Cargo-Kult (siehe Abschnitt 14.6) oder durch das Kopieren bestehender Strukturen (siehe Abschnitt 14.5), spielen die Beteiligten eher agiles Theater. Der Organisation fehlt das Anliegen, warum und wozu sie anders arbeiten möchten.

> „Agile Organisationsentwickler*innen unterstützen Organisationen darin, echte Organisationsanliegen zu finden und zu formulieren."

14.28 Überbürokratisieren

Agile Transformationen können es den Beteiligten ziemlich kompliziert machen. „Nein, das entscheide ich nicht, das gehört der Rolle ABC. Deren nächstes Ritual ist in drei Wochen.“ könnte es dann heißen. Um mögliche Rand- und Ausnahmefälle gut abzufedern, sorgen Organisationen auch in Abständen in ihrem jeweiligen Vollständigkeitsanspruch für eine unübersichtliche Anzahl an Rollen, in Summe dann doch unklaren Rechten und Verantwortungen. Im Konfliktfall neigen Organisationen dazu, die von Überbürokratisieren befallen sind, den jeweiligen Konfliktfall nicht im Speziellen, sondern sofort im Generellen zu lösen. Dies führt häufig zu weiterer Überbürokratisierung.

> „Agile Organisationen suchen immer nach einer klaren, einfachen und pragmatischen Lösung im Einzelfall. Sie werden erst bei Wiederholungen nach Verallgemeinerungen und Verstetigungen suchen."

14.29 Die Übersicht verlieren

„Deine Frage ist gut. Lies doch mal im Wiki nach, da wird das schon beantwortet werden.“ Überbürokratisierung kann den Verlust von Übersicht fördern. Genauso wie der Wille, möglichst alle anstehenden Entscheidungen nicht nur spezifisch, sondern auch generell zu lösen. Dies wird in einen unübersichtlichen Wust von Regeln führen. Auch können die Beteiligten die Übersicht verlieren, wenn die Aufgaben an die entsprechenden Personen in einem starken Regelwerk („Rollendefinitionen“) hinterlegt werden. Beantworten die Beteiligten aufkommende Fragestellungen mit weiteren detaillierten Regeln, werden sie die Übersicht verlieren.

„Agile Teams suchen nach einfachen Mitteln, um ihre Lernzyklen und Entscheidungen transparent zu halten. Sie folgen eher Prinzipien als Regeln."

14.30 Zielraum zu früh festzurren

Viele Organisationen beginnen ihre agile Transition mit dem Versuch, einen Zielraum zu definieren. Diese Zielräume sind häufig zu groß, zu diffus und verlieren so ihre Wirkung: Sie sind weder für alle Beteiligten handlungsleitend noch richtungsweisend.

„Die Beteiligten formulieren erst einen Zielraum, nachdem sie den Organisationshebel gefunden und verifiziert haben."

14.31 Kulturwandel zum Zielraum erklären

„Kultur zeigt sich im Handeln." Organisationskultur ist demnach ein passiver Faktor, der durch die Organisationen nicht direkt verändert werden kann. Veränderbar sind Handlungen, nicht die Kultur als solches. Insofern wird es die Beteiligten überfordern, eine bestimmte Organisationskultur oder einen Kulturwandel zum Zielraum zu erklären.

„Agile Organisationsentwickler*innen achten darauf, dass die Organisationen erreichbare Zielräume formulieren."

14.32 Unehrliche Ziele aufsetzen

„Man muss das ja heute agil machen" kann als Annahme unter einer (agilen?) Veränderung liegen. Die von den Beteiligten formulierten Zielräume zeichnen sich durch eine diffuse, häufig nicht widerspruchsfreie, aber nach außen schön klingende Formulierung aus.

Dabei mag es sein, dass die Beteiligten dem lange als gültig angesehenen Harmoniepostulat [Schewe 2021-01] folgen: „Charakteristisch für Organisationsentwicklung ist das Harmoniepostulat zwischen den Zielsetzungen des Unternehmens und der betroffenen Mitarbeiter."

Zielräume der Organisation und die persönlichen Entwicklungsziele werden häufig nicht übereinstimmen. Wenn dies der Fall ist, sollten die Beteiligten keine unehrlichen Ziele aufsetzen, sondern sich fragen, wie sie als Organisation zu „disagree and commit" kommen.

> „Die Beteiligten gehen mit ihren Vorbehalten und Unsicherheiten offen um, um zusammen Vortrieb erzeugen zu können."

14.33 Selbstreflexion „Stolperfallen auslassen"

Beantworte die folgenden Reflexionsfragen bzw. bearbeite die skizzierten Übungen und Vertiefungen. Eine schriftliche Auseinandersetzung bzw. Inter-/Supervision wird die Wirkung der Übung verstärken.

- Welche Stolperfallen hast Du bereits erlebt?
  - Zu welchem Zeitpunkt habt Ihr erkannt, dass Ihr gestolpert seid?
  - Wie habt Ihr Euch aus der Stolperfalle befreit?
- Für welche Stolperfallen ist Deine Organisation anfällig?
- Auf welchem Weg könnt Ihr diese Anfälligkeit umgehen?

Beispiele in der Übersicht

Alle im Buch genutzten Beispiele hat das Team der BERATUNG JUDITH ANDRESEN im Coaching- und Beratungsalltag erlebt. Die Beispiele sind auf die zur Illustration des jeweiligen Themengebiets wichtigen Inhalte reduziert. Auf einige Beispiele referenziere ich mehrfach im Text. Ihr findet hier eine Übersicht der Beispiele zu Eurer besseren Orientierung.

Danke!

Vor allem und allem vorweg: Euch allen Dank für Eure Geduld. Das Buch „Agile Organisationsentwicklung“ lag mir schon lange in den Tasten. Aber die Wirrungen der Corona-Pandemie und anschließend die persönliche Herausforderung, gut durch eine Krebserkrankung zu kommen, zogen den Entstehungsprozess in die Länge. Aber nun ist sie da: die erste Auflage der „agilen Organisationsentwicklung“! In diesem Zusammenhang danke ich Brigitte Bauer-Schiewek, Petra Kienle und Kristin Rothe für ihre treue und ausdauernde Unterstützung sowie ihren jeweiligen Beitrag zu diesem Buch. Ich mag diese Runde sehr!

Auf dem Weg der Buch-Entstehung führte ich viele Gespräche. Ich reflektierte mit unterschiedlichen Menschen über das eigene und anderes Erleben, versuchte „agile Organisationsentwicklung“ zu greifen: im täglichen Tun genauso wie aus der „Helikopterperspektive“.

Täglicher Mitstreiter ist mein Ehemann Boris Erdmann. Ich danke fürs Zuhören, für das Aushalten, wenn ich hadere und mir Klarheit fehlt. Ich schätze Deine knorrige Ehrlichkeit, das Andersdenken und die Bereitschaft, quasi zu jeder Stunde mitzudenken, nachzudenken – und dabei Denken, Fühlen und Handeln von uns selbst und von anderen zu greifen. Danke für diesen Austausch, Deine Gefühlstiefe und Deinen Intellekt. Danke dafür, dass wir zusammen das Leben als Abenteuer erleben können.

Ich danke allen unseren Kund*innen für ihre Bereitschaft, ihre Veränderung in unserer Begleitung zu gehen. Ich danke für Vertrauen, Mut und Initiative. Und ich danke für das Geschenk, an der organisationellen wie persönlichen Entwicklung so vieler unterschiedlicher Menschen und Organisationen teilhaben zu dürfen. Das ist ein großes Geschenk.

Mein großer Dank gilt meinem Team in der BERATUNG JUDITH ANDRESEN. Selbstorganisiert im Operativen; auf Augenhöhe versuchen wir täglich, von- und miteinander zu lernen. Wir finden Stolpersteine, unerwartete Annahmen und versuchen uns

Teamtag für Teamtag, Iteration für Iteration weiter Richtung echte Zusammenarbeit zu bewegen.

„Jeder Außentermin hat einen Innentermin." Mit jeder Reflexion über das eigene Handeln, über Eindrücke, über messbare Ergebnisse und (nicht) Gesagtes wie (nicht) Getanes innerhalb unseres Teams sind unser Wissen und unsere Handlungskompetenz gewachsen. Manchmal nicht direkt, manchmal zeigte sich zunächst ein verwirrender, komplexer Nebel an Gefühlen und vermeintlichen Beobachtungen. Durch Trennung von Beobachtung und Interpretation lernen wir Reflexion für Reflexion weiter – was für ein (meistens) Spaß!

Ich danke André Friedrich, Andrea Spranger, Christine Hilper, Julia Dorandt, Lukas Steurer, Rebecca Ranft, Sandra Schwedler, Silke Pliefke und Tobias Ranft für die tägliche, die stete und klare Auseinandersetzung und unser Ringen, zusammen zu guten Ergebnissen für und mit unseren Kund*innen zu gelangen. Wir möchten echte Zusammenarbeit möglich machen.

Mit diesem Buch habe ich gelernt, wie ich ohne Workation (irgendwann auch) konzentriert und dauerhaft Texte schreiben kann. Danke für Eure Begleitung und Eure Geduld. Insbesondere danke ich Euch – auch das ist in der Form neu –, Kapitel für Kapitel vorzudenken, mitzulesen, mitzudenken, kritisch zu hinterfragen und zu ergänzen. Ihr habt zu diesem Buch inspirierend beigetragen.

Mein Dank gilt auch denen im Team, die mit uns als Team zusammenarbeiten und zusammengearbeitet haben: Das wären Anja Hoppe, Dr. Anja Mentrup, Boris Erdmann, Dirk Sattler, Claudia Plöchinger, Daniela Wied, Franziska Mohmeyer, Goetz Perry, Heinz Fischer, Julia Schmidt, Jutta Bögemann, Karsten Glied, Kerstin Spahn, Manfred Jessen, Maren Birke, Nadja Macht, Dr. Peter Beigel sowie unsere ehemaligen Werkstudent*innen: Ann-Kathrin Kühn, Paula Goldmann, Valentina Bejiq und Yannick Penz. Ihr seid Teil unseres Erfahrungsschatzes. Danke für die gemeinsame Zeit!

Insbesondere danke ich den Teilnehmer*innen der Jahrgänge AOA2108 und ZOE2308 der (Zusatz-)Ausbildung „Agile Organisationsentwicklung". Die freudige, offene und lernbereite Auseinandersetzung mit agilen Veränderungen hat uns als Ausbildungsteam und mir als Autorin viele Impulse gegeben, die zu mehr Klarheit in diesem Text geführt haben. Mit den kommenden Teilnehmer*innen werden wir weiter lernen und wachsen – ich freue mich darauf!

Welche Auswirkungen Veränderungsdrücke auf Führungskräfte, agile Coaches und Organisationsentwickler*innen haben, führt mir immer wieder Jan Köster vor Augen. Ich schätze Deine Klarsicht, Deine Unaufgeregtheit in der Analyse, welche möglich ist, nachdem der Gefühlssturm durch ist. Ich danke für das Teilhaben an diesem Buch, denn nicht nur sein analytischer, sondern auch sein emotionaler Zugang zum Geschehen haben uns mehr als einmal die Tür der Erkenntnis geöffnet, welche häufig noch eine Prise Humor braucht, bis sie ganz offen war.

Mein Zugang zur agilen Organisationsentwicklung veränderte sich fundamental, als Jutta Bögemann über gemeinsam begleitete Coachees und deren Weg in der Organisation berichtete: „Dass die Freiwillige für den Prozess gesucht haben, hat so eine Wucht. Da ist so eine Kraft drinnen, wenn die, die wollen, können." Mir hat dieser Kommentar den Weg geöffnet, einen neuen Blick auf komplexe Veränderungen zu entwickeln. Die Veränderungskurve trat in den Hintergrund, die Diffusionstheorie wurde das deutlichere Modell für mich. Jutta, ich danke Dir für diesen Impuls. Ich schätze unsere Gespräche, Deine Zugewandtheit, Deine Lebenserfahrung und Deinen lebensklugen Humor.

Wenn ich mich festgedacht habe, meine Fragestellungen sich zu kompliziert und zu analytisch anfühlen, hilft mir Kirsten Flüh-Carstensen immer weiter. Lebensklug, pragmatisch, mit dem Herz am rechten Fleck: was für eine Wohltat doch Deine Gedanken sind. Ich schätze jedes einzelne Gespräch in seiner Tiefe und Wärme.

Und schließlich mein großer Dank an Franziska Richter: Mit Tiefe und einem immer wieder erstaunlichen Erinnerungsvermögen begleiten Sie mich als Mensch, als Inhaberin eines Beratungsunternehmens, als Vorgesetzte und als Teammitglied eines selbstorganisierten Teams in regelmäßigen Supervisionsstunden. Vielen Dank!

Literatur und Weblinks

[Andresen 2013-01] | **Aufwandspokerregeln**; Judith Andresen; https://www.judithandresen.com/2013/09/15/aufwandspokerregeln/; zuletzt gelesen: 02/2024.

[Andresen 2017-01] | **Retrospektiven in agilen Projekten:** Ablauf, Regeln & Methodenbausteine; Judith Andresen; Hanser Fachbuchverlag; 2. Auflage, 2017.

[Andresen 2017-02] | Erst die Prozesse, dann die Struktur; Judith Andresen; //www.judithandresen.com/2017/04/10/erst-die-prozesse-dann-die-struktur/; zuletzt gelesen 09/2022.

[Andresen 2019-01] | **Agiles Coaching:** Die neue Art, Teams zum Erfolg zu führen; Judith Andresen; Hanser Fachbuchverlag; 2. Auflage, 2017.

[Andresen 2023-01] | **sminca:** Der agile Baukasten; Judith Andresen; BERATUNG JUDITH ANDRESEN; 4. Auflage, 2023.

[Appelo 2023-01] | **Delegation Poker & Delegation Board**; Jurgen Appelo; https://management30.com/practice/delegation-poker/; zuletzt gelesen 11/2023.

[Beck 2001-01] | **Manifesto for Agile Software Development**; Kent Beck u. a.; http://agilemanifesto.org/; zuletzt gelesen 10/2023.

[Beck 2001-02] | **Manifest für Agile Softwareentwicklung**; Kent Beck u. a.; https://agilemanifesto.org/iso/de/manifesto.html; zuletzt gelesen 10/2023.

[Betacodex] | **The laws of the BetaCodex**; The Betacodex Network; https://betacodex.org/principles; zuletzt gelesen 02/2024.

[BuWi 2021-01] | **Corona-Datenplattform (2021):** Themenreport 02, Homeoffice im Verlauf der Corona-Pandemie, Ausgabe Juli 2021, Bonn, https://www.bmwk.de/Redaktion/DE/Downloads/I/infas-corona-datenplattform-homeoffice.pdf; zuletzt gelesen: 09/2023.

[BVA 2020-01] | **Die Stacey-Matrix:** Eine Orientierungshilfe für die Auswahl der geeigneten Projektmanagementmethode; Bundesverwaltungsamt 2020; zuletzt gelesen: 02/2024.

[Covey 2020-01] | **The 7 Habits of Highly Effective People**: 30th Anniversary Edition Paperback; Stephen R. Covey; Simon + Schuster UK; 2020.

[Decius 2021-01] | **Investigating the multidimensionality of informal learning: Validation of a short measure for white-collar workers**; Julian Decius, Michael Knappstein, Niclas Schaper, Andreas Seifert; [onlinelibrary.wiley.com/](https://onlinelibrary.wiley.com/doi/10.1002/hrdq.21 461); zuletzt gelesen: 01/2024.

[Deming 2018-01] | **Out of the Crisis: reissue**; W. Edwards Deming MIT Press; reissue. Reissue Edition (21. September 2018).

[DeStatis 2022-01] | **Erwerbstätige, die von zu Hause aus arbeiten**; Statistisches Bundesamt; https://www.destatis.de/DE/Themen/Arbeit/Arbeitsmarkt/Qualitaet-Arbeit/Dimension-3/home-office.html; zuletzt gelesen: 09/2023.

[Doerr 2018-01] | **Measure What Matters**: The Simple Idea that Drives 10x Growth, John Doerr; Portfolio Penguin; 1. Edition (26. April 2018).

[Duden 2024-01] | **Anliegen**; Duden; Cornelsen Verlag; https://www.duden.de/rechtschreibung/Anliegen; zuletzt gelesen: 02/2024.

[Duden 2024-02] | **Inkrement**; Duden; Cornelsen Verlag; https://www.duden.de/rechtschreibung/Inkrement; zuletzt gelesen: 02/2024.

[DWDS 2024-01] | **Sozial**; Digitales Wörterbuch der deutschen Sprache; https://www.dwds.de/wb/sozial; zuletzt gelesen: 02/2024.

[Dweck 2007-01] | **Mindset: The New Psychology of Success**: Carol S. S. Dweck; Random House Publishing Group; Updated edition (26. Dezember 2007).

[Gray 2017-01] | **Updated Empathy Map Canvas** https://medium.com/@davegray/updated-empathy-map-canvas-46df22df3c8a; zuletzt gelesen: 11/2023.

[Grimmer 2009-01] | **Coaching und Psychotherapie**: Gemeinsamkeiten und Unterschiede – Abgrenzung oder Integration?; Bernhard Grimmer, Marius Neukom; VS Verlag, 2009.

[Holo 20 124-01] | **Holacracy Constitution**: Version 5.0; holacracy.org/constitution/5–0/](https://www.holacracy.org/constitution/5-0/; zuletzt gelesen: 02/2024.

[Imai 1986-01] | **Kaizen**: The Key to Japan's Competitive Success; Masaaki Imai, McGraw-Hill Education Ltd; New Edition (1. November 1986).

[Janlén 2015-01] | **Toolbox for the Agile Coach** – Visualization Examples; Jimmy Janlén [Leanpub](https://leanpub.com/agiletoolbox-visualizationexamples); 2015.

[Kley 2018-01] | **Widerstand gegen Innovationen in Organisationen**: Formen und Folgen eines negativ konnotierten Phänomens; Thomas Kley; https://d-nb.info/1 163 451 525/34; zuletzt gelesen: 02/2024.

[Kniberg 2017-01] | **Spotify**; https://twitter.com/henrikkniberg/status/908 695 761 805 807 616?lang=de; zuletzt gelesen; 02/2024.

[Kotter 1996-01] | **Leading Change**; John P. Kotter, Harvard Business Review Press; First Printing Edition (1. September 1996).

[Leopold 2023-01] | **Flight Levels**: Organisationen mit Business-Agilität führen; Klaus Leopold; dpunkt.verlag GmbH (5. Juni 2023).

[Lib 2024] |**1-2-4-all**; https://www.liberatingstructures.com/1-1-2-4-all/; zuletzt gelesen: 02/2024.

[Malik 2006-01] | **Führen, Leisten, Leben**: Wirksames Management für eine neue Zeit, Fredmund Malik, Campus; 1. Edition (9. Oktober 2006).

[Maurya 2022-01] | **Running Lean**: Iterate from Plan A to a Plan That Works; Ash Maurya, O'Reilly Media; 3. Edition (3. Mai 2022).

[Osterwalder 2010-01] | **Business Model Generation**: A Handbook for Visionaries, Game Changers, and Challengers; Alexander Osterwalder, Yves Pigneur, Wiley; 1. Edition (20. August 2010).

[Personio 2023-01] | **Personio SE & Co. KG**; https://www.personio.de/hr-lexikon/change-management/; zuletzt gelesen: 10/2023.

[Pflaeging 2015-01] | **Komplexithoden**: Clevere Wege zur (Wieder)Belebung von Unternehmen und Arbeit in Komplexität; Nils Pflaeging, Redline Verlag (10. August 2015).

[Pink 2020-01] | **Drive**: Was Sie wirklich motiviert; Daniel H. Pink; ecoWing; 7. Edition (14. April 2020).

[Ries 2014-01] | **Lean Startup**: Schnell, risikolos und erfolgreich Unternehmen gründen; Eric Ries; Redline Verlag (10. Oktober 2014).

[Rock 2009-01] | **SCARF**: a brain-based model for collaborating with and influencing others; https://api.semanticscholar.org/CorpusID37 935 219; zuletzt gelesen: 02/2024.

[Rohleder 2014-01] | **Othering** in Encyclopedia of Critical Psychology; Poul Rohleder; Springer, New York (2014).

[Rogers 2003-01] | **Diffusion of Innovations**; Everett M. Rogers; Free Press; 5. Edition (16. August 2003).

[Schäcke 2006-01] | **Pfadabhängigkeiten in Organisationen**: Ursache für Widerstände in Reorganisationsprojekten; Mirco Schäcke; Duncker + Humblot; 1. Auflage, 2006.

[Schein 2016-01] | **Organizational Culture and Leadership**; Edgar H. Schein; Wiley; 5. Edition (9. Dezember 2016).

[Schewe 2021-01] | **Change Management**; Gerhard Schewe; https://wirtschaftslexikon.gabler.de/definition/change-management-28 354/version-251 986; zuletzt gelesen: 04/2022.

[Schreiögg 2016-01] | **Grundlagen der Organisation**: Basiswissen für Studium und Praxis; Georg Schreyögg; Springer-Gabler, 2. Auflage, 2016.

[Schwaber 2024-01] | **Scrum Guide 2024**; Ken Schwaber, Jeff Sutherland; https://scrumguides.org/scrum-guide.html; zuletzt gelesen: 02/2024.

[Senge 2006-01] | **The Fifth Discipline** (Rough Cut): The Art & Practice of The Learning Organization; Peter Senge; Crown; Illustrated Edition (21. März 2006).

[Snowden 2020-01] | **Cynefin**: Weaving Sense-Making into the Fabric of Our World; David Snowden And Friends; Cognitive Edge – The Cynefin Co.; 27. Oktober 2020.

[Specht 2018-01] | **Definition: Was ist „Innovation"?**; Dieter Specht; https://wirtschaftslexikon.gabler.de/definition/innovation-39 624; zuletzt aufgerufen: 01/2023.

[Wikipedia 01] | **Innovation**; https://de.wikipedia.org/wiki/Innovation; zuletzt aufgerufen: 09/2023.

[Wikipedia 02] | **Komplexität**; https://de.wikipedia.org/wiki/Komplexit%C3 %A4 t; zuletzt aufgerufen: 09/2023.

[Wikipedia 03] | **Iteration**; https://de.wikipedia.org/wiki/Iteration; zuletzt aufgerufen: 10/2023.

[Wikipedia 04] | **Bob der Baumeister**; https://de.wikipedia.org/wiki/Bob_der_Baumeister; zuletzt aufgerufen: 10/2023.

[Wikipedia 05] | **Net Promoter Score**; https://de.wikipedia.org/wiki/Net_Promoter_Score; zuletzt aufgerufen: 07/2023.

[Wikipedia 06] | **Rule of Three**; https://en.wikipedia.org/wiki/Rule_of_three_(computer_programming); zuletzt aufgerufen: 01/2024.

[Wikipedia 07] | **INVEST (mnemonic)**; https://en.wikipedia.org/wiki/INVEST_(mnemonic); zuletzt aufgerufen: 02/2024.

[Wikipedia 08] | **St. Galler Management-Modell**; https://de.wikipedia.org/wiki/St._Galler_Management-Modell; zuletzt aufgerufen: 02/2024.

Index

Symbole

A

B

C

D

E

F

V

W

X

Z